计算机组装与维护

慕课版

COMPUTER

蔡飓 孙菲 主编
吕双庆 张晓伟 肖景阳 副主编

人 民 邮 电 出 版 社
北 京

图书在版编目（CIP）数据

计算机组装与维护 : 慕课版 / 蔡飓，孙菲主编. --
北京 : 人民邮电出版社，2018.4
ISBN 978-7-115-46905-2

Ⅰ. ①计… Ⅱ. ①蔡… ②孙… Ⅲ. ①电子计算机—
组装②计算机维护 Ⅳ. ①TP30

中国版本图书馆CIP数据核字(2017)第226221号

内 容 提 要

本书以案例的形式全面地介绍计算机组装与维护的方法和技巧。全书分为12章，主要介绍计算机的类型与组成、计算机的各种主要硬件设备、计算机的各种周边设备、组装一台计算机、设置UEFI BIOS和传统的BIOS、对各种容量的硬盘进行分区和格式化、安装操作系统、安装驱动程序、安装常用软件、备份与优化操作系统、搭建虚拟计算机测试平台并测试计算机的性能、计算机的日常维护、计算机的安全维护、排除计算机的常见故障。通过学习计算机组装与维护的相关案例，读者可以全面、深入、透彻地理解计算机组装与维护的常见方法和技巧，提高工作中使用计算机的效率。

本书可以作为普通高等院校、高职高专院校，及各类培训班计算机高级课程的教材，也可供具有计算机组装与维护基础知识的广大用户学习参考。

◆ 主　　编　蔡　飓　孙　菲
副 主 编　吕双庆　张晓伟　肖景阳
责任编辑　桑　珊
责任印制　马振武
◆ 人民邮电出版社出版发行　　北京市丰台区成寿寺路11号
邮编　100164　　电子邮件　315@ptpress.com.cn
网址　http://www.ptpress.com.cn
北京天宇星印刷厂印刷
◆ 开本：787×1092　1/16
印张：17.5　　　　2018年4月第1版
字数：444千字　　　2024年8月北京第13次印刷

定价：49.80元

读者服务热线：(010)81055256　印装质量热线：(010)81055316
反盗版热线：(010)81055315
广告经营许可证：京东市监广登字20170147号

前 言

党的二十大报告提出：我们要坚持教育优先发展、科技自立自强、人才引领驱动，加快建设教育强国、科技强国、人才强国，坚持为党育人、为国育才，全国提高人才自主培养质量，着力造就拔尖创新人才，聚天下英才而用之。

随着计算机技术的发展，计算机在人们工作和生活中的应用范围越来越广。无论在生活、工作还是学习过程中，计算机都起到了非常重要的辅助作用。因此，能够使用计算机已成为每位大学生必备的基本能力。

计算机组装与维护作为一门普通高校计算机专业学生的必修课程，其学习的用途和意义重大。从目前大多数学校对这门课程的教学和应用调查情况来看，计算机组装与维护在各校属于专业必修课，其操作性强、专业能力要求高。

为了让读者能够快速且牢固地掌握计算机组装与维护相关知识，人民邮电出版社充分发挥在线教育方面的技术优势、内容优势、人才优势，潜心研究，为读者提供一种“纸质图书+在线课程”相配套、全方位学习计算机组装与维护的解决方案。读者可根据个人需求，利用图书和“人邮学院”平台上的在线课程进行系统化、移动化的学习，以便快速全面地掌握计算机组装与维护的相关知识。

一、如何学习慕课版课程

本课程依托人民邮电出版社自主开发的在线教育慕课平台——人邮学院（www.rymooc.com），该平台为学习者提供优质、海量的课程，课程结构严谨，学习者可以根据自身的学习程度，自主安排学习进度。人邮学院为每一位学习者，提供完善的一站式学习服务（见图1）。

图1　人邮学院首页

为了使读者更好地完成慕课的学习，现将本课程的使用方法介绍如下。

1. 读者购买本书后，找到粘贴在图书封底上的刮刮卡，刮开，获得激活码（见图2）。

2. 登录人邮学院网站（www.rymooc.com），或扫描封面上的二维码，使用手机号码完成网站注册（见图3）。

图2　激活码

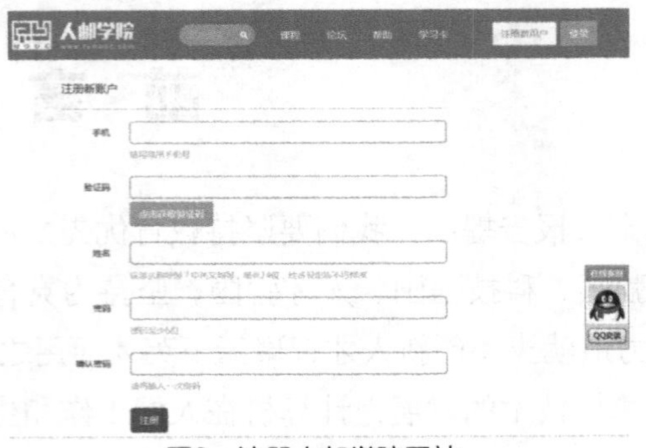

图3　注册人邮学院网站

3. 注册完成后，返回网站首页，单击页面右上角的“学习卡”选项（见图4），进入“学习卡”页面（见图5）。

图4　单击“学习卡”选项

图5　在“学习卡”页面输入激活码

4. 输入激活码后，即可获得该课程的学习权限。可随时随地使用计算机、平板电脑、手机学习本课程的任意章节，根据自身情况自主安排学习进度。

5. 在学习慕课课程的同时，阅读本书中相关章节的内容，巩固所学知识。本书既可与慕课课程配合使用，也可单独使用，书中主要章节均放置了二维码，用户扫描二维码即可在手机上观看相应章节的视频讲解。

6. 书中配套的PPT、高清大图、教学教案、模拟试题库、组装视频等教学资源，用户也可在该课程的首页找到相应的下载链接。

关于人邮学院平台使用的任何疑问，可登录人邮学院咨询在线客服，或致电：010-81055236。

二、本书特点

本书在写作时综合考虑了目前专业课程教育的实际情况和在实际工作中的实践应用，采用案例式的讲解方法，以案例形式来带动知识点的学习，希望可以激发学生的学习兴趣，帮助学生掌握相关知识点在实际工作中的应用。

本书的内容

本书内容紧跟当下的主流技术，讲解了以下3个部分的内容。

● **计算机基础（第1~3章）**：这部分主要通过介绍目前主流的计算机类型，计算机的硬件组成，计算机的软件组成，认识计算机的CPU、主板、内存、显卡、显示器、机械硬盘、固态硬盘、机箱、电源、鼠标、键盘、打印机、扫描仪、投影仪、网卡、声卡、音箱、耳机、路由器、U盘、移动硬盘、闪存卡、摄像头、光驱、数位板等，并通过这些来讲解计算机的基础知识。

● **计算机组装（第4~7章）**：这部分主要通过介绍设计计算机的装机方案，准备组装计算机，具体组装一台计算机，认识BIOS，设置UEFI BIOS，设置传统的BIOS，认识大容量硬盘的分区，制作U盘启动盘，对不同容量的硬盘进行分区，对不同容量的硬盘进行格式化，利用U盘安装32/64位的操作系统，安装硬件的驱动程序，安装常用的软件等，并通过这些讲解组装一台计算机所需的相关知识。

● **计算机维护（第8~12章）**：这部分主要介绍利用Ghost备份与还原操作系统，常用的优化操作系统的操作，使用VMware Workstation制作虚拟机来安装32/64位操作系统，利用软件测试计算机性能，计算机的日常维护事项，计算机主要硬件的日常维护，查杀计算机病毒，防御黑客攻击，修复操作系统漏洞，对计算机进行安全加密，恢复丢失的硬盘数据，了解计算机故障产生的原因，确认计算机故障的方法，了解计算机常见故障，排除计算机常见故障等。

本书的特色

本书具有以下特色。

（1）结构鲜明，内容翔实。以小节单独作为一个案例，来带动知识点的学习，将知识点应用在实际操作中，让学生了解实际工作需求并明确学习目的，此外，每章均给出了一个应用实训，便于学生巩固所学知识，并在最后安排了拓展练习。

（2）讲解深入浅出，实用性强。本书重点突出了实用性及可操作性，对重点概念和操作技能进行详细讲解，语言流畅，内容丰富，深入浅出，满足社会人才培养的要求。

在讲解过程中，还通过各种“提示”和“技巧”为学生提供了更多解决问题的方法和更全面的知识，并引导读者尝试如何更好、更快地掌握所学知识。

（3）本书重点和难点操作讲解内容均已被录制成视频，读者只需扫描书中提供的各个二维码，便可以随扫随看，轻松掌握相关知识。

本书教学资源可以通过www.ryjiaoyu.com网站以及人邮学院网站下载，慕课视频教程可以通过http://www.rymooc.com网站观看。

本书由蔡飓、孙菲任主编，吕双庆、张晓伟、肖景阳任副主编，参与编写的还有赵松林、宗坤。由于编者水平有限，书中难免有欠妥和不足之处，恳请读者批评和指正。

编者

2018年1月

目录
CONTENTS

第3章 认识计算机的周边设备 81

第4章 组装计算机 113

第12章 计算机的故障排除 251

第1章 计算机的类型与组成

1.1 了解目前主流的计算机类型

自1946年第一台计算机问世以来，先后经历了电子管、晶体管、中小规模集成电路和大规模/超大规模集成电路4个发展时代。计算机现在作为办公和家庭的必备用品，早已经和人们的生活紧密地联系在了一起。现在所说的计算机通常是指个人计算机（Personal Computer，PC）。目前主流的计算机类型有台式机、笔记本电脑、一体机和平板电脑。

1.1.1 台式机

台式机也叫台式计算机，是一种独立相分离的计算机。相对于其他类型的计算机，台式机体积较大，主机、显示器等设备都是相对独立的，一般需要放置在桌子或者专门的工作台上，因此命名为台式机。多数家用和办公用的计算机都是台式机，如图1.1所示。

图1.1　台式计算机

1. 台式机的特性

台式机具有以下一些特性。

◎ **散热性：**台式机的机箱空间大、通风条件好，因此具有良好的散热性，这是笔记本电脑所不具备的。

◎ **扩展性：**台式机的机箱方便硬件升级。例如，台式机机箱的光驱驱动器插槽是4~5个，硬盘驱动器插槽是4~5个，非常方便用户日后的硬件升级。

◎ **保护性：**台式机全方面保护硬件不受灰尘的侵害，而且具有一定的防水性。

◎ **明确性：**台式机机箱的开关键和重启键，以及USB和音频接口都在机箱前置面板中，方便用户的使用。

提示：通常情况下所说的计算机就是指台式机，在本书中没有明确标注的情况下，所有计算机也都是指台式机。

2. 区分品牌机和兼容机

品牌机和兼容机都属于台式机的一种类型，其中，品牌机是指有注册商标的整机，是专业的计算机生产公司将计算机配件组装好后进行整体销售，并提供技术支持及售后服务的计算机。兼容机则是指按用户要求选择配件，由用户或第三方计算机公司组装而成的计算机，兼容机具有较高的性价比。下面对两种机型进行比较，方便不同的用户选购。

◎ **兼容性与稳定性：**每一台品牌机的出厂都经过严格测试（通过严格规范的工序和方法进行检测），因此其稳定性和兼容性都有保障，很少出现硬件不兼容的现象。而兼容机是在成百上千种配件中选取其中的几个来组成，无法保证足够的兼容性。所以，在兼容性和稳定性方面，品牌机占优势。

◎ **产品搭配灵活性：**产品搭配灵活性是指配件选择的自由程度，兼容机具有品牌机不可比拟的优势。由于不少用户装机有特殊要求，可能是根据专业应用要突出计算机某一方面的性能，就可以由用户自行选件或者由经销商帮助，根据用户的喜好和要求来组装。而品牌机的生产数量往往都是数以万计，绝对不可能因为个别用户的要求，专门为其变更配置生产一台计算机。

◎ **价格比较：**价格上，同配置的兼容机往往要比品牌机便宜，主要是由于品牌机的价格包含了正版软件捆绑费用和厂家的售后服务费用。另外，购买兼容机可以“砍价”，比购买品牌机要灵活得多。

◎ **售后服务：**多数消费者最关心的往往不是该产品的性能，而是该产品的售后服务。品牌机的服务质量毋庸置疑，一般厂商都提供1年上门、3年质保的服务，并且有800免费技术支持电话，以及12/24小时紧急上门服务。而兼容机一般只有1年的质保期，且键盘、鼠标和光驱这类易损产品质保期只有3个月，也不提供上门服务。

1.1.2 笔记本电脑

笔记本电脑的英文名称为NoteBook，也称手提计算机或膝上型计算机，是一种小型、可携带的计算机，通常重1~3千克。目前，市场上有很多类型的笔记本电脑，如游戏本、时尚轻薄本、2合1计算机、超极本、商务办公本、影音娱乐本、校园学生本和IPS硬屏笔记本等，这些都是根据笔记本电脑的市场定位进行命名的。

◎ **游戏本：**游戏本是为了细分市场而推出的产品，即主打游戏性能的笔记本电脑。游戏本并没有一家公司或者一个机构推出一套标准，但一般来说，硬件配置能够达到一定游戏性能的笔记本电脑才能算是游戏本。通常情况下，游戏本需要拥有与台式机相媲美的强悍性能，且机身比台式机更便携，外观比台式机更美观，同时，价格也比台式机（甚至其他种类的笔记本电脑）昂贵，如图1.2所示。

◎ **时尚轻薄本：**主要特点为外观时尚轻薄，性能同样出色，让用户的办公学习、影音娱乐都能有出色体验，使用更随心，如图1.3所示。

图1.2　游戏本

图1.3　时尚轻薄本

◎ **2合1计算机：**是兼具传统笔记本与平板电脑二者综合功能的产品，既可以当成平板电脑，也可以当成笔记本使用，如图1.4所示。

◎ **超极本：**超极本（Ultrabook）是Intel公司定义的又一全新品类的笔记本产品，“Ultra”的意思是极端的，“Ultrabook”是指极致轻薄的笔记本产品，即常说的超轻薄笔记本，中文翻译为“超极本”，集成了平板电脑的应用特性与计算机的性能，如图1.5所示。

图1.4　2合1计算机

图1.5　超极本

提示：超极本有可能是2合1计算机，2合1计算机一定是超极本。2合1计算机是超极本的进阶版，但配置比超极本低一点，可以触控和变形。办公或普通游戏可以买超极本，如果只是看电影、浏览网页、听音乐等基本娱乐，购买2合1计算机即可。

◎ **商务办公本：**顾名思义就是专门为商务办公设计的笔记本电脑，特点为移动性强、电池续航时间长、商务软件多，如图1.6所示。

◎ **影音娱乐本：**这类笔记本电脑在游戏、影音等方面的画面效果和流畅度比较突出，有较强的图形图像处理能力和多媒体应用能力，为享受型产品，而且多媒体应用型多拥有较为强劲的独立显卡和声卡（均支持高清），并有较大的屏幕，如图1.7所示。

图1.6　商务办公本

图1.7　影音娱乐本

◎ **校园学生本：**其性能与普通台式机相差不大，主要针对校园的学生使用，几乎拥有笔记本电脑的所有功能，但各方面都比较平均，且价格更加便宜，如图1.8所示。

◎ **IPS硬屏笔记本：**IPS（In-Plane Switching）就是平面转换硬屏技术，是目前世界上最先进的液晶面板技术，已经广泛使用于液晶显示器与手机屏幕等显示面板中。IPS屏幕相比一般普通的显示屏幕，拥有更加清晰细腻的动态显示效果，视觉效果更为出众，液晶显示或智能手机屏幕使用IPS屏幕的表现会更出色，不过价格可能更高一些。采用IPS硬屏技术的笔记本，具有稳定的屏幕、超强广视角、准确的色彩表现3大技术优势。图1.9所示为采用了IPS硬屏的笔记本电脑。

图1.8　校园学生本　　图1.9　IPS硬屏笔记本

提示：另外还有一种特殊用途的笔记本电脑，这种类型的笔记本电脑通常服务于专业人士，如科学考察、部队等，可在酷暑、严寒、低气压、高海拔、强辐射或战争等恶劣环境下使用，有的较笨重。

1.1.3 一体机

一体机是由一台显示器、一个键盘和一个鼠标组成的计算机。一体机的芯片和主板与显示器集成在一起，显示器就是一台计算机，因此只要将键盘和鼠标连接到显示器上，机器就能使用，图1.10所示为一台一体式的计算机。

图1.10　一体机

一体机具有以下一些优点。

◎ **简约无线：**最简洁优化的线路连接方式，只需要一根电源线就可以完成所有连接，减少了音箱线、摄像头线、视频线、网线、键盘线和鼠标线的使用。

◎ **节省空间：**比传统分体台式机更纤细，可节省最多70%的桌面空间。

◎ **超值整合：**同价位拥有更多功能部件，集摄像头、无线网卡、音箱和耳麦等于一身。

◎ **节能环保：**一体机更节能环保，耗电仅为传统台式机的1/3，且电磁辐射更小。

◎ **潮流外观：**一体机简约、时尚的实体化设计，更符合现代人节约家居空间和追求美观的宗旨。

同时，一体机也具有以下一些缺点。

◎ **维修不方便：**若有接触不良或者其他问题，必须拆开显示器后盖进行检查。

◎ **使用寿命较短：**由于把硬件都集中到了显示器中，导致散热较慢，元件在高温下容易老化，因而寿命会缩短。

◎ **实用性不强：**多数配置不高，而且不方便升级。

1.1.4 平板电脑

平板电脑（Tablet Personal Computer）是一款无需翻盖、没有键盘、功能完整的计算机，如图1.11所示。其构成组件与笔记本电脑基本相同，以触摸屏作为基本的输入设备，允许用户通过触控笔、数字笔或手指来进行操作，而不是通过传统的键盘或鼠标。

图1.11　平板电脑

平板电脑具有以下一些优势。

◎ **便于移动：** 它比笔记本电脑体积更小、重量更轻，并可随时转移它的使用场所，具有移动灵活性。

◎ **功能强大：** 具备数字墨水和手写识别输入功能，以及强大的笔输入识别、语音识别和手势识别能力。

◎ **特有的操作系统：** 不仅具有普通操作系统的功能，且普通计算机兼容的应用程序都可以在平板电脑上运行，并增加了手写输入。

同时，平板电脑也具有以下一些缺点。

◎ **译码：** 编程语言不益于手写识别。

◎ **打字（学生写作业、编写E-mail）：** 手写输入速度较慢，一般只能达到30字/分钟，不适合大量的文字录入工作。

1.2 了解计算机的硬件组成

广义上的计算机是由硬件系统和软件系统两部分组成的，硬件系统是软件系统工作的基础，而软件系统又控制着硬件系统的运行，两者相辅相成，缺一不可。从外观上看，计算机的硬件包括主机、外部设备和周边设备3个部分，主机是指机箱和其中的各种硬件，外部设备是指显示器、鼠标和键盘，周边设备则是指打印机、音箱和移动存储设备等。

扫一扫

计算机主机中的硬件组成

1.2.1 计算机主机中的硬件组成

主机是机箱以及安装在机箱内的计算机硬件的集合，主要由CPU（包括CPU和散热器）、主板、内存卡、显卡（包括显卡和散热器）、机械硬盘（或者固态硬盘，有时是两种硬盘）、主机电源和机箱几个部件组成，如图1.12所示。

图1.12 主机

◎ CPU：CPU也称为中央处理器，是计算机的数据处理中心和最高执行单位，负责计算机内数据的运算和处理，与主板一起控制协调其他设备的工作，图1.13所示为Intel的Core i7 CPU。

提示：CPU在工作时会产生大量的热量，如果散热不及时，会导致计算机死机，甚至烧毁CPU。为了保证计算机的正常工作，控制热量，就需要为CPU安装散热器。通常正品盒装的CPU，会标配风冷散热器，而散片CPU则需要单独购买散热器，图1.14所示为一款CPU散热器。

图1.13 CPU　　图1.14 CPU散热器

◎ **主板：**从外观上看，主板是一块方形的电路板，其上布满了各种电子元器件、插座、插槽和各种外部接口，它可以为计算机的所有部件提供插槽和接口，并通过其中的线路统一协调所有部件的工作，如图1.15所示。

提示：随着主板制板技术的发展，主板上已经能够集成很多计算机硬件了，如CPU、显卡、声卡和网卡等，这些硬件都可以以芯片的形式集成到主板上。

◎ **内存：**内存是计算机的内部存储器，也叫主存储器，是计算机用来临时存放数据的地方，也是CPU处理数据的中转站，内存的容量和存取速度直接影响CPU处理数据的速度，图1.16所示为最新一代的DDR4内存条。

图1.15 主板　　图1.16 内存

◎ **硬盘：**它是计算机中最大的存储设备，通常用于存放永久性的数据和程序，如图1.17所示。这里的硬盘是指机械硬盘，也是使用最广和最普通的硬盘类型。另外，还有一种目前最热门的硬盘类型——固态硬盘（Solid State Drives，SSD），简称固盘，是用固态电子存储芯片阵列而制成的硬盘，如图1.18所示。

图1.17 机械硬盘

图1.18 固态硬盘

◎ **显卡：**显卡又称为显示适配器或图形加速卡，其功能主要是将计算机中的数字信号转换成显示器能够识别的信号（模拟信号或数字信号），并将其处理和输出，可分担CPU的图形处理工作，如图1.19所示，图中显卡的外面覆盖了一层散热装置，通常由散热片和散热风扇组成。

◎ **主机电源：**主机电源也称电源供应器，为计算机正常运行提供了所需要的动力，电源能够通过不同的接口为主板、硬盘和光驱等计算机部件提供所需动力，如图1.20所示。

图1.19 显卡　　图1.20 主机电源

◎ **机箱：**机箱是安装和放置各种计算机部件的装置，它将主机部件整合在一起，并起到防止损坏的作用，如图1.21所示。机箱的好坏直接影响主机部件的正常工作。且机箱还能屏蔽主机内的电磁辐射，对使用者也能起到一定的保护作用。

◎ **光盘驱动器：**光盘驱动器简称光驱，用于读取光盘存储的信息。过去的光驱通常安装在机箱中，因此也被划分为计算机的主机硬件。光驱存储数据的介质为光盘，其特点是容量大、成本低和保存时间长。光驱可以通过光盘来启动计算机、安装操作系统和应用软件，还可以通过刻录光盘来保存数据。但现在的计算机可以通过移动存储设备（如USB闪存盘或移动硬盘）进行光驱的所有工作，光驱也逐渐进入将要消失硬件的名单，现在市面上存在的光驱也以不安装在机箱内的外置光驱为主，如图1.22所示。

提示：主机机箱上还有按钮和指示灯，不同机箱的按钮和指示灯的形状及位置可能不同，复位按钮一般都有“Reset”字样；电源开关一般都有“⏻”标记或“Power”字样；电源指示灯在开机后一直显示为绿色；硬盘工作指示灯只有在对硬盘进行读写操作时才会亮起。

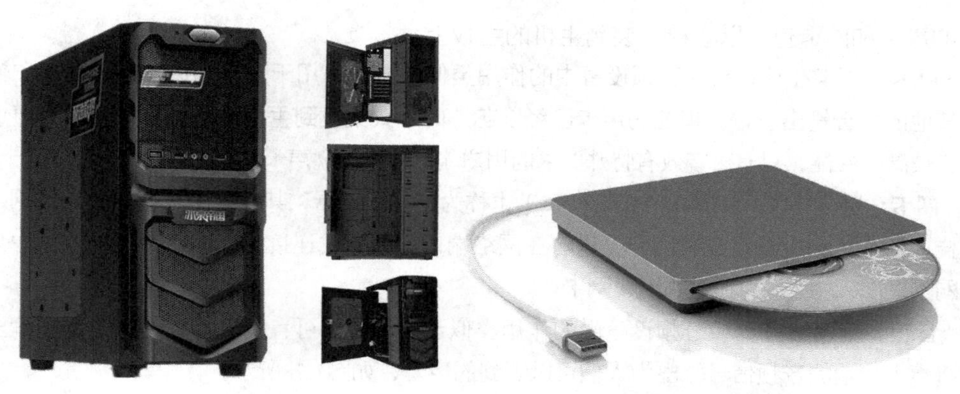

图1.21　机箱　　　　图1.22　外置光驱

1.2.2 计算机的主要外部设备

对于普通计算机用户来说，计算机的组成其实只有两部分：计算机主机和外部设备，这里的外部设备是指显示器、键盘和鼠标这3个硬件，外部设备加上计算机主机，就可以进行绝大部分的计算机操作。所以，对于组装计算机需要选购的硬件，除主机外，显示器、键盘和鼠标也是必须要选购和安装的。

◎ **显示器：**显示器是计算机的主要输出设备，其作用是将显卡输出的信号（模拟信号或数字信号）以肉眼可见的形式表现出来。目前主要使用的显示器类型是液晶显示器（Liquid Crystal Display，LCD），如图1.23所示。

◎ **鼠标：**鼠标是计算机的主要输入设备之一，是随着图形操作界面而产生的，因为其外形与老鼠类似，所以被称为鼠标，如图1.24所示。

◎ **键盘：**键盘是计算机的另一种主要输入设备，是和计算机进行交流的工具，如图1.25所示。通过键盘可直接向计算机输入各种字符和命令，简化计算机的操作。另外，即使不用鼠标，只用键盘也能完成计算机的基本操作。

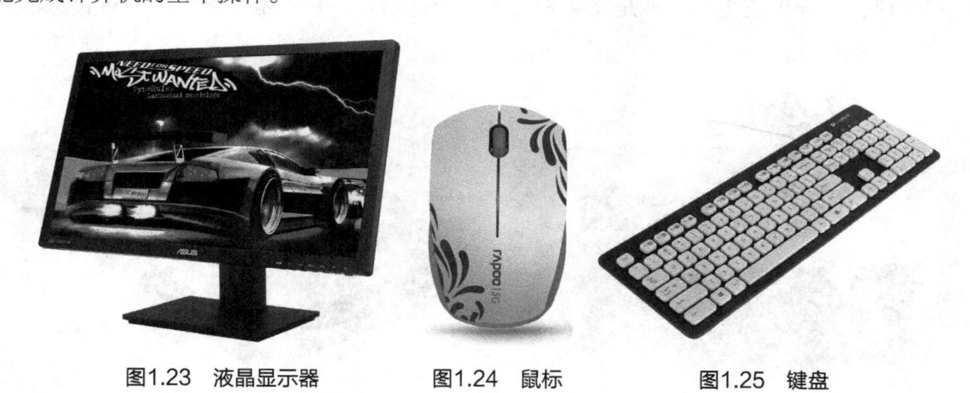

图1.23　液晶显示器　　　　图1.24　鼠标　　　　图1.25　键盘

1.2.3 计算机的常见周边设备

周边设备对于计算机来说，属于可选装硬件，即使不安装这些硬件，也不会影响计算机的正常工作，但在安装和连接这些设备后，将提升计算机某些方面的功能。计算机的周边设备都是通过主机上的接口（主板或机箱上面的接口）连接到计算机上的，在常见的周边设备中，某些类型的声卡和网卡也可以直接安装到主机的主板上。

◎ **声卡：** 声卡在计算机的音频设备中的作用类似于显卡，用于声音的数字信号处理和输出到音箱或其他的声音输出设备。现在的声卡已经以芯片的形式集成到主板中（也被称为集成声卡），并且具有较高的性能，只有对音效有特殊要求的用户才会购买独立声卡，图1.26所示为独立声卡。

◎ **网卡：** 网卡（Network Interface Card）也称为网络适配器，其功能是连接计算机和网络。同声卡一样，通常主板中都集成有网卡，只有在网络端口不够用或连接无线网络的情况下，才会安装独立的网卡，图1.27所示为独立的无线网卡。

◎ **音箱：** 音箱在计算机音频设备中的作用类似于显示器，可直接连接到声卡的音频输出接口中，并将声卡传输的音频信号输出为人们可以听到的声音，如图1.28所示。

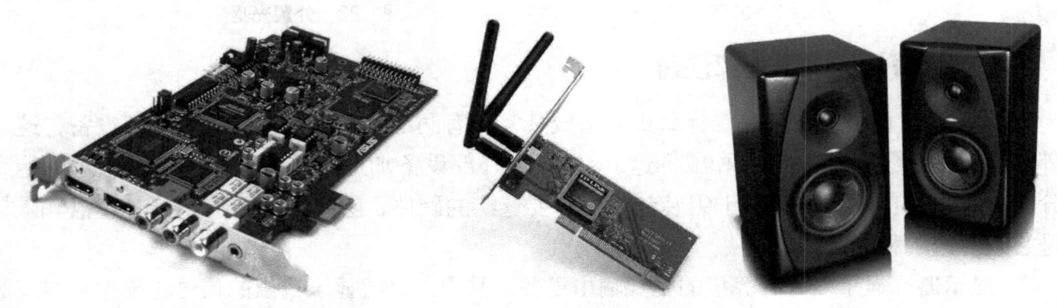

图1.26　声卡　　图1.27　网卡　　图1.28　音箱

提示：音箱和音响是有区别的，音箱是整个音响系统的终端，只负责声音输出；音响则通常是指声音产生和输出的一整套系统，音箱是音响的一个部分。

◎ **打印机：** 打印机的主要功能是文字和图像的打印输出，它是一种负责输出的周边设备，图1.29所示为最常用的彩色喷墨打印机。

◎ **扫描仪：** 扫描仪的主要功能是文字和图像的扫描输入，它也是计算机的一种负责输入的周边设备，如图1.30所示。

图1.29　打印机　　图1.30　扫描仪

◎ **投影仪：** 投影仪又称投影机，是一种可以将图像或视频投射到幕布上的设备，可以通过专业的接口与计算机相连接播放相应的视频信号，它也是一种负责输出的计算机周边设备，如图1.31所示。

◎ **U盘：** U盘的全称为USB闪存盘，它是一种使用USB接口的微型高容量移动存储设备，与计算机实现即插即用，如图1.32所示。

◎ **移动硬盘：** 移动硬盘也是一种采用硬盘作为存储介质，可以即插即用的移动存储设备，如图1.33所示。

图1.31 投影仪　　图1.32 U盘　　图1.33 移动硬盘

◎ **耳机：** 耳机是一种将音频输出为声音的周边设备，通常个人使用，如图1.34所示。

◎ **数码摄像头：** 数码摄像头也是一种常见的计算机周边设备，主要功能是为计算机提供实时的视频图像，实现视频信息交流，如图1.35所示。

◎ **路由器：** 它是一种连接Internet和局域网的计算机周边设备，是家庭和办公局域网的必备设备，如图1.36所示。

图1.34 耳机　　图1.35 数码摄像头　　图1.36 路由器

1.3 了解计算机的软件组成

软件是编制在计算机中使用的程序，而控制计算机所有硬件工作的程序集合就是软件系统，软件系统的作用主要是管理和维护计算机的正常运行，并充分发挥计算机性能。按功能不同可将软件分为系统软件和应用软件。

1.3.1 32/64位Windows操作系统

从广义上讲，系统软件包括汇编程序、编译程序、操作系统和数据库管理软件等，但我们通常所说的系统软件就是指操作系统软件，而操作系统软体的功能是管理计算机的全部硬件和软件，方便用户对计算机进行操作。

1. 操作系统的版本

Microsoft公司的Windows系列系统软件是目前使用最广泛的系统软件，它采用图形化操作界面，支持网络和多媒体，以及多用户和多任务，在支持多种硬件设备的同时，还兼容多种应用程序，可满足用户在各方面的需求。Windows操作系统经历了Windows 1.0到Windows 95、Windows 98、Windows ME、Windows 2000、Windows 2003、Windows XP、Windows Vista、Windows 7、Windows 8、Windows 10 和 Windows Server服务器企业级操作系统等多个版本，图1.37所示为目前使用最多的Windows 7操作系统。

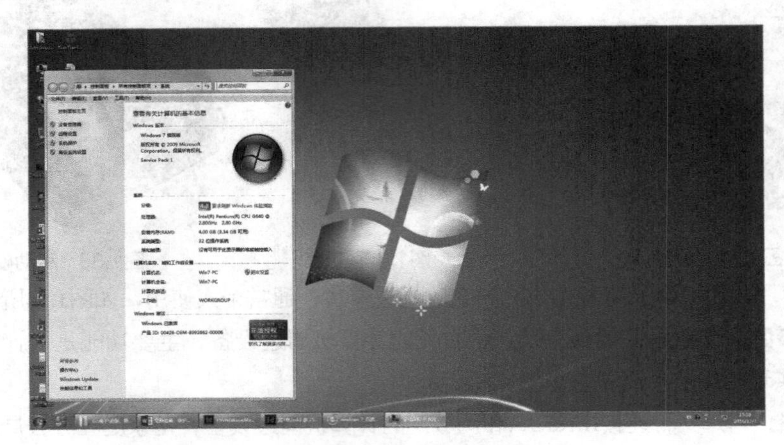

图1.37　Windows 7操作系统

2. 操作系统的位数

Windows操作系统的位数是与CPU的位数相关的。从CPU的发展史来看，从以前的8位到现在的64位，8位也就是CPU在一个时钟周期内可并行处理8位二进字符0或1，以此类推，16位即16位二进制，32位就是32位二进制，64位就是64位二进制。从数据计算上来讲，理论上64位比32位快一倍，其余以此类推。因为计算机要软硬件相配合才能发挥最佳性能。因此，在64位CPU的计算机上要安装64位操作系统和64位的硬件驱动，32位的硬件驱动是不能用的，只有这样才能发挥计算机的最佳性能。 操作系统只是硬件和应用软件间的一个平台，32位操作系统针对32位CPU设计，64位操作系统针对64位CPU设计。图1.38所示为64位的Windows 10操作系统。

图1.38　Windows 10操作系统

提示：目前，64位的操作系统只能安装应用于64位CPU的计算机中，辅以基于64位操作系统开发的软件才能发挥出最佳的性能；而32位的操作系统则既能安装应用于32位CPU的计算机上，也能安装在64位CPU的计算机上，只不过在64位CPU的计算机中安装32位操作系统会显得有些大材小用，无法最大化地发挥出64位CPU的性能。

1.3.2 其他操作系统

除了使用最广泛的Windows系列操作系统外，市场上还存在Mac OS、Linux、UNIX和银河麒麟等系统软件，它们也有各自不同的应用领域。其中，银河麒麟操作系统是由我国自主研发的、具有创新能力的国产操作系统。

◎ **Mac OS操作系统：** Mac OS是一套基于UNIX内核的图形化操作系统，也是运行于苹果Macintosh系列计算机上的操作系统。Mac OS操作系统由苹果公司自行开发，一般情况下在普通计算机上无法安装，如图1.39所示。

图1.39 Mac OS操作系统

◎ **Linux操作系统：** Linux是一套免费使用和自由传播的UNIX操作系统，是一个多用户、多任务、支持多线程和多CPU的操作系统。它支持32/64位计算机硬件，是一个性能稳定的多用户网络操作系统。很多品牌计算机为了节约成本，通常都会预先安装Linux操作系统，如图1.40所示。

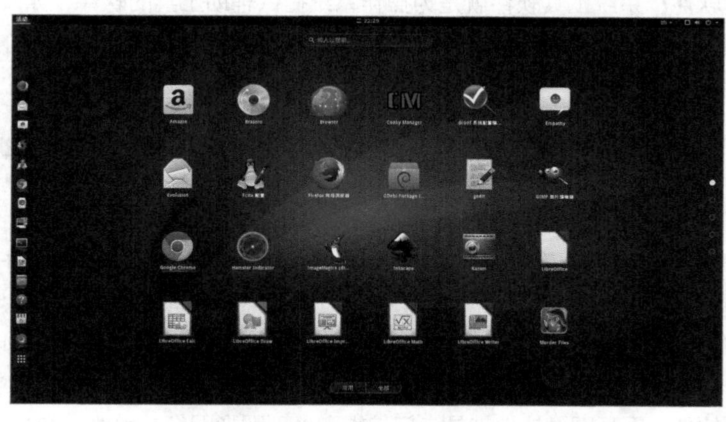

图1.40 Linux操作系统

提示：Linux操作系统的常用版本包括Ubuntu、redhat和Fedora 3种；Mac OS操作系统的常用版本则主要包括最初的10.0到现在的10.12。

◎ **UNIX操作系统：**它是一种强大的多用户、多任务操作系统，支持多种处理器架构，按照操作系统的分类，属于分时操作系统。UNIX操作系统是商业版，需要收费，价格比Windows操作系统贵。但UNIX也有免费版，如NetBSD等类似UNIX版本。

1.3.3 各种应用软件

应用软件是指一些具有特定功能的软件，如压缩软件WinRAR、图像处理软件Photoshop等，这些软件能够帮助用户完成特定的任务。

1. 类型

通常可以把应用软件分为以下几种类型，每个大类下面还分有很多小的类别，装机时可以根据用户的需要进行选择。

◎ **网络工具软件：**网络工具软件就是用来为网络提供各种各样的辅助工具，增强网络功能的软件，如百度浏览器、迅雷下载、腾讯QQ、Dreamweaver和Foxmail等，图1.41所示为目前网络工具软件的基本类别。

◎ **应用工具软件：**应用工具软件就是用来辅助计算机操作，提升工作效率的软件，如Office、数据恢复精灵、WinRAR、精灵虚拟光驱和完美卸载等，图1.42所示为目前应用工具软件的基本类别。

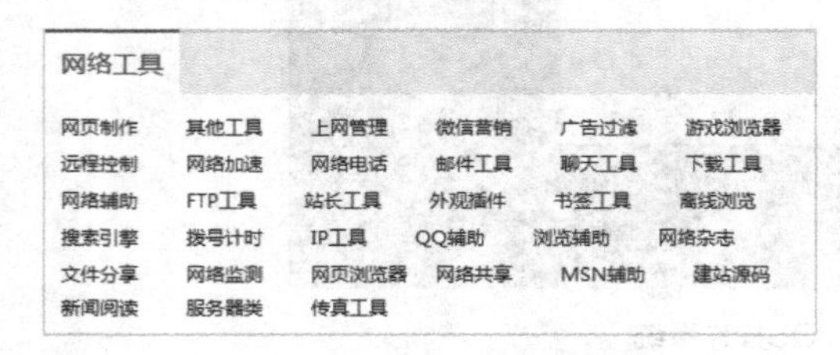

图1.41 网络工具软件

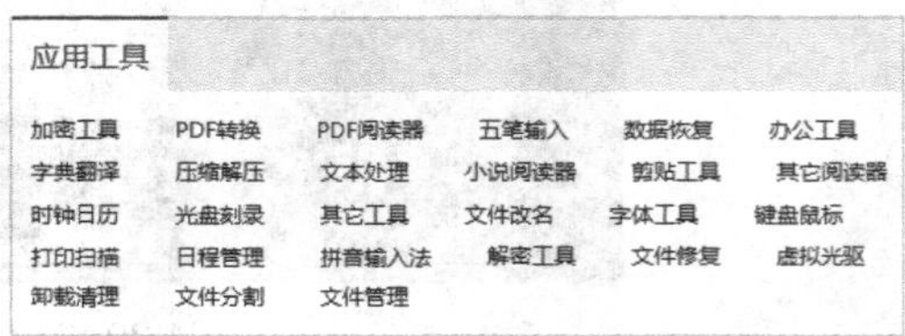

图1.42 应用工具软件

◎ **影音工具软件：**影音工具软件就是用来编辑和处理多媒体文件的软件，如会声会影、狸窝全能视频转换器、迅雷看看播放器和QQ音乐等，图1.43所示为目前影音工具软件的基本分类。

◎ **系统工具软件：**系统工具软件就是为操作系统提供辅助工具的软件，如硬盘分区魔术师、DiskGenius、Windows优化大师和一键GHOST等，图1.44所示为目前系统工具软件的基本分类。

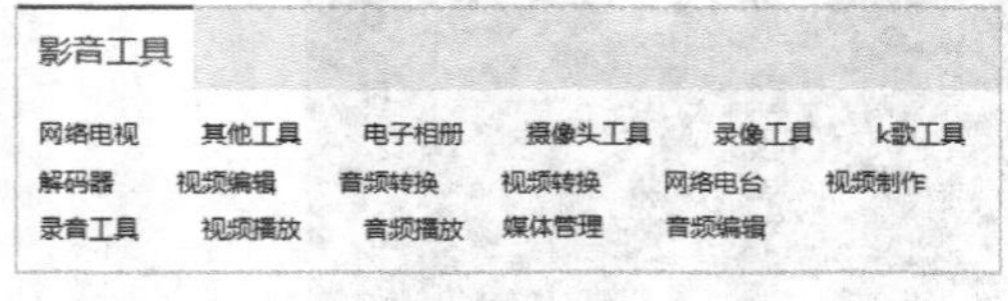

图1.43 影音工具软件

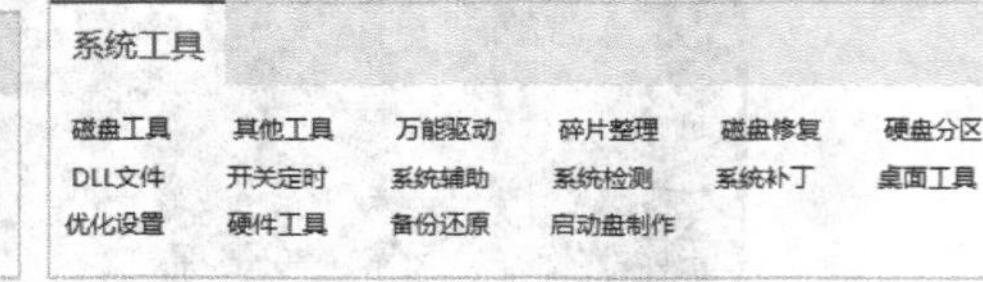

图1.44 系统工具软件

◎ **行业软件：**行业软件就是为各种行业设计的符合该行业要求的软件，如饿了么商家版、里诺客户管理软件、期货行情即时看和ERP生产管理系统等，图1.45所示为目前行业软件的基本分类。

◎ **图形图像软件：**图形图像软件就是专门编辑和处理图形图像的软件，如AutoCAD、ACDSee

和Photoshop等，图1.46所示为目前图形图像软件的基本分类。

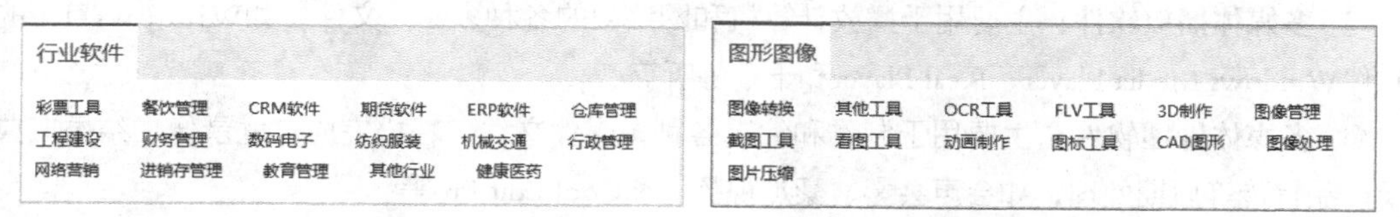

图1.45　行业软件　　　图1.46　图形图像软件

◎ **游戏娱乐软件：** 游戏娱乐软件就是各种与游戏相关的软件，如QQ游戏大厅、游戏修改大师和蓝瘦香菇表情包等，图1.47所示为目前游戏娱乐软件的基本分类。

◎ **教育软件：** 教育软件就是各种学习软件，如金山打字通、乐教乐学、驾考宝典和星火英语四级算分器等，图1.48所示为目前教育软件的基本分类。

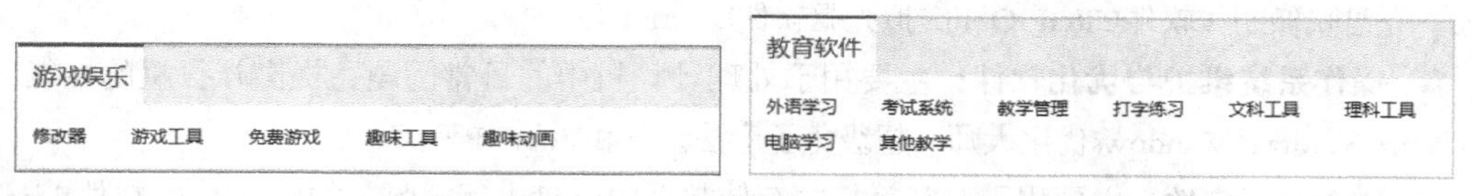

图1.47　游戏娱乐软件　　　图1.48　教育软件

◎ **病毒安全软件：** 病毒安全软件就是为计算机进行安全防护的软件，如360安全卫士、百度杀毒软件、腾讯计算机管家等，图1.49所示为目前病毒安全软件的基本分类。

◎ **其他工具软件：** 如网易MuMu、360抢票浏览器、iTunes For Windows、同花顺免费炒股软件等，图1.50所示为其他一些应用软件的类型。

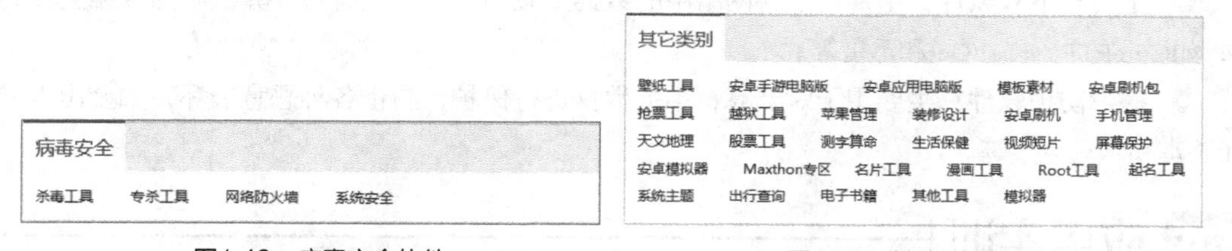

图1.49　病毒安全软件　　　图1.50　其他工具软件

2. 组装计算机的常用软件

下面介绍计算机可用的应用软件的主要类型和代表软件，以便于组装计算机时进行选择。

◎ **办公软件：** 是计算机办公中必不可少的软件之一，用于处理文字、制作电子表格、创建演示文档和表单等，如Office、WPS等。

◎ **图形图像编辑软件：** 主要用于处理图形和图像，制作各种图画、动画和三维图像等，如Photoshop、Flash、3ds Max和AutoCAD等。

◎ **程序编辑软件：** 是由专门的软件公司用来编写系统软件和应用软件的计算机语言编辑软件，如JDK（Java Development Kit）、Visual Studio等。

◎ **文件管理软件：** 主要用于计算机中各种文件的管理，包括压缩、解压缩、重命名和加解密等，如WinRAR、拖把更名器和高强度文件夹加密大师等。

◎ **图文浏览软件：** 主要用于计算机和网络中图片的浏览，以及各种电子文档的阅读，如ACDSee、Adobe Reader、超星图书阅览器和ReadBook等。

◎ **翻译与学习软件：** 主要用于查阅外文单词的意思，对整篇文档进行翻译，以及计算机日常学习，如金山词霸、金山快译和金山打字等。

◎ **多媒体播放软件：**主要用于播放计算机和网络中的各种多媒体文件，如Windows自带的播放软件Windows Media Player、Real Player和千千静听等。

◎ **多媒体处理软件：**主要用于制作和编辑各种多媒体文件，轻松完成家庭录像、结婚庆典，以及产品宣传等后期处理，如会声会影、豪杰视频通和Cool Edit Pro等。

◎ **抓图与录屏软件：**主要用于计算机和网络中各种图像的抓取，以及视频的录制，如屏幕抓图软件SnagIt和屏幕录像软件屏幕录像专家等。

◎ **文字编辑软件：**主要用于编辑与处理照片、图像和计算机中的文字，如Turbo Photo、Ulead COOL 3D和Crystal Button等。

◎ **光盘刻录软件：**主要用于将计算机中的重要数据存储到CD或DVD光盘中，如光盘刻录软件Nero、光盘映像制作软件UltraISO和虚拟光驱软件Daemon等。

◎ **操作系统维护与优化软件：**主要用于处理计算机中的日常问题，提高计算机的性能，如SiSoftware Sandra、Windows优化大师、超级兔子魔法设置和VoptXP等。

◎ **磁盘分区软件：**主要用于对计算机中存储数据的硬盘进行分区，如DOS分区软件Fdisk和Windows分区软件PartitionMagic等。

◎ **数据备份与恢复软件：**主要用于对计算机中的数据进行复制备份，以及操作系统的备份与恢复，如Norton Ghost、驱动精灵和FinalData等。

◎ **网络通信软件：**主要用于网络中计算机间的数据交流，如腾讯QQ和Foxmail等。

◎ **上传与下载软件：**主要用于将网络中的数据下载到计算机或者将计算机中的数据上传到网络，如CuteFTP、FlashGet和迅雷等。

◎ **病毒防护软件：**主要用于对计算机中的数据进行保护，防止各种恶意破坏，如金山毒霸、360杀毒和木马克星等。

1.4 应用实训

1.4.1 开关计算机

下面按照正确的开机步骤启动计算机，然后按照正确的关机步骤关闭计算机。通过实训，掌握启动和关闭计算机的操作步骤。启动计算机主要分为连接电源、启动电源、进入操作系统3个步骤，关闭计算机则只有关闭操作系统和断开电源两个步骤。本实训的操作思路如下。

（1）将电源插线板的插头插入交流电插座中。

（2）将主机电源线插头插入插线板中，如图1.51所示，用同样的方法插好显示器电源线插头，打开插线板上的电源开关。

（3）在主机箱后的电源处找到开关，按下为主机通电，如图1.52所示。

（4）找到显示器的电源开关，按下接通电源。

（5）按下机箱上的电源开关，启动计算机。

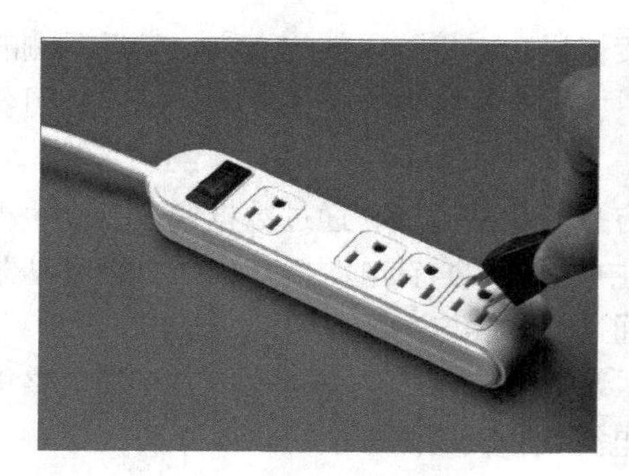

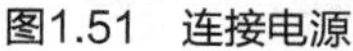
图1.51 连接电源

图1.52 打开电源开关

（6）计算机开始对硬件进行检测，并显示检测结果，然后进入操作系统，如图1.53所示。

（7）单击桌面左下角的“开始”按钮，在弹出的“开始”菜单中单击“关机”按钮退出操作系统，并关闭计算机，如图1.54所示。

（8）按下显示器的电源开关，然后关闭机箱后的电源开关，最后关闭插线板上的电源开关，再拔出插线板电源插头。

图1.53 进入操作系统

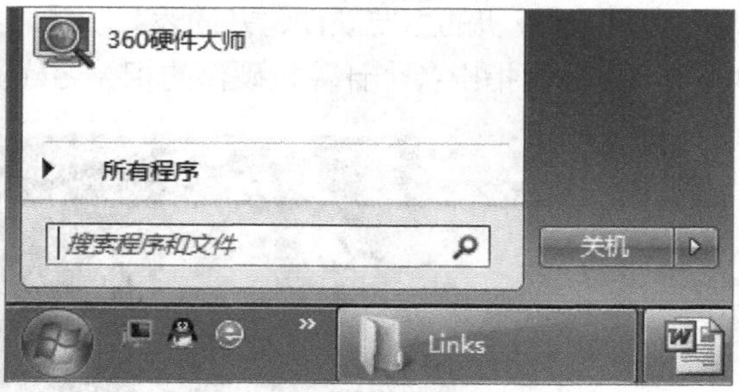

图1.54 关闭计算机

1.4.2 查看计算机硬件组成及连接

下面通过打开计算机的机箱查看内部结构，并分辨计算机硬件的组成和线路的连接。完成本实训主要包括拆卸连线、打开机箱、查看硬件3个主要的操作步骤，其操作思路如下。

扫一扫

查看计算机硬件组成及连接

（1）关闭主机电源开关，拔出机箱电源线插头，将显示器的电源线和数据线拔出。

（2）先将显示器的数据线插头两侧的螺钉固定把手拧松，再将数据插头向外拔出。

（3）将鼠标连接线插头从机箱后的接口上拔出，并使用同样的方法将键盘插头拔出。

（4）如果计算机中还有一些使用USB接口的设备，如打印机、摄像头、扫描仪等，还需拔出其USB连接线。

（5）将音箱的音频连接线从机箱后的音频输出插孔上拔出，如果连接到了网络，还需要将网线插头拔出，完成计算机外部连接的拆卸工作。

（6）用十字螺丝刀拧下机箱的固定螺钉，取下机箱盖。

（7）观察机箱内部各种硬件以及它们的连接情况。在机箱内部的上方，靠近后侧的是主机电源，其通过后面的4颗螺丝钉固定在机箱上，主机电源分出的电源线，分别连接到各个硬件的电源接口。

（8）在主机电源对面，机箱驱动器架的上方是光盘驱动器，通过数据线连接到主板上，光盘驱动器的另一个接口是用来插从主机电源线中分出来的4针电源插头，在机箱驱动器下方通常安装的是硬盘，与光盘驱动器相似，它也是通过数据线与主板连接。

（9）在机箱内部，最大的一个硬件是主板，从外观上看，主板是一块方形的电路板，上面有CPU、显卡和内存等计算机硬件，以及主机电源线和机箱面板按钮连线等。

1.5 拓展练习

（1）切断计算机电源，将计算机的机箱侧面板打开，了解CPU、显卡、内存、硬盘、电源等设备的安装位置，观察其中各种线路的连接规律，最后将机箱盖重新安装回机箱上。

（2）启动计算机，通过“开始”菜单了解其中所安装的应用软件有哪些？试着单击其中的某个软件，观察打开窗口的结构。

（3）列举出计算机的主要硬件，并简述其功能。

（4）在图1.55中指出各个计算机硬件的相关名称。

图1.55　计算机硬件

第2章 认识计算机的主要硬件

2.1 认识多核CPU

CPU在计算机系统中就像人的大脑一样，是整个计算机系统的指挥中心，计算机的所有工作都由CPU进行控制和计算。它的主要功能是负责执行系统指令，包括数据存储、逻辑运算、传输和控制、输入/输出等操作指令。CPU的内部分为控制、存储和逻辑3大单元。各个单元的分工不同，但组合起来紧密协作可使其具有强大的数据运算和处理能力。

2.1.1 多核CPU的外观结构

CPU（Central Processing Unit）是中央处理器的简称，既是计算机的指令中枢，也是系统的最高执行单位。CPU主要负责指令的执行，作为计算机系统的核心组件，在计算机系统中具有举足轻重的地位，是影响计算机系统运算速度的重要因素，图2.1所示为Intel CPU的外观。

扫一扫

查看高清大图

图2.1　Intel CPU的外观

从外观上看，CPU主要分为正面和背面两个部分，由于CPU的正面刻有各种产品参数，所以也称为参数面；CPU的背面主要是与主板上的CPU插槽接触的触点，所以也被称为安装面。

◎ **防误插缺口：**防误插缺口是CPU边缘上的半圆形缺口，它的功能是防止在安装CPU时，由于错误的方向旋转造成的损坏。

◎ **防误插标记：**防误插标记是CPU一个角上的小三角形标记，功能与防误插缺口一样，在CPU的两面通常都有防误插标记。

◎ **产品二维码：**CPU上的产品二维码是Datamatrix二维码，它是一种矩阵式二维条码，其尺寸是目前所有条码中最小的，可以直接印刷在实体上，主要用于CPU的防伪和产品统筹，图2.2所示为AMD CPU参数面上的产品二维码。

图2.2　产品二维码

2.1.2 CPU的处理器号

处理器号就是CPU的生产厂商为其进行的编号和命名，通过不同的处理器号，就可以区分CPU的性能高低。CPU的生产厂商主要有Intel、AMD、VIA（威盛）和龙芯（Loongson），市场上销售的主要是Intel和AMD的产品，所以，CPU的处理器号主要分为两种类型。

◎ **Intel（英特尔）：** 该公司是全球最大的半导体芯片制造商，从1968年成立至今已有40多年的历史。目前主要有奔腾（Pentium）双核，酷睿（Core）i3、i5和i7，凌动（移动CPU）等系列的CPU产品。图2.3所示为Intel公司生产的CPU，其处理器号为"英特尔 酷睿 i7-4790K"，其中的"英特尔"代表公司名称；"酷睿i7"代表CPU系列；"4790K"中，"4"代表它是该系列CPU的第四代产品，"790"代表CPU的处理主频和酷睿超频后的主频高低，也有可能代表了CPU内部集成的显卡芯片的等级高低，"K"代表该CPU没有锁住倍频。

◎ **AMD（超威）：** 该公司成立于1969年，是全球第二大微处理器芯片供应商，多年来AMD公司一直是Intel公司的强劲对手。目前主要产品有速龙（Athlon）和速龙Ⅱ，羿龙（Phenom）Ⅱ，APU A6、A8、A10系列，推土机（AMD FX）系列，以及最新的锐龙（Ryzen）3、5和7等CPU，图2.4所示为AMD公司生产的CPU，其处理器号为"AMD 速龙Ⅱ X4 730"，其中的"AMD"代表公司名称；"速龙Ⅱ"代表CPU系列；"X4"代表它是4核心的产品，"730"代表CPU的型号。

图2.3　英特尔 酷睿 i7-4790K

图2.4　AMD 速龙Ⅱ X4 730

根据Intel和AMD CPU的处理器号的命名规则可知，通常情况下，在同一厂商的处理器号中，后面代表主频的数字越大，频率越高，集成显卡的芯片等级越高，图2.5所示为目前常见的CPU默认频率的性能对比图，也是平常所说的性能天梯图（图为2017年2月版，没有包括最新的AMD锐龙系列的CPU，扫描二维码查看CPU性能天梯图的完整高清大图）。

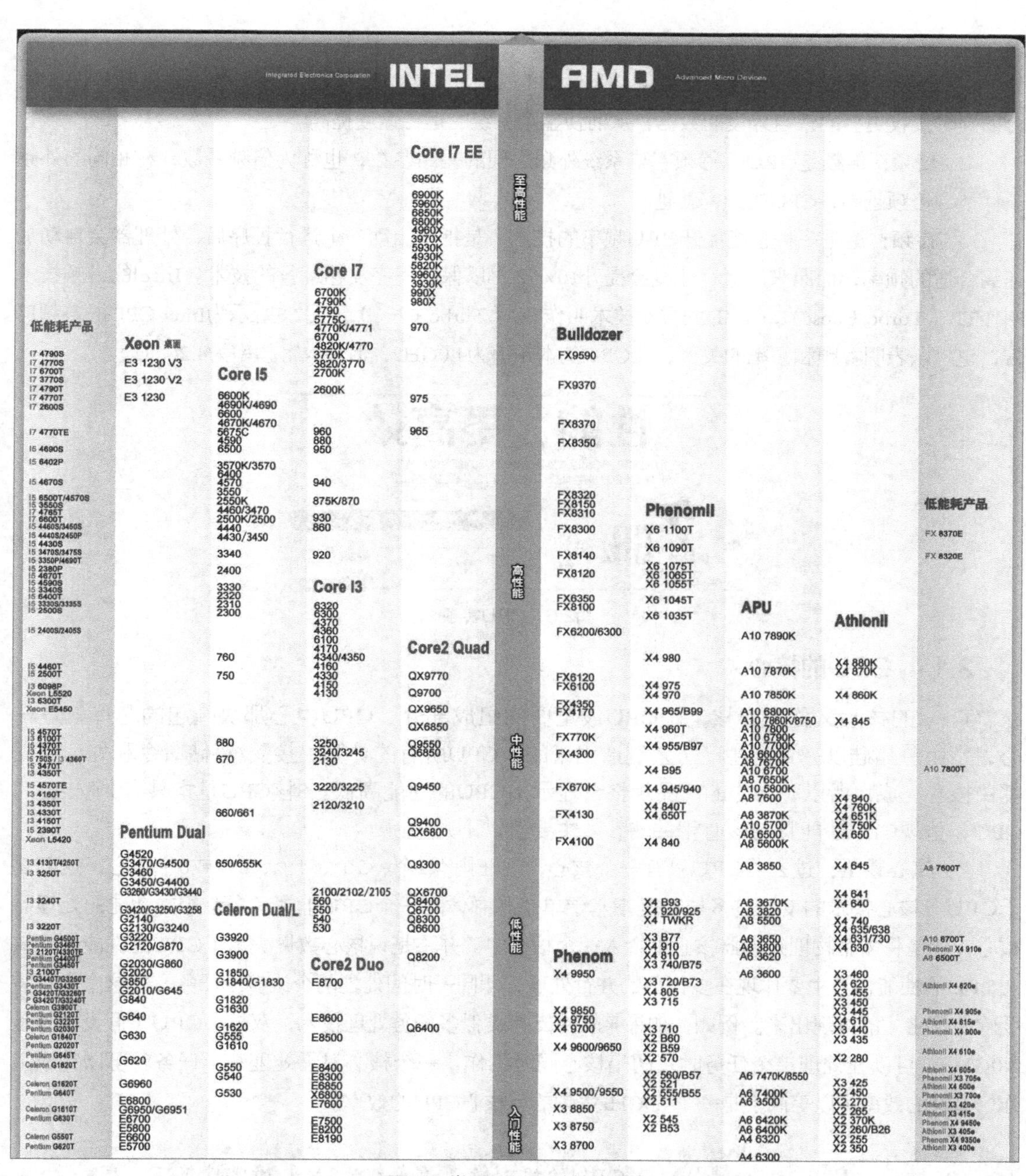

图2.5 常见CPU理论性能对比

2.1.3 CPU的睿频技术

CPU 频率是指 CPU 的时钟频率，简单地说就是 CPU 运算时的工作频率（1 秒内发生的同步脉冲数）的简称。CPU 的频率代表了 CPU 的实际运算速度，单位有 Hz 、kHz、MHz 和 GHz。理论上，CPU 的频率越高，在一个时钟周期内处理的指令数就越多，CPU 的运算速度也就越快，CPU 的性能也就越高。

CPU实际运行的频率与CPU的外频和倍频有关，其计算公式为：实际频率 = 外频 × 倍频，这个频率通常也被称为主频。

◎ **外频：**外频是CPU与主板之间同步运行的速度，即CPU的基准频率。外频速度高，CPU就可以同时接收更多的来自外设的数据，从而使整个系统的运行速度提高。

◎ **倍频：**倍频是CPU运行频率与系统外频之间的差距参数，也称为倍频系数，在相同的外频条件下，倍频越高，CPU的频率就越高。

◎ **睿频：**这是一种智能提升CPU频率的技术，是指当启动一个运行程序后，处理器会自动加速到合适的频率，而原来的运行速度会提升10%~20%以保证程序流畅运行的技术。Intel的睿频技术叫作TB（Turbo Boost），AMD的睿频技术叫作TC（Turbo Core），图2.6所示为Intel CPU的睿频广告，也可以表明睿频和频率的关系，该CPU基本频率为4.0GHz，但最大睿频率为4.2GHz。

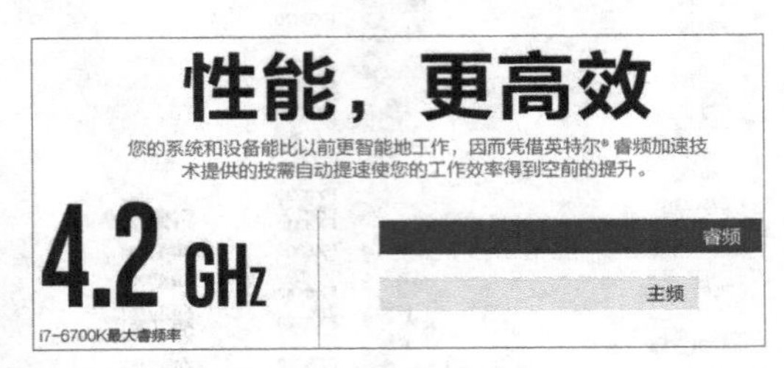

图2.6　CPU睿频

2.1.4 CPU的核心

CPU的核心又称为内核，是CPU最重要的组成部分，CPU中心那块隆起的芯片就是核心，是由单晶硅以一定的生产工艺制造出来的，CPU所有的计算、接受/存储命令和处理数据都由核心完成，所以，核心的产品规格会显示出CPU的性能高低。8核CPU是指具有8个核心的CPU，体现CPU性能且与核心相关的参数主要有以下几种。

◎ **核心数量：**过去的CPU只有一个核心，现在则有2个、3个、4个、6个或8个核心，这归功于CPU多核心技术的发展。多核心是指基于单个半导体的一个CPU上拥有多个相同功能的处理器核心，就是将多个物理处理器核心整合入一个核心中。并不是说核心数量决定了CPU的性能，多核心CPU的性能优势主要体现在多任务的并行处理，即同一时间处理两个或多个任务，但这个优势需要软件优化才能体现出来。例如，如果某软件支持类似多任务处理技术，双核心CPU（假设主频是2.0GHz）可以在处理单个任务时，两个核心同时工作，一个核心只需处理一半任务就可以完成工作，这样的效率可以等同于是一个4.0GHz主频的单核心CPU的效率。

提示：目前，Intel和AMD CPU的核心数量最多都为8核，通常情况下，同一个品牌的CPU中，在相同主频的情况下，核心越多，CPU性能越强。

◎ **线程数：**线程是指CPU运行中的程序的调度单位，通常所说的多线程是指可通过复制CPU上的结构状态，让同一个CPU上的多个线程同步执行并共享CPU的执行资源，可最大限度地提高CPU运算部件的利用率。线程数越多，CPU的性能也就越高。但需要注意的是，线程相同的性能指标通常只用在Intel的CPU产品中，如Intel酷睿三代i7系列的CPU基本上都是8线程和12线程的产品。

◎ **核心代号：**核心代号也可以看成CPU的产品代号，即使是同一系列的CPU，其核心代号也可能不同。如Intel的有Trinity、Sandy Bridge、Ivy Bridge、Haswell、Broadwell和Skylake等；AMD的则有Summit Ridge、Richland、Trinity、Zambezi和Llano等。

◎ **热设计功耗（TDP）**：TDP（Thermal Design Power）是指CPU的最终版本在满负荷（CPU利用率为理论设计的100%）时可能会达到的最高散热热量。散热器必须保证在TDP最大时，CPU的温度仍然在设计范围之内。随着现在多核心技术的发展，同样核心数量下，TDP越小，性能越好。目前的主流CPU的TDP值有15W、35W、45W、55W、65W、77W、95W、100W和125W。

提示：由于CPU的核心电压与核心电流时刻都处于变化之中，因而CPU的实际功耗（其值：功率P＝电流A×电压V）也会不断变化，因此TDP值并不等同于CPU的实际功耗，更没有算术关系。由于厂商提供的TDP数值留有一定的余地，对于具体的CPU而言，TDP应该大于CPU的峰值功耗。

2.1.5 纳米CPU的制作工艺

CPU的制作工艺是指CPU内电路与电路之间的距离，趋势是向密集度愈高的方向发展，密度愈高的电路设计，意味着在同样大小面积的产品中，可以拥有密度更高、功能更复杂的电路设计。CPU的制作工艺（也叫作CPU制程）直接关系到CPU的电气性能，因为密度愈高意味着在同样大小面积的电路板中，可以拥有功能更复杂的电路设计。现在主流CPU的制作工艺为45nm（纳米）、32nm、22nm和14nm。CPU制作工艺的纳米数越小，同等面积下晶体管数量越多，工作能力越强大，相对功耗越低，更适合在较高的频率下运行，所以也更适合超频。

下面简单介绍一下CPU制作工艺的流程。

◎ **硅提纯**：生产CPU等芯片的材料是半导体——硅Si。在硅提纯过程中，原材料硅将被熔化，并放进一个巨大的石英熔炉里。这时向熔炉里放入一颗晶种，以便硅晶体围着这颗晶种生长，直到形成一个几近完美的单晶硅。

◎ **切割晶圆**：硅锭被整型成一个完美的圆柱体，接下来将被切割成片状，称为晶圆。晶圆才被真正用于CPU的制造，通常晶圆切得越薄，相同量的硅材料能够制造的CPU成品就越多。

◎ **影印**：在经过热处理得到的硅氧化物层上面涂敷一种光阻物质，紫外线通过印制着CPU复杂电路结构图样的模板照射硅基片，被紫外线照射的地方光阻物质溶解。

◎ **蚀刻**：使用波短波长的紫外光透过石英遮罩的孔照在光敏抗蚀膜上，使之曝光；然后停止光照并移除遮罩，使用特定的化学溶液清洗掉被曝光的光敏抗蚀膜，以及在下面紧贴着抗蚀膜的一层硅；最后，曝光的硅将被原子轰击，使得暴露的硅基片局部掺杂，从而改变这些区域的导电状态，以制造出CPU的门电路。这一步是CPU生产过程中的重要操作。

◎ **重复、分层**：为加工新的一层电路，再次生长硅氧化物，然后沉积一层多晶硅，涂敷光阻物质，重复影印、蚀刻过程，得到含多晶硅和硅氧化物的沟槽结构。重复多遍，形成一个3D的结构，这才是最终的CPU的核心。每几层中间都要填上金属作为导体，层数决定于设计时CPU的布局，以及通过的电流大小。

◎ **封装**：将晶圆封入一个陶瓷或塑料的封壳中，封装结构各不同，越高级的CPU封装越复杂，能带来芯片电气性能和稳定性的提升，并能间接地为主频的提升提供坚实可靠的基础。

◎ **多次测试：** 测试是CPU制作的重要环节，也是一块CPU出厂前必要的考验。这一步将测试晶圆的电气性能，检查是否出差错，以及这些差错出现在哪个步骤，每个CPU核心都将被分开测试，在放入包装盒前都还要进行最后一步测试。如图2.7所示为CPU的晶圆和晶圆中的CPU核心。

图2.7 CPU晶圆

2.1.6 CPU的缓存

缓存是指可进行高速数据交换的存储器，它先于内存与CPU进行数据交换，速度极快，所以又被称为高速缓存。缓存大小是CPU的重要性能指标之一，而且缓存的结构和大小对CPU速度的影响非常大。CPU缓存的运行频率极高，一般是和处理器同频运作，工作效率远远大于系统内存和硬盘。CPU缓存一般分为L1、L2和L3，当CPU要读取一个数据时，首先从L1缓存中查找，没有找到再从L2缓存中查找，若还是没有则从L3缓存或内存中查找。一般来说，每级缓存的命中率大概都在80%左右，也就是说全部数据量的80%都可以在L1缓存中找到，由此可见L1缓存是整个CPU缓存架构中最为重要的部分。

◎ **L1缓存（Level 1 Cache）：** 也叫一级缓存，位于CPU内核的旁边，是与CPU结合最为紧密的CPU缓存，也是历史上最早出现的CPU缓存。由于一级缓存的技术难度和制造成本最高，提高容量所带来的技术难度和成本增加非常大，所带来的性能提升却不明显，性价比很低，因此一级缓存是所有缓存中容量最小的。

◎ **L2缓存（Level 2 Cache）：** 也叫二级缓存，主要用来存放计算机运行时操作系统的指令、程序数据和地址指针等数据。容量越大，系统的速度越快，因此Intel与AMD公司都尽最大可能加大L2缓存的容量，并使其与CPU在相同频率下工作。

◎ **L3缓存（Level 3 Cache）：** 也叫三级缓存，分为早期的外置和现在的内置两种。实际作用是可以进一步降低内存延迟，同时提升大数据量计算时处理器的性能。降低内存延迟和提升大数据量计算能力对运行大型场景文件很有帮助。

提示：理论上3种缓存对于CPU性能的影响是L1>L2>L3，但由于L1缓存的容量在现有技术条件下已经无法增加，所以L2和L3缓存才是CPU性能表现的关键，在CPU核心不变化的情况下，增加L2或L3缓存容量能使CPU性能大幅度提高。现在，在选购CPU时，标准的高速缓存，通常是指该CPU具有的最高级缓存的容量，如具有L3缓存就是L3缓存的容量，图2.8所示的8MB处理器高速缓存是指该款CPU的L3缓存的容量。

拥有高性能才能运筹帷幄

4 核心 处理器内核数 | 8 线程 处理器线程数 | 8 MB 处理器高速缓存

图2.8　CPU的高速缓存

2.1.7 根据接口类型对CPU分类

CPU需要通过某个接口与主板连接才能进行工作，经过这么多年的发展，CPU采用的接口类型有引脚式、卡式、触点式和针脚式等。而目前CPU的接口类型都是针脚式接口，对应到主板上就有相应的插槽类型。CPU接口类型不同，其插孔数、体积和形状都有变化，所以不能互相接插。目前常见的CPU接口类型分为Intel和AMD两个系列。

◎ **Intel**：包括LGA 2011-v3、LGA 2011、LGA 1151、LGA 1150和LGA 1155，图2.9所示为Intel不同类型的CPU接口。

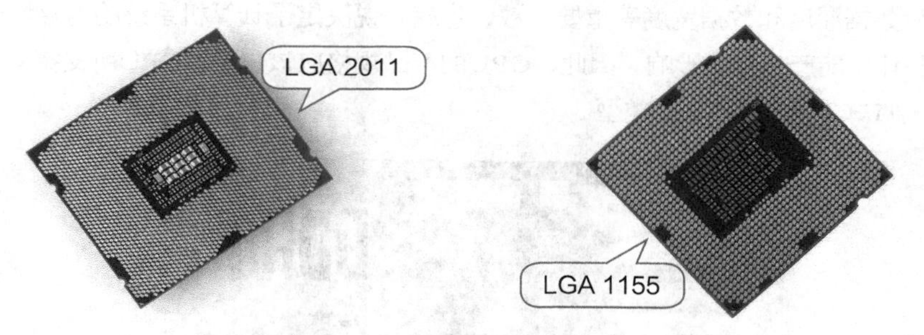

图2.9　Intel CPU的不同接口

◎ **AMD**：其接口类型多为插针式，与Intel的触点式有区别，包括Socket AM4、Socket AM3+、Socket AM3、Socket FM2+、Socket FM2和Socket FM1，图2.10所示为AMD不同类型的CPU接口。

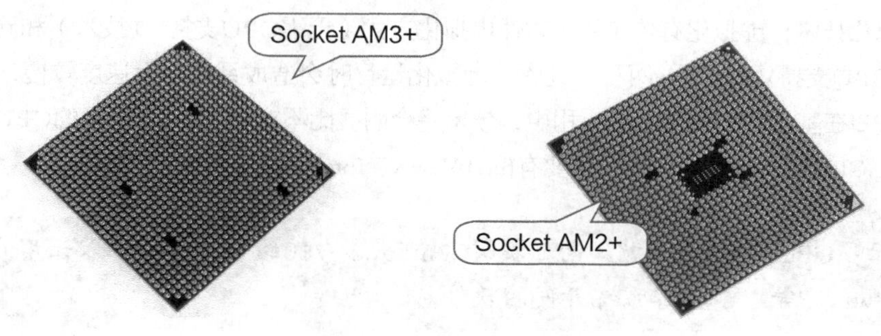

图2.10　AMD CPU的不同接口

2.1.8 CPU的显示功能

处理器显卡（也被称为核心显卡）技术是新一代的智能图形核心技术，它把显示芯片整合在智能CPU当中，依托CPU强大的运算能力和智能能效调节设计，在更低功耗下实现同样出色的图形处理性能和流畅的应用体验。

在处理器中整合显卡，这种设计上的整合大大缩减了处理核心、图形核心、内存及内存控制器间的数据周转时间，有效提升了处理效能并大幅降低了芯片组整体功耗，有助于缩小核心组件的尺寸。通常情况下，Intel的处理器显卡会在安装独立显卡时自动停止工作；如果是AMD的APU，在Windows 7及更高版本操作系统中，如果安装了适合型号的AMD独立显卡，经过设置，可以实现处理器显卡与独立显卡混合交火（意思是计算机进行自动分工，小事让能力小的处理器显卡去处理，大事让能力大的独立显卡去处理）。目前，Intel的各种系统的CPU和AMD的APU系列中都有整合了处理器显卡的产品。

2.1.9 内存控制器与虚拟化技术

内存控制器（Memory Controller）是计算机系统内部控制内存并且通过内存控制器使内存与CPU之间交换数据的重要组成部分。虚拟化技术（Virtualization Technology，VT）是指将单台计算机软件环境分割为多个独立分区，每个分区均可以按照需要模拟计算机的一项技术。这两个因素都将影响CPU的工作性能。

◎ **内存控制器：**决定了计算机系统所能使用的最大内存容量、内存BANK数、内存类型和速度、内存颗粒数据深度和数据宽度等重要参数，也就是说决定了计算机系统的内存性能，从而对计算机系统的整体性能产生较大影响。因此，CPU的产品规格应该包括该CPU所支持的内存类型，图2.11所示为一款i7 CPU支持的内存类型。

图2.11 CPU支持的内存

◎ **虚拟化技术：**虚拟化有传统的纯软件虚拟化方式（无需CPU支持VT技术）和硬件辅助虚拟化方式（需CPU支持VT技术）两种。纯软件虚拟化运行时会造成系统运行速度较慢，所以，支持VT技术的CPU在基于虚拟化技术的应用中，效率将会明显比不支持硬件VT技术的CPU的效率高出许多。目前，CPU产品的虚拟化技术主要有Intel VT-x、Intel VT和AMD VT 3种。

提示：CPU的VT技术就是为了提升Windows 7/10的兼容性，可以让用户运行基于Windows XP等以前操作系统开发的软件。

2.1.10 CPU的4大选购原则

选购CPU时，需要根据CPU的性价比及用途等因素进行选择。由于CPU市场主要是以Intel和AMD两大厂家为主，而且它们各自生产的产品其性能和价格也不完全相同，因此在选购CPU时，可以考虑以下4点原则。

◎ **原则一：**对于计算机性能要求不高的用户可以选择一些较低端的CPU产品，如Intel的赛扬双核或奔腾双核系列、AMD的速龙Ⅱ和羿龙Ⅱ系列等。

◎ **原则二：**对计算机性能有一定要求的用户可以选择一些中低端的CPU产品，如Intel的酷睿i3系列、AMD生产的4核心产品和锐龙3系列等。

◎ **原则三：**对于游戏玩家、图形图像设计者等对计算机有较高要求的用户应该选择高端的CPU产品，如Intel生产的酷睿i5系列、AMD生产的推土机FX系列和锐龙5系列等。

◎ **原则四：**对于发烧游戏玩家则应该选择最先进的CPU产品，如Intel公司生产的酷睿i7系列、AMD公司生产的锐龙7系列。

2.1.11 CPU的真伪验证

为了加强知识产权的法治保障，保护创新成果，不同厂商生产的CPU的防伪设置是不同的，但基本上大同小异。由于CPU的主要生产厂商有Intel和AMD两家，所以验证其CPU产品真伪的方式也按两个不同的厂家进行介绍。

1. 验证Intel CPU的真伪

对于Intel生产的CPU，其验证真伪的方式有以下4点。

◎ **通过网站验证：**访问Intel的产品验证网站进行验证，如图2.12所示。

图2.12 Intel 产品验证网站

◎ **通过微信验证：**通过手机微信查找公众号“英特尔客户支持”或添加微信号“IntelCustomerSupport”，然后通过自助服务里的“盒装处理器验证”或“扫描验证处理器”，扫描序列号条形码进行验证。

◎ **验证产品序列号：**正品CPU的产品序列号通常打印在包装盒的产品标签上，如图2.13所示，该序列号应该与盒内保修卡中的序列号一致。

◎ **查看封口标签：**正品CPU包装盒的封口标签仅在包装的一侧，标签为透明色，字体为白色，颜色深且清晰，如图2.14所示。

图2.13　Intel CPU的产品标签

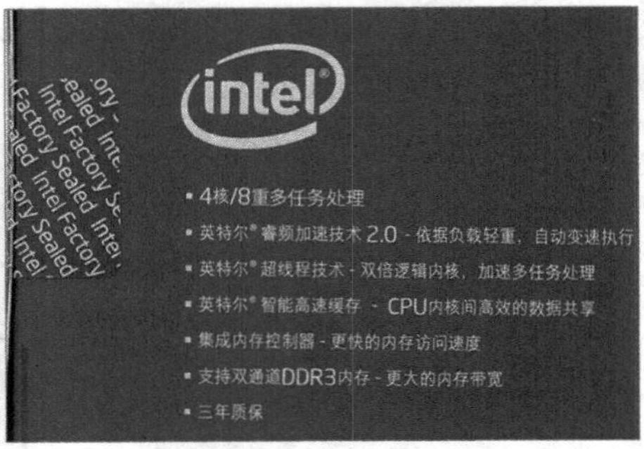

图2.14　Intel CPU的封口标签

2. 验证AMD CPU的真伪

对于AMD生产的CPU，其验证真伪的方式有以下3点。

◎ **通过电话验证：**通过拨打官方电话（400-898-5643）进行人工验证。

◎ **验证产品序列号：**正品CPU的产品序列号通常打印在包装盒的原装封条上，该序列号应该与CPU参数面激光刻入的序列号一致，如图2.15和图2.16所示。

图2.15　CPU包装盒封条上的序列号

图2.16　CPU参数面激光刻入的序列号

◎ **通过网站验证：**访问AMD的产品验证网站进行验证，网站地址为http://amdsnv.amd.com/，如图2.17所示。

图2.17　AMD产品验证网站

> 技巧：通过网站验证AMD的CPU产品时，最好使用Windows操作系统自带的Internet Explorer浏览器，使用其他浏览器可能出现网站无法打开或者网页乱码的情况。另外，只要是在国内购买的盒装正品CPU，不但提供原装散热风扇，通常还提供3年的质量保证服务，在3年的质保期内，Intel还提供以换代修的服务。

2.1.12 CPU的产品规格对比

选购CPU是指将CPU的各项性能指标进行对比，购买符合自己需求的产品，下面就以CPU的核心代号为主要条件，展示目前主流的CPU产品规格，如表2.1所示。

表2. 1　CPU的产品规格对比

Intel产品	Skylake	Broadwell	Haswell	Ivy Bridge	Sandy Bridge	Trinity
系列	i7/i5/i3、奔腾	i7/i5/i3、奔腾	i7/i5/i3、奔腾	i7/i5/i3、奔腾	i7/i5/i3、奔腾	凌动
核心数量	2、4	2	2、4、8	2、4	2、4	4
接口类型	LGA 1151	LGA 2011	LGA 1150 LGA 1155	LGA 2011 LGA 1155	LGA 1155	
制作工艺	14nm、22nm	14nm	14nm、22nm、32nm	22nm	32nm	22nm
主频	1.8GHz 以下~3.0GHz 以上	1.8GHz 以下~3.0GHz 以上	1.8GHz 以下~3.0GHz 以上	1.8GHz 以下~3.0GHz 以上	1.8GHz 以下~3.0GHz 以上	1.8 以下
线程数	二、四、八	二、四	二、四、八	二、四、八	二、四、八	四
TDP	15W、35W、45W、65W	15W	15W、35W、45W、55W、65W	35W、45W、55W、65W、77W、95W	35W、45W、55W、65W、95W	
核心显卡	有	有	有	有	有、没有	有
VT技术	Intel VT-x	Intel VT-x	Intel VT-x、Intel VT、不支持 VT	Intel VT-x、Intel VT、不支持 VT	Intel VT-x、Intel VT	Intel VT-x

AMD产品	Richland	Trinity	Zambezi	Llano	Summit Ridge
系列	APU、速龙Ⅱ	APU、速龙Ⅱ、推土机 FX	推土机 FX	APU、速龙Ⅱ	锐龙 3、锐龙 5、锐龙 7
核心数量	2、4	4、8	4、6、8	2、4	2、4、6、8
接口类型	Socket AM2 Socket AM2+	Socket AM2 Socket AM2+ Socket AM3+	Socket AM3+	Socket FM1	Socket AM4
制作工艺	32nm	22nm、32nm	32nm	32nm	14nm、22nm
主频	3.0GHz 以上	3.0GHz 以上、2.8~3.0GHz、1.8GHz 以下	3.0GHz 以上、2.8~3.0GHz、2.4~2.8GHz	除3.0GHz以上的全部	3.0GHz 以上
线程数	四	四、八	八	二、四	四、八、十二、十六
TDP	65W、95W	65W、95W、100W、125W	95W、125W	35W、65W、100W	65W、95W
核心显卡	有	有、没有		有	
VT技术		AMD VT			

2.2 认识多核计算机的主板

主板的主要功能是为计算机中的其他部件提供插槽和接口，计算机中的所有硬件通过主板直接或间接地组成了一个工作平台，通过这个平台，用户才能进行计算机的相关操作。

2.2.1 主板的外观结构

主板（MainBorad）也称为“Mother Board（母板）”或“System Board（系统板）”，它是机箱中最重要的一块电路板，图2.18所示为华硕ROG RAMPAGE V EDITION 10主板。

图2.18　主板的外观

图 2.18 中标记的是普通主板都拥有的基本元件，还有一些未标记的元件，如检测卡和BIOS 开关等，并不一定集成在所有主板上。

主板上安装了组成计算机的主要电路系统，包括各种芯片、各种控制开关接口和各种直流电源供电接插件以及各种插槽等元件。从外观上看，主板是计算机中最复杂的设备，且几乎所有的计算机硬件都通过主板进行连接，所以主板是机箱中最重要的一块电路板。在组装计算机时应先选购主板，这样就能为选购其他的硬件设备制定一个标准，在该标准的基础上进行选择。

2.2.2 主板的重要芯片

主板上的重要芯片很多，包括芯片组、BIOS芯片、I/O控制芯片、集成声卡芯片和集成网卡芯片等，下面分别进行介绍。

◎ **芯片组：**芯片组（Chipset）是主板的核心组成部分，通常由南桥（South Bridge）芯片和北桥（North Bridge）芯片组成，以北桥芯片为核心。北桥芯片主要负责处理CPU、内存和显卡三者间的数据交流，南桥芯片则负责硬盘等存储设备和PCI总线之间的数据流通。目前，大部分的主板都将南北桥芯片封装到一起形成一个芯片，提高了芯片的能力，图2.19所示为封装的芯片组（这里的芯片组拆卸了上面的散热器，在图2.18中的芯片组则安装了散热器）。

提示：很多时候，主板的命名也是以芯片组的核心名称命名的，如Z170主板就是使用Z170芯片组的主板。

◎ **BIOS芯片：**它是一块矩形的存储器，里面存有与该主板搭配的基本输入/输出系统程序，能够让主板识别各种硬件，还可以设置引导系统的设备和调整CPU外频等。BIOS芯片是可以写入的，可方便用户更新BIOS的版本，如图2.20所示。

图2.19　主板上的南北桥芯片

图2.20　主板上的双BIOS芯片

提示：这里的双BIOS就是在主板上设计两个BIOS芯片，起到当一个BIOS被破坏时启用另一个BIOS，系统也可以正常工作的作用。图2.20中显示的是华硕ROG RAMPAGE V EDITION 10主板上的双BIOS芯片（本节涉及的主板元件图都以华硕ROG RAMPAGE V EDITION 10主板为例）。

◎ **I/O控制芯片：**主要实现硬件监控功能，能将硬件的健康状况、风扇转速和CPU核心电压等情况显示在BIOS信息里，如图2.21所示。

◎ **CMOS电池：**主要作用是在计算机关机时保持BIOS设置不丢失，当电池电力不足时，BIOS里的设置会自动还原回出厂设置，如图2.22所示。

图2.21　主板上的I/O控制芯片

图2.22　主板上的CMOS电池

◎ **集成声卡芯片：** 芯片中集成了声音的主处理芯片和解码芯片，代替声卡处理计算机音频，如图2.23所示。

◎ **集成网卡芯片：** 指整合了网络功能的主板所集成的网卡芯片，如图2.24所示，不占用独立网卡需要占用的PCI插槽或USB接口，具有良好的兼容性和稳定性，不容易出现独立网卡与主板兼容不好或与其他设备资源冲突的问题。

图2.23　主板上的集成声卡芯片

图2.24　主板上的集成网卡芯片

提示：某些主板上还集成有显示芯片，这种芯片就是板载显卡。板载显卡是把GPU显示芯片焊接在主板上，而处理器显卡则是把GPU显示芯片和CPU芯片一起封装到CPU模块里。板载显卡由于性能局限，现已被淘汰，取而代之的是处理器显卡。现在很多主板都带有显示接口，但这些显示接口需要处理器显卡的支持，图2.25所示为主板的集成显示芯片和主板上的显示接口。

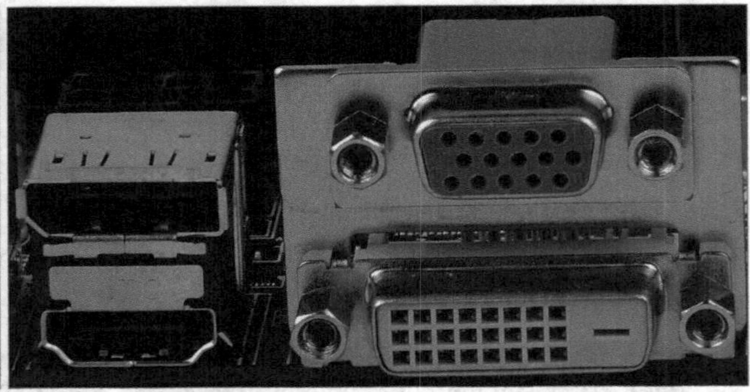

图2.25　主板上的板载显卡和显示接口

2.2.3 主板的各种扩展槽

扩展槽也被称为插槽、插座或者接口，主要是指主板上能够进行拔插的配件所安装的部件，这部分的配件可以用“插”来安装，用“拔”来反安装，主板上常见的扩展槽主要有以下几种。

◎ **CPU插槽：** 用于安装和固定CPU的专用扩展槽，根据主板支持的CPU的不同而不同，其主要表现在CPU背面各电子元件的不同布局。CPU的插槽通常由固定罩、固定杆和CPU插座3个部分组成，在安装CPU前需通过固定杆将固定罩打开，将CPU放置在CPU插座上后，再合上固定罩，并用固定杆固定CPU，最后安装CPU的散热片或散热风扇。另外，CPU插槽的型号与前面介绍的CPU接口类型一致，如LGA 1151接口的CPU需要对应安装在主板的LGA 1151插槽上。图2.26所示为Intel LGA 2011-v3的CPU插槽的关闭和打开两种状态。

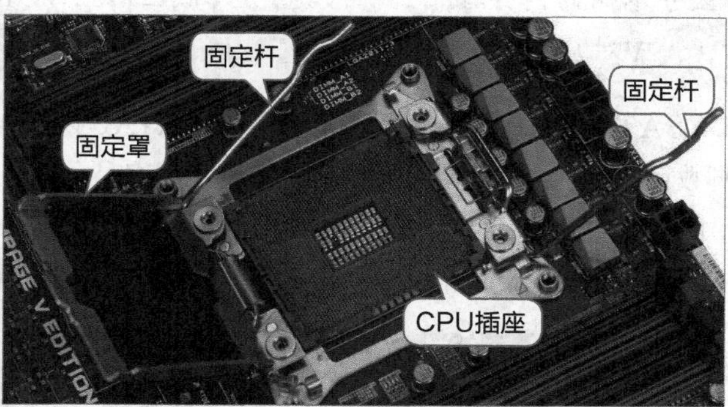

图2.26 主板上的CPU插槽

◎ **PCI-E插槽：** PCI-Express指图形显卡接口技术规范（简称PCI-E），PCI-E插槽即显卡插槽，目前的主板上大都配备的3.0版本。插槽越多，其支持的模式也就可能不同，能够充分发挥显卡的性能，目前PCI-E的规格包括X1、X4、X8和X16。X16代表的是16条PCI总线，PCI总线直接可以协同工作，X16表示16条总线同时传输数据，简单理解就是数越大性能越好，图2.27所示为主板上的PCI-E插槽。

技巧：我们可以通过主板背面的PCI-E插槽引脚的长短来判断PCI-E插槽的规格，越长性能越强，如图2.28所示。现阶段来说，X4规格基本可以让显卡发挥出全部性能，虽然X16规格下性能会有所提升，但并不是非常明显。即各种规格的插槽都有的情况下，尽量插入高规格的插槽中，如果实在没有，稍微降低一些也无损显卡的性能。

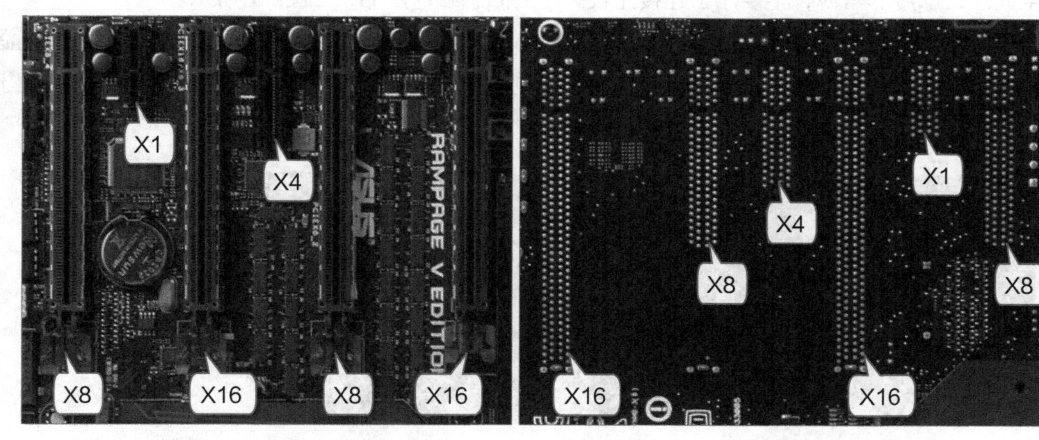

图2.27 主板上的PCI-E插槽　　图2.28 主板背面PCI-E插槽的引脚

◎ **内存插槽（DIMM插槽）：** 它是主板上用来安装内存的地方，根据主板芯片组的不同，其支持的内存类型也不同，不同类型的内存插槽在引脚数量、额定电压和性能方面有很大的区别，如图2.29所示。

提示：通常在主板的内存插槽附近会标注内存的工作电压，通过不同的电压可以区分不同的内存插槽，一般是1.35V低压对应DDR3L插槽，1.5V标压对应DDR3插槽，1.2V对应DDR4插槽。

◎ **SATA插槽：** 又称为串行插槽，由于SATA是以连续串行的方式传送数据，因此减少了插槽的针脚数目，主要用于连接硬盘和固态硬盘等设备，能够在计算机使用过程中进行拔插。图2.30所示为目前主流的SATA 3插槽，目前大多数机械硬盘和一些SSD都使用这个插槽，与USB设备一起通过南桥芯片与CPU通信，带宽为6Gb/s（b代表位，折算成传输速度大约750MB/s）。

图2.29 主板上的内存插槽

图2.30 主板上的SATA插槽

提示：图2.30中的U.2插槽是另一种形式的高速硬盘接口，可以看成4通道的SATA-E，传输带宽理论上可达到32Gb/s。

◎ **M.2插槽（NGFF插槽）：** 是目前比较热门的一种存储设备插槽，由于其带宽大（M.2 socket 3可达到PCI-E X4带宽32Gb/s，折算成传输速度大约4GB/s），可以更快速地传输数据，并且占用空间小，厚度非常薄，主要用于连接比较高端的固态硬盘产品，如图2.31所示。

◎ **主电源插槽：** 主电源插槽的功能是提供主板电能供应，通过将电源的供电插头插入主电源插槽，即可为主板上的设备提供正常运行所需要的电能。主板目前大都通用20+4pin供电，通常位于主板长边的中部，如图2.32所示。

图2.31 主板上的M.2插槽

图2.32 主板上的主电源插槽

◎ **辅助电源插槽：** 辅助电源插槽的功能是为CPU提供辅助电源，因此也被称为CPU供电插槽。目前CPU供电都是由8pin插槽提供，也可能会采用比较旧的4pin接口，这两种接口是兼容的，图2.33所示为主板上的两种辅助电源插槽。

◎ **CPU风扇供电插槽：**顾名思义，这种插槽的功能是为CPU散热风扇提供电源，有些主板在开机时如果检测不到这个插槽被插好就不允许启动计算机。通常在主板上，该插槽都会被标记为CPU_FAN，如图2.34所示。

图2.33　主板上的辅助电源插槽　　图2.34　主板上的CPU风扇供电插槽

提示：图2.34中还有一个CPU_OPT插槽，它和另外一种CPU_PUMP插槽相同，都是CPU散热供电插槽，其共同点是不会调速，直接输出最大值，通常是为水冷散热系统的水泵准备的供电插槽。

◎ **机箱风扇供电插槽：**这种插槽的功能是为机箱上的散热风扇提供电源，通常在主板上，该插槽都会被标记为CHA_FAN，如图2.35所示。

提示：主板中还有一种PCI-E额外供电插槽，其主要功能是为了弥补主板存在多显卡工作时供电不够的情况下为PCI-E插槽提供额外电力支持。这种插槽常见于高端主板，通常是D型4pin插槽，如图2.36所示。

图2.35　主板上的机箱风扇供电插槽　　图2.36　主板上的PCI-E额外供电插槽

◎ **USB插槽：**主要用途是为机箱上的USB接口提供数据连接，目前主板上主要有3.0和2.0两种规格的USB插槽。USB 3.0插槽中共有19枚针脚，右上角部位有一个缺针，下方中部有防呆缺口，与插头对应，如图2.37所示。USB 2.0插槽中则只有9枚针脚，右下方有针脚缺失，如图2.38所示。

◎ **机箱前置音频插槽：**许多机箱的前面板都会有耳机和麦克风接口，使用起来更加方便，它在主板上有对应的跳线插槽。这种插槽中有9枚针脚，上排右二缺失，既为防呆设计，又可以与USB 2.0插槽区分开来，一般被标记为AAFP，位于主板集成声卡芯片附近，如图2.39所示。

图2.37　主板上的USB 3.0插槽

图2.38　主板上的USB 2.0插槽

◎　**主板跳线插槽：**主要用途是为机箱面板的指示灯和按钮提供控制连接，一般是双行针脚，包括电源开关（PWR-SW，两个针脚，通常无正负之分）、复位开关（RESET，两个针脚，通常无正负之分）、电源指示灯（PWR-LED，两个针脚，通常为左正右负）、硬盘指示灯（HDD-LED，两个针脚，通常为左正右负）和扬声器（SPEAK，4个针脚），如图2.40所示。

图2.39　主板上的机箱前置音频插槽

图2.40　主板上的跳线插槽

提示：主板上可能还有其他的插槽类型，如灯带供电插槽、可信平台模块插槽和雷电拓展插槽等，这些插槽通常在特定的主板上出现。

2.2.4 主板的动力供应与系统安全部件

对于计算机的主板，供电部分也是非常重要的元件。另外，随着主板制作技术的发展，主板上也增加了一些可以控制系统安全的电子元件，如故障检测卡、电源开关和BIOS开关等。下面简单介绍主板上的供电部分和系统安全相关的部件。

◎　**供电部分：**即CPU的供电部分，它是整块主板中最为重要的供电单元，直接关系到系统的稳定运作。供电部分通常在离CPU最近的地方，由电容、电感和控制芯片等器件组成，如图2.41所示。

◎　**启动和重启按钮：**目前，很多主板都集成了启动按钮和重启按钮，其功能和作用与主机箱面板上的启动和重启按钮一样，方便在进行主板测试和故障维修时使用，如图2.42所示。其中，标记有“START”字样的是启动按钮，标记有“RESET”字样的是重启按钮。

◎　**恢复BIOS开关：**很多主板上也集成了恢复BIOS开关，通常标记为BIOS_SWITCH。其功能是当升级主板BIOS失败或出错时，通过该开关可以将主板BIOS恢复到过去的正常状态，为BIOS提供一个补救备份，如图2.43所示。

图2.41　主板上的供电部分

图2.42　主板上的启动和重启按钮

◎ **检测卡：**全称为主板故障诊断卡，利用主板中BIOS内部自检程序检测并将结果通过代码显示出来，结合代码含义速查表定位故障，目前，很多主板已集成有这种检测卡，如图2.44所示。

图2.43　主板上的恢复BIOS开关

图2.44　主板上的检测卡

2.2.5 主板的对外接口

对外接口是主板上非常重要的组成部分之一，通常位于主板的侧面，通过对外接口可以将计算机的外部设备和周边设备与主机连接起来，下面介绍主板的对外接口，如图2.45所示。

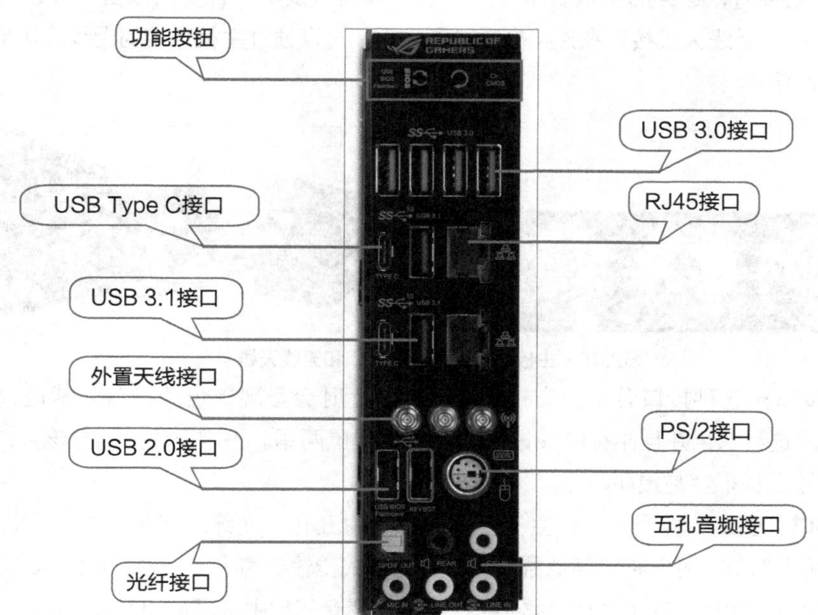

图2.45　主板上的对外接口

◎ **功能按钮：**有些主板的对外接口存在功能按钮，如图2.46所示，左边的是刷写BIOS按钮（BIOS Flashback），按下后重启计算机就会自动进入BIOS刷写界面；右边的则是清除CMOS按钮（Clr CMOS），有时由于更换硬件或者设置错误造成的无法开机都可以通过按清除CMOS按钮来修复。

◎ **USB接口：**USB接口的中文名为"通用串行总线"，最常见的连接该接口的设备就是USB键盘、鼠标和U盘等。目前，大多数主板上都有3个规格的USB接口，通常情况下可以通过颜色来区分，黑色一般为USB2.0接口，蓝色为USB3.0接口，红色为USB3.1接口。

◎ **Type USB接口：**上面的3种USB接口也被称为Type A型接口，是目前最常见的USB接口；另外，还有Type B型接口，有些打印机或扫描仪等输出输入设备常采用这种USB接口；目前流行的Type C型接口的最大特点是正反都可以插，传输速度也非常不错，许多智能手机都采用了这种USB接口，如图2.47所示。

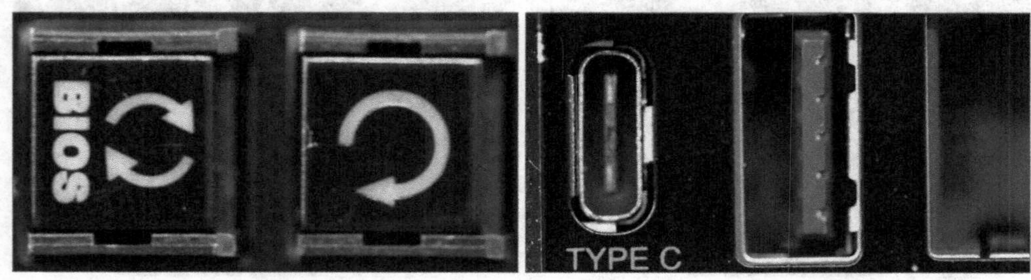

图2.46 主板上的功能按钮　　图2.47 主板上的Type C USB接口

◎ **RJ45接口：**也就是网络接口，俗称水晶头接口，主要用来连接网线，有的主板为了体现用到的是Intel千兆网卡或者killer杀手网卡，通常会将RJ45接口设置为蓝色或红色。

◎ **外置天线接口：**这种接口是专门为连接外置Wi-Fi天线准备的，有些主板可能只有几个圆孔并且没有金色接口，这样的主板表示可以安装无线网卡模块并且专门预留了Wi-Fi天线的接口，自行安装即可。无线天线接口在连接好无线天线后，可以通过主板预装的无线模块支持Wi-Fi和蓝牙，如图2.48所示。

图2.48 主板上的外置天线接口和无线天线

◎ **PS/2接口：**这种接口若单一支持键盘或者鼠标时会呈现单色（键盘为紫色，鼠标为绿色），图2.49中的这种双色并且伴有键Logo的表示支持键鼠两用。一定要注意的是该接口不支持热插拔，开机状态下插拔很容易损坏硬件。

◎ **音频接口：**图2.50所示为一组主板上比较常见的五孔一光纤的音频接口。上排的SPDIF OUT就是光纤输出端口，可以将音频信号以光信号的形式传输到声卡等设备；REAR为5.1或者7.1声道的后置环绕左右声道接口；C/SUB为5.1或者7.1多声道音箱的中置声道和低音声道。下排的MIC

IN为麦克风接口，通常为粉色；LINE OUT为音响或者耳机接口，通常为浅绿色；LINE IN为音频设备的输入接口，通常为浅蓝色。

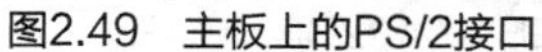

图2.49　主板上的PS/2接口

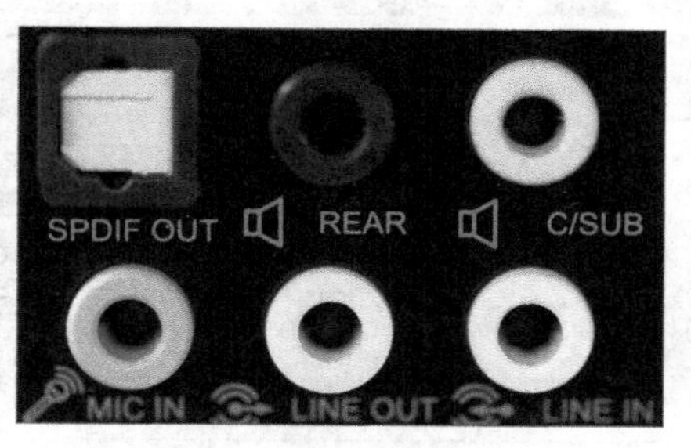

图2.50　主板上的音频接口

2.2.6 主板芯片组与多核CPU

主板芯片组是衡量主板性能的重要产品规格，一旦了解了主板的芯片组型号，就能清楚地了解该主板所支持的CPU规格。主板多以芯片组命名型号，对应多核CPU接口类型，包括Intel和AMD两个系列，如表2.2和表2.3所示。

表2.2　Intel芯片组

芯片组	Z270	B250	H270	Z170	B150	H170
接口类型	LGA1151	LGA1151	LGA1151	LGA1151	LGA1151	LGA1151
内存类型	DDR4	DDR4	DDR4	DDR3、DDR4	DDR3、DDR4	DDR3、DDR4
特性	SLI、超频、Type C、显示接口、无线天线	SLI、Cross-Fire、超频、Type C、显示接口、无线天线	SLI、Cross-Fire、超频、Type C、显示接口、无线天线	SLI、Cross-Fire、超频、Type C、显示接口、无线天线	SLI、Cross-Fire、超频、Type C、显示接口、无线天线	超频、Type C、显示接口、无线天线
集成显卡	是、非	非	非	非	非	非
内存容量	32GB、64GB	32GB、64GB	32GB、64GB	32GB、64GB	16GB、32GB、64GB	16GB、32GB、64GB
存储接口	U.2、M.2、SATA-E/3.0	M.2 SATA-E/3.0	M.2 SATA-E/3.0	U.2、M.2、SATA-E/3.0、SATA2.0	U.2、M.2 SATA-E/3.0	U.2、M.2 SATA-E/3.0

芯片组	H110	C232	X99	Z97	B85	H81
接口类型	LGA1151	LGA1151	LGA2011-v3	LGA1150	LGA1150	LGA1150
内存类型	DDR3、DDR4	DDR4	DDR4	DDR3	DDR3	DDR3
特性	超频、显示接口	Cross-Fire、Type C	SLI、Cross-Fire、超频、Type C、显示接口、无线天线	SLI、Cross-Fire、超频、Type C、显示接口、无线天线	Cross-Fire、超频、Type C、显示接口、无线天线	超频、显示接口
集成显卡	非	非	非	非	是、非	非
内存容量	32GB、64GB	32GB、64GB	32GB、64GB	16GB、32GB、64GB	16GB、32GB	16GB
存储接口	M.2 SATA3.0	M.2 SATA-E/3.0	U.2、M.2 SATA-E/3.0	U.2、M.2 SATA-E/3.0	M.2 SATA2.0/3.0	SATA2.0/3.0

表2.3　AMD芯片组

芯片组	B350	X370	A88X	A85X	A68H
接口类型	Socket AM4	Socket AM4	Socket FM2+	Socket FM2+ Socket FM2	Socket FM2+
内存类型	DDR4	DDR4	DDR3	DDR3	DDR3
特性	Cross-Fire、Type C、显示接口	SLI、Cross-Fire、Type C、显示接口	SLI、Cross-Fire、超频、Type C、显示接口、无线天线	显示接口 无线天线	Cross-Fire、超频、显示接口
集成显卡	非	非	非	非	非
内存容量	32GB、64GB	32GB、64GB	16GB、32GB、64GB	32GB、64GB	16GB、32GB、64GB
存储接口	M.2、SATA3.0	U.2、M.2 SATA3.0	SATA2.0/3.0	SATA2.0/3.0	SATA3.0
芯片组	**970**	**990FX**	**A78**	**A58**	
接口类型	Socket AM3+	Socket AM3+	Socket FM2+	Socket FM2+	
内存类型	DDR3	DDR3	DDR3	DDR3	
特性	SLI、超频、 Type C	Cross-Fire、 Type C	Cross-Fire、超频、显示接口	显示接口	
集成显卡	非	非	是、非	非	
内存容量	32GB、64GB	32GB、64GB	16GB、32GB、64GB	16GB、32GB、64GB	
存储接口	M.2 SATA3.0	M.2 SATA2.0/3.0	SATA2.0/3.0	SATA2.0/3.0	

2.2.7 主板的多通道内存模式

通道技术其实是一种内存控制和管理技术，在理论上能够使N条同等规格的内存所提供的带宽增长N倍。主板的内存模式则是由安装的内存速度和是否支持多通道所决定的。

◎ **双通道内存模式：**该模式可提供更高的内存吞吐率，只有当主板的两个内存插槽中安装的内存容量相等时启用。当使用了不同速度的内存时，将采用速度最慢的内存时序，如在内存插槽中安装两条2GB的DDR4内存组成双通道，一条内存的工作频率为2 133MHz，另一条内存的工作频率为2 666MHz，那么该双通道将采用工作频率为2 133MHz作为通道的时序。图2.51所示为支持双通道内存模式的主板内存插槽，其相同颜色的插槽即可组建双通道内存。

图2.51　主板上的双通道内存插槽

◎ **三通道内存模式：**该模式下，三倍通道交叉存取通过按顺序访问DIMM内存来减少总内存延迟时间。三通道模式被启用时，需要3个相同颜色的内存插槽中安装匹配的、相同容量的内存模块，运行时同样采用速度最慢的内存时序。图2.52所示为支持三通道内存模式的主板内存插槽，其相同颜色的插槽即可组建三通道内存。

◎ **四通道内存模式：**该模式被启用时，4个（或4的倍数）内存插槽都具有相同的容量和速度，并将被放入四通道的插槽。四通道模式被启用时，需要4个相同颜色的内存插槽中安装匹配的、相同容量的内存模块，运行时同样采用速度最慢的内存时序。图2.53所示为支持四通道内存模式的主板内存插槽，其相同颜色的插槽即可组建四通道内存。

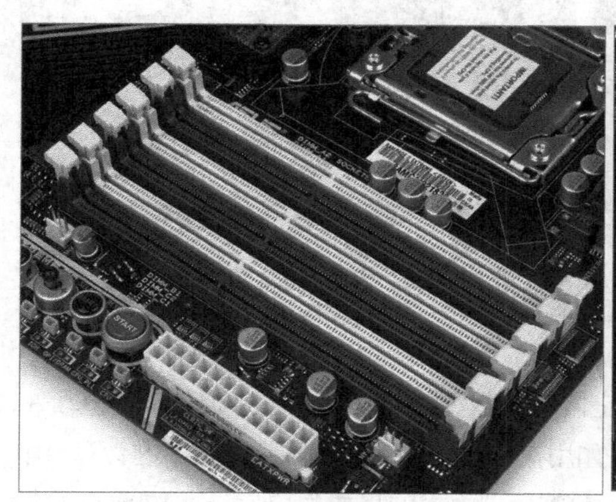

图2.52　主板上的三通道内存插槽

图2.53　主板上的四通道内存插槽

技巧：如果需要在四通道模式下实现双通道或三通道，则可在四通道模式的内存插槽中安装2个内存模块时，系统在双通道模式中运行；安装3个内存模块时，系统在三通道模式中运行。

2.2.8 主板的物理规格

主板的板型是指主板的尺寸和各种电器元件的布局与排列方式，这些不但能决定主机的大小体积，还能决定主板的用料、可发挥空间和可扩展性等各种物理规格。毕竟主板尺寸越大，所能承载的东西也就越多。主流的主板板型有ATX、E-ATX、M-ATX和Mini-ITX4种。

◎ **ATX（标准型）：**它是目前主流的主板板型，也称为大板或标准板，用量化的数据来表示，以背部I/O接口那一侧为“长”，另一侧为“宽”，那么ATX板型的尺寸就是长305mm×宽244mm，特点是插槽较多、扩展性强，图2.54所示为一款标准的ATX板型主板。除尺寸数据外，还有一个ATX板型的量化数据——标准ATX板型的主板应该拥有7条扩展插槽，而其所占用的槽位应为8条。如图2.54中的主板，虽然只有7条扩展插槽，但占用了8条槽位；有些主板可能只有5条或6条扩展插槽，但同样占用了8条槽位，也属于ATX板型。有些主板的长宽并不规则，如305mm×214mm、295mm×185mm，但其中扩展插槽仍然占用了8条槽位，所以还是属于ATX板型。

◎ **M-ATX（紧凑型）：**它是ATX主板的简化版本，就是我们常说的“小板”，特点是扩展槽较少，PCI插槽数量在3个或3个以下，市场占有率极高。图2.55所示为一款标准的M-ATX板型主板。M-ATX板型主板在宽度上同ATX板型主板保持了一致，为244mm，而在长度上，M-ATX板型主板则缩小为244mm，在形状上呈现一个正方形。同样，M-ATX板型的量化数据为标配4条扩展插槽，占据5条槽位。另外，有些主板的长宽为244mm×185mm、244mm×191mm、229mm×191mm、225mm×174mm、244mm×221mm、226mm×183mm、226mm×180mm、244mm×174mm等，其扩展插槽占用了5条槽位，所以还是M-ATX板型的主板。

图2.54 ATX板型主板

图2.55 M-ATX板型主板

◎ **Mini-ITX（迷你型）：** 这种板型在体积上同其他板型没有任何联系，但依旧是基于ATX架构规范设计的，主要用于支持小空间内的计算机，如用在汽车、置顶盒和网络设备中的计算机中。图2.56所示为一款标准的Mini-ITX板型主板。Mini-ITX板型主板的尺寸为170mm×170mm（在ATX构架下几乎已经做到最小），由于面积所限，只配备了1条扩展插槽，占据2条槽位，另外，还提供了两条内存插槽，这3点就构成了Mini-ITX板型主板最明显的特征，同时也导致了Mini-ITX板型主板最多支持双通道内存和单显卡运行。

◎ **E-ATX（加强型）：** 随着多通道内存模式的发展，需要一些主板配备支持3通道6条内存插槽，或者配备支持4通道8条内存插槽，这对于宽度最多为244mm的ATX板型主板而言很吃力，所以需要增加ATX板型主板的宽度，这就产生了加强型ATX板型——E-ATX。图2.57所示为一款标准的E-ATX板型主板。E-ATX板型主板的长度保持为305mm，而宽度为257mm、264mm、267mm、272mm或330mm等，这种板型的主板大多性能优越，多用在服务器或工作站计算机中。

图2.56 Mini-ITX板型主板

图2.57 E-ATX板型主板

2.2.9 主板的5大选购注意事项

主板的性能关系着整台计算机工作的稳定性，主板在计算机中的作用非常重要，因此，对主板的选购绝不能马虎，需要注意以下5个方面的内容。

1. 考虑计算机的用途

选购主板的第一步是考虑用户的用途，同时要注意主板的扩充性和稳定性，如游戏发烧友或图形图像设计人员，需要选择价格较高的高性能主板；若平常使用计算机主要用于文档编辑、编程设计、上网、打字和看电影等，则可选购性价比较高的中低端主板。

2. 注意扩展性

由于不需要主板的升级，所以应把扩展性作为首要考虑的问题。扩展性就是通常所说的给计算机升级或增加部件，如增加内存、显卡和更换速度更快的 CPU 等，这就要求主板上有足够多的扩展插槽。

3. 对比各种产品规格

主板的产品规格非常容易获得，选购时可以在同价位下对比不同主板的产品规格，或者在同样的产品规格下对比不同价位的主板，这样就能获得性价比较高的产品。

4. 注意产品的真伪

现在的假冒电子产品很多，下面介绍一些鉴别假冒主板的方法。

◎ **芯片组：**正品主板芯片上的标识清晰、整齐、印刷规范，而假冒的主板一般由旧货打磨而成，字体模糊，甚至有歪斜现象。

◎ **电容：**正品主板为了保证产品质量，一般采用名牌的大容量电容，而假冒主板采用的是不知名的小容量电容。

◎ **产品标示：**主板上的产品标识一般粘贴在PCI插槽上，正品主板标识印刷清晰，会有厂商名称的缩写和序列号等，而假冒主板的产品标识印刷非常模糊。

◎ **输入/输出接口：**每个主板都有输入/输出（I/O）接口，正品主板接口上一般可看到提供接口的厂商名称，而假冒的主板上则没有。

◎ **布线：**正品主板上的布线都经过专门设计，一般比较均匀、美观，不会出现一个地方密集而另一个地方稀疏的情况，而假冒的主板则布线凌乱。

◎ **焊接工艺：**正品主板焊接到位，不会有虚焊或焊锡过于饱满的情况，贴片电容是机械化自动焊接的，比较整齐。而假冒的主板则会出现焊接不到位、贴片电容排列不整齐等情况。

5. 注意产品的品牌

主板的品牌很多，按照市场上的认可度，通常分为3种类别。

◎ **一类品牌：**主要包括华硕（ASUS）、微星（MSI）和技嘉（GIGABYTE），特点是研发能力强、推出新品速度快、产品线齐全、高端产品过硬、市场认可度较高。

◎ **二类品牌：**主要包括映泰（BIOSTAR）和梅捷（SOYO）等，特点是在某些方面略逊于一类品牌，但都具备相当的实力，也有各自的特色。

◎ **三类品牌：**主要包括华擎（ASROCK）和翔升（ASL）等，其中华擎就是华硕主板低端子品牌，特点是有制造能力，在保证稳定运行的前提下尽量压低价格。

2.3 认识DDR4内存

内存（Memory）又称为主存或内存储器，用于暂时存放CPU的运算数据和与硬盘等外部存储器交换的数据。在计算机工作过程中，CPU会把需要运算的数据调到内存中进行运算，当运算完成后再将结果传递到各个部件执行。

扫一扫

查看高清大图

2.3.1 DDR4内存的外观结构

内存主要由内存芯片、散热片和金手指等部分组成，本节的内存结构图主要是以目前主流的DDR4内存为例，如图2.58所示。

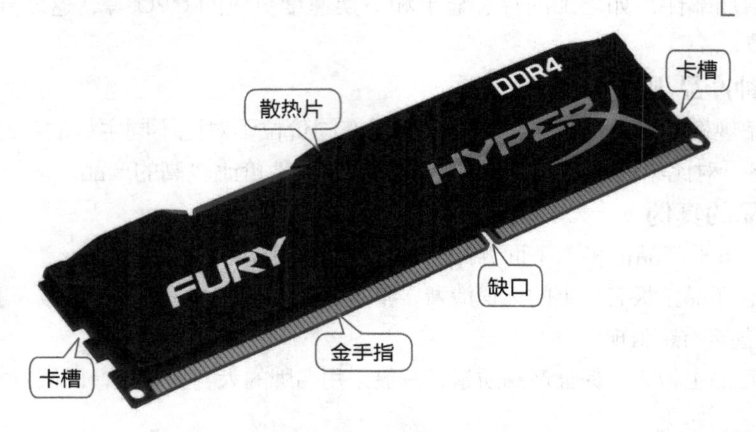

图2.58 DDR4内存

◎ **芯片和散热片**：芯片用来临时存储数据，是内存上最重要的部件；散热片则安装在芯片外面，帮助维持内存工作温度，提高工作性能，如图2.59所示。

◎ **金手指**：它是内存与主板进行连接的“桥梁”，目前很多DDR4内存的金手指采用曲线设计，接触更稳定，拔插更方便，如图2.60所示，可以明显看出DDR4内存的金手指中间比两边要宽些，呈现明显的曲线形状。

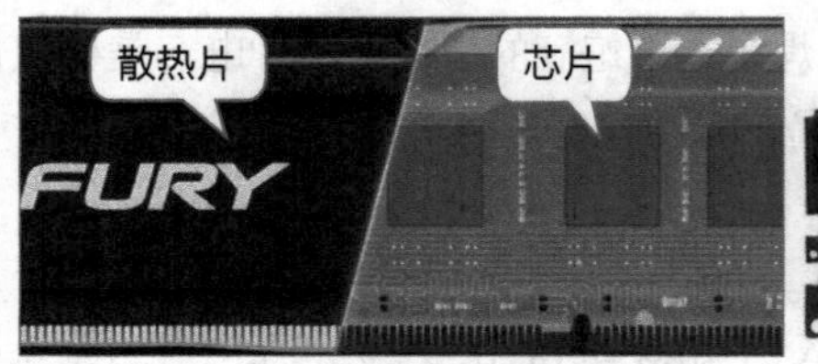

图2.59 内存的芯片和散热片

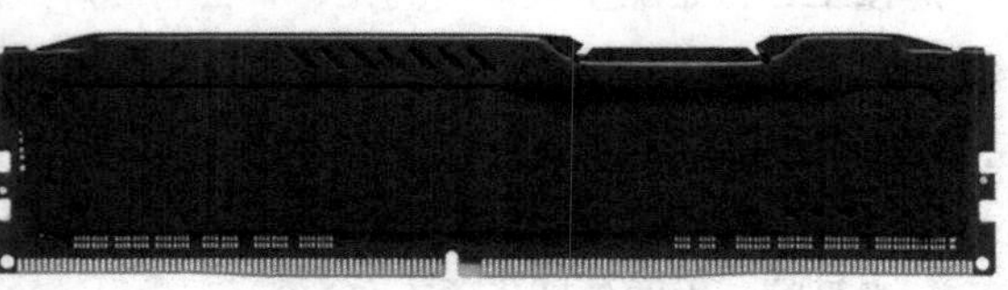

图2.60 内存的曲线金手指设计

◎ **卡槽**：与主板上内存插槽上的塑料夹角配合，将内存固定在内存插槽中。

◎ **缺口**：与内存插槽中的防凸起设计配对，防止内存插反。

2.3.2 普通内存的类型

DDR的全称是DDR SDRAM（Double Data Rate SDRAM，双倍速率SDRAM），也就是双倍速率同步动态随机存储器的意思。DDR内存是目前主流的计算机存储器，现在市面上有

DDR2、DDR3和DDR4。

◎ **DDR2内存：** DDR是现在的主流内存规范，各大芯片组厂商的主流产品全部是支持它的。DDR2内存其实是DDR内存的第二代产品，与第一代DDR内存相比，DDR2内存拥有两倍以上的内存预读取能力，达到了4bit预读取。DDR2内存能够在100MHz发信频率的基础上提供每插脚最少400MB/s的带宽，而且其接口将运行于1.8V电压上，从而进一步降低发热量，以便提高频率。DDR2已经逐渐被淘汰，在二手计算机市场上可能还会看到，如图2.61所示。

◎ **DDR3内存：** 相比DDR2有更低的工作电压，且性能更好、更为省电。从DDR2的4bit预读取升级为8bit预读取，DDR3内存用了0.08μm的制造工艺制造，其核心工作电压从DDR2的1.8V降至1.5V，相关数据预测DDR3将比DDR2节省30%的功耗。在目前的多数家用计算机中，还在使用DDR3内存，如图2.62所示。

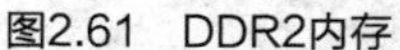

图2.61 DDR2内存

图2.62 DDR3内存

◎ **DDR4内存：** DDR4内存是目前最新一代的内存类型，相比DDR3，性能提升有3点，即16bit预读取机制（DDR3为8bit），在同样内核频率下理论速度是DDR3的两倍；更可靠的传输规范，数据可靠性进一步提升；工作电压降为1.2V，更节能。

2.3.3 套装内存

内存套装就是指各内存厂家把同一型号的两条或多条内存以搭配销售的方式组成的套装产品，内存套装的价格通常不会比分别买两条内存的价格高出很多，但组成的系统却比两条单内存组成的系统稳定许多，所以在很长一段时间内，受到商业用户和超频玩家的青睐。

1. 套装内存的产生

从DDR2开始，出现了需要两条内存组建双通道系统的需求，一般人们都会选择两条相同容量、相同品牌的内存来组建，一方面大大避免了不兼容的可能，另一方面也加强了系统的稳定性，但即使同品牌、同容量、同型号，也可能因为生产批次的不同而造成系统兼容性不够完美的现象，为了避免这种情况的发生，也为了给一些追求完美的人士以心理上的满足，内存套装应运而生。

2. 套装内存的优势

与单条内存相比，套装内存的优势主要体现在以下几个方面。

◎ **优良的兼容性：** 两条内存要组建双通道或单通道，首先要确保内存是同一品牌、同一颗粒，这样才能保证内存的兼容性，保证系统稳定运行，否则可能出现蓝屏、死机等一系列不兼容问题。

◎ **同批次同一颗粒：** 套装的内存条在出厂时都经过测试，兼容性良好，可以保证是同一批次同一内存颗粒。

◎ **优良的稳定性：**从根本上说，套装和两根单条内存，关键在于内存颗粒是否能保证一致，一致就决定了内存的稳定性，这点套装内存明显强过单条内存。

◎ **技术的支持：**现在大多数的主板都支持多通道内存模式，既然主板支持，就可以用内存套装来组成多通道系统。

3. 普通用户是否需要套装内存

现在，很多组装计算机的普通用户对多通道系统的追求变得不再如从前那般狂热，基于以下两点原因，内存套装渐渐地已经变成了超频发烧友的专属产品。

◎ **运行效果：**从实际运行的效果来看，双通道内存并不比单通道内存快出很多，相反差距非常有限，而如果使用单通道，也就是单条大容量内存的话，可以在价格上实惠不少。

◎ **兼容性：**现在很多主板随着技术水平的提升，对于通道内存组建的要求越来越低，不再需要相同容量，甚至不用同品牌，只要能够工作在同频率上的两条内存都可以组成双通道。

图 2.63 所示为双通道和四通道的 DDR4 内存套装。

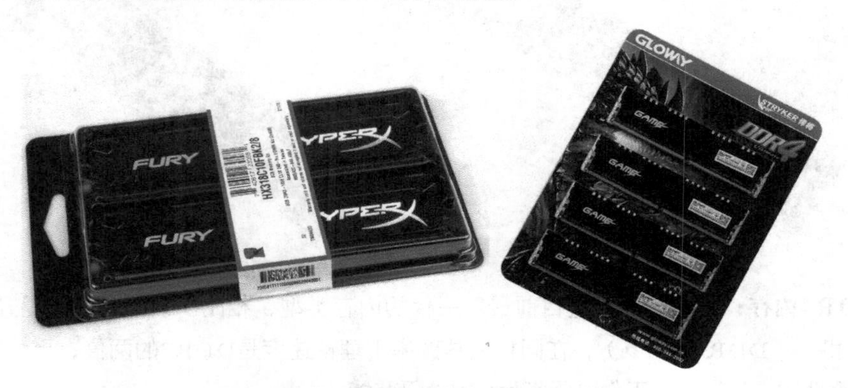

图2.63　双通道和四通道的DDR4内存套装

2.3.4 内存的频率

这里的频率是指内存的主频，也可以称为工作频率，和CPU主频一样，习惯上被用来表示内存的速度，它代表着该内存所能达到的最高工作频率。内存主频越高，在一定程度上代表着内存所能达到的速度越快。内存工作时的时钟信号是由主板芯片组或直接由主板的时钟发生器提供的，也就是说内存无法决定自身的工作频率，其实际工作频率是由主板来决定的。目前市面上常见的3种内存类型的主频如下。

提示：内存超频就是让内存外频运行在比它被设定运行的更高的速度下。一般情况下，CPU外频与内存外频是一致的，所以在提升CPU外频进行超频时，也必须相应提升内存外频使之与CPU同频工作。内存超频技术目前在很多DDR4内存中应用，如金士顿内存的PnP和XMP就是目前使用较多的内存自动超频技术。

◎ **DDR2内存主频：**1 333MHz及以下。

◎ **DDR3内存主频：**1 333MHz及以下、1 600MHz、1 866MHz、2 133MHz、2 400MHz、2 666MHz或2 800MHz及以上。

◎ **DDR4内存主频：**2 133MHz、2 400MHz、2 666MHz或2 800MHz及以上。

2.3.5 影响内存性能的重要参数

组装计算机选购内存时，还有一些影响其性能的重要参数需要注意，如容量、电压和CL值等。

◎ **容量：**容量是选购内存时优先考虑的性能指标，因为它代表了内存存储数据的多少，通常以GB为单位。单根内存容量越大则越好。目前，市面上主流的内存容量分为单条（容量为2GB、4GB、8GB和16GB）和套装（容量为2×2GB、2×4GB、2×8GB、8×4GB、4×4GB和16×2GB）两种。

◎ **工作电压：**内存电压是指内存正常工作所需要的电压值，不同类型的内存电压不同，DDR2内存的工作电压一般在1.8V左右；DDR3内存的工作电压一般在1.5V左右；DDR4内存的工作电压一般在1.2V左右。电压越低，对电能的消耗越少，也就更符合目前节能减排的要求。

◎ **CL值：**CL（CAS Latency，列地址控制器延迟）是指从读命令有效（在时钟上升沿发出）开始到输出端可提供数据为止的这一段时间。对于普通用户来说，没必要太过在意CL值，只需要了解在同等工作频率下，CL值低的内存更具有速度优势即可。

提示：内存CL值通常采用4个数字表示，中间用“-”隔开，以“5-4-4-12”为例，第一个数代表CAS(Column Address Strobe)延迟时间，也就是内存存取数据所需的延迟时间，即通常说的CL值；第二个数代表RAS(Row Address Strobe)-to-CAS延迟，表示内存行地址传输到列地址的延迟时间；第三个数表示RAS Prechiarge延迟（内存行地址脉冲预充电时间）；最后一个数则是Act-to-Prechiarge延迟（内存行地址选择延迟）。其中最重要的指标是第一个参数CAS，它代表内存接收到一条指令后要等待多少个时间周期才能执行任务。

2.3.6 选购内存的注意事项

在选购内存时，除了需要考虑该内存的性能指标外，还需要从其他硬件的支持和辨别真伪等方面来综合进行考虑。

1. 其他硬件支持

内存的类型很多，不同类型的主板支持不同类型的内存，因此在选购内存时需要考虑主板支持哪种类型的内存。另外，CPU的支持对内存也很重要，如在组建多通道内存时，一定要选购支持多通道技术的主板和CPU。

2. 识别真伪

用户在选购内存时，需要结合各种方法进行真伪辨别，避免买到“水货”或者“返修货”。

◎ **网上验证：**就是到内存官方网站去验证真伪，图2.64所示为金士顿内存的验证网页，可以通过官方微信验证内存真伪。

◎ **售后：**许多名牌内存都为用户提供一年包换三年保修的售后服务，有的甚至会提供终生包换的承诺。购买售后服务好的产品，将为产品提供优质的质量保证。

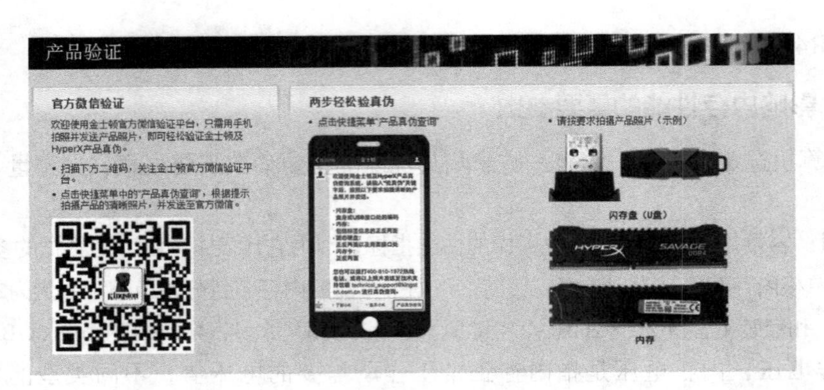

图2.64　金士顿内存的网上验证

◎ **价格：**在购买内存时，价格也非常重要，一定要货比三家，并选择价格较便宜的，但价格过于低廉时，就应注意其是否是打磨过的产品。

3. 注意产品的品牌

品牌对于内存的选购也很重要，主流的内存品牌有金士顿、宇瞻、影驰、芝奇、三星、金邦、金泰克、海盗船和威刚等。

2.4 认识大容量机械硬盘

硬盘是计算机硬件系统中最重要的数据存储设备，具有存储空间大、数据传输速度较快、安全系数较高等优点，因此计算机运行所必需的操作系统、应用程序、大量的数据等都保存在硬盘中。现在的硬盘分为机械硬盘和固态硬盘两种类型，机械硬盘是传统的硬盘类型，平常所说的硬盘都是指机械硬盘。

2.4.1 机械硬盘的外观和内部结构

机械硬盘即传统普通硬盘，主要由盘片、磁头、传动臂、主轴电机和外部接口等几个部分组成，硬盘的外形就是一个矩形的盒子，分为内外两个部分。

1. 外观结构

硬盘的外部结构较简单，其正面一般是一张记录了硬盘相关信息的铭牌，如图2.65所示。背面是促使硬盘工作的主控芯片和集成电路，如图2.66所示。后侧是硬盘的电源线和数据线接口，硬盘的电源线和数据线接口都是“L”型的，通常长一点的是电源线接口，短一点的是数据线接口，如图2.67所示，该数据线接口通过SATA数据线与主板SATA插槽进行连接。

2. 内部结构

硬盘的内部结构比较复杂，主要由主轴电机、盘片、磁头和传动臂等部件组成，如图2.68所示。在硬盘中通常将磁性物质附着在盘片上，并将盘片安装在主轴电机上，当硬盘开始工作时，主轴电机将带动盘片一起转动，在盘片表面的磁头将在电路和传动臂的控制下进行移动，并将指定位置的数据读取出来，或将数据存储到指定的位置。

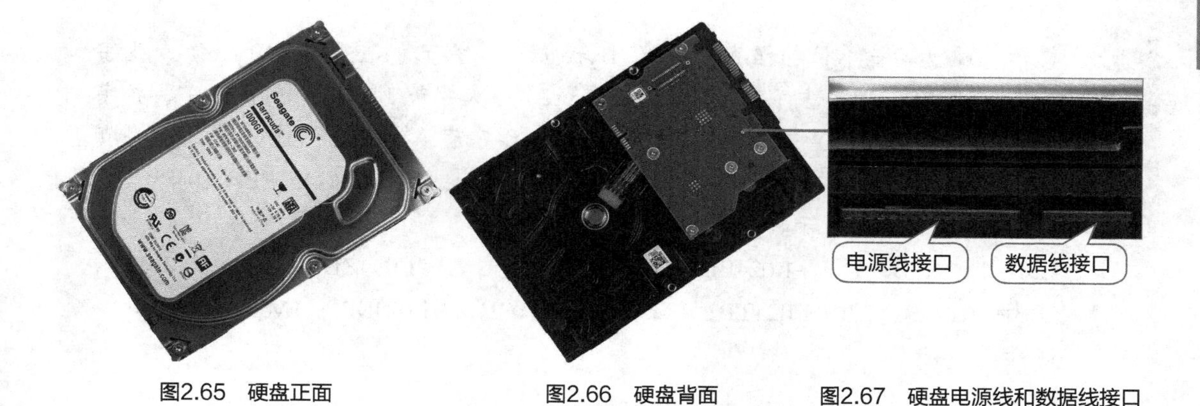

图2.65 硬盘正面　　图2.66 硬盘背面　　图2.67 硬盘电源线和数据线接口

> 提示：硬盘盘片的上下两面各有一个磁头，磁头与盘片有极其微小的间距。如果磁头碰到了高速旋转的盘片，会破坏其中存储的数据，磁头也会损坏。

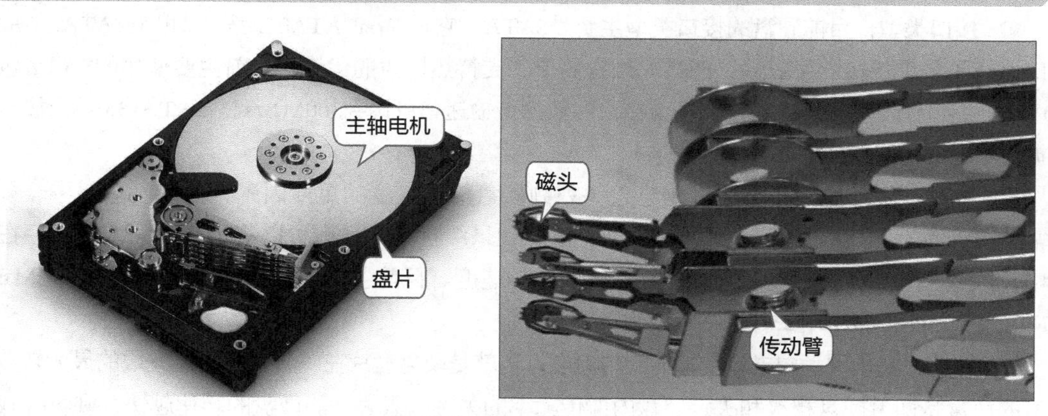

图2.68 硬盘的内部结构

2.4.2 机械硬盘的容量

在选购硬盘时，最先考虑的问题是硬盘的容量，而容量也是硬盘的主要性能指标之一，硬盘的容量越大，保存的数据就越多。目前市场上有最大容量为12TB的硬盘，那么是否这种硬盘的性能最优呢？答案是否定的。硬盘的性能由众多的性能指标决定，即便是硬盘的容量，也包括总容量、单碟容量和盘片数3个参数。

◎ **总容量：** 表示硬盘能够存储多少数据的一项重要指标，通常以GB和TB为单位，目前主流的硬盘容量从250GB到10TB不等。

◎ **单碟容量：** 是指每张硬盘盘片的容量，硬盘的盘片数是有限的，单碟容量可以提升硬盘的数据传输速度，其记录密度同数据传输率成正比，因此单碟容量才是硬盘容量最重要的性能参数，目前最大的单碟容量为1 200GB。

◎ **盘片数：** 硬盘的盘片数一般有1~10种，在相同总容量的条件下，盘片数越少，硬盘的性能越好。

提示：硬盘容量单位包括字节（B，Byte）、千字节（KB，KiloByte）、兆字节（MB，MegaByte）、吉字节（GB，Gigabyte）、太字节（TB，TeraByte）、拍字节（PB，PetaByte）、艾字节（EB，ExaByte）、泽字节（ZB，ZettaByte）、尧字节（YB，YottaByte）、BB（BrontoByte）、NB（NonaByte）和DB（DoggaByte）等，它们之间的换算关系如下所示。

1DB=1 024NB；1NB=1 024BB；1BB=1 024YB；1YB=1 024ZB；1ZB=1 024EB；1EB=1 024PB；1PB=1 024TB；1TB=1 024GB；1GB=1 024MB；1MB=1 024KB；1KB=1 024B。

2.4.3 接口、缓存、转速和平均寻道

选购硬盘时，除了考虑硬盘的容量外，还有4个需要重点考查的性能指标，即接口类型、缓存、转速和平均寻道时间。

◎ **接口类型：**目前硬盘的接口类型主要是SATA，它是Serial ATA的缩写，即串行ATA。SATA接口提高了数据传输的可靠性，还具有结构简单、支持热插拔的优点。目前主要使用的SATA包含2.0和3.0两种标准接口，SATA 2.0标准接口的数据传输速率可达到300MB/s ，SATA 3.0标准接口的数据传输速率可达到600MB/s。

◎ **缓存：**缓存的大小与速度是直接关系到硬盘传输速度的重要因素，当硬盘存取零碎数据时需要不断地在硬盘与内存之间进行数据交换，如果缓存较大，则可以将那些零碎数据暂存在缓存中，以减小外系统的负荷，同时提高数据的传输速度。目前主流硬盘的缓存包括8MB、16MB、32MB、64MB、128MB和256MB。

◎ **转速：**它是硬盘内电机主轴的旋转速度，也就是硬盘盘片在一分钟内所能完成的最大转数。转速的快慢是衡量硬盘档次和决定硬盘内部传输率的关键因素之一。硬盘的转速越快，硬盘寻找文件的速度也就越快，相对而言硬盘的传输速度也就得到了提高。硬盘转速以每分钟多少转来表示，单位为rpm（转/每分钟），值越大越好。目前主流硬盘的转速有5 400转/分钟、5 900转/分钟、7 200转/分钟和10 000转/分钟4种。

◎ **平均寻道时间：**平均寻道时间是指硬盘在接收到系统指令后，磁头从开始移动到移动至数据所在的磁道所花费时间的平均值，单位为毫秒（ms）。它在一定程度上体现了硬盘读取数据的能力，是影响硬盘内部数据传输率的重要参数。不同品牌、不同型号的硬盘产品其平均寻道时间也不一样，但这个时间越低，产品就越好。

提示：平均寻道时间实际上是由转速、单碟容量等多个因素综合决定的一个硬盘性能参数。一般来说，硬盘的转速越高，其平均寻道时间就越低；单碟容量越大，其平均寻道时间就越低。

2.4.4 选购机械硬盘的注意事项

选购机械硬盘时，除了各项性能指标外，还需要了解硬盘是否符合用户的需求，如硬盘的性价比、品牌、售后服务等。

◎ **性价比：**硬盘的性价比可通过计算每款产品的“每GB的价格”得出衡量值，计算方法是用产品市场价格除以产品容量得出“每GB的价格”，值越低性价比越高。

◎ **售后：**硬盘中保存的都是相当重要的数据，因此硬盘的售后服务也就显得特别重要。目前硬盘的质保期多在2~3年，有些甚至长达5年。

◎ **品牌：**机械硬盘的品牌较少，市面上生产硬盘的厂家主要有希捷、西部数据、三星（主要产品为笔记本电脑硬盘）、东芝和HGST。

2.5 认识秒开计算机的固态硬盘

扫一扫

查看高清大图

固态硬盘在接口的规范和定义、功能及使用方法上与普通硬盘完全相同，在产品外形和尺寸上也完全与机械硬盘一致。由于其读写速度远远高于机械硬盘，且功耗比机械硬盘低，还有轻便、防震抗摔等优点，目前通常作为计算机的系统盘进行选购和安装。

2.5.1 固态硬盘的外观和内部结构

固态硬盘（Solid State Drives，SSD）是用固态电子存储芯片阵列而制成的硬盘，区别于机械硬盘，由磁盘和磁头等机械部件构成。整个固态硬盘结构无机械装置，全部是由电子芯片及电路板组成的。

1. 外观结构

固态硬盘的外观就目前来看，主要有3种样式。

◎ **与机械硬盘类似的外观：**这种固态硬盘比较常见，外面是一层保护壳，里面是安装了电子存储芯片阵列的电路板，后面是数据线和电源接口，如图2.69所示。

◎ **裸电路板外观：**这种固态硬盘直接在电路板上集成存储、控制和缓存芯片，再加上接口组成，如图2.70所示。

◎ **类显卡式外观：**这种固态硬盘的外观类似于显卡，接口也可以使用显卡的PCI-E接口，安装方式也与显卡相同，如图2.71所示。

图2.69　普通固态硬盘外观　　图2.70　裸电路板固态硬盘外观　　图2.71　类显卡式固态硬盘外观

2. 内部结构

固态硬盘的内部结构主要是指电路板上的结构，包括主控芯片、闪存颗粒和缓存单元，如图2.72所示。

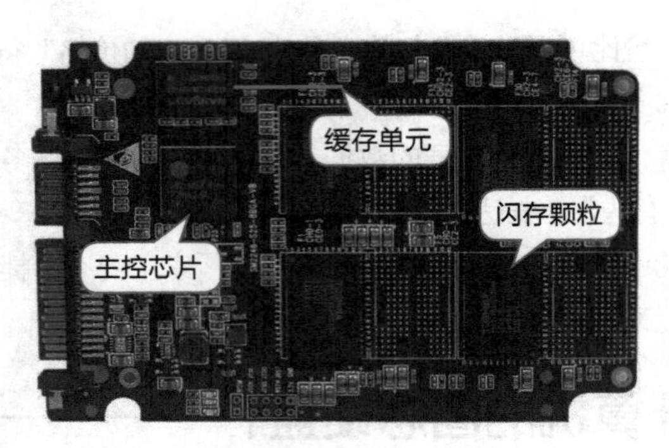

图2.72 固态硬盘的内部结构

◎ **主控芯片：**主控芯片是整个固态硬盘的核心器件，其作用是合理调配数据在各个闪存芯片上的负荷，以及承担整个数据中转，连接闪存芯片和外部接口。当前主流的主控芯片厂商有Marvell（俗称“马牌”）、SandForce、Silicon Motion（慧荣）、Phison（群联）和JMicron（智微）等，图2.73所示为慧荣主控芯片。

◎ **闪存颗粒：**存储单元绝对是硬盘的核心器件，而在固态硬盘里面，闪存颗粒则替代机械磁盘成为存储单元，图2.74所示为固态硬盘中的闪存颗粒。

◎ **缓存单元：**缓存单元的作用表现在进行常用文件的随机性读写，以及碎片文件的快速读写上。缓存芯片的市场规模不算太大，主流的缓存品牌包括三星和金士顿等，图2.75所示为固态硬盘中的缓存单元。

图2.73 慧荣主控芯片　　图2.74 闪存颗粒　　图2.75 缓存单元

2.5.2 闪存颗粒的构架

固态硬盘成本的80%就集中在闪存颗粒上，它不仅决定了固态硬盘的使用寿命，而且对固态硬盘的性能影响也非常大，而决定闪存颗粒性能的就是闪存构架。

固态硬盘中的闪存颗粒都是NAND闪存，NAND闪存因其具有非易失性存储的特性，即断电后仍能保存数据，而被大范围运用。当前，固态硬盘市场中，主流的闪存颗粒厂商主要有Toshiba（东芝）、Samsung（三星）、Intel（英特尔）、Micron（美光）、SKHynix（海力士）和Sandisk（闪迪）等。根据NAND闪存中电子单元密度的差异，将NAND闪存的构架分为SLC、MLC和TLC 3种，这3种闪存构架在寿命以及造价上有着明显的区别。

◎ **SLC（单层式存储）：**单层电子结构，写入数据时电压变化区间小，寿命长，读写次数在10万次以上，造价高，多用于企业级高端产品。

◎ **MLC（多层式存储）：**使用高低电压而不同构建的双层电子结构，寿命长，造价可接受，多用于民用中高端产品，读写次数在5 000左右。

◎ **TLC（三层式存储）：**是MLC闪存的延伸，TLC达到3bit/cell。存储密度最高，容量是MLC的1.5倍，造价成本最低，使命寿命低，读写次数在1 000~2 000次，是当下主流厂商首选的闪存颗粒。

2.5.3 固态硬盘的接口类型

固态硬盘的接口类型很多，目前市面上包括SATA3、M.2（NGFF）、Type-C、mSATA、PCI-E、SATA2、USB3.0、SAS和PATA等多种，但最常用的还是SATA3、M.2（NGFF）、mSATA和PCI-E这4种。

◎ **SATA3接口：**SATA是硬盘接口的标准规范，SATA3和前面介绍的硬盘接口完全一样，这种接口的最大优势就是非常成熟，能够发挥出主流固态硬盘的最大性能。

◎ **mSATA接口：**该接口是SATA协会开发的新的Mini SATA接口控制器的产品规范。新的控制器可以让SATA技术整合在小尺寸的装置上，mSATA也提供了和SATA接口标准相同的速度和可靠性。该接口主要用在注重小型化的笔记本电脑上面，如商务本和超极本等，在一些MATX板型的主板上也有该接口的插槽。

◎ **M. 2接口：**M.2接口的原名是NGFF接口，设计目的是为了取代mSATA接口。不管是从非常小巧的规格尺寸上讲，还是从传输性能上讲，这种接口都要比mSATA接口好很多。M.2接口能够同时支持PCI-E通道和SATA，让固态硬盘的性能潜力大幅提升。另外，M.2接口固态硬盘还支持NVMe标准，通过新的NVMe标准接入的固态硬盘，在性能提升方面非常明显，如图2.76所示。

提示：直接从外观上就可以看到mSATA接口和M.2接口的区别，mSATA接口的固态硬盘比M.2接口的固态硬盘体积大；mSATA接口的金手指只有两个部分，而M.2接口的金手指有3个部分，如图2.77所示。

图2.76 M.2接口固态硬盘

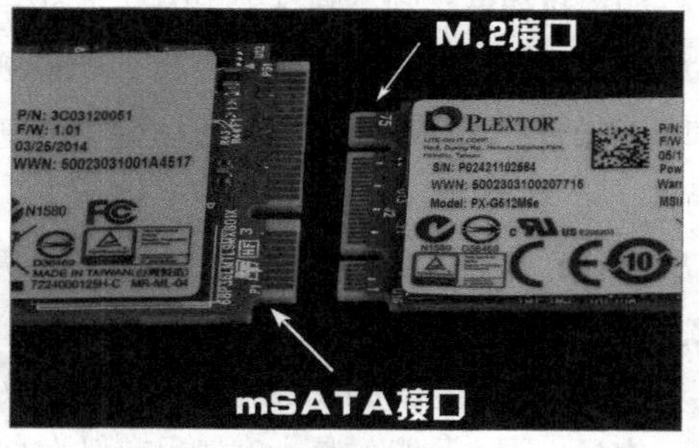

图2.77 对比mSATA接口和M.2接口

◎ **PCI-E接口：**这种接口对应主板上面的PCI-E插槽，与显卡的PCI-E接口完全相同。PCI-E接口的固态硬盘最开始主要是在企业级市场上使用，因其需要不同主控，所以，在性能提升的基础上，成本也高了不少。在目前的市场上，PCI-E接口的固态硬盘通常定位都是企业或高端用户使用，如图2.78所示。

◎ **基于NVMe标准的PCI-E接口：**NVMe（Non-Volatile Memory Express，非易失性存储器标准）标准是面向PCI-E接口的固态硬盘，使用原生PCI-E通道与CPU直连可以免去SATA与SAS接口的外置控制器（PCH）与CPU通信所带来的延时。基于NVMe标准的PCI-E接口固态硬盘其实就是将一块支持NVMe标准的M.2接口固态硬盘安装在支持NVMe标准的PCI-E接口的电路板上组成的，如图2.79所示。这种固态硬盘的M.2接口最高支持PCI-E 2.0×4总线，理论带宽达到2GB/s，远胜于SATA接口的600MB/s。如果主板上有M.2插槽，则可以将M.2接口的固态硬盘主体拆下直接插在主板上，并不占用任何机箱内部空间，相当方便。

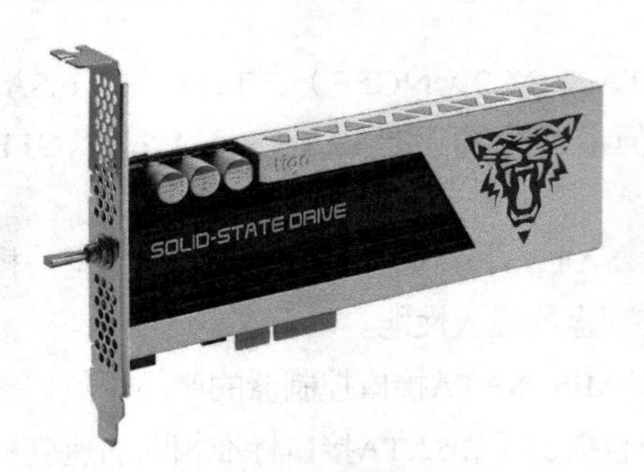

图2.78　PCI-E接口固态硬盘

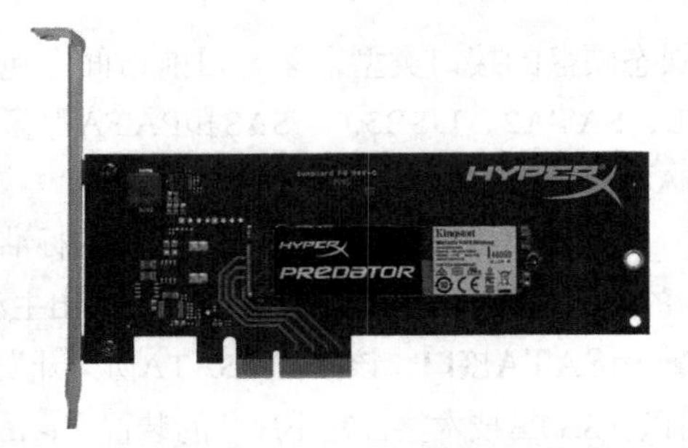

图2.79　基于NVMe标准的PCI-E接口固态硬盘

2.5.4 固态硬盘能否代替机械硬盘

现在组装计算机，在价格相同的情况下，通常都会选用固态硬盘，但是，机械硬盘仍然有很多用户在使用，因为固态硬盘价格比较昂贵。那么，固态硬盘和机械硬盘相比，到底有哪些优点，又有哪些缺点？下面就仔细分析一下。

1. 固态硬盘的优点

固态硬盘相对于机械硬盘的优势主要体现在以下几个方面。

◎ **读写速度快：**固态硬盘采用闪存作为存储介质，读取速度相对机械硬盘更快。固态硬盘厂商大多会宣称自家的固态硬盘持续读写速度超过了500MB/s，最常见的7 200转机械硬盘的寻道时间一般为12~14ms，而固态硬盘可以轻易达到0.1ms甚至更低。

◎ **防震抗摔性：**固态硬盘采用闪存作为存储介质，不怕震摔。

◎ **低功耗：**固态硬盘的功耗要低于传统硬盘。

◎ **无噪音：**固态硬盘没有机械马达和风扇，工作时噪音值为0分贝，而且具有发热量小、散热快等特点。

◎ **轻便：**固态硬盘在重量方面更轻，与常规机械硬盘相比，重量轻20~30g。

2. 固态硬盘的缺点

与机械硬盘相比，固态硬盘也有不足之处。

◎ **容量：**固态硬盘的最大容量目前仅为4TB。

◎ **寿命限制：**固态硬盘闪存具有擦写次数限制的问题，SLC构架有10万次的写入寿命；成本较低的MLC构架，写入寿命仅有1万次；而廉价的TLC构架闪存的写入寿命则更是只有500~1 000次。

◎ **售价高：**相同容量的固态硬盘的价格比机械硬盘贵，有的甚至贵十倍到几十倍。

3. 如何选购固态硬盘

在组装计算机时应该尽量选择固态硬盘，或者固态+机械组合。以120G固态硬盘为例（实际容量为110G左右），其中40G左右会用于系统分区，剩下70G用来安装软件以及存储重要资料。

如果还需要存储大量资料，则可以再加一块1T或者更大容量的机械硬盘，这样比较经济实惠。

4. 固态硬盘的品牌

固态硬盘的品牌很多，包括三星、英睿达、闪迪、影驰、饥饿鲨、浦科特、特科芯、金泰克、朗科、佰维、金胜维、东芝和金士顿等。三星是唯一一家拥有主控、闪存、缓存、PCB板和固件算法一体式开发和制造实力的厂商。三星、闪迪、东芝和美光都拥有其他SSD厂商可望而不可求的上游芯片资源。至于Intel，消费级产品较少，性能中庸，但是稳定性好。

提示：SSD的固件是确保SSD性能最重要的组件，用于驱动控制器。主控将使用SSD中固件算法中的控制程序去执行各种操作。因此，当SSD制造商发布一个更新时，需要手动更新固件来改进和扩大SSD的功能。有自主研发实力的厂商会自行优化设计。挑选固态硬盘时，选择知名品牌是很有道理的。固件的品质越好，SSD就越精确、高效。

2.6 认识4K画质的显卡

显卡一般是一块独立的电路板，插在主板上，接收由主机发出的控制显示系统工作的指令和显示内容的数字信号，然后通过输出模拟或数字信号控制显示器显示各种字符和图形，它和显示器构成了计算机系统的图像显示系统。

扫一扫

查看高清大图

2.6.1 显卡的外观结构

从外观上看，显卡主要由显示芯片（Graphics Processing Unit，GPU）、散热器、显存、金手指和显示输出接口等组成，如图2.80所示。

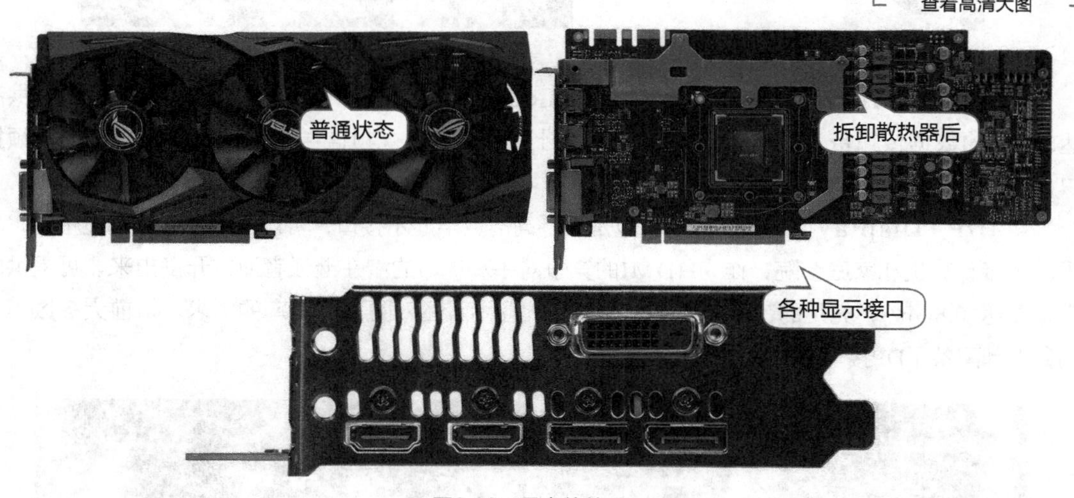

图2.80 显卡的外观

◎ **显示芯片：**它是显卡上最重要的部分，其主要作用是处理软件指令，让显卡能完成某些特定的绘图功能，直接决定显卡的好坏，如图2.81所示。

◎ **散热器：**由于显示芯片发热量巨大，因此需要在显示芯片上覆盖散热器进行散热。

◎ **显存：**它是显卡中用来临时存储显示数据的部件，其容量与存取速度对显卡的整体性能有着举足轻重的影响，而且还将直接影响显示的分辨率和色彩位数，容量越大，所能显示的分辨率及色彩位数就越高，如图2.82所示。

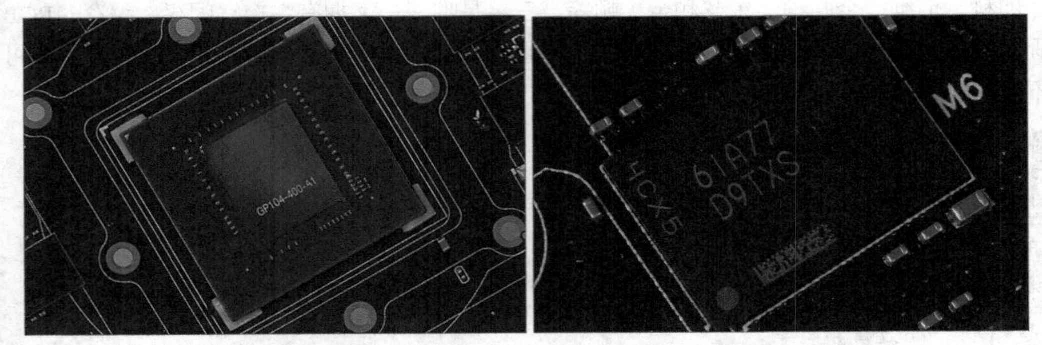

图2.81　显示芯片　　　　图2.82　显存

◎ **金手指：**它是连接显卡和主板的通道，不同结构的金手指代表不同的主板接口，目前主流的显卡金手指为PCI-Express接口类型，如图2.83所示。

◎ DVI（Digital Visual Interface）**接口：**数字视频接口，可将显卡中的数字信号直接传输到显示器，从而使显示出来的图像更加真实自然，如图2.84所示。

图2.83　显卡金手指

图2.84　DVI接口

◎ HDMI（High Definition Multimedia）**接口：**高清晰度多媒体接口，可以提供高达5Gb/s的数据传输带宽，传送无压缩音频信号及高分辨率视频信号，是目前使用最多的视频接口，如图2.85所示。

◎ DP（Display Port）**接口：**也是一种高清数字显示接口，可以连接计算机和显示器，也可以连接计算机和家庭影院，作为HDMI的竞争对手和DVI的潜在继任者而被开发出来。可提供的带宽高达10.8Gb/s，充足的带宽保证了今后大尺寸显示设备对更高分辨率的需求。目前大多数中高端显卡都配备了DP接口，如图2.86所示。

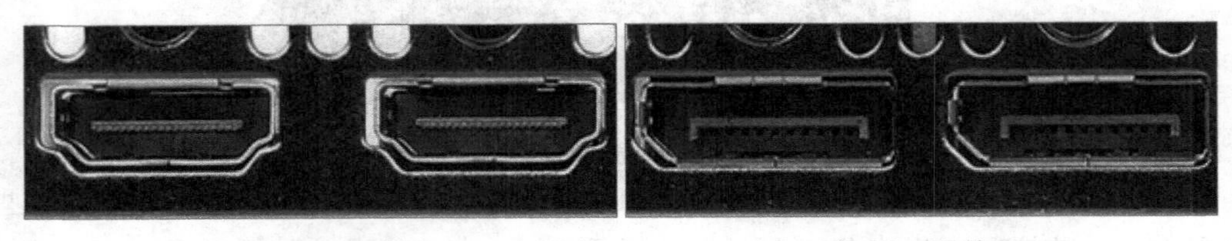

图2.85　HDMI接口　　　　图2.86　DP接口

> 提示：VGA接口是一种外形为15针D型结构，用于向显示器输出模拟信号的显示输出接口。由于现在计算机系统的显示信号都是数字信号，VGA接口已经不能完全发挥显卡的显示性能，所以逐渐被淘汰，如图2.87所示。

◎ **外接电源接口：** 显卡通过PCI-E接口由主板供电，但现在的显卡很多都有较大的功耗，所以需要外接电源独立供电。这时，就需要在主板上设置外接电源接口，通常是8针或6针，如图2.88所示。

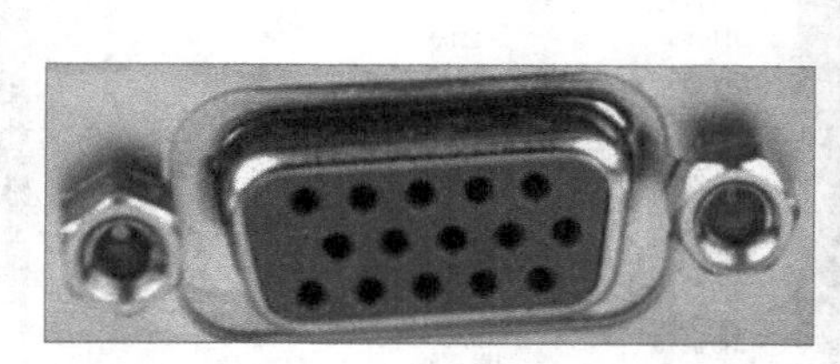

图2.87　VGA接口

图2.88　外接电源接口

2.6.2 显示芯片

显示芯片是显卡的关键核心部件之一，其性能参数直接关系到显卡的性能好坏。通常在选购显卡时，与显示芯片相关的性能参数包括芯片厂商、芯片型号、制造工艺和核心频率。

◎ **芯片厂商：** 显示芯片主要有NVIDIA和AMD两个主要厂商。

◎ **芯片型号：** 不同的芯片型号，其适用的范围也不同，如表2.4所示列出了常见的芯片型号。

表2.4　显卡芯片型号分类

	NVIDIA	AMD
入门	GTX750 及其他 NVIDIA 显示芯片	R9 370、R7 360/350 及其他 AMD 显示芯片
主流	GTX1070/1060/1050Ti/1050/960/950/750 Ti/750 及其他 NVIDIA 显示芯片	RX 480/470/460、R9 380X/380/370X/370 及其他 AMD 显示芯片
发烧	GTX 1080Ti/1080/1070/980Ti/980/970 GTX Titan X/Z/Black 及其他 NVIDIA 显示芯片	R9 FURY X、RX 480/470/470D 及其他 AMD 显示芯片

◎ **制造工艺：** 显示芯片的制造工艺与CPU一样，也是用来衡量其加工精度的。制造工艺的提高，意味着显示芯片的体积将更小、集成度更高、性能更强大、功耗也将降低，现在主流芯片的制造工艺为28nm、16nm和14nm。

◎ **核心频率：** 指显示核心的工作频率，在同样级别的芯片中，核心频率高的则性能要强，但显卡的性能由核心频率、显存、像素管线和像素填充率等多方面的情况所决定，因此在芯片不同的情况下，核心频率高并不代表此显卡性能强。

扫一扫

查看高清大图

为了简单地表示出显示芯片的性能优劣，在图2.89中列出了目前市面上各种显示芯片（包括CPU集成显示芯片）理论上的性能对比。

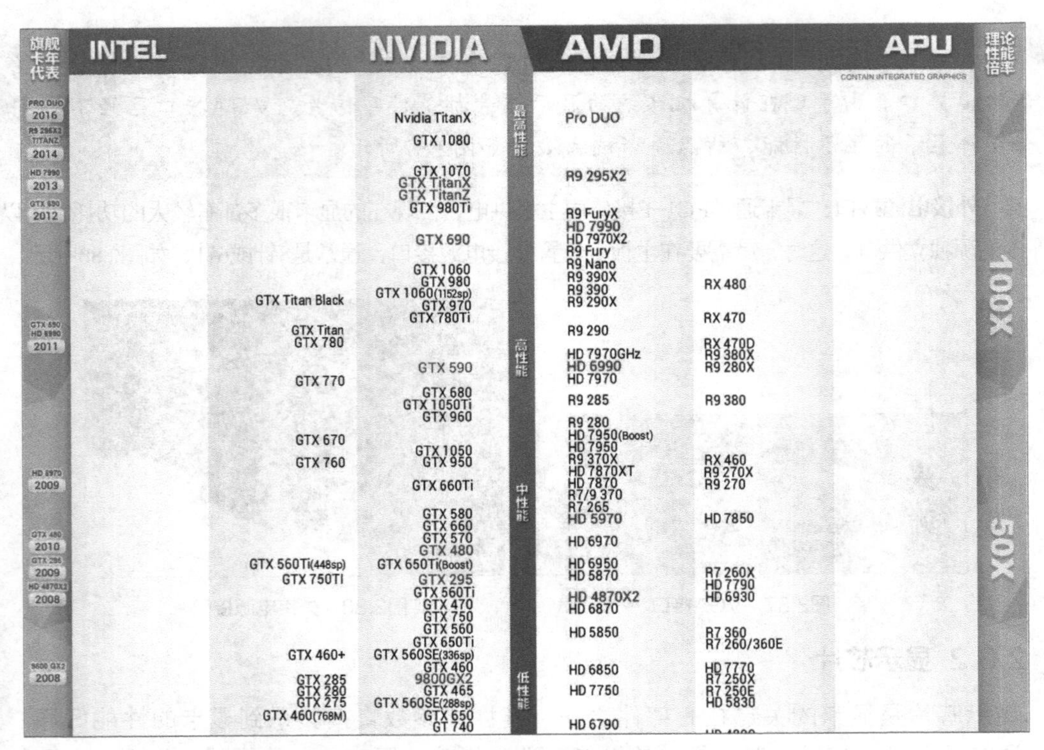

图2.89　常见显示芯片理论性能对比

2.6.3 显存类型——HBM和GDDR

显存是显卡的关键核心部件之一，它的优劣和容量大小会直接关系到显卡的最终性能，如果说显示芯片决定了显卡所能提供的功能和基本性能，那么，显卡性能的发挥则在很大程度上取决于显存，因为无论显示芯片的性能如何出众，最终其性能都要通过配套的显存来展现。

1. 显存的主要性能参数

在显卡的各种性能参数中，与显存相关的包括显存的频率、容量、位宽和速度，以及最大分辨率。

◎ **显存频率：**它是指默认情况下，该显存在显卡上工作时的频率，以MHz（兆赫兹）为单位。显存频率在一定程度上反映了该显存的速度，随着显存的类型和性能的不同而不同，同样类型下，频率越高，性能越强。

◎ **显存容量：**理论上讲，显存容量决定了显示芯片处理的数据量，显存容量越大，显卡性能越好。目前市场上显卡的显存容量从1GB到12GB不等。

◎ **显存位宽：**若把显存位宽理解为数据进出通道的大小，在运行频率和显存容量相同的情况下，显存位宽越大，数据的吞吐量就越大，显卡的性能就越好。目前市场上显卡的显存位宽从64bit到768bit不等。

◎ **显存速度：**显存的时钟周期就是显存时钟脉冲的重复周期，它是衡量显存速度的重要指标。显存速度越快，单位时间交换的数据量也就越大，在同等情况下，显卡性能将会得到明显提升。显存频率与显存时钟周期之间为倒数关系（也可以说显存频率与显存速度之间为倒数关系），显存时钟周期越小，显存频率就越高，显卡的性能也就越好。

◎ **最大分辨率：**最大分辨率表示显卡输出给显示器，并能在显示器上描绘像素点的数量。分辨率越大，所能显示图像的像素点和细节就越多，当然就越清晰。最大分辨率在一定程度上与显存有着直接关系，由于这些像素点的数据最初都要存储于显存内，因此显存容量会影响到最大分辨率。现在显卡的最大分辨率为2 560×1 600、3 840×2 160、4 096×2 160和5 120×3 200及以上。

提示：4K是一种超高清的分辨率，即像素分辨率达到4 096×2 160，而显卡的最高分辨率达到4K的也就被称为4K显卡。分辨率的相关内容将在后面的章节中详细讲解，这里不再赘述。

2. 显存的类型

显存的类型也是影响显卡性能的重要参数之一，目前市面上的显存主要有GDDR和HBM两种。

◎ **GDDR：**GDDR显存在很长一段时间内是市场上的主流类型，从过去的GDDR1一直到现在的GDDR5和GDDR5X。GDDR5和GDDR5X显存的功耗相对较低，性能更高，且可以提供更大的容量，并采用了新的频率架构，拥有更佳的容错性。

◎ **HBM：**HBM显存是最新一代的显存，用来替代GDDR，它采用堆叠技术，减少了显存的体积，节省了空间。HBM显存增加了位宽，其单颗粒的位宽是1 024bit，是GDDR5的32倍。同等容量的情况下，HBM显存的性能比GDDR5提升了65%，功耗降低了40%。最新的HBM2显存的性能可能在原来的基础上翻了一倍。

2.6.4 显卡的散热方式

随着显卡核心工作频率与显存工作频率的不断提升，显卡芯片和显存的发热量也在增加，因此显卡都会采用必要的散热方式，优秀的散热方式也是选购显卡的重要指标之一。

◎ **被动式散热：**一般工作频率较低的显卡都采用被动式散热，这种散热方式就是在显示芯片上安装一个散热片，不仅可以降低成本，还能减少使用中的噪音。但由于显卡功耗的提高，仅用散热片已经无法满足显卡散热的需要，因此，这种方式已经很少使用。

◎ **主动式散热：**这种方式是在散热片上安装散热风扇，也是显卡的主要散热方式，目前大多数显卡都采用这种散热方式，如图2.90所示。

◎ **水冷式散热：**这种散热方式集合了前两种方式的优点，散热效果好，没有噪声，但由于散热部件较多，且需要占用较大的机箱空间，所以成本较高，如图2.91所示。

图2.90　主动式散热

图2.91　水冷式散热

2.6.5 多GPU技术——SLI和CF

在显卡技术发展到一定水平的情况下，利用多GPU技术，可以在单位时间内提升显卡的性能。多GPU技术就是联合使用多个GPU核心的运算力，来得到高于单个GPU的性能，从而提升计算机的显示性能。

支持多GPU技术的显示芯片只有两个品牌，NVIDIA的多GPU技术叫作SLI，而AMD的多GPU技术叫作CF。

◎ **SLI：**SLI（Scalable Link Interface，可升级连接接口）是NVIDIA公司的专利技术，通过一种特殊的接口连接方式（称为SLI桥接器或者显卡连接器），在一块支持SLI技术的主板上，同时连接并使用多块显卡，以提升计算机的图形处理能力，图2.92所示为双卡SLI。

◎ **CF：**CF（CrossFire，交叉火力，简称交火）是AMD公司的多GPU技术，它也是通过CF桥接器让多张显卡同时在一台计算机上连接使用，以增加运算效能。和SLI相同，它们都是通过桥接器连接显卡上的SLI/CF接口来实现多GPU，图2.93所示为显卡上的CF接口，通常在显卡的顶部。

图2.92 双卡SLI

图2.93 显卡的CF接口

提示：SLI/CF桥接器是专门用相同的显卡组建SLI/CF系统使用的一个连接装备，通过这个桥接器，连接在一起的多张显卡的数据可以直接通过这个专门的桥接器进行传输。

◎ **Hybird SLI/CF：**它是另外一种多GPU技术，也就是通常所说的混合交火技术。混合交火技术就是利用处理器显卡和普通显卡进行交火，从而提升计算机的显示性能。从性能方面来说，混合交火最高可以提高计算机的图形处理能力到150%左右，但还达不到SLI/CF的180%左右。不过，相对于SLI/CF，对于中低端显卡的用户，可以通过混合交火带来性价比的提升和使用成本的降低；对于高端显卡用户，虽然无法通过混合交火提升显示性能，但在一些特定的模式下，混合交火支持独立显示芯片的休眠功能，这样可以控制显卡的功耗，节约能源，非常实用。

2.6.6 显卡的流处理器

流处理器（Stream Processor，SP）的多少对显卡性能有决定性作用，可以说高中低端的显卡除了核心不同外最主要的差别就在于流处理器数量，流处理器个数越多，则显卡的图形处理能力越强，一般呈正比关系。流处理器很重要，但NVIDIA和AMD同样级别的显卡的流处理器数量却相差巨大，这是因为两种显卡使用的流处理器种类不同。

◎ **AMD：**AMD公司的显卡使用的是超标量流处理器，其特点是浮点运算能力强，表现在图形处理上则是偏重于图像的画面和画质。

◎ **NVIDIA：**NVIDIA公司的显卡使用的是矢量流处理器，其特点是每个流处理器都具有完整的ALU（算术逻辑单元）功能，表现在图形处理上则是偏重于处理速度。

◎ **NVIDIA和AMD的区别：**NVIDIA显卡的流处理器图形处理速度快，AMD显卡的流处理器图形处理画面好。NVIDIA显卡的一个矢量处理器可以完成AMD显卡5个超标量流处理器的工作任务，也就是1:5的换算公式。如果某AMD显卡的流处理器数量为480个，则其性能相当于只有96个流处理器NVIDIA显卡。

2.6.7 处理器显卡

随着CPU性能的不断提升，其内置的处理器显卡性能也在不断更新，依托CPU强大的运算能力和智能能效调节设计，在更低功耗下实现同样出色的图形处理性能和流畅的应用体验。那么，在组装计算机的时候，是该选择处理器显卡还是独立显卡?

在如图2.88所示的显示芯片理论性能对比图中可以看到，二代APU处理器显卡已经可以媲美中低端独立显卡，另外Intel处理器显卡在性能上也已经可以和以前的诸多入门独立显卡相抗衡。如AMD A10-5800K内置的HD7660D核心显卡性能与入门级的GT630 D5独立显卡相当，超越了GT630以下独立显卡的性能，也就是说，如果要组装A10处理器的计算机，那么GT630以下显卡显然没有购买意义，无法提升计算机的显示性能。

组装计算机时一定要根据对显卡的需求来选择使用处理器显卡还是独立显卡。对于入门或者办公用户而言，使用处理器显卡就足够了，这样可降低组装计算机的成本，同时处理器显卡还具有更好的稳定性。如Intel 酷睿 i5 CPU的Intel HD Graphics 530处理器显卡，其具有350MHz的显示频率、64GB的显存、4 096×2 304的最大分辨率，完全能够满足普通用户的基本显示要求，甚至对于基本的图形图像处理，主流的网络游戏都能轻松应对。

对于主流游戏用户，购买一款独立显卡也是必不可少的，毕竟目前主流独立显卡才具备真正的主流游戏性能。对于购买独立显卡的用户，建议不要购买400元以下的入门独立显卡，因为处理器核心显卡的性能都与之相近，所以多花钱购买不值得。可考虑500元以上主流入门显卡，目前主流游戏用户显卡选购的预算均在700~1 500元，这个价位的显卡一般均具有较强性能，可以基本满足各类主流游戏的需求。

对于发烧友、主要玩大型单机游戏或是主要从事效果绘图视频编辑方面工作的专业用户而言，最好使用独立显卡，且最好使用一线品牌的显卡。

2.6.8 显卡的选购注意事项

在组装计算机时选购显卡的用户，通常都对计算机的显示性能和图形处理能力有较高的要求，所以在选购显卡时，一定要注意以下几个方面的问题。

◎ **选料：**如果显卡的选料上乘、做工优良，那么显卡的性能也就较好，但价格相对也较高；如果一款显卡价格低于同档次的其他显卡，那么，该显卡在选料上可能稍次。选购显卡时，一定要注意这些问题。

◎ **做工：**一款性能优良的显卡，其PCB板、线路和各种元件的分布也比较规范，建议尽量选择使用4层以上的PCB板层数的显卡。

◎ **布线：**为使显卡能够正常工作，显卡内通常密布着许多电子线路，用户可直观地看到这些线路。正规厂家的显卡布局清晰、整齐，各个线路间都保持了比较固定的距离，各种元件也非常齐全，而低端显卡上则常会出现空白的区域。

◎ **包装：**一块通过正规渠道进货的新显卡，包装盒上的封条一般是完整的，而且显卡上有中文的产品标记和生产厂商名称、产品型号和规格等信息。

◎ **品牌：**大品牌的显卡做工精良，售后服务也好，定位于低、中、高不同市场的产品也多，方便用户的选购。市场上最受用户关注的主流显卡品牌包括七彩虹、影驰、索泰、耕升、XFX讯景、华硕、丽台、蓝宝石、技嘉、迪兰和微星等。

2.7 认识极致图像的显示器

计算机的图像输出系统是由显卡和显示器组成的，显卡处理的各种图像数据最后都通过显示器呈现在我们眼前，显示器的好坏有时能直接反映计算机的性能。

2.7.1 显示器的外观结构

目前市面上的显示器都是LCD（Liquid Crystal Display，液晶显示器）显示器，具有无辐射危害、屏幕不闪烁、工作电压低、功耗小、重量轻和体积小等优点。显示器通常分为正面和背面，另外还有各种控制按钮和接口，如图2.94所示

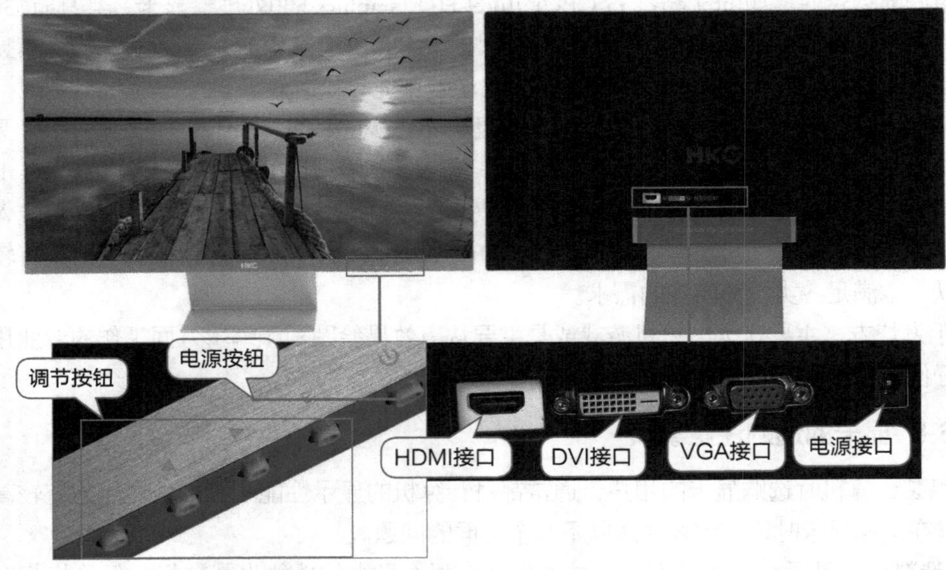

图2.94　显示器外观

2.7.2 画质清晰的LED和4K显示器

LED显示器的性能比LCD更先进。由于显卡技术水平的不断提高，支持4K分辨率的显示器

逐渐变成市场主流，需要匹配4K显卡的4K显示器也越来越多。

1. LED显示器

LED就是发光二极管，LED显示器就是由发光二极管组成显示屏的显示器。

◎ **LED显示器的优点：**与LCD显示器相比，LED显示器在亮度、功耗、可视角度和刷新速率等方面都更具优势，尤其LED显示屏的单个元素反应速度是LCD屏的1 000倍，在强光下也可清楚显现，并且适应-40℃的低温。

◎ **LED显示器与LCD显示器的区别：**两者的根本区别在于显示器的背光源，液晶本身并不发光，需要另外的光源发亮，LCD显示器使用CCFL作为背光源，即紧凑型节能灯；LED显示器用LED作为背光源，即发光二极管。因此，LED显示器就是使用LED作为背光源的液晶显示器，也可以算LCD显示器的一种。

2. 4K显示器

4K显示器并不是一种特殊技术的显示器，而是指最大分辨率达到4K标准的显示器。

◎ **4K：**4K（4K Resolution）是一种新兴的数字电影及数字内容的解析度标准，4K的名称得自其横向解析度约为4 000像素（pixel），电影行业常见的4K分辨率包括 Full Aperture 4K（4 096×3 112）和Academy 4K（3 656×2 664）等多种标准。

◎ **4K分辨率：**分辨率是指显示器所能显示的像素有多少，通常用显示器在水平和垂直显示方面能够达到的最大像素点来表示。标清720P为1 280×720像素，高清1 080P为1 920×1 080像素，超清1 440P为2 560×1 440像素，超高清4K为4 096×2 160像素，也就是说，4K的清晰度是1 080P的4倍，而1 080P的清晰度是720P的4倍。所以，4K分辨率的清晰度非常高，4K显示器显示的图像和画面能最真实地还原事物本来的形状。

◎ **桌面4K：**市面上的主流显示器屏幕比例多为16:9和16:10，而4K显示器的屏幕比例大约为17:9，为了配合16:9的屏幕比例，通常把分辨率为3 840x2 160像素的显示器称为4K显示器，简称桌面4K。表2.5所示为通用显示器分辨率。

表2.5 通用显示器分辨率

标准	分辨率	标准	分辨率
SVGA	800×600（4:3）	WUXGA	1 920×1 200（16:10）
XGA	1 024×768（4:3）	Full HD	1 920×1 080（16:9）
HD	1 366×768（16:9）	WQHD	3 440×1 440（16:9）
WXGA	1 280×800（16:10）	UHD	3 840×2 160（16:9）
UXGA	1 600×1 200（4:3）	4K Ultra HD	4 096×2 160（大约 17:9）

2.7.3 技术先进的3D和曲面显示器

现在市面上还有两种技术先进的显示器类型——3D显示器和曲面显示器，它们都是通过其独特的显示技术，为用户带来极致的显示效果体验。

1. 3D显示器

3D（Dimension，维度）是指三维空间，也就是立体空间，3D显示器是能够显示出立体效果的显示器。3D显示技术就是通过为双眼送上不同的画面，以产生的错觉“欺骗”双眼，让其产生“立体感”。目前主流的桌面3D显示技术有3种，分别为红蓝式、光学偏振式和主动快门式，三者皆需要搭配眼镜来实现。

◎ **红蓝式：**它是最早面世的3D显示技术，由于显示效果太不理想，已经被淘汰。

◎ **光学偏振式：**它属于被动式3D技术，通过显示器上的偏光膜分解图像，将显示器所显示的单一画面分解为垂直向偏光和水平向偏光两个独立的画面，而用户戴上左右分别采用不同偏光方向的偏光镜片后，就能使双眼分别看到不同的画面并传递给大脑，形成3D影像。虽然采用这种技术的3D显示器的光线、分辨率和可视角度比较差，显示效果也一般，但却是目前市场上主流的3D显示器类型。

◎ **主动快门式：**它属于主动式3D技术，显卡在计算游戏（影片效果是通过双摄像头实现的）时将每一帧计算出两个不同的画面，显示在显示器上，然后通过红外信号发射器同步快门式3D眼镜的左右液晶镜片开关，轮流遮挡左右眼的画面，让双眼看到不同的画面。这种技术对显示器要求太高，至少需要120Hz的刷新频率，且3D眼镜昂贵，提升了用户组建3D平台的成本，通常在高端显示器中应用。

2. 曲面显示器

曲面显示器是指面板带有弧度的显示器，如图2.95所示。

图2.95　曲面显示器

◎ **曲面显示器的优点：**曲面显示器避免了两端视距过大的缺点，曲面屏幕的弧度可以保证眼睛的距离均等，从而带来比普通显示器更好的感官体验。曲面显示器微微向用户弯曲的边缘能够更贴近用户，与屏幕中央位置实现基本相同的观赏角度，视野更广。同时，由于曲面屏尺寸更大，且有一定的弯度，和直面屏相比占地面积更小。

◎ **曲率：**它是曲面显示器最重要的性能参数，指的是屏幕的弯曲程度，曲率越大，弯曲的弧度越明显，制作工艺难度也越高。曲率通常与显示器的尺寸成正比，即显示器的尺寸越大，对应曲率也就越大，这样在视觉上才能感受到曲面带来的效果。

◎ **适用人群：**曲面显示器弯曲的屏幕对于画面或多或少会造成一定的扭曲失真，所以并不适合作图和设计等专业用户使用。对于普通家庭和办公用户，曲面显示器完全可以取代普通显示器的所有功能，而且还可以带来更好的影音游戏效果。

2.7.4 显示器的面板类型

显示器面板的类型关系着显示器的响应时间、色彩、可视角度和对比度等重要性能参数，显示器面板还占据了一台显示器成本的70%左右，所以显示器面板对于显示器的优劣起着决定性的作用。现在市面上的显示器面板类型包括TN、ADS、PLS、VA和IPS 5种。

◎ TN（Twisted Nematic，**扭曲向列**）：这种类型的面板应用于入门级显示器产品中，优点是响应时间容易提高，辐射水平很低，眼睛不易产生疲劳感，比较适合游戏玩家。缺点是可视角度受到了一定的限制，不会超过160°。TN面板属于软屏，用手轻划会出现类似的水纹。这种面板的显示器正在逐渐退出主流市场。

◎ IPS（In-Plane Switching，**平面转换**）：这种类型的面板目前广泛使用于显示器与手机屏幕等，优点是可视角度大，可达到178°；色彩真实，无论从哪个角度欣赏，都可以看到色彩鲜明、饱和自然的优质画面；动态画质出色，特别适合运动图像重现，无残影和拖尾，常用于观看数字高清视频和快速运动画面；节能环保，减少了液晶层厚度，更加省电；IPS显示器更容易受到专业人士的青睐，以满足设计、印刷和航天等行业专业人士对色彩较为苛刻的要求，如图2.96所示。缺点是IPS面板增加背光的发光度，可能出现大面积的边缘漏光问题，如图2.97所示。

图2.96　IPS（左）和TN（右）显示图像对比

图2.97　廉价IPS（左）和TN（右）漏光对比

提示：市面上的IPS面板又分为S-IPS、H-IPS、E-IPS和AH-IPS 4种类型。S-IPS面板是原版的IPS面板；H-IPS主要是针对S-IPS的视角、对比度及大角度发紫等问题而生产出的一种新型改进屏幕面板；E-IPS和AH-IPS都是H-IPS的经济版及超级简化版。从性能上看，这4种IPS面板的排位是H-IPS>S-IPS>AH-IPS>E-IPS。

◎ ADS（Advanced Super Dimension Switch，**高级超维场转换**）：这种类型面板的显示器在市场上并不多见，优点是可视角度较大，达到了广视角面板的程度，还有就是响应速度较快（主流IPS为8ms，ADS为5ms），但其他各项性能指标通常略低于IPS。由于其价格比较低廉，也被称为廉价IPS。

◎ PLS（Plane to Line Switching，**平面到线转换**）：这种类型的面板是三星公司独家技术研发和制造的，主要用在三星显示器上。PLS面板在性能上与IPS面板非常接近，而其号称生产成本与IPS面板相比减少了约15%，所以其实在市场上相当具有竞争力。

◎ VA（Vertical Alignment，**垂直配向**）：VA面板可分为由富士通主导的MVA面板和由三星开发的PVA面板，其中后者是前者的继承和改良，也是目前市场上采用最多的类型。优点是可视角度大，黑色表现也更为纯净、对比度高，色彩还原准确；缺点是功耗比较高、响应时间比较慢、面板的均匀性一般、可视角度相比IPS面板稍差。VA面板也属于软屏，只要用手指轻触面板，便会显现梅花纹，图2.98所示为PVA面板的各角度实拍对比。

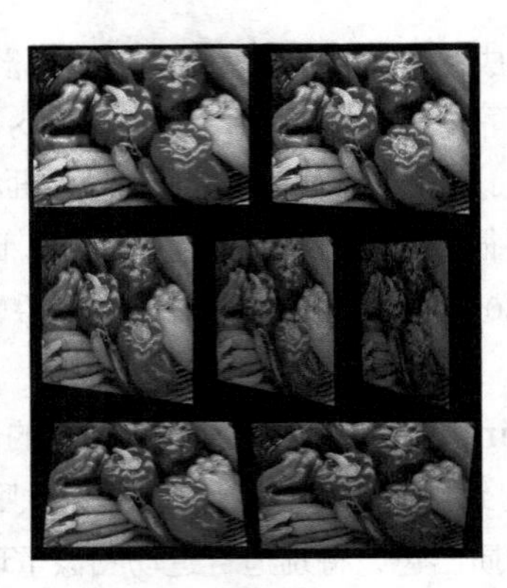

图2.98　PVA面板的各角度实拍

2.7.5 显示器的其他性能指标

在选购显示器时，还有很多需要注意的性能指标，如显示屏尺寸、屏幕比例、对比度、动态对比度、亮度、可视角度、灰阶响应时间和刷新率等。

◎ **显示屏尺寸：**包括20英寸（1英寸=2.54cm）以下、20~22英寸、23~26英寸、27~30英寸、30英寸以上等大小。

◎ **屏幕比例：**指显示器屏幕画面纵向和横向的比例，包括普屏4:3、普屏5:4、宽屏16:9和宽屏16:10几种类型。

◎ **对比度：**对比度越高，显示器的显示质量越好，尤其是玩游戏或观看影片，更高对比度的显示器可得到更好的显示效果。

◎ **动态对比度：**指液晶显示器在某些特定情况下测得的对比度数值，其目的是保证明亮场景的亮度和昏暗场景的暗度。因此，动态对比度对于需要频繁在明亮场景和昏暗场景切换的应用，才有较为明显的实际意义，如看电影。

◎ **亮度：**亮度越高，显示画面的层次就越丰富，显示质量也就越高。其单位为cd/m^2，市面上主流的显示器的亮度为250cd/m^2。需要注意的是，亮度太高的显示器不一定就是好的产品，画面过亮一方面容易引起视觉疲劳，同时也使纯黑与纯白的对比降低，影响色阶和灰阶的表现。

◎ **可视角度：**指站在位于显示器旁的某个角度时仍可清晰看见影像时的最大角度，由于每个人的视力不同，因此以对比度为准，在最大可视角度时所量到的对比度越大越好，主流显示器的可视角度都在160° 以上。

◎ **灰阶响应时间：**当玩游戏或看电影时，显示器屏幕内容不可能只做最黑与最白之间的切换，而是五颜六色的多彩画面或深浅不同的层次变化，这些都是在做灰阶间的转换。灰阶响应时间短的显示器画面质量更好，目前主流显示器的灰阶响应时间应该控制在6ms以下。

◎ **刷新率：**指电子束对屏幕上的图像重复扫描的次数。刷新率越高，所显示的图像（画面）稳定性越好。只有在高分辨率下达到高刷新率才能称其为性能优秀。市面上的显示器刷新率有75Hz、120Hz和144Hz 3种。

2.7.6 显示器的选购注意事项

在选购显示器时，除了需要注意各种性能指标外，还应注意下面的几个问题。

◎ **选购目的：**如果是一般家庭和办公用户，建议购买LED，环保无辐射，性价比高；如果是游戏或娱乐用户，可以考虑曲面显示器，颜色鲜艳，视角清晰；如果是图形图像设计用户，最好使用大屏幕4K显示器，图像色彩鲜艳，画面逼真。

◎ **测试坏点：**坏点数是衡量LCD液晶面板质量好坏的一个重要标准，而目前的液晶面板生产线技术还不能做到显示屏完全无坏点。检测坏点时，可将显示屏显示全白或全黑的图像，在全白的图像上出现的黑点，或在全黑的图像上出现的白点都被称为坏点，通常超过3个坏点就不能选购。

◎ **显示接口的匹配：**是指显示器上的显示接口应该和显卡或主板上的显示接口至少有一个是相同的，这样才能通过数据线连接在一起。如某台显示器有VGA和HDMI两种显示接口，而连接的计算机显卡上却只有VGA和DVI显示接口，虽然能够通过VGA进行连接，但明显显示效果没有DVI或HDMI连接的好。

◎ **选购技巧：**在选购显示器的过程中应该买大不买小，通常16:9比例的大尺寸产品更具有购买价值，是用户选购时最值得关注的显示器规格。

◎ **主流品牌：**常见的显示器主流品牌有三星、HKC、优派、AOC（冠捷）、飞利浦、明基、长城、戴尔、惠普、联想、爱国者、大水牛、NEC和华硕等。

2.8 认识机箱与电源

市场上，计算机的机箱和电源通常是组合在一起选购的，有些机箱内甚至配置了标准电源（称为标配电源）。机箱的主要作用是放置和固定各种计算机硬件，起到承托和保护的作用。此外，机箱还具有屏蔽电磁辐射的作用。电源则是为计算机提供动力的部件。

2.8.1 机箱与电源的外观结构

要认识机箱和电源，首先需要了解其外观结构，机箱的结构比较复杂。电源则主要是认识各种电源插头。

1. 机箱的外观结构

机箱一般为矩形框架结构，主要用于为主板、各种输入/输出卡、硬盘驱动器、光盘驱动器和电源等部件提供安装支架，图2.99所示为机箱的外观和内部结构图。

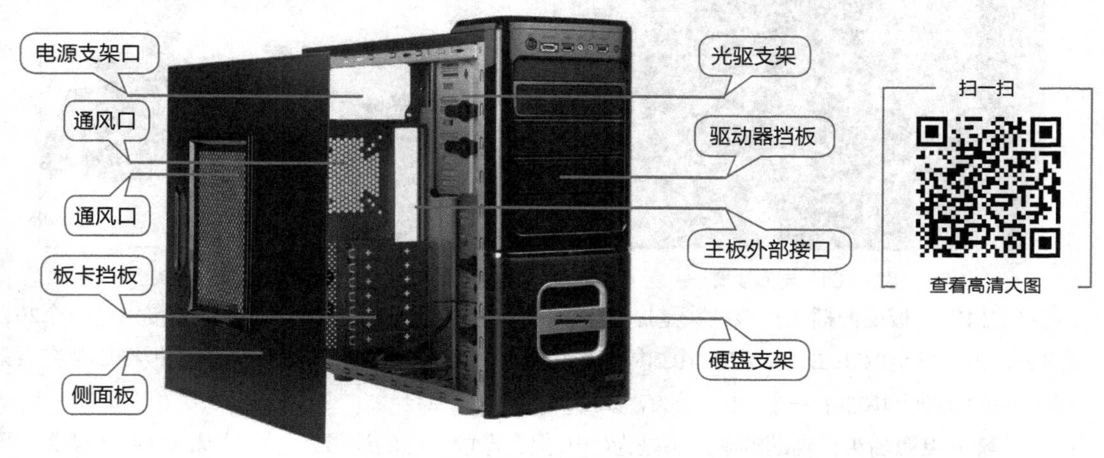

图2.99 机箱的结构

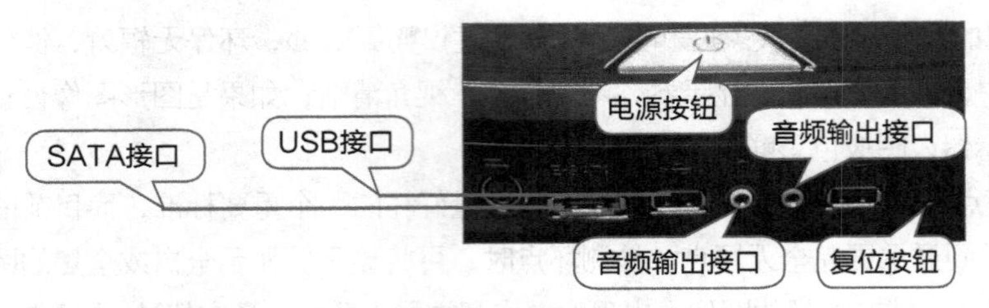

图2.99　机箱的结构（续）

2. 电源的外观结构

电源是计算机的心脏，它为计算机工作提供动力，电源的优劣不仅直接影响计算机的工作稳定程度，还与计算机的使用寿命息息相关。使用质量差的电源不仅会出现因供电不足而导致意外死机的现象，甚至可能损伤硬件。另外，质量差的电源还可能引发计算机的其他并发故障。图2.100所示为电源的外观结构图。

图2.100　电源外观

◎ **电源插槽：** 电源插槽有专用的电源线连接，通常是一个三针接口，如图2.101所示。需要注意的是，电源线所插入的交流插线板，其接地插孔必须已经接地，否则计算机中的静电将不能有效释放，这可能导致计算机硬件被静电烧坏。

◎ **SATA电源插头：** SATA电源插头有为硬盘提供电能供应的通道。它比D型电源插头要窄一些，但安装起来更加方便，如图2.102所示。

图2.101　电源插槽

图2.102　SATA电源插头

◎ **24针主板电源插头：** 该插头是提供主板所需电能的通道。在早期，主电源接口是一个20针的插头，为了满足PCI-E 16X和DDR2内存等设备的电能消耗，目前主流的电源主板接口都在原来20针插头的基础上增加了一个4针的插头，如图2.103所示。

◎ **辅助电源插头：** 辅助电源插头是为CPU提供电能供应的通道，它有4针和8针两种插头，可以为CPU和显卡等硬件提供辅助电源，如图2.104所示。

图2.103　24针主板电源插头

图2.104　辅助电源插头

提示：现在，市面上的大多数主流电源的辅助电源插头都为8针插头，包含4+4pin的CPU辅助电源插头和6+2pin的显卡辅助电源插头（由5根地线（黑色）和3根12v线（黄色）组成）两种类型。其中4+4pin是一种人性化的设计，这种插头既可以插8pin的CPU供电的主板，也可以插4pin的CPU供电的主板，通常在主板支持的情况下，最好插8pin插槽，强化CPU供电；若主板不支持，则只要插一个4pin插槽供电即可，另一个4pin闲置。

2.8.2 机箱的结构类型

不同结构类型的机箱中需要安装对应结构类型的主板，机箱的结构类型如下。

◎ **ATX**：在ATX结构中，主板安装在机箱的左上方，并且横向放置，而电源安装在机箱的右上方，在前置面板上安装存储设备，并且在后置面板上预留了各种外部端口的位置，这样可使机箱内的空间更加宽敞简洁，且有利于散热，ATX机箱中通常安装ATX主板，如图2.105所示。

◎ **MATX**：也称Mini ATX或Micro ATX结构，是ATX结构的简化版。其主板尺寸和电源结构更小，生产成本也相对较低。最多支持4个扩充槽，机箱体积较小，扩展性有限，只适合对计算机性能要求不高的用户。MATX机箱中通常安装M-ATX主板，如图2.106所示。

图2.105　ATX机箱

图2.106　MATX机箱

◎ **ITX**：代表计算机微型化的发展方向，这种结构的计算机机箱大小只相当于两块显卡的大小，但为了外观的精美，ITX机箱的外观样式也并不完全相同，除了安装对应主板的空间相同外，ITX机箱可以有很多形状。HTPC通常使用的就是ITX机箱，ITX机箱中通常安装Mini-ITX主板，如图2.107所示。

◎ **RTX：** RTX是英文Reversed Technology Extended的缩写，中文定义可以理解为倒置38° 设计。主要是通过巧妙的主板倒置，配合电源下置和背部走线系统。这种机箱结构可以提高CPU和显卡的热效能，并且解决了以往背线机箱需要超长线材电源的问题，带来了更合理的空间利用率。因此，RTX有望成为下一代机箱的主流结构类型，如图2.108所示。

图2.107　ITX机箱

图2.108　RTX机箱

2.8.3 机箱的功能与样式

对于机箱的选购，还需要了解机箱的功能和样式等方面的知识。

1. 机箱的功能

机箱的主要功能是为计算机的核心部件提供保护。如果没有机箱，CPU、主板、内存和显卡等部件就会裸露在空气中，不仅不安全，而且空气中的灰尘会影响其正常工作，一些部件甚至会氧化和损坏。机箱的具体功能主要有以下几个方面。

◎ 机箱面板上有许多指示灯，可使用户更方便地观察系统的运行情况。

◎ 机箱为CPU、主板、各种板卡和存储设备及电源提供了放置空间，并通过其内部的支架和螺丝将这些部件固定，形成一个集装型的整体，起到了保护罩的作用。

◎ 机箱坚实的外壳不但能保护其中的设备，起到防压、防冲击和防尘等作用，还能起到防电磁干扰和防辐射的作用。

◎ 机箱面板上的开机和重新启动按钮可使用户方便地控制计算机的启动和关闭。

2. 机箱的样式

机箱的样式主要有立式和卧式两种，具体如下。

◎ **立式机箱：** 主流计算机的机箱外形大部分都为立式。立式机箱的电源在上方，其散热性比卧式机箱好。立式机箱没有高度限制，理论上可以安装更多的驱动器或硬盘，并使计算机内部设备安装的位置分布更科学，散热性更好。

◎ **卧式机箱：** 这种机箱外型小巧，对于整台计算机外观的一体感也比立式机箱强，占用空间相对较少，随着高清视频播放技术的发展，很多视频娱乐计算机都采用这种机箱，其外面板还具备视频播放能力，非常时尚美观，如图2.109所示。

◎ **立卧两用式机箱：**这种机箱设计的目的是为了适用不同的放置环境，既可以像立式机箱一样具有更多的内部空间，也能像卧式机箱一样占用较少的外部空间，如图2.110所示。

图2.109 卧式机箱

图2.110 立卧两用机箱

2.8.4 电源的主要性能指标

影响电源性能的指标主要有风扇大小、额定功率和保护功能等。

◎ **风扇大小：**电源的散热方式主要是风扇散热，风扇的大小有8cm、12cm、13.5cm和14cm 4种，风扇越大，相对的散热效果越好。

◎ **额定功率：**指支持计算机正常工作的功率，是电源的输出功率，单位为W（瓦）。市面上电源的功率从250~800W不等，由于计算机的配件较多，需要300W以上的电源才能满足需要，现今电源最大的额定功率已达到2 000W。根据实际测试，计算机进行不同操作时，其实际功率不同，且电源额定功率越大，反而更省电。

◎ **保护功能：**保护功能也是影响电源性能的重要指标之一，目前计算机常用的保护功能包括过压保护OVP（当输出电压超过额定值时，电源会自动关闭，从而停止输出，防止损坏甚至烧毁计算机部件）、短路保护SCP（某些器件可以监测工作电路中的异常情况，当发生异常时切断电路并发出报警，从而防止危害进一步扩大）、过载或过流保护OLP（防止因输出的电流超过原设计的额定值而使电源损坏）、防雷击保护（这项功能针对雷击电源损害而设计）和过热保护（防止电源温度过高导致电源损坏）等。

2.8.5 常见电源的安规认证

安规认证包含了产品安全认证、电磁兼容认证、环保认证和能源认证等各方面，是基于保护使用者和环境安全与质量的一种产品认证。对于电源产品，能够反映其产品质量的安规认证包括80PLUS、CE、3C和RoHS等，安规认证对应的标志通常在电源铭牌上标注，如图2.111所示。

◎ **80PLUS：**80PLUS是民间出资，为改善未来环境与节省能源而建立的一项严格的节能标准，通过80PLUS认证的产品，出厂后会带有80PLUS的认证标识。其认证按照20%、50%和100%3种负载下的产品效率划分等级，分为白牌、铜牌、银牌、金牌和白金电源5个标准，白金等级最高，效率也最高。

◎ **CE认证：**加贴CE认证标志的商品表示其符合安全、卫生、环保和消费者保护等一系列欧洲指令所要达到的要求。

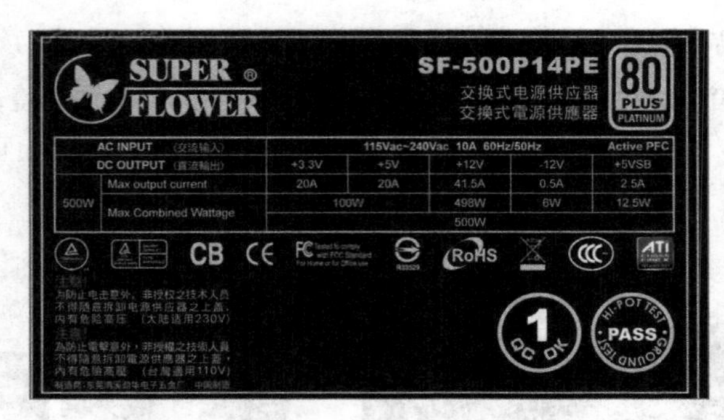

图2.111　电源的铭牌

◎ **3C：**3C（China Compulsory Certification，中国国家强制性产品认证）认证包括原来的CCEE（电工）认证、CEMC（电磁兼容）认证和新增加的CCIB（进出口检疫）认证，正品电源都应该通过3C认证。

◎ **RoHS认证：**RoHS（Restriction of Hazardous Substances）是由欧盟立法制定的一项强制性标准，主要用于规范电子电气产品的材料及工艺标准，使之更加有利于人体健康及环境保护。

2.8.6 计算计算机的耗电量

电源的额定功率是一定的，如果计算机中各种硬件的总耗电量超过了选购电源的额定功率，就会导致计算机运行不稳定和各种故障，所以，在选购电源前，首先应该计算计算机的耗电量。计算计算机耗电量的方法通常有以下两种。

◎ **软件计算：**利用鲁大师等专业硬件测试软件，在同样配置的计算机中直接计算，如图2.112所示。

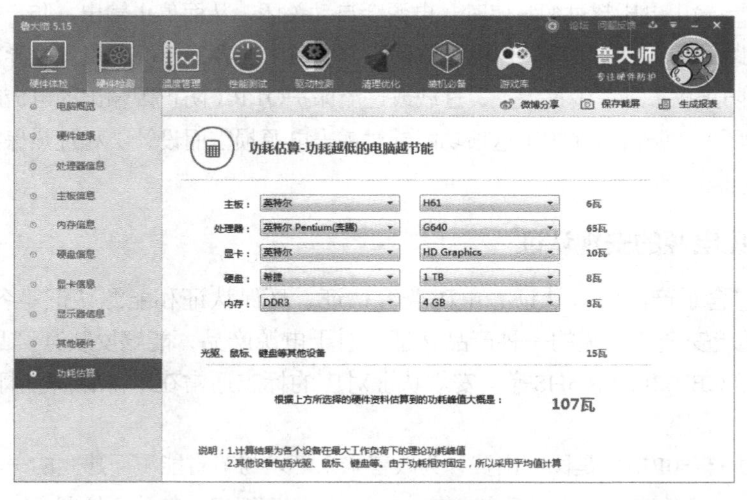

图2.112　使用鲁大师计算耗电量

◎ **网页计算：**利用网络中的一些专业的计算器进行计算，如航嘉的功率计算器（http://www.huntkey.com.cn/service/calculator.html）等，如图2.113所示。

计算机的耗电量是计算机中主要硬件的耗电量相加的结果，包括CPU、内存、显卡、主板、硬盘、独立声卡、独立网卡、鼠标、键盘、CPU风扇、显卡风扇和机箱风扇等。通常情况下，计算机满负荷运行时，其耗电量大约是正常状态的3倍，也就是说，选购的电源额定功率至少应该比计算出的计算机耗电量大一倍。

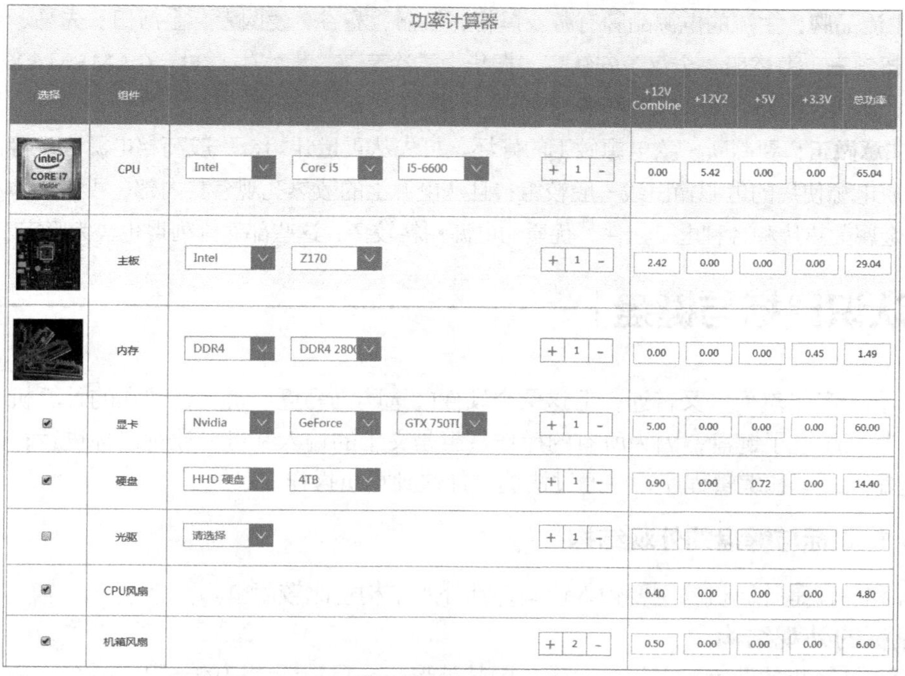

功率计算器

选择	组件				数量	+12V Combine	+12V2	+5V	+3.3V	总功率
	CPU	Intel	Core i5	i5-6600	+ 1 -	0.00	5.42	0.00	0.00	65.04
	主板	Intel	Z170		+ 1 -	2.42	0.00	0.00	0.00	29.04
	内存	DDR4	DDR4 2800		+ 1 -	0.00	0.00	0.00	0.45	1.49
☑	显卡	Nvidia	GeForce	GTX 750Ti	+ 1 -	5.00	0.00	0.00	0.00	60.00
☑	硬盘	HHD 硬盘	4TB		+ 1 -	0.90	0.00	0.72	0.00	14.40
☐	光驱	请选择			+ 1 -					
☑	CPU风扇					0.40	0.00	0.00	0.00	4.80
☑	机箱风扇				+ 2 -	0.50	0.00	0.00	0.00	6.00

图2.113　网上计算耗电量

从图2.111中可以看到，该计算机的耗电量约为107W，选购一个250W额定功率的电源基本上能满足日常使用。而图2.113中的计算机显示的耗电量为168.48W，再加上20W左右的鼠标、键盘和风扇等设备的耗电量，总共大约190W的耗电量，这台计算机最好使用400W甚至更大额定功率的电源才能满足日常需求。

2.8.7 机箱的选购注意事项

选购机箱时，除了必须要具有以上所提到的良好性能指标外，还需要考虑机箱的做工、用料、其他附加功能和品牌等。

◎ **做工和用料：**做工方面首先要查看机箱的边缘是否垂直，对于合格的机箱，这是最基本的标准，然后查看机箱的边缘是否采用卷边设计并已经去除毛刺。好的机箱插槽定位准确，箱内还有撑杠，以防侧面板下沉。用料方面首先要查看机箱的钢板材料，好的机箱采用的是镀锌钢板，然后查看钢板的厚度，主流厚度为0.6mm，一些优质的机箱会采用0.8mm或1mm厚度的钢板。机箱的重量在某种程度上决定了其可靠性和屏蔽机箱内外部电磁辐射的能力。

◎ **附加功能：**为了方便用户使用耳机和U盘等设备，许多机箱都在正面的面板上设置了音频插孔和USB接口。有的机箱还在面板上添加了液晶显示屏，实时显示机箱内部的温度等。用户在挑选时应根据需要用最少的钱买最好的产品。

◎ **主流品牌：**主流的机箱品牌有游戏悍将、航嘉、鑫谷、爱国者、金河田、先马、长城、超频三、Tt、海盗船、酷冷至尊、大水牛和动力火车等。

2.8.8 电源的选购注意事项

选购电源时还需要注意以下两个方面的问题。

◎ **主流品牌：**主流的电源品牌有游戏悍将、航嘉、鑫谷、爱国者、金河田、先马、至睿、长城机电、超频三、海盗船、全汉、安钛克、振华、酷冷至尊、大水牛、Tt、GAMEMAX、台达科技、影驰、昂达、海韵、九州风神和多彩等。

◎ **注意做工：**要判断一款电源做工的好坏，可先从重量开始，一般高档电源比次等电源重；其次，优质电源使用的电源输出线一般较粗；且从电源上的散热孔观察其内部，可看到体积和厚度都较大的金属散热片和各种电子元件，优质的电源用料较多，这些部件排列得也较为紧密。

2.9 认识鼠标与键盘

鼠标和键盘虽然便宜又普通，但这两个硬件的选购仍马虎不得。在现在的计算机中，鼠标的重要性甚至超过了键盘，因为所有的操作甚至是文本的输入都可以通过鼠标进行；键盘的作用主要是输入文本和编辑程序，并通过快捷键加快计算机操作。

2.9.1 鼠标与键盘的外观结构

鼠标和键盘是计算机的主要输入设备，其外观结构也比较简单。

1. 鼠标的外观结构

鼠标是计算机的两大输入设备之一，因其外形似一只拖着尾巴的老鼠而得名。通过鼠标可完成单击、双击和选定等一系列操作，图2.114所示为鼠标的外观。

图2.114 鼠标的外观

2. 键盘的外观结构

键盘是计算机的另一输入设备，主要用于进行文字输入和快捷操作。虽然现在键盘的很多操作都可由鼠标或手写板等设备完成，但在文字输入方面的方便快捷性决定了键盘仍然占有重要地位，图 2.115 所示为键盘的外观，主要是由各种按键组成。

2.9.2 鼠标的主要性能指标

鼠标的主要性能指标包括两方面的内容，一是鼠标的基本性能参数，一是鼠标的主要技术参数，通过这两种参数就能了解鼠标的基本性能。

图2.115 键盘的外观

1. 鼠标的基本性能参数

鼠标的基本性能参数包括以下几个方面。

◎ **鼠标大小：** 根据鼠标长度来划分鼠标大小，可分为大鼠（≥120mm）、普通鼠（100~120mm）和小鼠（≤100mm）。

◎ **适用类型：** 针对不同类型的用户划分鼠标的适用类型，如经济实用、移动便携、商务舒适、游戏竞技和个性时尚等。

◎ **工作方式：** 指鼠标的工作原理，有光电、激光和蓝影3种，激光鼠标和蓝影鼠标从本质上说也属于光电鼠标。光电鼠标是通过红外线来检测鼠标器的位移，将位移信号转换为电脉冲信号，再通过程序的处理和转换来控制屏幕上光标箭头移动的鼠标类型；激光鼠标则是使用激光作为定位的照明光源的鼠标类型，特点是定位更精确，但成本较高；蓝影鼠标则是使用普通光电鼠标搭配蓝光二极管照到透明的滚轮上的鼠标类型，蓝影鼠标性能优于普通光电鼠标，但低于激光鼠标。

◎ **连接方式：** 鼠标的连接方式主要有有线、无线和双模式（具有有线和无线两种使用模式）3种。其中，无线方式又分为蓝牙和多连（是指好几个具有多连接功能的同品牌产品通过一个接收器进行操作的能力）两种。图2.116所示为最常见的无线鼠标和它的无线信号接收器。

提示：无线鼠标通常是通过安装7号电池为其提供动力，如图2.117所示。同样，无线键盘的动力来源也是7号电池。

图2.116 无线鼠标和无线信号接收器

图2.117 无线鼠标安装电池

◎ **接口类型：** 主要有PS/2、USB和USB+PS/2双接口3种，具有接口的鼠标其连接方式都是有线。

◎ **按键数：** 按键数是指鼠标按键的数量，目前按键数已经从两键、三键，发展到了四键甚至八键乃至更多键，一般来说按键数越多的鼠标自然价格也就越高。

2. 鼠标的主要技术参数

影响鼠标性能指标的技术参数包含最高分辨率、分辨率可调、微动开关的使用寿命（按键使用寿命）、刷新率和人体工学5个。

◎ **最高分辨率：**鼠标的分辨率越高，在一定距离内定位的定位点也就越多，能更精确地捕捉到用户的微小移动，有利于精准定位；另一方面，cpi（分辨率单位）越高，鼠标在移动相同物理距离的情况下，计算机中指针移动的逻辑距离会越远。目前主流的光电式鼠标的分辨率多为2 000cpi左右，最高可达6 000cpi以上。

◎ **分辨率可调：**是指可以通过选择档位来切换鼠标的灵敏度，也就是鼠标指针的移动速度，现在市面上的鼠标分辨率可调最大可以达到8档。

◎ **微动开关的使用寿命（按键使用寿命）：**微动开关的作用是将用户按键的操作传输到计算机中，优质鼠标要求每个微动开关的正常寿命都不低于10万次的单击且手感适中，不能太软或太硬。劣质鼠标按键不灵敏，会给操作者带来诸多不便。

◎ **刷新率：**主要是针对光电鼠标，又被称为采样率，是指鼠标的发射口在每一秒钟接收光反射信号并将其转化为数字电信号的次数。刷新率越高，鼠标的反应速度也就越快。

◎ **人体工学：**人体工学是指使用工具的使用方式尽量适合人体的自然形态，在工作时使身体和精神不需要任何主动适应，从而减少因适应使用工具而造成的疲劳感。鼠标的人体工学设计主要是造型设计，分为对称设计、右手设计和左手设计3种类型。

2.9.3 键盘的主要性能指标

键盘的主要性能指标也包括基本性能参数和主要技术参数两个方面的内容。

1. 键盘的基本性能参数

键盘的基本性能参数包括以下几个方面。

◎ **产品定位：**针对不同类型的用户，除了标准类型外，还有多媒体、笔记本、时尚超薄、游戏竞技、机械、工业和多功能等类型。

◎ **连接方式：**现在键盘的连接方式主要有有线、无线和蓝牙3种。

◎ **接口类型：**主要有PS/2、USB和USB+PS/2双接口3种，其连接方式都是有线。

◎ **按键数：**是指键盘中按键的数量，标准键盘为104键，现在市场上还有87键、107键和108键等类型。

2. 键盘的主要技术参数

键盘的主要技术参数包括以下几个方面。

◎ **防水功能：**水一旦进入键盘内部，就会造成键盘损坏，具有防水功能的键盘，其使用寿命比不防水的键盘更长，如图2.118所示为防水键盘。

◎ **人体工学：**人体工学键盘的外观与传统键盘大相径庭，流线设计的运用，不仅美观而且实用性强。整个键盘显著的特点是在水平方向上沿中心线分成了左右两个部分，并且由前向后岐开呈25° 夹角，如图2.119所示为人体工学键盘。

◎ **按键寿命：**是指键盘中的按键可以敲击的次数，普通键盘的按键寿命都在1 000万次以上，如果按键的力度大，频率快，按键寿命会降低。

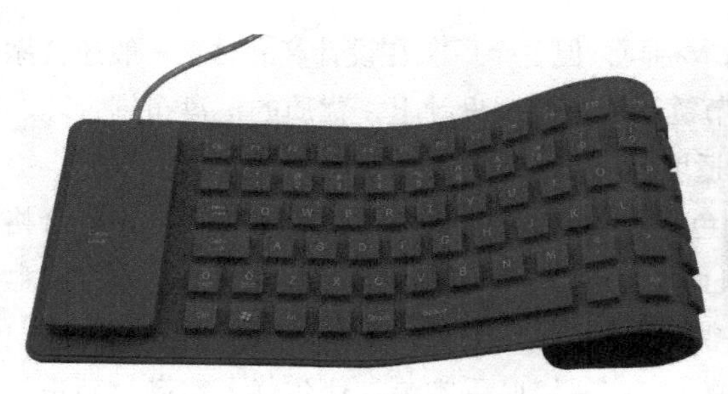

图2.118　防水键盘

图2.119　人体工学键盘

◎ **按键行程：**是指按下一个键到恢复正常状态的时间，如果敲击键盘时感到按键上下起伏比较明显，就说明它的按键行程较长。按键行程的长短关系到键盘的使用手感，较长的键盘会让人感到弹性十足，但比较费劲；适中的键盘，则让人感到柔软舒服；较短的键盘长时间使用会让人感到疲惫。

◎ **按键技术：**是指键盘按键所采用的工作方式，目前主要有机械轴、X架构和火山口架构3种。机械轴是指键盘的每一个按键都有一个单独的Switch（开关）来控制闭合，这个开关就是“轴”，使用机械轴的键盘也被称为机械键盘。机械轴又包含黑轴、红轴、茶轴、青轴、白轴、凯华轴和Razer轴7种类型。X架构又叫剪刀脚架构，它使用平行四连杆机构代替开关，在很大程度上保证了键盘敲击力道的一致性，使作用力平均分布在键帽的各个部分，敲击力道小而均衡，噪音小，手感好，价格稍高。火山口架构主要由卡位来完成开关的功能，两个卡位的键盘相对便宜，且设计简单，但容易造成掉键和卡键问题；4个卡位的键盘比两个卡位的有着更好的稳定性，不容易出现掉键问题，但成本略高。

2.9.4 鼠标与键盘的选购注意事项

鼠标与键盘是计算机主要的输入设备，也是计算机中最容易损耗的设备，因此在选购时，还需要注意以下几个方面的问题。

1. 选购鼠标的注意事项

选购鼠标时，可先从选择适合自己手感的鼠标入手，然后再考虑鼠标的功能和性能指标等方面。

◎ **手感：**鼠标的外形决定其手感，用户在购买时应亲自试用再做选择。手感的标准包括鼠标表面的舒适度、按键的位置分布以及按键与滚轮的弹性、灵敏度和力度等。对于采用人体工学设计的鼠标，还需要测试鼠标的外形是否利于把握，即是否适合自己的手型。

◎ **功能：**市面上许多鼠标提供了比一般鼠标更多的按键，帮助用户在手不离开鼠标的情况下处理更多的事情。一般的计算机用户选择普通的鼠标即可，而有特殊需求的用户，如游戏玩家，则可以选择按键较多的多功能鼠标。

◎ **品牌：**主流的鼠标品牌有双飞燕、雷柏、血手幽灵、达尔优、富勒、新贵、雷蛇、罗技、樱桃、狼蛛、明基、微软、华硕和长城机电等。

2. 选购键盘的注意事项

因每个人的手形、手掌大小均不同，因此在选购键盘时，不仅需要考虑功能、外观和做工等多方面的因素，在实际购买时还应对产品进行试用，从而找到适合自己的产品。

◎ **功能和外观：**虽然键盘上按键的布局基本相同，但各个厂家在设计产品时，一般还会添加一些额外的功能，如多媒体播放按钮和音量调节键等。在外观设计上，优质的键盘布局合理、美观，并会引入人体工学设计，提升产品使用的舒适度。

◎ **做工：**从做工上看，优质的键盘面板颜色清爽、字迹显眼，键盘背面有产品信息和合格标签。用手敲击各按键时，弹性适中，回键速度快且无阻碍，声音低，键位晃动幅度小。抚摸键盘表面会有类似于磨砂玻璃的质感，且表面和边缘平整，无毛刺。

◎ **品牌：**主流的键盘品牌有双飞燕、雷柏、海盗船、血手幽灵、达尔优、富勒、新贵、芝奇、雷蛇、罗技、樱桃、狼蛛、明基、微软、联想、戴尔、华硕、优派、技嘉和金河田等。

提示：还有一种键盘和鼠标组合产品，称为键鼠套装，性价比非常高，非常适合家庭和办公用户使用。主流的键鼠套装品牌有双飞燕、雷柏、血手幽灵、达尔优、富勒、新贵、雷蛇、罗技、樱桃、明基、微软、宜博、联想、戴尔、惠普、华硕、优派、鑫谷、大水牛和多彩等。

2.10 应用实训——在网络中模拟组装计算机配置

扫一扫

应用实训——在网络中模拟组装计算机配置

现在网上有很多专业的计算机硬件网站，可以通过选择不同的计算机硬件，选配符合自己要求的计算机，如中关村在线和泡泡网等专业的计算机硬件网站，还有一些购物网站也提供了模拟配置计算机的服务，如京东商城。下面，在中关村在线的模拟攒机网页中设计一台计算机的配置单，本实训的操作思路如下。

（1）打开网络浏览器，在地址栏中输入网址“http://zj.zol.com.cn”，按“Enter”键；在打开的“模拟攒机-模拟装机”网页中，单击地名右侧的下拉按钮；在打开的下拉列表中单击“北京”超链接，如图2.120所示。

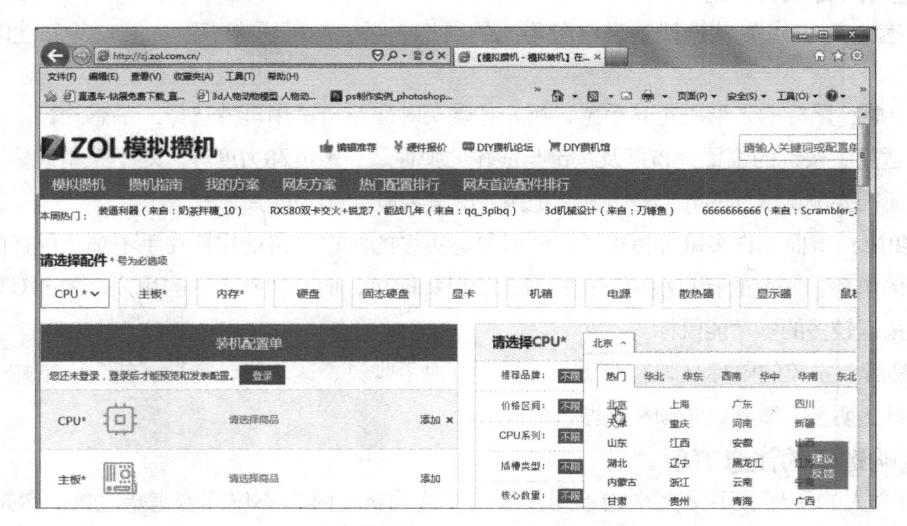

图2.120 设置装机的地址

（2）在下面的“推荐品牌”栏中单击“Intel”超链接；在“CPU系列”栏中单击“酷睿i7”超链接，如图2.121所示。

（3）在下面的列表框中将显示所有符合设置条件的CPU产品，选择一个符合条件的产品，单击右侧的“加入配置单”按钮，如图2.122所示。

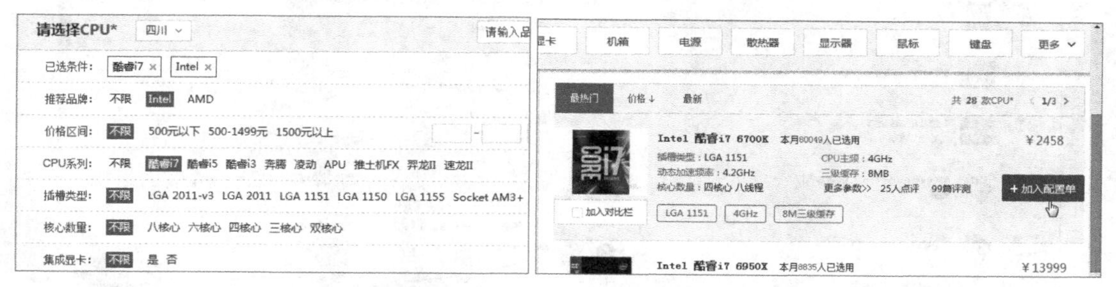

图2.121　设置选择CPU的条件　　　　图2.122　将CPU产品加入配置单

（4）在左侧的“装机配置单”列表框中即可看到添加的CPU产品，在“请选择配件”栏中单击“主板”按钮。

（5）在右侧的“请选择主板”任务窗格的“主芯片组”栏中单击“Z270”超链接；在“主板板型”栏中单击“ATX（标准型）”超链接；在下面的产品列表框中选择一个符合条件的产品，单击“加入配置单”按钮，如图2.123所示。

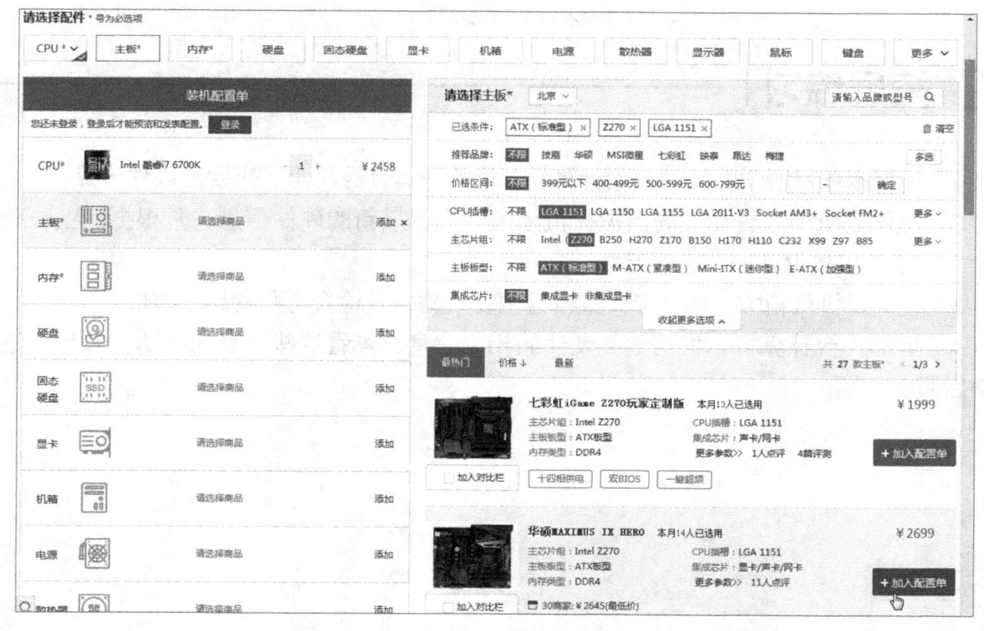

图2.123　选择主板产品

（6）用相同的方法选择计算机的其他硬件，包括内存、硬盘、固态硬盘、显卡、机箱、电源、显示器、鼠标和键盘，单击“更多”按钮；在打开的下拉列表中单击“音箱”超链接，然后设置条件，选择音箱产品。

（7）用同样的方法选择声卡，在左侧的“装机配置单”列表框中即可看到添加的所有计算机产品，并给出了估价，如图2.124所示。

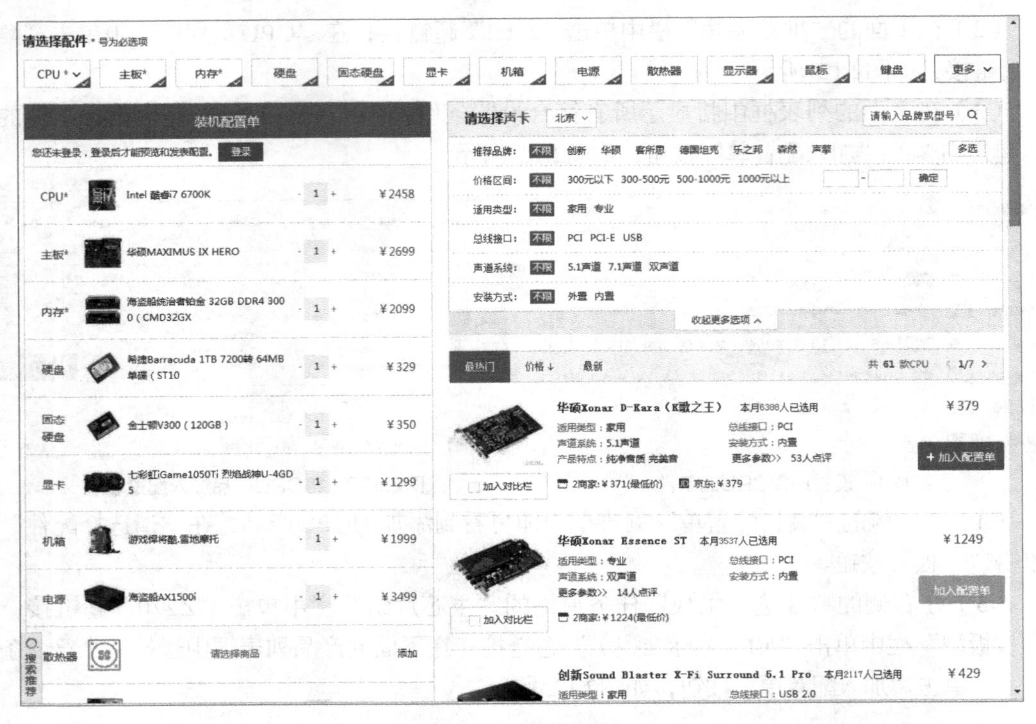

图2.124 查看配置单

2.11 拓展练习

（1）根据本项目所学的知识，到计算机城选购一套计算机组装需要的硬件产品。

（2）上网登录中关村在线的模拟攒机频道，查看最新的硬件信息，并根据网上最新的装机方案，为学校机房设计一个装机方案。

（3）在计算机机箱中拆卸显卡，查看其主要结构，并检查有几种显示接口。

（4）拆卸一台计算机，根据主要硬件的相关信息，查看这些产品的真伪，并检查这些产品的售后服务日期。

第3章 认识计算机的周边设备

3.1 认识打印机

打印机在计算机的周边设备中的定位是一种输出设备，主要功能是将计算机中的文档和图形文件快速、准确地打印到纸质媒体上。无论是在生活、工作还是学习中，打印机的使用都非常普遍，能够帮助计算机提高其使用效率。

3.1.1 打印机的类型

打印机的分类方式非常简单，按照打印技术的不同，可将其分为针式打印机、喷墨打印机、激光打印机、热升华打印机和3D打印机5种类型。另外，在办公和一些专业领域，根据市场定位和用途，还有标签打印机、证卡打印机、行式打印机和条码打印机等特殊的打印机类型。对于普通计算机用户来说，市场产品最多、使用频率最高的是喷墨打印机和激光打印机两种。

◎ **喷墨打印机：**其原理是通过喷墨头喷出的墨水实现数据的打印，其墨水滴的密度完全达到了铅字质量，使用耗材是墨盒，墨盒内装有不同颜色的墨水。主要优点是体积小、操作简单方便、打印噪声低、使用专用纸张时可打出和照片相媲美的图片等，如图3.1所示。根据产品的定位，喷墨打印机又分为照片、家用、商用和光墨4种类型，其中光墨打印机融合了喷墨和激光的优势技术，是目前最快的桌面打印设备。

◎ **激光打印机：**是一种利用激光束进行打印的打印机，其原理是一个半导体滚筒在感光后，刷上墨粉，再在纸上滚一遍，最后用高温定型，将文本或图形印在纸张上，耗材是硒鼓和墨粉。其优点是彩色打印效果优异、成本低廉和品质优秀，适合于文档打印较多的办公用户，如图3.2所示。激光打印机也分为黑白激光打印机和彩色激光打印机两种类型。

图3.1 喷墨打印机

图3.2 激光打印机

技巧：如果是打印照片，建议选择彩色喷墨打印机，其价格更便宜；如果是打印文本，建议选择激光打印机，打印成本要比喷墨低，速度更快。

◎ **针式打印机：**主要由打印机芯、控制电路和电源3部分组成，耗材是色带，打印针数为9针、24针或28针，又分为通用式、平推票据、存折证卡和微型4种类型，主要使用在公安、税务、银行、交通、医疗和海关等行业，如图3.3所示。

◎ **热升华打印机：**一种通过热升华技术，利用热能将颜料转印至打印介质上的打印机，通常是色带与纸张一体式的耗材，其打印效果极好，但由于耗材和打印介质的成本较高，所以没有作为主流打印机类型，很多专门打印照片的打印机都是热升华打印机，如图3.4所示。

图3.3　针式打印机　　　　图3.4　热升华打印机

◎ **3D打印机：**又称三维打印机（Three-Dimensional Printing，3DP），是一种以数字模型文件为基础，运用特殊蜡材、粉末状金属或塑料等可黏合材料，通过打印一层层的黏合材料来制造三维物体的打印机，如图3.5所示。它不仅可以“打印”一幢完整的建筑，甚至可以在航天飞船中给宇航员打印任何所需的物品的形状。

◎ **条码打印机：**条码打印机是一种专用的打印机，以碳带为打印介质（或直接使用热敏纸）完成打印，如图3.6所示。

图3.5　3D打印机

图3.6　条码打印机

◎ **标签打印机：**标签打印机无需与计算机相连接，自身携带输入键盘或智能触屏，内置一定的字体、字库和相当数量的标签模板格式，通过机身液晶屏幕可以直接进行标签内容的输入、编辑和排版，并对其打印输出，如图3.7所示。

技巧：标签打印机和条码打印机这两种打印机都是用来打印货物标签的，条码打印机是以打印条码为核心的打印机，而标签打印机则用于打印具有一定规格限定的标签及色带。

◎ **证卡打印机：**是用来进行证件打印的打印机类型，日常工作、生活中的各种印有照片的胸卡或证件就是该打印机的产物，如图3.8所示。

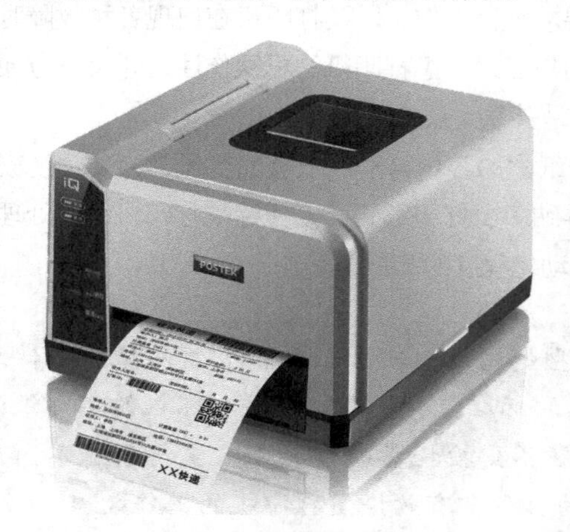

图3.7 标签打印机

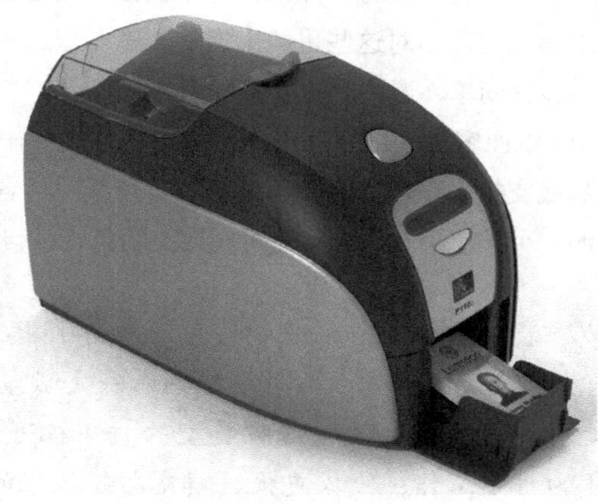

图3.8 证卡打印机

◎ **行式打印机：**是一种专业的击打式打印机，主要用于报表和日志等文档的打印，最大的特点就是打印速度快，在短时间内可以完成较大的打印任务，广泛应用于金融和电信等行业，如图3.9所示。

图3.9 行式打印机

3.1.2 打印机的共有性能指标

打印机的性能指标是选购打印机的主要参考对象，由于喷墨和激光两种打印机是常用类型，所以，下面的共有性能指标主要也是指这两种打印机的性能指标。

◎ **打印分辨率：**该指标是判断打印机输出效果好坏的一个直接依据，也是衡量打印机输出质量的重要参考标准。通常分辨率越高的打印机，打印效果越好。

◎ **打印速度：**打印速度指标表示打印机每分钟可输出多少页面。该指标越大越好，越大表示打印机的工作效率越高。

◎ **打印幅面：**正常情况下，打印机可处理的打印幅面包括A4和A3两种。对于个人家庭用户或者规模较小的办公用户来说，使用A4幅面的打印机绰绰有余；对于使用频繁或者需要处理大幅面的办公用户或单位用户来说，可以考虑选择使用A3幅面的打印机，甚至使用更大幅面的打印机。

◎ **打印可操作性：**打印可操作性指标对于普通用户来说非常重要，因为在打印过程中经常会涉及如何更换打印耗材、如何让打印机按照指定要求进行工作，以及打印机在出现各种故障时该如何处理等问题。面对这些可能出现的问题，普通用户必须考虑打印机的可操作性，即设置方便、更换耗材步骤简单、遇到问题容易排除的打印机，才是普通大众的选择目标。

◎ **纸匣容量：**纸匣容量指标是指打印机输出纸盒的容量与输入纸盒的容量，换句话说就是打印机到底支持多少输入、输出纸匣，每个纸匣可容纳多少打印纸张，该指标是打印机纸张处理能力大小的一个评价标准，同时还可间接说明打印机自动化程度的高低。

提示：若打印机同时支持多个不同类型的输入、输出纸匣，且打印纸张存储总容量超过10 000张，另外还能附加一定数量的标准信封，则说明该打印机的实际纸张处理能力很强。使用这种类型的打印机可在不更换托盘的情况下，支持各种不同尺寸的打印工作，减少更换、填充打印纸张的次数，有效提高打印机的工作效率。

3.1.3 喷墨打印机特有的性能指标

喷墨打印机特有的性能指标是指喷墨打印机区别于其他打印机，特别是激光打印机，自身特有的性能指标。

◎ **输出效果：**指打印质量，该指标是彩色喷墨打印机在处理不同打印对象时所表现出来的一种效果，这是挑选彩色喷墨打印机最基本也是最重要的标准之一。

◎ **色彩数目：**色彩数目是衡量彩色喷墨打印机包含彩色墨盒数多少的一种参考指标，该数目越大，则打印机可以处理的图像色彩越丰富。

◎ **打印噪声：**与激光打印机相比，喷墨打印机在工作时会发出噪声，该指标的大小通常用分贝来表示，在选择时应尽量挑选指标数目比较小的喷墨打印机。

◎ **墨盒类型：**墨盒是喷墨打印机最主要的一种消耗品，分为分体式墨盒和一体式墨盒。一体式墨盒能手动添加墨水，且能够长期保证质量，不易因为喷头磨损而使输出质量下降，但价格较高；分体式墨盒则不允许操作者随意添加墨水，因此它的重复利用率不太高，价格较为便宜。

3.1.4 激光打印机特有的性能指标

激光打印机也有自身独特的性能指标，主要表现在以下几个方面。

◎ **最大输出速度：**表示激光打印机在横向打印普通A4纸时的实际打印速度。从实际的打印过程来看，激光打印机在输出英文字符时的最大输出速度要超过输出中文字符的最大输出速度；在横向的最大输出速度要大于在纵向的最大输出速度；在打印单面时的最大输出速度要高于在打印双面时的最大输出速度。

◎ **预热时间：** 指打印机从接通电源到加热至正常运行温度时所消耗的时间。通常个人型激光打印机或者普通办公型激光打印机的预热时间都为30秒左右。

◎ **首页输出时间：** 指激光打印机输出第一张页面时，从开始接收信息到完成整个输出所耗费的时间。一般个人型激光打印机和普通办公型激光打印机的首页输出时间都控制在20秒左右。

◎ **内置字库：** 若激光打印机包含内置字库，那么计算机就可以把所要输出字符的国标编码直接传送给打印机来处理，这一过程需要完成的信息传输量只有很少的几个字节，激光打印机打印信息的速度自然也就增加了。

◎ **打印负荷：** 指打印工作量，这一指标决定了打印机的可靠性。该指标通常以月为衡量单位，打印负荷多的打印机比打印负荷少的可靠性要高许多。

◎ **网络性能：** 包括激光打印机在进行网络打印时所能达到的处理速度、在网络上的安装操作方便程度、对其他网络设备的兼容情况，以及网络管理控制功能等。

3.1.5 打印机选购注意事项

选购打印机时，理性的选购是最重要的技巧，同时应该注意以下一些事项。

◎ **明确使用目的：** 在购买之前，首先要明确购买打印机的目的，也就是需要什么样的打印品质。很多家庭用户需要打印照片，那么就需要在彩色打印方面比较出色的产品。而用于办公商用的打印机，则更注重文本打印能力。

◎ **综合考虑性能：** 每一款打印机都有其定位，某些打印机文本打印能力更佳，某些则更偏重于照片的打印。在购买时，需根据用户的要求来选择。

◎ **售后服务：** 售后服务是挑选打印机时必须关注的内容之一，一般而言，打印机销售商会许诺一年的免费维修服务，但打印机体积较大，因此最好要求打印机生产厂商在全国范围内提供免费的上门维修服务，若厂家没有办法或者无力提供上门服务，打印机的维修将变得很麻烦。

◎ **整机价格：** 价格绝对是选购的重要指标。尽管“一分价钱一分货”是市场经济竞争永恒不变的规则，不过对于许多用户来说，价格指标往往左右着他们的购买欲望。建议尽量不要选择价格太高的产品，因为价格越高，其缩水的程度也将越“厉害”。

◎ **主流品牌：** 主流的打印机品牌有惠普、佳能、兄弟、爱普生、三星、富士、施乐、OKI、理光、联想、奔图、京瓷、利盟、方正和戴尔等。

3.2 认识扫描仪

扫描仪是计算机的外部设备，是一种捕获图像并将之转换成计算机可以显示、编辑、储存和输出的数字化对象的输入设备。照片、文本页面、图纸、美术图画、照相底片、菲林软片，甚至纺织品、标牌面板和印制板样品等三维对象都可作为扫描对象，扫描仪还可以提取原始的线条、图形、文字、照片和平面实物，并将其转换成可以编辑的文件。

3.2.1 扫描仪的类型

扫描仪的种类繁多，根据扫描仪扫描介质和用途的不同，可将扫描仪分为平板式扫描仪、书刊扫描仪、胶片扫描仪、馈纸式扫描仪和文本仪。除此之外，还有便携式扫描仪、扫描笔、高拍仪和3D扫描仪等。

◎ **平板式扫描仪：** 又称为平台式扫描仪或台式扫描仪，这种扫描仪诞生于1984年，是目前办公用扫描仪的主流产品，如图3.10所示。

◎ **书刊扫描仪：** 是一种大型的扫描器设备，可以捕获物体的图像，并将之转换成计算机可以显示、编辑、存储和输出的数字化对象，包括书籍、刊物和文本页面等都可作为扫描对象，如图3.11所示。

图3.10 平板式扫描仪　　图3.11 书刊扫描仪

◎ **胶片扫描仪：** 又称底片扫描仪或接触式扫描仪，其扫描效果是平板扫描仪不能比拟的，主要任务就是扫描各种透明胶片，如图3.12所示。

◎ **馈纸式扫描仪：** 又称为滚筒式扫描仪，由于平板式扫描仪价格昂贵，便携式扫描仪扫描宽度小，为满足A4幅面文件扫描的需要推出了这种类型，如图3.13所示。

图3.12 胶片扫描仪　　图3.13 馈纸式扫描仪

◎ **文本仪：** 是一种可对纸质资料和可视电子文件中的图文元素进行准确提取、智能识别，并可实现文本转化的一种扫描仪，纸质文件包括办公文件、名片、报纸、杂志和书刊等，也可以说是只扫描纸张的书刊扫描仪，如图3.14所示。

◎ **高拍仪：** 能完成一秒钟高速扫描，具有OCR文字识别功能，可以将扫描的图片识别转换成可编辑的Word文档，还能进行拍照、录像、复印、网络无纸传真、制作电子书和裁边扶正等操作，如图3.15所示。

图3.14　文本仪　　　　图3.15　高拍仪

◎ **扫描笔：**该扫描仪的外型与一支笔相似，扫描宽度大约与四号汉字相同，使用时贴在纸上一行一行地扫描，主要用于文字识别，如图3.16所示。

◎ **便携式扫描仪：**需要用手推动完成扫描工作，也有个别产品采用电动方式在纸面上移动，称为自动式扫描仪，如图3.17所示。

图3.16　扫描笔　　　　图3.17　便携式扫描仪

◎ **3D扫描仪：**这种扫描仪能对物体进行高速、高密度测量，并精确描述被扫描物体三维结构的一系列坐标数据，当在3ds Max软件中输入后可以完整地还原出物体的3D模型，如图3.18所示。

图3.18　3D扫描仪

3.2.2 平板扫描仪的性能指标

家用和办公中常用平板式扫描仪，下面的性能指标也主要是针对平板式扫描仪进行介绍的。

◎ **分辨率：**分辨率是扫描仪最主要的技术指标，它表示扫描仪对图像细节的扫描能力，即决定了扫描仪所记录图像的细致度，其单位为DPI（Dots Per Inch)。DPI数值越大，扫描的分辨率越高，扫描图像的品质越好。但注意分辨率的数值是有限度的，目前大多数扫描仪的分辨率在300～2 400dpi。

◎ **色彩深度和灰度值：**较高的色彩深度位数可保证扫描仪保存的图像色彩与实物的真实色彩尽可能一致，且图像色彩会更加丰富。灰度值则是进行灰度扫描时对图像由纯黑到纯白整个色彩区域进行划分的级数，编辑图像时一般都使用8bit的灰度值，即256级，而主流扫描仪的灰度值通常为10bit，最高可达12bit。

◎ **感光元件：**感光元件是扫描图像的拾取设备，相当于人的眼睛，其重要性不言而喻。目前，扫描仪所使用的感光元件有光电倍增管、电荷偶合器（Charge-Coupled Device，CCD）和接触式感光器件（CIS或LIDE）3种。采用CCD的扫描仪技术经过多年的发展已经比较成熟，是市场上主流扫描仪采用的感光元件，而市场上能够见到的普通600×1 200dpi扫描仪几乎都采用CIS作为感光元件。

◎ **扫描仪的接口：**扫描仪的接口通常分为SCSI、EPP和USB 3种。SCSI接口是传统类型的接口，现在已很少使用；EPP接口的优势在于安装简便、价格相对低廉，弱点是比SCSI接口的传输速度稍慢；USB接口的优点几乎与EPP接口一样，但其速度更快，使用更方便（支持热插拔）。一般家庭用户可选购USB接口的扫描仪。

3.2.3 平板扫描仪的选购注意事项

目前扫描仪的价格越来越便宜，不少平板式扫描仪的价格已经跌入2 000元以内。下面简单介绍平板式扫描仪的选购要点。

◎ 对大多数的用户来说，平板式扫描仪比较合适，既操作简单，又能顺利完成大部分任务。

◎ 手持式扫描仪也有市场。如果经常要扫描小文章，那么价格在1 000元左右的手持扫描仪也很合适。

◎ 购买光学分辨率在1 200dpi之上的扫描仪，使用分辨率和色深在这个档次的扫描仪扫描，通过艺术级的照片打印机所打印出的照片与照相馆制作出的照片几乎没什么区别。

◎ 传送速度为USB 2.0的扫描仪已成为市场的主流，要想使用最适宜的传送速度进行扫描，还必须配套带有USB 2.0接口的计算机。

◎ 对企业用户和专业扫描用户而言，先进的功能如自动送纸器、光罩和扫描足够大文件扫描背（Scanbed）都很重要。大尺寸扫描背对于扫描大型的插图、图表、绘画和商标（如产品包装上的）以及报页的帮助很大。

◎ 主流的扫描仪品牌有惠普、爱普生、松下、佳能、富士通、方正、中晶、柯达、明基、虹光、汉王、兄弟、联想、德意拍、蒙恬、枫林、天远三维、维山、清华同方、Artec、Betcolor、紫图、LMI、飞瑞斯和紫光等。

3.3 认识投影仪

投影仪是一种可以将图像或视频投射到幕布上的设备，可以通过不同的接口同计算机和摄像机等相连接，并播放相应的视频信号。投影仪广泛应用于家庭、办公室、学校和娱乐场所。

3.3.1 投影仪的常见类型

投影仪的分类方式较多，最常见的为根据使用环境和市场定位进行划分，包括家用投影仪、商务投影仪、微型投影仪、工程投影仪、教育投影仪和影院投影仪（电影院数字放映仪）6种类型。

◎ **家用投影仪：**主要针对视频方面进行优化处理，其特点是光通量（有的产品宣传采用“亮度”）都在1 000流明左右，对比度较高，投影的画面宽高比多为16:9，各种视频端口齐全，适合播放电影和高清晰电视，适合家庭用户使用，如图3.19所示。

◎ **商务投影仪：**一般把质量低于2千克的投影仪定义为商务便携型投影仪，该质量与轻薄型笔记本电脑不相上下。商务便携型投影仪的优点有体积小、质量小和移动性强，是传统的幻灯机和大中型投影仪的替代品。轻薄型笔记本电脑与商务便携型投影仪的搭配，是移动商务用户在进行移动商业演示时的首选搭配，如图3.20所示。

图3.19 家用投影仪　　图3.20 商务投影仪

◎ **微型投影仪：**微型投影仪又称便携式投影仪，外观比商务投影仪更小巧，它把传统庞大的投影仪精巧化、便携化、微小化、娱乐化和实用化，使投影技术更加贴近生活和娱乐，具有商务办公、教学、出差业务和代替电视等功能，如图3.21所示。

◎ **工程投影仪：**相比主流的普通投影仪来讲，工程投影仪的投影面积更大、距离更远、光亮度很高，而且一般还支持多灯泡模式，能更好地应付大型、多变的安装环境，对于教育、媒体和政府等领域都很适用，如图3.22所示。

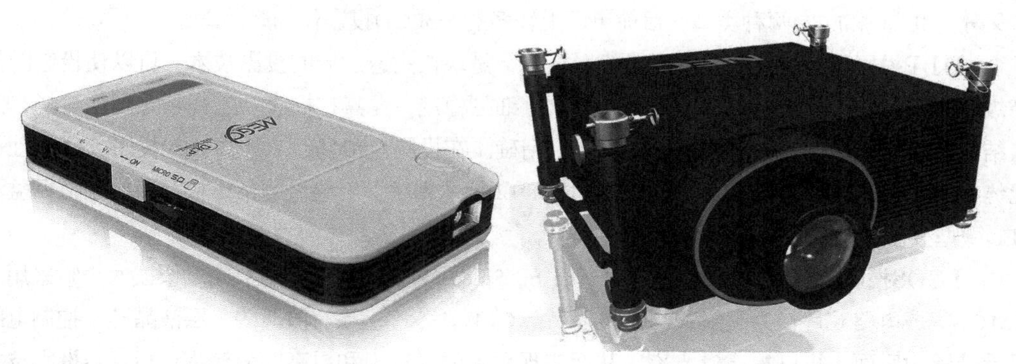

图3.21 微型投影仪　　图3.22 工程投影仪

◎ **教育投影仪：**一般定位于学校和企业，采用主流的分辨率，光通量在2 000~3 000流明，质量适中，散热和防尘性能比较好，适合安装和短距离移动，功能接口比较丰富，容易维护，性能价格比也相对较高，适合大批量采购普及使用，如图3.23所示。

◎ **影院投影仪：**这类投影仪更注重稳定性，强调低故障率，其散热性能、网络功能和使用的便捷性等方面很强。当然，为了适应各种专业应用场合，最主要的特点还是高光通量，一般可达5 000流明以上，高者可超10 000流明。由于体积庞大、质量大，影院投影仪通常用在特殊环境，如剧院、博物馆、大会堂和公共区域，还可应用于监控交通、公安指挥中心、消防和航空交通控制中心等，如图3.24所示。

图3.23　教育投影仪　　　　图3.24　影院投影仪

3.3.2 投影仪的性能指标

投影仪的性能指标是指投影仪上标注的各种产品规格参数，这里主要是指能够展示投影仪性能的主要参数。

1. 投影技术

投影技术是指该投影仪所采用的投影技术原理，目前市面上主流的投影技术分为3大系列，分别是LCD（Liquid Crystal Display）液晶投影仪、DLP（Digital Lighting Process）数字光处理器投影仪和LCOS（Liquid Crystal on Silicon）液晶附硅投影仪。

◎ **LCD投影仪：**其技术是透射式投影技术，目前最为成熟。投影画面色彩还原真实、鲜艳，色彩饱和度高，光利用效率很高，LCD投影仪比用相同瓦数光源灯的DLP投影仪有更高的ANSI流明光输出，目前市场上的高流明的投影仪主要以LCD投影仪为主。其缺点是黑色层次表现不是很好，对比度一般都在500:1左右徘徊，投影画面的像素结构可以明显看到。LCD投影仪按照液晶板的片数，又分为3LCD和LCD两种类型，目前市面上较多的是3LCD投影仪的产品。

◎ **DLP投影仪：**其技术是反射式投影技术，是现在高速发展的投影技术，可以使投影图像灰度等级和图像信号噪声比大幅度提高，画面质量细腻稳定，尤其在播放动态视频时图像流畅，没有像素结构感，形象自然，数字图像还原真实、精确。在投影仪市场，单片式DLP投影仪凭借性价比的优势统领了大部分低端市场，在高端市场中3DLP技术则掌握着绝对的话语权。目前正在日益流行的LED微型投影仪中，也大多采用DLP技术。

◎ **LCOS投影仪：**LCOS（Liquid Crystal on Silicon）是一种全新的数码成像技术，它采用半导体CMOS集成电路芯片作为反射式LCD的基片，CMOS芯片上涂有薄薄的一层液晶硅，控制电路置于显示装置的后面，可以提高透光率，从而实现更大的光输出和更高的分辨率。LCOS投影技术最大的特色在于其面板的下基板采用矽晶圆CMOS基板，比较容易达成高解析度的面板；LCOS为反射式技术，可产生较高的亮度；LCOS光学引擎因为产品零件简单，因此具有低成本的优势。但是，LCOS技术本身还有许多技术问题有待克服，如黑白对比不佳、LCOS光学引擎体积较大等。虽然LCOS拥有一些技术上的优势，不过未能成为投影仪的主流技术。

2. 光源类型

光源是投影仪的重要组成部分，投影仪的光源主要是指投影灯泡。作为投影仪的主要消耗品，投影仪灯泡的使用寿命是选购投影仪时必须要考虑的重要因素。投影仪的光源经历了从传统灯泡光源（包括氙灯、超高压汞灯和金属卤素灯）到现在的LED光源和激光光源的发展历程。

◎ **氙灯：** 用于产生液晶投影器的光源，在灯泡的石英泡壳中冲入氙气，是一种演色性相当好的光源。在使用寿命上，氙灯比超高压汞灯和金属卤化物灯短，不过其超高亮度与宽广的输出功率范围使其可以使用在高阶或大型的投影仪上。

◎ **超高压汞灯：** 用于产生液晶投影器的光源，原灯管通过电压后，极间距间产生高电位差的同时产生高热，将汞汽化，汞蒸气在高电位差下，受激发而放电。其优点为发光亮度强，使用寿命长，所以目前市面上的LCD投影仪多半是采用超高压汞灯。

◎ **金属卤素灯：** 用于产生液晶投影器的光源，利用极间距通过电流所形成的电子束与气体分子碰撞，激发产生光线。其优点为色温高、使用寿命长与发光效率高；缺点是需要电力的瓦数高。目前，金属卤素灯的点灯方式分为交流、直流和高频3种。

提示：传统光源在技术上更加成熟，亮度高，最高可达上万流明，色彩调整的空间很大，适应面更广，最重要的一点是价格低廉，很大程度上降低了成本。传统光源最大的缺点就是寿命短，正常使用情况下的寿命一般集中在4 000~6 000小时，与其他光源相比差很多，而且在使用过程中有可能出现炸灯的现象。

◎ **LED：** LED光源的成像结构更加简单，有效缩小了投影仪的体积和耗电，使LED光源投影仪更加便携，同时LED光源的寿命较长，一般在上万小时左右。亮度是LED光源投影仪最大的弊端，如果想要实现和普通灯泡光源一样的亮度，LED光源的产品体积需要更大，并且成本很高。目前主流的LED光源投影仪以几百流明高清投影仪为主，为小型商务和个人娱乐带来很大的便利。

提示：传统光源和LED光源依旧凭借着其优势在主打的领域占有很大的份额。激光光源在短期内想要取代传统光源和LED光源是不可能的。当然，激光光源是未来发展的趋势。随着技术的不断革新，激光光源即将会在投影界普及，到时定会引发显示技术大革命，从而颠覆传统显示领域。

◎ **激光：** 激光光源具有波长可选择性大和光谱亮度高等特点，可以合成人眼所见自然界颜色90%以上的色域覆盖率，实现完美的色彩还原。同时，激光光源有超高的亮度和较长的使用寿命，大大降低了后期的维护成本。由于技术和成本问题，目前市面上主要使用的是单蓝色激光光源（RGB三色激光造价过高，仅在专业领域有所使用），同时由于定价过高，普及程度并不理想。激光光源是未来投影光源发展的一个必然趋势，不管是传统的商务和教育市场，还是风头正盛的工程和家用市场，激光光源都有巨大的潜力可挖。

3. 其他性能指标

其他的一些性能指标也能影响投影仪的选购，如亮度、对比度和灯泡寿命等。

◎ **光通量：**光通量是投影仪主要的技术指标，在产品宣传时多借用“亮度”来代表。光通量是描述单位时间内光源辐射产生视觉响应强弱的能力，单位是流明。LCD投影仪依靠提高光源效率、减少光学组件能量损耗、提高液晶面板开口率和加装微透镜等技术手段来提高光通量；DLP投影仪通过改进色轮技术、改变微镜倾角和减少光路损耗等手段提高光通量指标。目前投影仪的光通量大多数已经达到2 000流明以上。

提示：使用环境的光线条件、屏幕类型等因素同样会影响投影仪光通量的选择，同样的亮度，不同环境的光线条件和不同的屏幕类型都会产生不同的显示效果。由于投影仪的光通量很大程度上取决于投影仪中的灯泡，灯泡的光通量输出会随着使用时间而衰减，必然会造成光通量下降。

◎ **对比度：**对比度对视觉效果的影响非常关键，通常对比度越大，图像越清晰醒目，色彩也越鲜明艳丽；而对比度小，则会让整个画面都灰蒙蒙的。高对比度对于图像的清晰度、细节表现和灰度层次表现都有很大帮助。目前，大多数LCD投影仪的对比度都在400:1左右，而大多数DLP投影仪的对比度都在1500:1以上，对比度越高的投影仪价格越高。如果仅仅用投影仪演示文字和黑白图片，则对比度在400:1左右的投影仪就可以满足需要；如果用来演示色彩丰富的照片和播放视频动画，则最好选择1 000:1以上的高对度投影仪。

◎ **标准分辨率：**标准分辨率是指投影仪投出的图像原始分辨率，也叫真实分辨率和物理分辨率。和物理分辨率对应的是压缩分辨率。决定图像清晰程度的是物理分辨率，决定投影仪适用范围的是压缩分辨率。通常用物理分辨率来评价LCD投影仪的档次，目前市场上应用最多的为标清（分辨率800×600/1 024×768）、高清（1 920×1 080/1 280×800/1 280×720）和超高清（4 096×2 160/1 920×1 200）。分辨率的选择根据实际投影内容决定，若所演示的内容以一般教学及文字处理为主，则选择标清或高清；若演示精细图像（如图形设计），则要选购高清或超高清。

◎ **灯泡寿命：**灯泡作为投影仪的唯一消耗材料，在使用一段时间后其亮度会迅速下降到无法正常使用。一般的投影仪灯泡寿命在2 000~4 000小时，LED投影仪灯泡寿命在2万小时以上。

◎ **变焦比：**变焦比是指变焦镜头的最短焦点和最长焦点之比，通常变焦比越大，投影出的画面就越大。但投影仪的变焦比并不是越大越好，还要与该机型的亮度、分辨率等因素结合起来考量。如果投影仪本身亮度和分辨率不高，而变焦比很大，那么不适合调到最大投影画面尺寸，因为容易导致画面不清晰，影响效果。

◎ **投影比：**投影比主要是指投影仪到屏幕的距离与投影画面大小的比值，通过投影比，可以直接换算出某一投影尺寸下的投影距离。如投影比为1.2的投影仪，投射100英寸画面时的距离大概是100×1.2×2.54厘米，通常情况下，投影比越小，投影距离越短。在投影仪的使用说明书中，投影比并不是一个固定的数值，而是一个范围，这是根据投影仪的实际使用情况而定的，相对而言，短焦投影仪的投影比更小。

◎ **投影距离：**投影距离指投影仪镜头与屏幕之间的距离，在实际的应用当中，狭小的空间要获取大画面，需要选用配有广角镜头的投影仪，这样就可以在很短的投影距离内获得较大的投影画面尺寸；在影院和礼堂等投影距离很远的情况下，要想获得合适大小的画面，就需要选择配有远焦镜头的投影仪，这样即便在较远的投影距离中也可以获得合适的画面尺寸，不至于画面太大而超出幕布大小。普通的投影仪为标准镜头，适合大多数用户使用。

3.3.3 家用/商用投影仪的选购注意事项

不同类别的投影仪侧重点不同，适用的人群和范围等都有极大的区别。投影仪最大的两个应用类型为家用和商用，下面就分析这两种不同类型的选购策略。

1. 家用投影仪对亮度要求较低

目前，商务投影仪的光通量普遍都在2 000流明以上，如果用于投影的区域面积较大，则要求投影仪的光通量要达到3 000流明以上。但是消费者常看的高清720p或者1080p投影仪，光通量普遍都是在1 000流明左右。不管对于什么场合使用的投影仪，亮度并不是越高越好。投影仪和其他的电子设备不同，投影追求够用就好。

而家用投影仪更多则是采用LCD显示技术，相对比而言，现在DLP投影仪大多采用单片DLP芯片，而LCD投影仪更多采用的是3LCD显示技术，显示的画面虽然不是特别锐利，但是画质更为出色，对色彩还原性较为出色，更适合家庭观看电影和照片等需要。

当然，也不能一概而论，采用LCD显示技术的商务投影仪和采用DLP显示技术的家用投影仪也很多。但是相比之下，采用LCD显示技术的商务投影仪更适合对色彩要求较高的设计类公司使用，而采用DLP显示技术的高清家用投影仪对比度则普遍达到5 000:1以上，比普通商务投影仪在画面细节上有了大幅度提升。因此，从对画质的要求上来讲，也只有选择专业的高清家用投影仪才能满足家庭高清需要，达到理想的效果。

2. 其他方面的要求

在其他方面，商务投影仪和家用投影仪也有很大的差别。虽然这种差别影响不是很大，但是对于对投影要求较高的用户来说仍然存在。

在接口设计上，家用投影仪更适合多媒体娱乐需要。最显而易见的便是，现在的家用投影仪都带有HDMI接口，家庭观看高清节目较为方便，但是HDMI接口在商务投影仪和教育投影仪上则较为罕见，消费者如果想使用商务教育投影仪观看高清视频还需要经过烦琐的转换。

商务投影仪和家用投影仪功能设计差别很大。在商务投影仪的操作菜单上，通常关于演示功能进行了较多的设计；而家用投影仪更多的则是色温、对比度和显示模式等方面的调节。

总之，商用的投影仪主要针对商业文件演示，对文字的表现能力较为优秀，但是在色彩方面略差于LCD投影技术的机器，但商用投影仪更耐用一些，不管灯泡还是防尘技术。当然，商用投影仪也有LCD技术。家用的投影仪绝大多数都是以LCD技术来设计生产的，色彩表现力等更优秀，适合于看电影、进行多媒体娱乐等。

3. 环境大小与投影仪的选择

40~50平方米的家居或会客厅，投影仪光通量选择800~1 200流明，幕布选择60～72英寸；60~100平方米的小型会议室或标准教室，投影仪光通量选择1 500~2 000流明，幕布选择80～100英寸；120~200平方米的中型会议室和阶梯教室，投影仪光通量选择2 000~3 000流明，幕布选择120～150英寸；300平方米的大型会议室或礼堂，投影仪光通量选择3 000流明以上，幕布选择200英寸以上。

4. 主流品牌

主流的投影仪品牌有明基、小帅影院、NEC、奥图码、松下、索尼、极米、酷乐视、神画、坚果、优派、卡西欧、理光、爱普生、日立、宏基、夏普、三洋、佳能、飞利浦、LG、麦克赛尔、三星、戴尔、联想、百度、纽曼和中兴等。

3.4 认识网卡

网卡又称为网络卡或者网络接口卡，其英文全称为“Network Interface Card”，简称为NIC，网卡的主要功能是帮助计算机连接到网络中。现在的很多主板上都自带了网络芯片，然后通过该芯片控制的接口连接到网络，但其他的各种有线和无线网卡的使用仍非常普遍。

3.4.1 有线网卡和无线网卡

网卡的种类有很多，通常将网卡分为有线和无线两种。

1. 有线网卡

有线网卡是指必须连接网络连接线后才能访问网络的网卡，主要包括以下 3 种类型。

◎ **集成网卡：**集成网卡也就是集成在主板上的网络芯片，现在的主板上都有集成网卡，它也是现在计算机的主流网卡类型，图3.25所示为主板集成的Atheros Killer E2201千兆网络芯片。

◎ **PCI网卡：**其接口类型为PCI，分为PCI、PCI-E和PCI-X 3种，具有价格低廉和工作稳定等优点。PCI网卡主要由网络芯片（用于控制网卡的数据交换，将数据信号进行编码传送和解码接收等）、网线接口和金手指等组成，如图3.26所示。常见的网卡接口是RJ45，用于双绞线的连接，现在很多网卡也采用光纤接口（有SFP和LC两种接口类型），图3.27所示为光纤接口的网卡。

图3.25 集成网卡

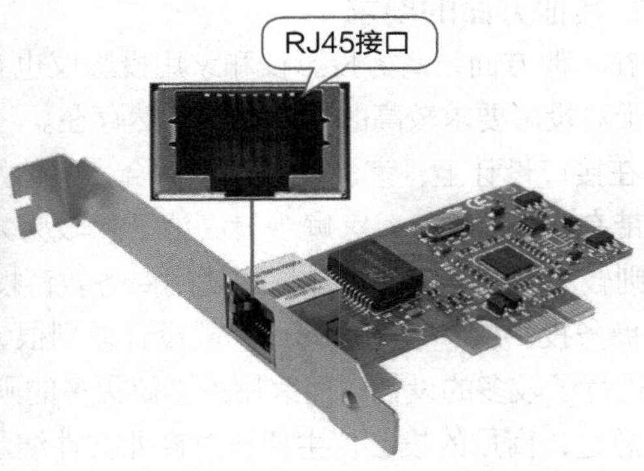

图3.26 普通PCI网卡

◎ **USB网卡：**它的特点是体积小巧，携带方便，可以插在计算机的USB接口中，然后通过连接网线进行使用，非常适合经常出差使用笔记本电脑或平板电脑的用户，如图3.28所示。

2. 无线网卡

无线网卡是在无线局域网无线网络信号的覆盖下，通过无线连接网络进行上网的无线终端设备，主要有以下两种类型。

图3.27 光纤接口的网卡　　图3.28 USB网卡

◎ **PCI网卡：**这种无线网卡需要安装在主板的PCI插槽中使用，如图3.29所示。

◎ **USB网卡：**直接插入计算机的USB接口，无须网线直接上网，如图3.30所示。

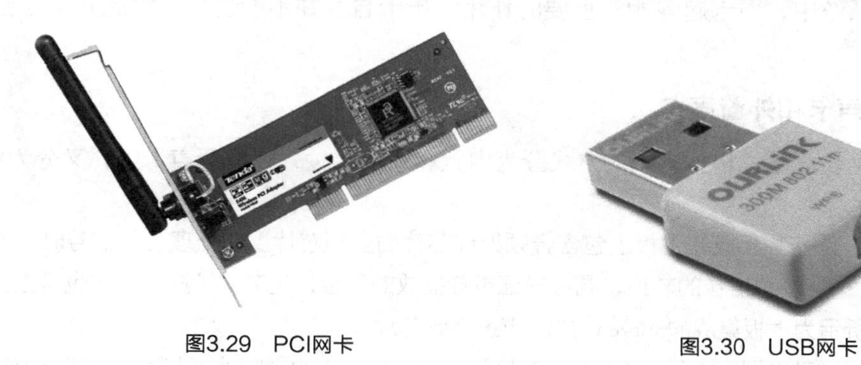

图3.29 PCI网卡　　图3.30 USB网卡

3.4.2 网卡的选购注意事项

选择一款性能好的网卡能保证网络稳定、正常地工作。在选择网卡时，需注意以下几个方面的内容。

◎ **传输速率：**指网卡与网络交换数据的速度频率，主要有10Mbit/s、100Mbit/s和1 000Mbit/s等几种。

> 提示：10Mbit/s经换算后实际的传输速率为1.25MB/s（1Byte=8bit，10Mbit/s=1.25MB/s），100Mbit/s的实际传输速率为12.5MB/s，1 000Mbit/s的实际传输速率为125MB/s。

◎ **传输稳定性：**目前全球发射模块被几大厂商所垄断，因此不同产品之间的差距实际上并不大，但选择主流品牌产品才能保证信号传输的稳定性。

◎ **留意网卡的编号：**每块网卡都有一个唯一的物理地址卡号，且编号是全球唯一的，未经认证或授权的厂家无权生产网卡。

◎ **查看网卡的做工：**正规厂商生产的网卡做工精良，用料和走线都十分精细，金手指光泽明亮、无晦涩感，很少出现虚焊现象，而且产品中附带有相应的精美包装和详细的说明书、驱动软盘、配置光盘，以及方便用户使用的各种配件。

◎ **无线或有线：**在支持有线网络的情况下，有线网卡更稳定性，性价比也较高。无线网卡的性能受到信号范围的约束，经常移动，不能固定使用，且在有固定无线网络、信号比较稳定的地方，才使用无线网卡。

◎ **主流品牌：**主流的网卡品牌有Winyao、Intel、TP-LINK、LR-Link、D-Link、腾达、光润通、飞迈瑞克、unicaca、华为、华硕、NETGEAR、贝尔金和斐讯等。

◎ **其他方面：**在选购网卡时还应注意其是否支持自动网络唤醒功能和远程启动等。

3.5 认识声卡

声卡是计算机中用于处理音频信号的设备，其工作原理是声卡接收到音频信号并进行处理后，再通过连接到声卡的音箱，将声音以人耳能听到的频率表现出来。在家用计算机和用于娱乐的计算机系统中，声卡起着相对重要的作用。声卡自身并不能发声，因此必须与音箱配合使用。

3.5.1 内置声卡和外置声卡

声卡的分类比较简单，根据安装的方式分为内置和外置两种，在内置声卡中，又分为PCI和主板集成两种。

◎ **集成声卡：**是一种集成在主板上包含音频处理芯片的音频芯片。在处理音频信号时，不用依赖CPU就可进行一切音频信号的转换，既可保证声音播放的质量，也节约了成本，这也是主流的声卡类型，图3.31所示为主板集成的SupremeFX 8声道音效芯片。

◎ **PCI声卡：**这种内置声卡通过PCI总线连接计算机，有独立的音频处理芯片，负责所有音频信号的转换工作，减少了对CPU资源的占有率，并且结合功能强大的音频处理软件，可对几乎所有音频信息进行处理，适合对声音品质要求较高的用户使用。PCI声卡根据总线类型的不同，分为PCI和PCI-E两种类型，如图3.32所示。

图3.31 集成声卡

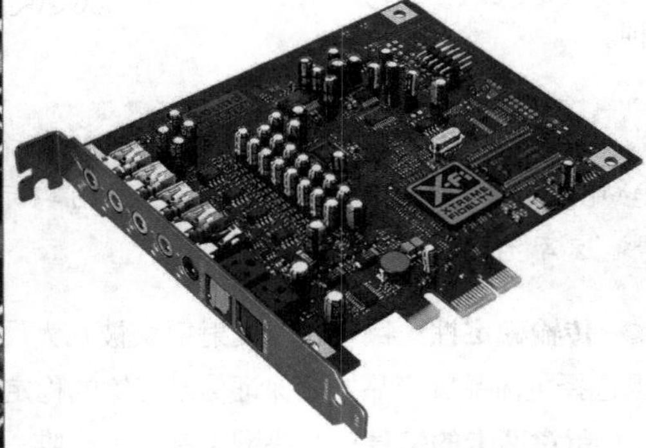

图3.32 PCI声卡

◎ **外置声卡：**通过USB接口与计算机连接，具有使用方便、便于移动等优势。这类声卡通常集成了解码器和耳机放大器等，音质比内置声卡更好，价格也比内置声卡高，如图3.33所示。

图3.33 外置声卡

3.5.2 声卡的选购注意事项

对于普通用户来说，主板上集成的音效芯片就足够使用，而对于对计算机音质有较高要求的用户，在选购声卡时，需要注意以下一些问题。

◎ **了解声道系统：** 声道是指声音在录制或播放时在不同空间位置采集或回放的相互独立的音频信号，所以声道数也就是声音录制时的音源数量或回放时相应的扬声器数量。声卡所支持的声道数是衡量声卡档次的重要指标之一，包括单声道、双声道、5.1声道和7.1声道到最新的环绕立体声。

◎ **了解采样位数：** 声卡的位是指声卡在采集和播放声音文件时所使用数字声音信号的二进制位数。声卡的位客观地反映了数字声音信号对输入声音信号描述的准确程度。采样位数可以理解为声卡处理声音的解析度，这个数值越大，解析度就越高，录制和回放的声音就越真实。

◎ **按需选购：** 如果对声卡的要求较高，则需要选购高端产品。例如，音乐发烧友或个人音乐工作室等，对声卡都有特殊要求，如信噪比高不高、失真度大不大等，甚至连输入/输出接口是否镀金都十分重视。

◎ **主流品牌：** 声卡的主流品牌包括创新、华硕、声擎和德国坦克等。

3.6 认识音箱和耳机

在使用计算机的过程中，无论是商务办公还是游戏娱乐，都需要播放声音，通过声卡处理的声音只有通过计算机的音频输出硬件才能被人们所听见。计算机中主要的音频输出硬件就是音箱和耳机。

3.6.1 音箱和耳机的类型

音箱和耳机都是计算机的音频输出设备，通过一根音频线与计算机中的声卡连接（无线和蓝牙除外），两者的声音分享性不同，耳机最多两个人分享，音箱却可以多人共享。

1. 音箱的类型

通常我们根据音箱的市场定位和功能特性，将其分为以下几种类型。

◎ **计算机音箱：** 主要连接台式计算机使用，通常由一个或多个箱体组成，当然很多也可以用来连接笔记本电脑、平板电脑和手机等其他播放设备使用，如图3.34所示。

提示：音响和音箱是两个不同的概念，通俗地说，音响是音箱+功放+音源系统，是一个系统；音箱则是箱子+喇叭。

◎ **Hi-Fi音箱：** Hi-Fi是英语High-Fidelity的缩写，直译为“高保真”，定义是与原来的声音高度相似的重放声音。Hi-Fi音箱就是能够播放出高保真音频的音箱，如图3.35所示。

图3.34　3个箱体的计算机音箱

图3.35　Hi-Fi音箱

◎ **便携音箱：** 便携音箱是区别于普通计算机音箱的一种方便携带且体积较小的音箱，以自带的干电池或者锂电池供电，也可以接电源供电，支持或者能够读取SD、TF和U盘等移动存储设备，如图3.36所示。

◎ **无线音箱：** 无线音箱是通过无线网络或蓝牙连接到计算机或其他播放设备，进行声音播放的音箱，如图3.37所示。

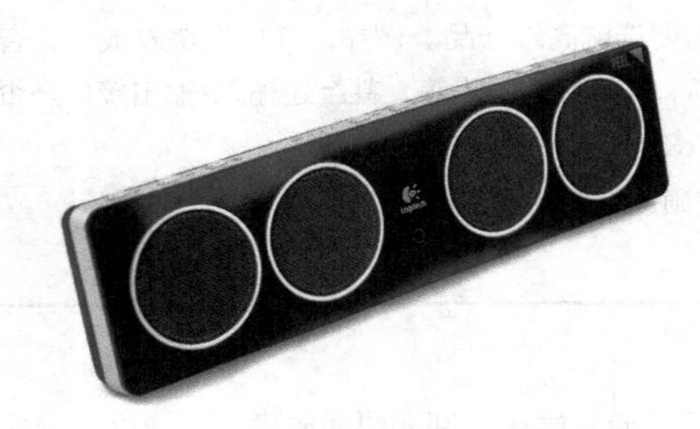

图3.36　便携音箱

图3.37　无线蓝牙音箱

2. 耳机的类型

耳机的优点是在不影响旁人的情况下，可独自聆听声音，还可隔开周围环境的声响，对在录音室、DJ、旅途和运动等噪吵环境下使用的人很有帮助。按照佩戴的方式，可以将耳机分为以下几种类型。

◎ **头戴式：** 这种耳机是戴在头上的，并非插入耳道内。特点是声场好，舒适度高，不入耳，避免擦伤耳道，相对于入耳式耳塞，可听更长时间，如图3.38所示。

◎ **耳塞式：** 根据设计，这种耳机在使用时会密封住使用者的耳道。特点是发声单元小，听起来较清晰，低音强，如图3.39所示。

◎ **入耳式：** 这种耳机是用在人体听觉器官内部的耳机，在普通耳机的基础上，以胶质塞头插入耳道内，获得更好的密闭性。特点是在嘈杂的环境下，可以用比较低的音量不受影响地欣赏音乐，提供最佳的舒适度和完美的隔音效果，如图3.40所示。

◎ **后挂式：** 这种耳机比较便携，适合运动中使用，但其重量和压力都集中到了耳朵上，个别的耳机不适宜长时间佩戴，如图3.41所示。

图3.38　头戴式耳机

图3.39　耳塞式耳机

图3.40　入耳式耳机

图3.41　后挂式耳机

◎ **耳挂式：**这是一种在耳机侧边添加辅助悬挂装饰以方便使用的耳机，如图3.42所示。

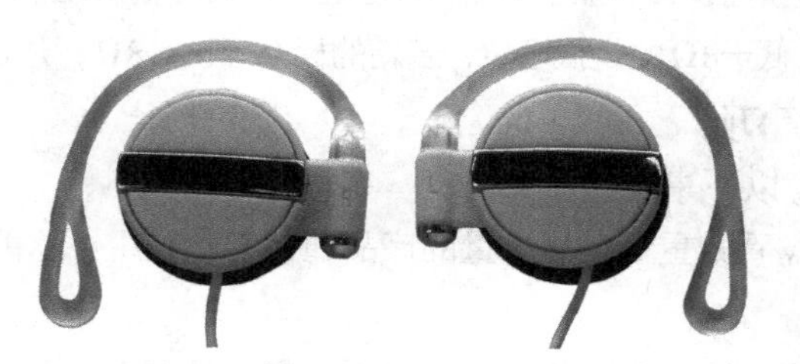

图3.42　耳挂式耳机

提示：按照功能用途对耳机进行分类，则可以分为手机耳机、蓝牙耳机、音乐耳机、Hi-Fi耳机、游戏影音运动耳机、监听耳机、降噪耳机、语音耳机和普通耳机等类型。

3.6.2 音箱和耳机的选购注意事项

组装计算机时选购音箱或耳机的目的是为了获得更好的声音享受，因此一定要购买性能优良的产品。在选购音箱和耳机时，应该注意以下几个问题。

1. 音箱的性能指标

音箱的性能指标包括以下几项。

◎ **声道系统：**音箱所支持的声道数是衡量音箱性能的重要指标之一，从单声道到最新的环绕立体声，这一参数与前面声卡的参数基本一致，这里不再赘述。

◎ **有源无源：**有源音箱又称为“主动式音箱”，通常是指带有功率放大器的音箱。无源音箱又称为“被动式音箱”，就是内部不带功放电路的普通音箱。无源音箱虽不带放大器，但常带有分频网络和阻抗补偿电路等。有源音箱带有功率放大器，其音质比同样的无源音箱好。

◎ **控制方式：**是指音箱的控制和调节方法，关系到用户界面的舒适度。音箱的控制方式主要有3种类型：第一种是最常见的，分为旋钮式和按键式，也是造价最低的；第二种是信号线控制设备，就是将音量控制和开关放在音箱信号输入线上，成本不会增加很多，但操控却很方便；第三种是最优秀的控制方式，就是使用一个专用的数字控制电路来控制音箱的工作，通常使用一个外置的独立线控或遥控器来控制。

◎ **频响范围：**这是考察音箱性能优劣的一个重要指标，它与音箱的性能和价位有着直接的关系，其频率响应的分贝值越小，说明音箱的频响曲线越平坦、失真越小、性能越高，从理论上讲，20～20 000Hz的频率响应足够了。

◎ **扬声器材质：**低档塑料音箱因箱体单薄，无法克服谐振，无音质可言（也有部分设计好的塑料音箱要远远好于劣质的木质音箱）；木制音箱降低了箱体谐振所造成的音染，音质普遍好于塑料音箱。

◎ **扬声器尺寸：**扬声器尺寸越大越好，大口径的低音扬声器能在低频部分有更好的表现。普通多媒体音箱低音扬声器的喇叭多为3～5英寸。

◎ **信噪比：**指音箱回放的正常声音信号与无信号时噪声信号（功率）的比值，用dB表示。例如，某音箱的信噪比为80dB，即输出信号功率比噪声功率大80dB。信噪比数值越高，噪声越小。

◎ **阻抗：**指扬声器输入信号的电压与电流的比值。音箱的输入阻抗一般分为高阻抗和低阻抗两类，高于16Ω的是高阻抗，低于8Ω的是低阻抗，音箱的标准阻抗是8Ω，建议不要购买低阻抗的音箱。

2. 选购音箱的注意事项

选购音箱时需要注意以下事项。

◎ **重量：**音箱首先需看其重量，好质量的产品通常都比较重，这能说明它的板材和喇叭都是好材料。

◎ **功放：**功放也是音箱比较重要的组件，但需注意的是，有的厂家会在功放机里面加铅块，使其重量增加，可以从外壳上的空隙中看到。

◎ **防磁：**音箱是否防磁也很重要，尤其是卫星箱必须要防磁，否则会导致显示器有花屏的现象。

◎ **发票：**购买时最好索要发票，能填完保修卡的详细内容，将来有服务冲突的可凭借发票维护自己的权益。

◎ **品牌：**主流的音箱品牌有惠威、漫步者、飞利浦、麦博、DOSS、声擎、奋达、JBL、金河田、BOSE、索尼、慧海、恩科、三诺、联想、华为、雅马哈、罗技、小米、天逸、魅动、Libratone、电蟒、COOX、爱国者、纽曼、魔杰和美丽之音等。

3. 耳机的性能指标

性能指标是考察耳机性能的关键之一。

◎ **频响范围：**指耳机发出声音的频率范围，与音箱的频响范围一样，通常看两端的数值，大约可猜测到该款耳机在哪个频段音质较好。

◎ **阻抗：**耳机的阻抗是交流阻抗的简称，阻抗越小，耳机越容易出声、越容易驱动。和音箱不同，耳机的阻抗一般是32Ω的高阻抗。

◎ **灵敏度：** 指耳机的灵敏度级，单位是dB/mW。灵敏度高意味着达到一定的声压级所需功率要小，现在动圈式耳机的灵敏度一般都在90dB/mW以上，如果是为随身听选耳机，灵敏度最好在100dB/mW左右或更高。

◎ **信噪比：** 和音箱一样，信噪比数值越高，耳机中的噪声越小。

4. 耳机的选购技巧

选购耳机时可以参考以下技巧。

◎ **以熟悉的歌曲作为判断标准：** 在选购耳机时，最好选择自己最熟悉的歌曲作为判断标准，会非常清楚地知道这首歌哪个小节的高低频表现不一样，从而判断出不同耳机在音质上的差别。

◎ **注意佩戴的舒适程度：** 选购耳机与购买日常生活用品一样，即使音色再好，如果现场试听几分钟，发现衬垫不透气，换了耳塞，尺寸又不符合耳道等问题，则说明这款耳机不适合，需要更换。

◎ **新耳机“煲”过音质更好：** “煲”是指“煲机”，这里是指开机使用。新耳机里面缠绕的线圈、磁铁，以及一些分音器等元件全是新的，而且线圈大部分是铜线材质，经过一段时间运行共振才比较顺畅。煲机通常需要连续播放一星期。

◎ **选购主流品牌的产品：** 主流的耳机品牌有硕美科、魔磁、漫步者、1MORE、飞利浦、森海塞尔、拜亚、铁三角、索尼、AKG、Beats、苹果、小米、创新、捷波朗、魅族、雷柏、JBL、华为、BOSE、松下、雷蛇、罗技、JVC、先锋和得胜等。

提示：无线耳机的音质并不比同档次的有线耳机差，除了前面介绍的相关性能指标外，在选购时还需要注意电池续航时间（一般都是6~10小时）和信号传输距离（主流有10米左右的工位范围）的问题。

3.7 认识路由器

路由器是连接因特网中各局域网和广域网的设备。路由器依据网络层信息将数据包从一个网络转发到另一个网络，决定着网络通信能够通过的最佳路径。在无线网络技术很成熟的情况下，带无线功能的路由器使用非常广泛，本节内容也以无线路由器为主。

3.7.1 路由器的WAN口和LAN口

路由器的主要工作就是为经过路由器的每个数据帧寻找一条最佳传输路径，并将该数据有效地传送到目的站点，通俗地说，就是通过路由器将连接到其中的ADSL和计算机连接起来，实现计算机联网的目的。路由器最重要的部分就是接口，如图3.43所示。

现在使用较多的是宽带路由器，它伴随着宽带的普及应运而生。宽带路由器在一个紧凑的箱子中集成了路由器、防火墙、带宽控制和管理等功能，集成10/100Mbit/s宽带的以太网WAN接口，并内置多口10/100Mbit/s自适应交换机，方便多台机器连接内部网络与Internet，可广泛应用于家庭、学校、办公室、网吧、小区、政府和企业等场所。现在多数路由器都具备有线接口和无线天线，可以通过路由器建立无线网络连接到Internet。

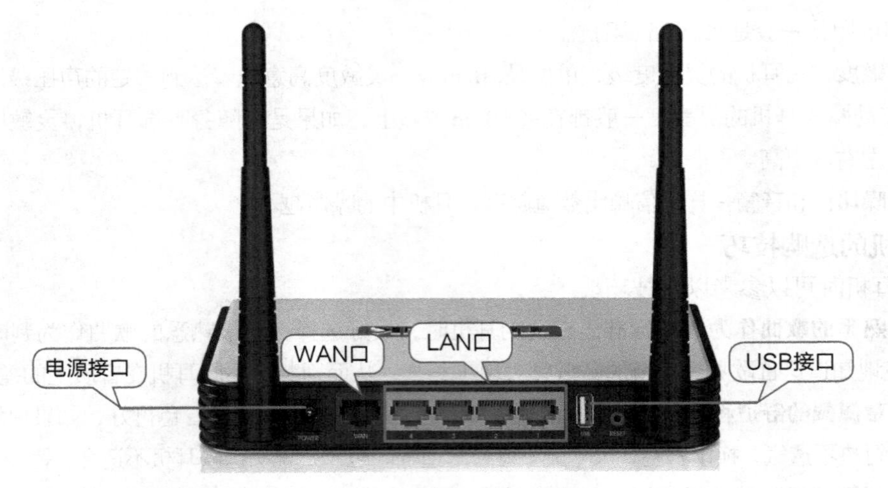

图3.43 路由器的各种接口

◎ **WAN口：**WAN是英文Wide Area Network的缩写，代表广域网，主要用于连接外部网络，如ADSL、DDN和以太网等各种接入线路。

◎ **LAN口：**LAN是Local Area Network的缩写，即本地网（或局域网），用来连接内部网络，主要与局域网络中的交换机、集线器或计算机相连。

提示：交换机是一种能将计算机连接起来的高速数据交流设备。它在计算机网络中的作用相当于一个信息中转站，所有需在网络中传播的信息，都会在交换机中被指定到下一个传播端口。通俗地说，交换机可以称为更多接口的路由器，它的LAN口比路由器多很多，各种接口的连接与路由器完全一致，如图3.44所示。

图3.44 交换机

3.7.2 路由器的性能指标

路由器的性能主要体现在品质、接口数量、传输速率、频率和功能等方面。

◎ **品质：**衡量一款路由器的品质时，可先考虑品牌。名牌产品拥有更高的品质，并拥有完善的售后服务和技术支持，还可获得相关认证和监管机构的测试等。

◎ **接口数量：**LAN口数量只要能够满足需求即可，家用计算机的数量不可能太多，一般选择4个LAN口的路由器，且家庭宽带用户和小型企业用户只需要一个WAN口。

◎ **传输速度：**信息的传输速度往往是用户最关心的问题。目前，千兆位交换路由器一般在大型企业中使用，家庭或小型企业用户选择150Mbps以上即可。

无线路由器是目前市场上的主流产品，下面介绍无线路由器的性能指标。

◎ **网络标准：**选购时必须考虑产品支持的WLAN标准是IEEE 802.11ac还是IEEE 802.11n等。

◎ **频率范围：**无线路由器的射频（Radio Frequency，RF）系统需要工作在一定的频率范围之内，才能够与其他设备相互通信。不同的产品由于采用不同的网络标准，故采用的工作频段也不太一样。目前的无线路由器产品主要有单频、双频和三频3种。

◎ **天线类型：**主要有内置和外置两种，通常外置天线性能更好。

◎ **天线数量：**理论上，天线数量越多，无线路由器的信号越好。事实上，多天线无线路由器的信号只是比单天线无线路由器的信号强10%~15%，最直接的表现就是单天线无线路由器在经过一堵墙相隔后，其信号剩下一格，而多天线无线路由器的无线信号则徘徊在单格与两格之间。

◎ **功能参数：**是指无线路由器所支持的各种功能，功能越多，路由器的性能越强。常见的功能参数包括VPN支持（虚拟网络技术）、QoS支持（网络的一种安全机制，是用来解决网络延迟和阻塞等问题的一种技术）、防火墙功能、WPS功能（Wi-Fi安全防护设定标准）、WDS功能（延伸扩展无线信号）和无线安全。

3.7.3 路由器的选购注意事项

路由器是整个网络与外界的通信出口，也是联系内部子网的桥梁。在网络组建过程中，路由器的选择极为重要。下面介绍在选择路由器时需考虑的因素。

◎ **控制软件：**控制软件是路由器发挥功能的一个关键环节。软件安装、参数设置及调试越方便，用户就越容易掌握。

◎ **网络扩展能力：**扩展能力是网络在设计和建设过程中必须要考虑的事项，扩展能力的大小取决于路由器支持的扩展槽数目或者扩展端口数目。

◎ **带电拔插：**在计算机网络管理过程中进行安装、调试、检修和维护或者扩展网络的操作，免不了要在网络中增减设备，也就是说可能会要插拔网络部件，因此，路由器能否支持带电插拔，也是一个非常重要的选购条件。

◎ **主流品牌：**主流的路由器品牌有斐讯、艾泰、腾达、飞鱼星、D-Link、NETGEAR、TP-LINK、华硕、华为、小米、360、思科、H3C、联想、优酷、乐视、贝尔金、腾讯、百度、魅族、中兴、IE-LINK、锐捷网络、多彩、努比亚和半岛铁盒等。

3.8 认识移动存储设备

移动存储设备在现在的办公中使用较多，主要包括U盘和移动硬盘，用于重要数据的保存和转移。随着数码设备的普及，很多数码设备内部的存储卡（如手机或相机中的存储卡）也可以通过数据线与计算机交换数据，这里我们将其统一归入移动存储设备。

3.8.1 U盘

U盘的全称是USB闪存盘，它是一种使用USB接口的无需物理驱动器的微型高容量移动存储设备，通过USB接口与计算机进行连接，实现即插即用。

1. U盘的优点

U盘最大的优点就是小巧便于携带、存储容量大、价格便宜、性能可靠。

◎ **小巧便携：**U盘体积小，仅大拇指般大小，重量轻，一般在15克左右，特别适合随身携带。

◎ **存储容量大：** 一般的U盘容量有4GB、8GB、16GB、32GB和64GB，除此之外还有128GB、256GB、512GB和1TB等。

◎ **防震：** U盘中无任何机械式装置，抗震性能极强。

◎ **其他：** U盘还具有防潮防磁和耐高低温等特性，安全性很好。

2. U盘的接口类型

U盘的接口类型主要包括USB2.0/3.0/3.1、Type C和Lightning等，如图3.45所示。

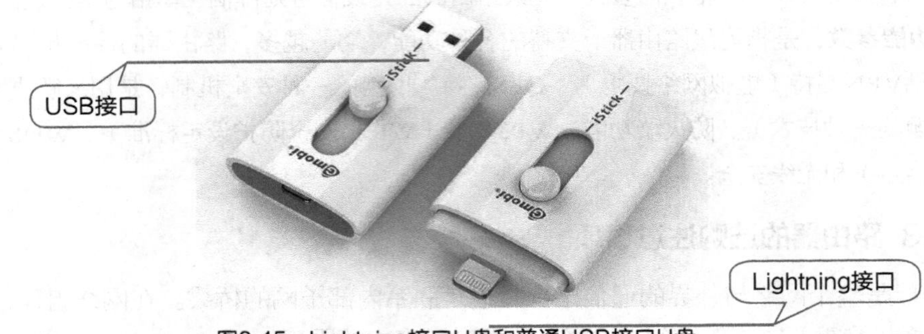

图3.45　Lightning接口U盘和普通USB接口U盘

3.8.2 移动硬盘

移动硬盘是以硬盘为存储介质，与计算机之间交换大容量数据，强调便携性的存储产品。移动硬盘具有以下特点。

◎ **容量大：** 市场上的移动硬盘能提供320GB、500GB、600GB、640GB、900GB、1TB、2TB、3TB和4TB等，最高可达12TB的容量，其中TB容量的移动硬盘已经成为市场主流。

◎ **体积小：** 移动硬盘的尺寸分为1.8英寸（超便携，这种移动硬盘可装入口袋或钱包，但容量有限，价格较昂贵，读写速度慢）、2.5英寸（便携式，这种移动硬盘一般用于笔记本电脑，性价比、便携性与另两种尺寸产品相比都是最折中的选择）和3.5英寸（桌面式，这种移动硬盘通常用于台式机，比较便宜，而且性能也较好，但携带不方便）3种。

◎ **接口丰富：** 现在市面上的移动硬盘分为无线和有线两种，有线的移动硬盘采用USB2.0/3.0、eSATA和Thunderbolt雷电接口，传输速度快，且很容易和计算机中的同种接口连接，使用方便。

◎ **良好的可靠性：** 移动硬盘多采用硅氧盘片，这是一种比铝和磁更为坚固耐用的盘片材质，并且具有更大的存储量和更好的可靠性，提高了数据的完整性。

3.8.3 手机标配的移动存储设备——闪存卡

闪存卡是利用闪存技术存储电子信息的存储器，一般应用在数码相机、摄像机、平板电脑、手机和MP3等小型数码产品中作为存储介质，外观小巧，如同一张卡片，所以称为闪存卡。根据不同的生产厂商和不同的应用，可将闪存卡分为不同的类型。

◎ **SD卡：** 是Secure Digital Card的缩写，是一种基于半导体快闪记忆器的闪存卡，具有体积小、数据传输速度快和可热插拔等优点，如图3.46所示。

◎ **SDXC卡：** 是为满足大容量和更快的数据传输速率而提出的SD新标准闪存卡，这种闪存卡的理论最大容量是2TB，并支持UHS 104这种新的超高速SD接口规格，数据总线传输速率为每秒104MB，如图3.47所示。

图3.46　SD卡

图3.47　SDXC卡

◎ **Micro SD（TF）卡：**原名Trans-Flash Card（TF卡），2004年正式更名为Micro SD Card，由SanDisk（闪迪）公司发明，是目前体积最小、使用最多的闪存卡，如图3.48所示。

◎ **Micro SDXC卡：**是SDXC卡的缩小版，和Micro SD卡的体积相差不大，性能与SDXC卡一致，如图3.49所示。

图3.48　Micro SD（TF）卡

图3.49　Micro SDXC卡

提示：闪存卡需要通过其载体，如手机、数码相机等USB数据线连接计算机，或者直接通过USB接口的闪存卡读卡器连接计算机，进行数据交换，如图3.50所示。

图3.50　闪存卡读卡器

提示：闪存卡的速度等级是用不同的速度符号来定义其最低的写入速度，目前有Class 10（最低写入速度为10MB/s）、UHS-I Grade1（最低写入速度为10MB/s）和UHS-I Grade3（最低写入速度为30MB/s）3种等级。

3.8.4 移动存储设备的主流品牌

不同的移动存储设备主要有以下主流品牌。

◎ **主流的U盘品牌：**有闪迪、东芝、PNY、创见、威刚、宇瞻、忆捷、惠普、台电、金泰克、爱国者、麦克赛尔、金士顿、联想、朗科、海盗船、BanQ、影驰、特科芯、方正、三星、紫图和金胜维等。

◎ **主流的移动硬盘品牌：**有希捷、东芝、威刚、艾比格特、忆捷、纽曼、爱国者、联想、朗科、旅之星、西部数据、创见、安盘、惠普和爱四季等。

◎ **主流的闪存卡品牌：**有东芝、三星、PNY、闪迪、威刚、创见、金士顿、宇瞻、金泰克、麦克赛尔、惠普、索尼、松下、天硕和善存等。

3.9 其他设备

在日常工作和生活中，还有一些经常与电脑连接的硬件设备，如进行视频影像交流的数码摄像头、可以启动计算机并输入/输出数据的光盘驱动器和绘制图像并将其输入计算机的数位板等，下面简单介绍一下这些设备的认识和选购知识。

3.9.1 计算机视频工具——摄像头

摄像头作为一种视频输入设备，被广泛运用于视频会议、远程医疗和实时监控等方面。普通人也可通过摄像头在网络中进行有影像、有声音的交谈和沟通，如图 3.51 所示。

图3.51 用于环境监控和幼儿、老人看护的摄像头

1. 摄像头的主要性能指标

摄像头在计算机的相关应用中，九成以上的用途是进行视频聊天、环境（家庭、学校和办公室）监控、幼儿和老人看护，因此选购摄像头时，重要的是参考其各种性能指标。

◎ **感光元件：**分为CCD和CMOS两种，CCD的成像水平和质量要高于CMOS，但价格也较高，常见的摄像头多用价格相对低廉的CMOS作为感光器。

◎ **像素：**像素值是区分摄像头好坏的重要因素，市面上主流摄像头产品多在100万像素值左右，在大像素的支持下，摄像头工作时的分辨率可达到1 280×720像素。

◎ **镜头：**摄像头的镜头一般由玻璃镜片或塑料镜片组成，玻璃镜片比塑料镜片成本贵，但在透光性和成像质量上都有较大优势。

◎ **最大帧速：**帧速就是在1秒钟时间里传输的图片的帧数，通常用fps（Frames Per Second）表示。每秒钟帧数愈多，所显示的动作就会愈流畅。主流摄像头的最大帧速为30fps。

◎ **对焦方式：**主要有固定、手动和自动3种。其中，手动对焦通常是需要用户对摄像头的对焦距离进行手动选择。而自动对焦则是由摄像头对拍摄物体进行检测，确定物体的位置并驱动镜头的镜片进行对焦。

◎ **视场：**视场指摄像头能够观察到的最大范围，通常以角度来表示，视场越大，观测范围越大。

2. 摄像头的主流品牌

主流的摄像头品牌有罗技、蓝色妖姬、微软、乐橙、中兴、双飞燕、Wulian、纽曼、台电、彗星、爱耳目、联想、天敏和爱国者等。

3.9.2 计算机数据存储工具——光盘驱动器

光盘驱动器简称光驱，是计算机用来读写光盘内容的设备，也是在台式机和笔记本电脑里比较常见的一个硬件。随着移动存储设备的快速发展，光驱逐渐被取代。

1. 光驱的类型

市面上光驱的类型只有DVD、DVD刻录、蓝光COMBO和蓝光刻录4种。

◎ **DVD：**用来读取DVD光盘中的数据，而且完全兼容VCD、CD-ROM、CD-R和CD-RW等光盘，其最高可达到17GB的存储，如图3.52所示。

◎ **DVD刻录机：**DVD刻录光驱综合了DVD光驱的性能，不仅能读取DVD格式和CD格式的光盘，还能将数据以DVD-ROM或CD-ROM等格式刻录到光盘中，如图3.53所示。

图3.52　DVD光驱　　　　图3.53　DVD刻录机

◎ **蓝光COMBO：**蓝光光驱也是DVD光驱的一种类型，是用蓝色激光读取光盘上文件的一种光盘驱动器，蓝光COMBO不但具有DVD刻录机的所有功能，还可以读取蓝光光盘，如图3.54所示。

> 提示：蓝光也称蓝光光碟，英文全称为Blu-ray Disc，经常被简称为BD，是DVD之后的高画质影音储存光盘媒体（可支持Full HD影像与高音质规格）。蓝光（或称蓝光盘）利用波长较短的蓝色激光读取和写入数据，并因此而得名。

◎ **蓝光刻录机：**蓝光刻录机不但具有蓝光COMBO的所有功能，还能在蓝光刻录光盘上刻录数据，可以说是目前最先进的光驱类型，如图3.55所示。

图3.54　蓝光COMBO　　　　图3.55　蓝光刻录机

2. 光驱的主要性能指标

目前组装计算机时，已经很少选购光驱了，对于学生和某些商务办公企业而言，有时需要查看学习光盘或企业宣传光盘时能够用到。

◎　**安装方式：**光驱的安装方式分为外置和内置两种，内置式就是安装在计算机主机内部，外置式则是通过外部接口连接在主机上。

◎　**接口类型：**接口是光驱与计算机主机的物理链接，是两者之间的数据传输途径，不同的接口也决定着光驱与计算机间的数据传输速度，目前主要有SATA和USB两种。

◎　**缓存容量：**其作用就是提供一个数据缓冲，先将读出的数据暂存起来，然后一次性进行传送，目的是解决光驱速度不匹配问题。其容量大小直接影响光驱的运行速度，从理论上来说，缓存越大越好。

提示：光驱的速度都是标称的最快速度，这个数值是指光驱在读取盘片最外圈时的最快速度，而读内圈时的速度要低于标称值。写入速度是指光驱将数据刻录到光盘中的速度，这个速度比读取速度慢。

3. 光驱的主流品牌

主流的光驱品牌有华硕、先锋、三星、LG、索尼、明基、建兴、e磊、松下、惠普、联想、SSK和飚王等。

3.9.3 计算机图像绘制工具——数位板

数位板又称绘图板、绘画板和手绘板等，是计算机的一种输入设备。数位板多为设计类的办公人士所使用，用于绘画创作。数位板就像画家的画板和画笔，网络中有很多逼真的图片和创意图像，就是通过数位板一笔一笔画出来的。

1. 认识数位板

从外观上看，数位板由一块板子和一支压感笔组成，如图3.56所示，其工作原理是利用电磁式感应来完成光标的定位及移动过程。数位板与手写板等非常规的输入产品类似，都针对一定的使用群体，它主要面向设计和美术相关专业的师生、广告公司、设计工作室以及Flash矢量动画制作用户。

数位板不仅可以像在纸上画画一样在计算机中绘制图像，还可以模拟传统的各种画笔效果，甚至可以利用计算机的优势，做出使用传统工具无法实现的效果，如根据压力大小进行图案的贴图绘画，用户只需要轻轻几笔就能很容易绘出一片拥有大小形状各异白云的蓝天。

图3.56　数位板

除了CG绘画外，数位板还有很多用途，如在绘图应用中，可以配合Photoshop进行图片处理；在绘画类软件应用方面进行轻松顺畅的创作体验；在动画制作时运用到Flash软件应用当中；在玩游戏时，针对数位板灵敏的感应速度和精准定位，有更好的游戏体验等。

2. 数位板的主要性能指标

由于数位板用途的特殊性，在选购时，需要注意其基本的性能指标。

◎ **感应方式：**目前市场上数位板的感应方式只有电磁式和电阻式两种，电磁式数位板是主流类型，技术成熟、成本较低、抗干扰效果比较好。

◎ **压感级别：**指用笔轻重的感应灵敏度，通常压感级别越高，就可以感应到越细微的不同。压感分为512（入门）、1 024（主流）和2 048（专业）3个等级。

◎ **板面大小：**板面大小也被称为活动区域或工作区域，是数位板非常重要的参数，板面并不是越大越好，太小的板子较难进行精细的绘图操作。最适合绘图的数位板大小应该是将两个手掌放在数位板板面上，基本上能容纳或者略微大一点。

◎ **读取速度：**读取速度就是指数位板的感应速度，由于手臂速度的极限，读取速度的高低对画画的影响并不明显，现行产品最低为133点/秒，读取速度最高也超过了230点/秒，100点/秒以上一般不会出现明显的延迟现象，200点/秒基本没有延迟。

◎ **读取分辨率：**常见的分辨率有2 540、3 048、4 000和5 080，分辨率越高，数位板的绘画精度越高。

3. 数位板的主流品牌

主流的数位板品牌有Wacom、汉王、绘王和清华同方等。

3.10 应用实训

3.10.1 安装打印机

扫一扫

安装打印机

下面将一台喷墨打印机连接到一台计算机中，并安装打印机的驱动程序。本实训的操作思路如下。

（1）将电源线的“D”型头插入打印机的电源插口中，如图3.57所示，另一端插入电源插座插口（有些打印机的电源需要连接到一个适配器中，而适配器其实就是一个变压器，把高电压转换成低电压使用）。

（2）保证打印机通电，并且打印机处于开启状态，掀开上进纸挡板，把墨盒车盖打开，如图3.58所示，撕掉墨盒的封装条，然后再把墨盒装入墨盒车中，并盖上墨盒车盖。

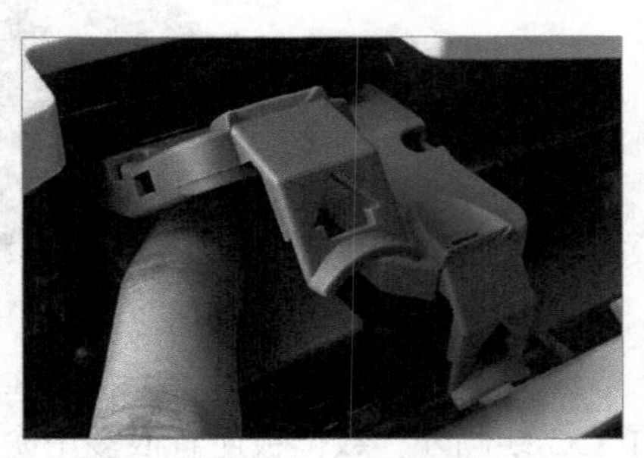

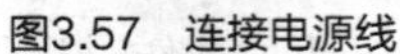

图3.57 连接电源线　　图3.58 打开墨盒车盖

（3）连接打印线，现在的打印机均采用USB数据线（当然也有使用并口线和USB双接口的打印机），方头一端用于连接打印机，扁头一端用于连接计算机。

（4）计算机中弹出“找到新的硬件向导”对话框，提示需要驱动程序，关掉该对话框。

（5）在操作系统中单击“开始”按钮，在打开的“开始”菜单中选择“设备和打印机”命令，如图3.59所示。

（6）打开“设备和打印机”窗口，单击“添加打印机”按钮，如图3.60所示。

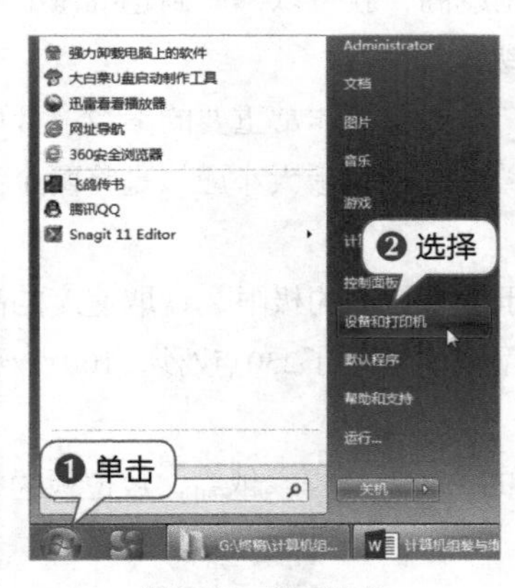

图3.59 选择操作

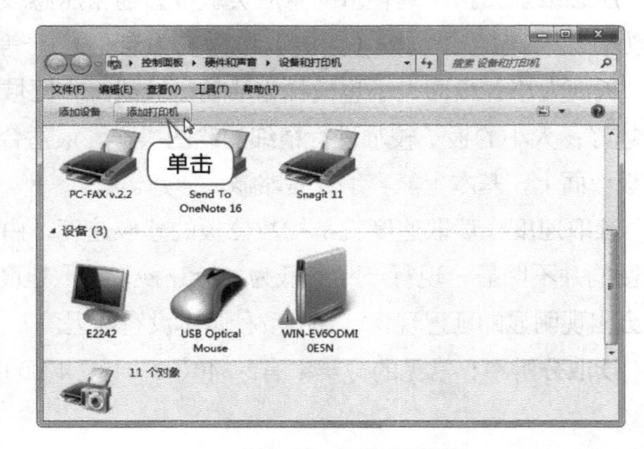

图3.60 添加打印机

（7）打开“添加打印机”对话框，单击“添加本地打印机”按钮，如图3.61所示。

（8）打开“选择打印机端口”对话框，根据购买的打印机端口类型选择相应的选项，单击“下一步”按钮，如图3.62所示。

（9）打开“安装打印机驱动程序”对话框，在“厂商”列表框中选择打印机的品牌名称，在“打印机”列表框中选择驱动程序（第一次安装时，应单击“从磁盘安装”按钮，在打开的对话框中选择光盘中的驱动程序文件），单击“下一步”按钮，如图3.63所示。

（10）打开“键入打印机名称”对话框，在“打印机名称”文本框中输入打印机名称，单击“下一步”按钮，如图3.64所示。

（11）打开“打印机共享”对话框，单击选中“不共享这台打印机”单选项，单击“下一步”按钮，如图3.65所示。

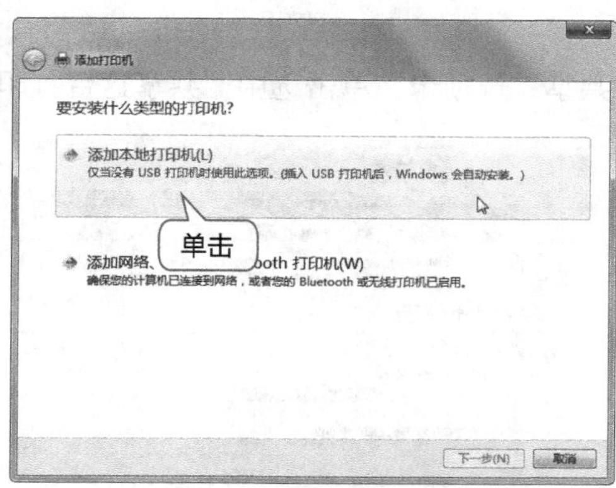

图3.61　选择打印机类型

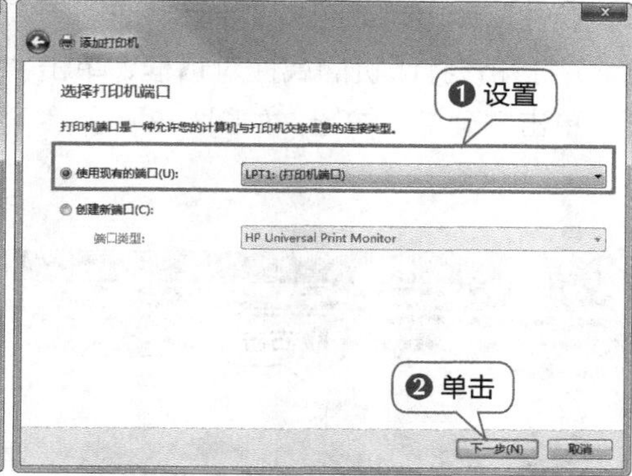

图3.62　选择打印机的端口

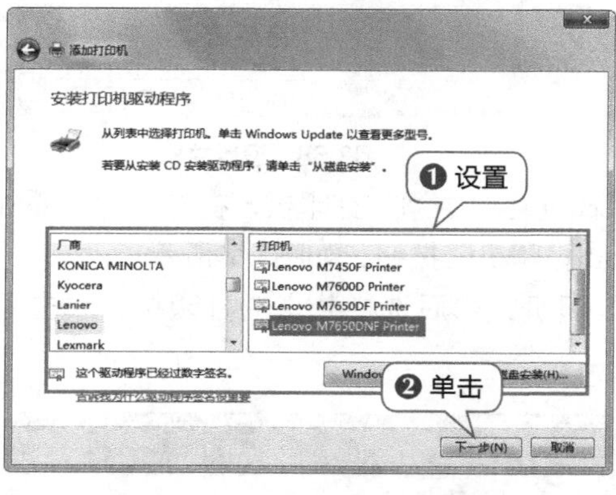

图3.63　安装打印机的驱动程序

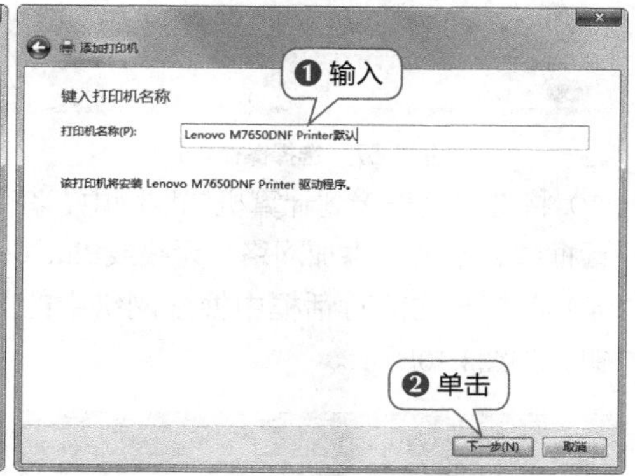

图3.64　键入打印机名称

（12）打开“打印测试页”对话框，单击“完成”按钮，如图3.66所示。

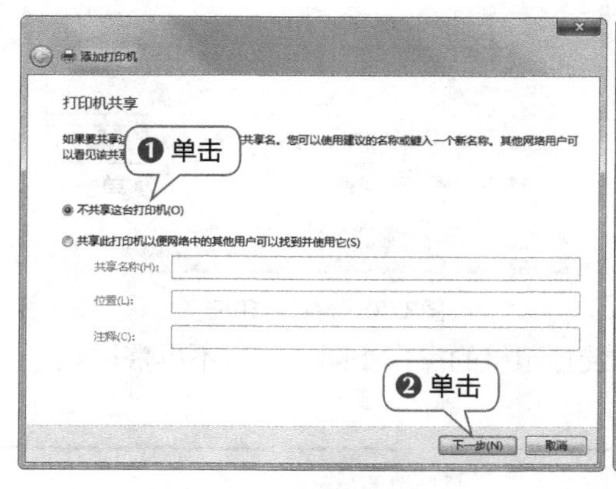

图3.65　设置打印机共享

图3.66　完成设置

3.10.2 设置网络打印机

下面在一个企业局域网中通过设置网络打印机，使用户Leo可以使用用户Jone计算机中共享的打印机，本实训的操作思路如下。

（1）在Jone的计算机上安装打印机，然后打开“设备和打印机”窗口，在安装的打印机图标上单击鼠标右键，在弹出的快捷菜单中选择

“打印机属性”命令，如图3.67所示。

（2）打开该打印机的属性对话框，单击“共享”选项卡，单击选中“共享这台打印机”复选框，单击“确定”按钮，如图3.68所示。

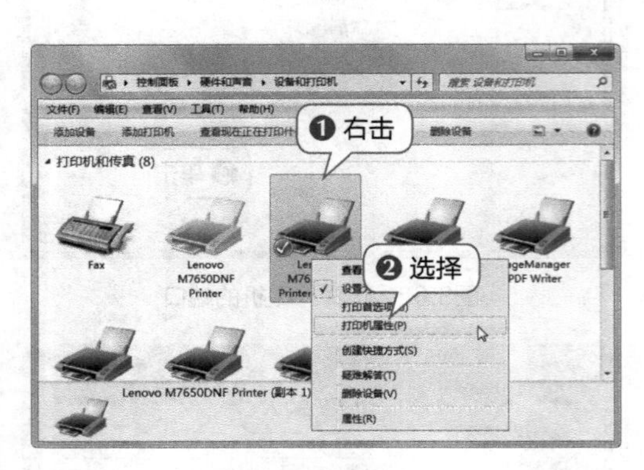

图3.67　选择操作

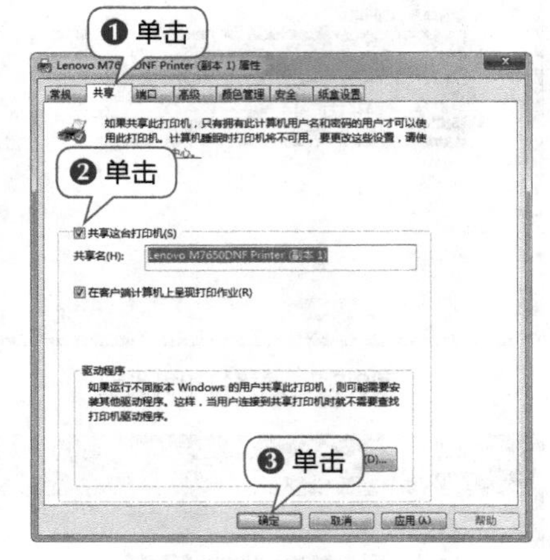

图3.68　设置共享

（3）将打印机连接到计算机局域网中，在Leo计算机中添加打印机，在打开的“添加打印机”对话框中，单击“添加网络、无线或Bluetooth打印机”按钮，如图3.69所示。

（4）在打开的的对话框中搜索网络中的打印机，然后选择共享的打印机，单击“下一步”按钮，如图3.70所示。

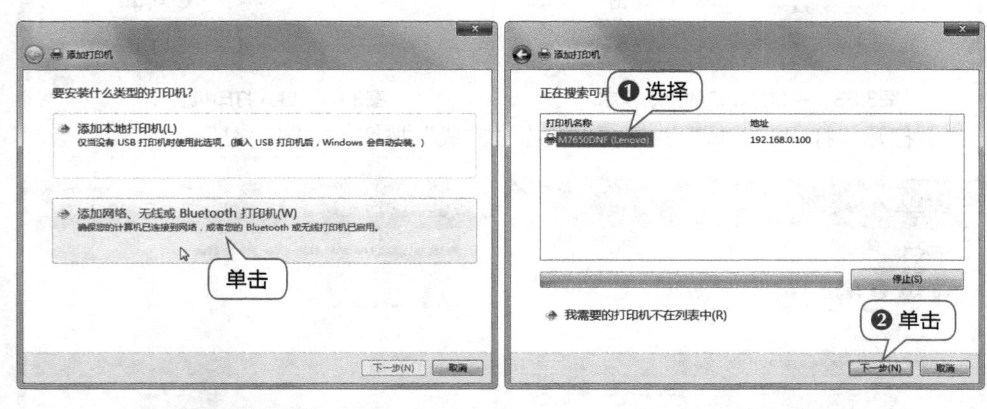

图3.69　选择打印机类型　　　　图3.70　选择打印机

（5）后面的操作就是安装驱动程序，与安装打印机的操作相同，这里不再赘述。

3.11 拓展练习

（1）按照前面学习的相关知识，将一台打印机连接到计算机。

（2）按照前面学习的相关知识，将一个摄像头连接到计算机。

（3）试着按照本章所学知识，分别拟定两套家庭和小型企业的硬件采购方案，主要包括打印机、扫描仪、无线网卡和路由器。

第4章
组装计算机

4.1 设计多核计算机装机方案

设计一套完美的多核计算机装机方案是组装计算机的一个重要步骤，设计方案前，可多逛各大硬件网站的DIY论坛，查看装机高手写的组装攒机帖，以及各个配件的帖子，然后根据需要找到适合的配置，并熟悉各种硬件的相关性能，最后根据需要罗列出最终的产品型号（最好有替补，甚至多个方案），这样才能在组装时有充分的选择空间。

4.1.1 了解硬件配置的木桶效应

木桶效应是指一只木桶能盛多少水，并不取决于最长的那块木板，而是取决于最短的那块木板，也可称为短板效应。组装计算机也容易产生木桶效应，一个硬件选择不当就会引起整台计算机的木桶效应。例如，一个1GB的DDR3内存搭配酷睿i7处理器，由于内存性能瓶颈，结果导致整机性能低下，处理器性能发挥不完全。

在设计组装计算机的配置单时，需要理性思考硬件配置，根据计算机的市场定位进行各种硬件的选购和搭配，并注意以下几个问题，尽量避免出现“木桶效应”。

◎ **拒绝商家“偷梁换柱”：** 无论是在网上还是实体店组装计算机，最终的硬件配置和最初的配置单都会有一定的差别，导致这种结果的因素通常是商家通过调换配置的方法来获得更多的利润，如将配置单上的独立显卡换成同样品牌的TC显卡（当显卡显存不够用时共享系统内存的显卡），商家获得利润的同时，配置因显卡的短板而产生了“木桶效应”。因此，要对配置坚持选购，拒绝商家“偷梁换柱”，下单前一定要问清货源、品牌和型号等，这些都需要在组装计算机时注意。

◎ **严防商家“瞒天过海”：** 这种情况主要是针对CPU产品，选购CPU时，尽量选择盒装的，并仔细检查处理器包装，防止二次封装。杜绝奸商用瞒天过海的小伎俩骗取利润，如将酷睿i5 6500K打磨成酷睿 i5 6600K，外观上看不出来，且性能普通用户也无法识别。如果发现CPU有问题，整机不稳定应该立即找商家调换。另外，选择硬件时，要认真仔细，确保采用全新的硬件是组装计算机的前提。付款前一定要测试机器检查其兼容性与稳定性，切忌先交费再组装和组装并安装好系统就离开卖场的错误行为。

◎ **电源切忌“小马拉大车”：** 在组装计算机时，容易忽视的一个硬件就是电源，低端电源或者杂牌山寨电源普遍会出现功率虚标现象，切忌不要被奸商们所谓的峰值功率忽悠。电源供电不足会给整机各零部件带来不可逆转的损伤，如硬盘、主板芯片、CPU和显卡等。

◎ **固态硬盘和机械硬盘的选择：** 现在的硬盘逐渐成为短板硬件之一，如果用户想获得更强的整机性能，建议选购一个固态硬盘作为系统盘来加速系统的运行。如果对系统的存储空间有需求，可以使用固态硬盘（系统盘）+机械硬盘（存储盘）的组合。

总之，在组装计算机的过程中，设计的配置多少会存在“木桶效应”，这个没有最优，只有无限地接近均衡。

4.1.2 经济实惠型计算机配置方案

经济实惠型计算机主要用以实现基本的计算机使用，如上网和办公等，主要针对普通家庭用户、学生和公司商务，追求性能和价格的最佳配合。下面就分别介绍两款配置方案。

1. 方案一

采用AMD CPU的计算机配置，特点是性价比很超值，玩游戏可以开中低特效，多任务处理能力强，睿频能力不错。如果购买计算机的预算不多，可以考虑这款配置，该配置也非常适合公司使用，具体配置如表4.1所示。

表4.1 AMD方案

CPU	AMD 870K（散装）
散热器	九州风神冰凌 MINI 旗舰版
主板	技嘉 GA-F2A88XM-DS2-TM
内存	芝奇 8G DDR3 1600
固态硬盘	闪迪 Z400S（128GB）
机械硬盘	
显卡	迪兰恒进 R7 360 超能 V2NM
显示器	三星 S22F350FH
声卡	主板集成
机箱	激战 3 黑色
电源	游戏悍将红警 X4 RPO 400X
键盘	雷柏 X120 键鼠套装
鼠标	雷柏 X120 键鼠套装

◎ **配置优势：**高主频、低功耗的四核CPU，多任务处理比较强，而且可以睿频到4.3GHz，对性能提升比较明显。一线技嘉主板，搭配一线迪兰恒进的中高端显卡R7 360，无论是网游还是办公都不是问题。整体配置比较省电。

◎ **配置劣势：**4GB内存太小，功耗和发热问题是AMD CPU产品的问题，散热器可能无法很好地处理发热问题。另外，可以要求加一块机械硬盘作为存储。

2. 方案二

采用 Intel CPU 的计算机配置，特点是性价比较高，入门级的配置，使用酷睿 i3 CPU，多任务处理能力强，睿频能力较好，无论家用还是办公都很不错，基本性能齐全，具体配置如表 4.2 所示。

表4.2 Intel方案

CPU	Intel 酷睿 i3 4170（盒装）
散热器	盒装自带
主板	七彩虹战斧 C.B85K-HD 魔音版
内存	威刚 绿色 8G—DDR3 1600
固态硬盘	金泰克 S300 SATA3（120GB）
机械硬盘	
显卡	CPU 集成
显示器	明基 VW2245
声卡	主板集成
机箱	GAMEMAX 英雄 2 白色
电源	金河田智能眼 3200
键盘	惠普藏羚羊三代键鼠套装
鼠标	惠普藏羚羊三代键鼠套装

◎ **配置优势：**双核四线程的i3 4170主频3.7GHz，虽然主机没有配备独显，但CPU的核显表现也挺不错，配合8GB内存，主要以家用、办公为主，白色的机身简洁漂亮、线条分明。

◎ **配置劣势：**SSD效果一般，开机时间为15秒左右，且存储空间太小，可以要求加一块机械硬盘或者直接将固态硬盘更换为机械硬盘。温度过高，散热器的噪声会很大。

提示：AMD最新一代的CPU产品Ryzen系列才上市不久，其3/5/7系列对应Intel的酷睿i3/5/7系列，在各个层次的组装计算机中都可以使用，大家可以到网上搜索Ryzen系列的计算机组装配置方案。

4.1.3 疯狂游戏型计算机配置方案

疯狂游戏型计算机的主要功能就是玩游戏，如各种单机和主流的网络游戏等，主要针对游戏玩家和职业游戏选手，对于计算机中的CPU、内存、显卡和显示器，甚至机箱、散热、鼠标和键盘都有特殊的要求。下面分别介绍两款配置方案。

1. 方案一

采用AMD CPU的计算机配置，使用AMD FX8300 CPU，日常性能与i5持平，主板、CPU和显卡的配置较好，玩游戏可以开中等特效，性价比很超值，具体配置如表4.3所示。

◎ **配置优势：**FX8300+370X足够流畅运行GTA5等大型游戏的中高特效，支持其他单机游戏特效全开，一体水冷散热可以使用户不必担心玩游戏时计算机温度的问题。

◎ **配置劣势：**固态硬盘存储空间太小，可以考虑增加一块机械硬盘。电源功率也比较小，为了稳定性，可以更换更大功率的电源。

表4.3　AMD方案

CPU	AMD FX-8300（散装）
散热器	九州风神水元素 120
主板	技嘉 GA-970A-DS3P(rev.1.0)
内存	芝奇 8G DDR3 1600
固态硬盘	金泰克 S310（128GB）
机械硬盘	
显卡	宝石 R9 370X 4G D5 Toxic
显示器	飞利浦 274E5QSB/93
声卡	主板集成
机箱	至睿蜂巢 GX10
电源	游戏悍将红警 X4 RPO 400X
键盘	达尔优机械合金版机械
鼠标	雷雷柏 V310 激光游戏

2. 方案二

采用Intel CPU的计算机配置，性能卓越，性价比高，容量大，兼容性很好，可完美运行市面上的所有游戏，而且还有升级的可能性，具体配置如表4.4所示。

表4.4　Intel方案

CPU	Intel 酷睿 i5 6500（盒装）
散热器	九州风神冰凌 MINI 旗舰版
主板	微星 B150M PRO-VDH D3
内存	芝奇 8GB DDR4 2133
固态硬盘	三星 750 EVO SATA III（120GB）
机械硬盘	西部数据 1TB
显卡	Inno3D GTX 970 冰龙版
显示器	HKC G27
声卡	主板集成
机箱	撒哈拉飞行者 AX9 至尊版 黑
电源	红警 RPO 500
键盘	罗技 G710+ 机械
鼠标	罗技 G710+ 机械

◎ **配置优势：**全新一代的i5 6500，无论功耗还是性能都要比前代提升20%，显卡是映众GTX970冰龙版，高端显卡，支持所有游戏的运行。一线微星主板，军工品质。该方案的配置比较均衡，主机尤其适合游戏用户。

◎ **配置劣势：**散热是短板，噪声较大，可以考虑更换水冷散热。

4.1.4 图形音像型计算机配置方案

图形音像型计算机的主要功能是进行图形和视频的处理与编辑，如图形工作站和视频剪辑等，主要用户群为专业图形处理用户。下面分别介绍两款配置方案。

1. 方案一

采用 Intel CPU 的计算机配置，入门级别的制图计算机，适合图形图像设计，性价比较高，具体配置如表 4.5 所示。

表4.5 入门方案

CPU	Intel 酷睿 i7 4790（盒装）
散热器	九州风神玄冰智能版
主板	技嘉 GA-B85M-HD3-A
内存	芝奇 8GB DDR3 1600
固态硬盘	
机械硬盘	西部数据 1TB 64MB SATA3
显卡	丽台 Quadro K620
显示器	LG 27UD88
声卡	主板集成
机箱	恩杰 幻影 P240
电源	长城 GW-6500
键盘	海盗船 K70 银轴机械
鼠标	微软 ArcTouch

◎ **配置优势：**丽台Quadro K620在美工设计方面的表现十分不错，搭配i7处理器，多开制图软件切换流畅，渲染时也不用担心软件半途崩溃的问题。搭配专用驱动，3D显示非常逼真，3DMax2500个面都非常流畅。

◎ **配置劣势：**内存稍小，风扇声音略大，电源功率略小。

2. 方案二

采用 Intel CPU 的计算机配置，但配置比方案一稍高，在图形图像处理上没有明显的短板，2D 和 3D 绘图都非常流畅，可以作为公司的图形工作站使用，具体配置如表 4.6 所示。

表4.6 工作站方案

CPU	Intel 酷睿 i7 6700（盒装）
散热器	九州风神玄冰智能版
主板	微星 B150M PRO-VDH D3
内存	金士顿 骇客神条 Blu 系列 8GB×2
固态硬盘	三星 750 EVO SATA III（120GB）
机械硬盘	希捷 Barracuda 3TB 7200 转 64MB SATA3
显卡	丽台 Quadro K2200
显示器	HKC G27
声卡	主板集成
机箱	恩杰 幻影 P240
电源	长城 GW-6500（88+）
键盘	Cherry MX board 8.0 背光机械
鼠标	苹果 Magic Mouse 2

◎ **配置优势：**丽台Quadro K2200作为专业制图卡性能强大，建模细节运行非常流畅，i7主频也非常理想，VRay置换贴图的渲染速度很快。

◎ **配置劣势：**散热和存储是短板，可以考虑更换水冷散热和大容量机械硬盘。

4.1.5 豪华发烧型计算机配置方案

豪华发烧型计算机的主要功能是探寻计算机硬件的性能极限，享受计算机的极致体验，主要针对资金充足的发烧型计算机玩家，下面分别介绍两款配置方案。

1. 方案一

采用 AMD CPU 的计算机配置，完全采用顶级硬件，主要用于计算机游戏，具体配置如表 4.7 所示。

◎ **配置优势：**双路GTX Titan SLI对任何大型游戏都能全特效运行；CPU并不是顶级，但仍然性能优良；内存双路32GB恰到好处；机械硬盘用于存储，固态硬盘作为系统盘，读写速度很快。

◎ **配置劣势：**没有独立的声卡，音频效果稍差。

表4.7 AMD方案

CPU	AMD Ryzen 1800X（盒装）
散热器	酷冷至尊 冰神 G 240 酷冷至尊 AirBalnce12×2 TT Tiing12×2 追风者 PK515E 原装风扇（14CM）×2

续表

主板	华硕 PRIME B350 PLUS
内存	海盗船复仇者 LPX 64GB DDR4 2133
固态硬盘	浦科特 G256M6e M.2
机械硬盘	西部数据蓝盘 6TB 64M
显卡	双路 GTX Titan SLI
显示器	三星 C34F791WQ
声卡	华硕 EONE MKII MUSES
耳机	森海塞尔 RS220
机箱	IN WIN H-Frame Mini
电源	安钛克 HCP1000+ 定制模组线
键盘	Mad Catz S.T.R.I.K.E.5
鼠标	Mad Catz R.A.T.9 雪妖版

提示：该计算机配置方案中有一个非常重要的组成部分，就是各种散热器的组合，目的是为CPU超频提供稳定的工作环境。因为从目前各种使用反馈来看，1800X对于日常办公、影音等环境的使用性能是过剩的，无需超频，但绝大部分购买1800X的消费者必然是有更高的数据处理要求，如渲染与大型单机游戏。通过各种测试可以知道1800X在超频之后的性能提升十分明显，但需要承受的是功耗的提升与潜在的不稳定性，所以在对1800X进行超频后，需要通过性能优良的散热器来降低CPU的工作温度，于是本方案就预备了多种散热器组合。

2. 方案二

采用 Intel CPU 的计算机配置，几乎使用了目前最顶级的硬件，可以运用在计算机的任何方面，具体配置如表 4.8 所示。

◎ **配置优势：**基本使用目前最贵和最顶级的硬件配置，没有最好，只有最贵，价格可以媲美一台豪华轿车。

◎ **配置劣势：**没有考虑兼容性的问题，只是最好硬件的简单组合。

表4.8 Intel方案

CPU	Intel 酷睿 i7 6950X（盒装）
散热器	COOLLION BMR 波浪 A-1
主板	微星 X99A Godlike Gaming CARBON
内存	芝奇 Ripjaws4 128GB DDR4 2400×2

续表

固态硬盘	FengLei F9316 PCI-E（4TB）
机械硬盘	希捷 8TB 7200 转 256MB
显卡	丽台 NVIDIA Quadro M6000 24GB × 2
显示器	戴尔 UP3218K × 2
声卡	华硕 Essence III
音箱	惠威 MS2
机箱	IN WIN S-Frame
电源	振华 LEADEX P 2000W
键盘	Mad Catz S.T.R.I.K.E.7
鼠标	Mad Catz R.A.T. Pro X

提示：这里的两款豪华发烧计算机配置方案使用的是目前两个CPU平台的最高性能配置。Ryzen的性能无论是对比自家前代产品，还是如今市场上高端CPU平均性能、性价比水平，都有一个不小的飞跃。在多核向的应用上1800X占有不小优势，但是玩某些游戏、运行某些应用上6950X还是更胜一筹，但1800X比6950X便宜不少，因此性价比的差距还是存在的。

4.2 组装计算机前的准备工作

组装计算机前进行适当的准备十分必要，充分的准备工作可确保组装过程的顺利，并在一定程度上提高组装的效率与质量。首先需要将组装计算机的所有硬件都整齐地摆放在一张桌子上，并准备好所需的各种工具，然后了解组装的步骤和流程，最后再确认相关的注意事项。

4.2.1 组装计算机的常用工具

组装计算机时需要用到一些工具来完成硬件的安装和检测，如十字螺丝刀、尖嘴钳和镊子。对于初学者来说，有些工具在组装过程中可能不会涉及，但在维护计算机的过程中则可能用到，如万用表、清洁剂、吹气球、小毛刷和毛巾等。

◎ **螺丝刀**：是计算机组装与维护过程中使用最频繁的工具，其主要功能是用来安装或拆卸各计算机部件之间的固定螺丝。由于计算机中的固定螺丝都是十字接头的，因此常用的螺丝刀是十字螺丝刀，如图4.1所示。

提示：由于计算机机箱内空间狭小，因此应尽量选用带磁性的螺丝刀，这样可降低安装的难度，但螺丝刀上的磁性不宜过大，否则会对部分硬件造成损坏，磁性的强度以能吸住螺丝且不脱离为宜。

◎ **尖嘴钳：**用来拆卸半固定的计算机部件，如机箱中的主板支撑架和挡板等，如图4.2所示。

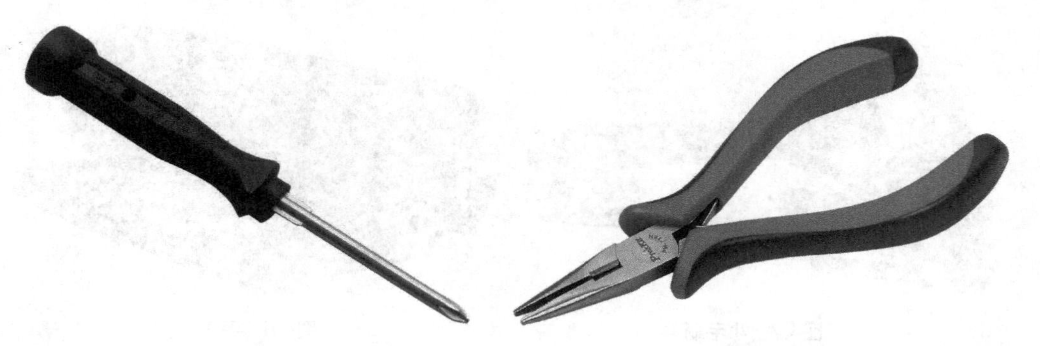

图4.1　十字螺丝刀　　　　图4.2　尖嘴钳

◎ **镊子：**由于计算机机箱内的空间较小，在安装各种硬件后，一旦需要对其进行调整，或有东西掉入其中，就需要使用镊子进行操作，如图4.3所示。

◎ **万用表：**用于检查计算机部件的电压是否正常和数据线的通断等电气线路问题，现在比较常用的是数字式万用表，如图4.4所示。

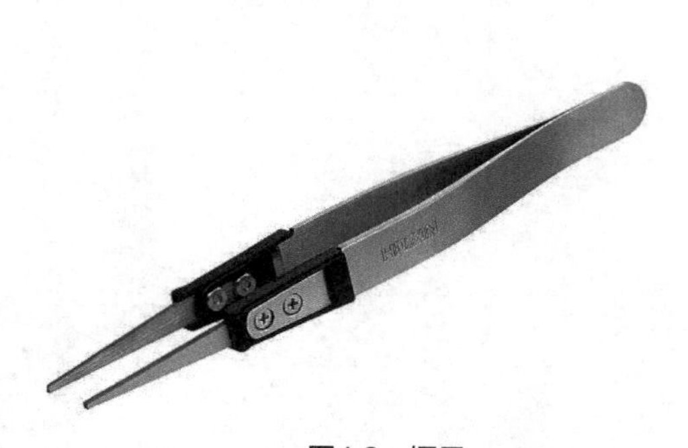

图4.3　镊子　　　　图4.4　万用表

◎ **清洁剂：**用于清洁一些重要硬件上的顽固污垢，如显示器屏幕等，如图4.5所示。

◎ **吹气球：**用于清洁机箱内部各硬件之间空间较小或各硬件上不宜清除的灰尘，如图4.6所示。

图4.5　清洁剂　　　　图4.6　吹气球

◎ **小毛刷：**用于清洁硬件表面的灰尘，如图4.7所示。

◎ **毛巾：**用于擦除计算机显示器和机箱表面的灰尘，如图4.8所示。

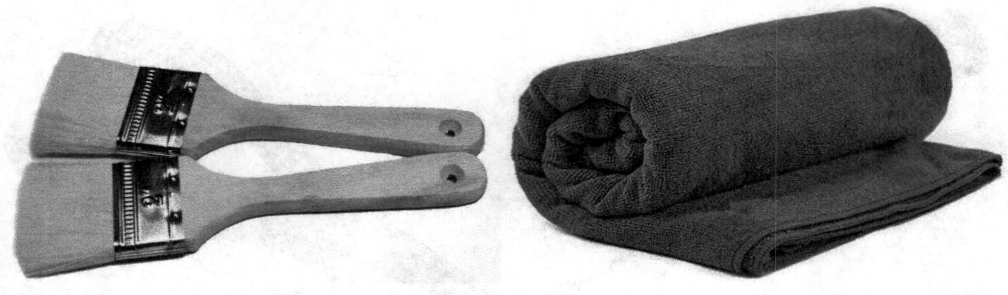

图4.7 小毛刷

图4.8 毛巾

4.2.2 计算机的组装流程

组装计算机前还应该梳理组装的流程，做到胸有成竹，一鼓作气将整个操作完成。虽然组装计算机的流程并不固定，但通常可按以下流程进行。

1 安装机箱内部的各种硬件。

◎ 安装电源。

◎ 安装CPU和散热风扇。

◎ 安装内存。

◎ 安装主板。

◎ 安装显卡。

◎ 安装其他硬件卡，如声卡、网卡。

◎ 安装硬盘（固态硬盘或普通硬盘）。

◎ 安装光驱（可以不安装）。

2 连接机箱内的各种线缆。

◎ 连接主板电源线。

◎ 连接硬盘数据线和电源线。

◎ 连接光驱数据线和电源线（可以不安装）。

◎ 连接内部控制线和信号线。

3 连接主要的外部设备。

◎ 连接显示器。

◎ 连接键盘和鼠标。

◎ 连接音箱（可以不安装）。

◎ 连接主机电源。

4.2.3 组装计算机的注意事项

在开始组装计算机前，需要对一些注意事项有所了解，包括以下几点。

◎ 通过洗手或触摸接地金属物体的方式释放身体所带的静电，防止静电对计算机硬件产生损害。部分人认为在装机时，只需释放一次静电即可，其实这种观点是错误的，在组装计算机的过程中，由于手和各部件不断地摩擦，也会产生静电，建议多次释放。

◎ 在拧各种螺丝时，不能拧得太紧，拧紧后应往反方向拧半圈。

◎ 各种硬件要轻拿轻放，特别是硬盘。

◎ 插板卡时一定要对准插槽均衡向下用力，并且要插紧；拔卡时不能左右晃动，要均衡用力地垂直插拔，更不能盲目用力，以免损坏板卡。

◎ 安装主板、显卡和声卡等部件时应安装平稳，并将其固定牢靠，对于主板，应尽量安装绝缘垫片。

提示：组装计算机需要有一个干净整洁的平台，要有良好的供电系统并远离电场和磁场，然后将各种硬件从包装盒中取出，放置在平台上，将硬件中的各种螺丝钉、支架和连接线也放置在平台上。

4.3 组装一台多核计算机

在购买了所有的计算机硬件，并做好一切准备工作后，就可以开始组装计算机了。这里的组装只是指硬件设备的安装，不包括软件安装。

4.3.1 拆卸机箱并安装电源

扫一扫

拆卸机箱并安装电源

组装计算机并没有一个固定的步骤，通常由个人习惯和硬件类型决定，这里按照专业装机人员最常用的装机步骤进行操作。首先需要打开机箱侧面板，然后将电源安装到机箱中，其具体操作如下。

1 将机箱平铺在工作台上，用手或十字螺丝刀拧下机箱后部的固定螺丝（通常是4颗，一侧两颗），如图4.9所示。

2 在拧下机箱盖一侧的两颗螺丝后，按住该机箱侧面板向机箱后部滑动，拆卸掉侧面板；使用尖嘴钳取下机箱后部的显卡挡片，如图4.10所示。

图4.9 拧螺丝

图4.10 拆卸机箱侧面板和显卡挡片

技巧：通常机箱后部的板卡条形挡片都是点焊在机箱上的（有些是通过螺丝固定），拆卸时可以使用尖嘴钳直接将其拆下。

3 因为主板的外部接口不同，因此需要安装主板附带的挡板，这里将主板包装盒中附带的主板专用挡板扣在该位置（当然，这一步也可以在安装主板时进行，通常由个人习惯决定），如图4.11所示。

4 通常在安装硬盘或电源时，需要将其固定在机箱的支架上，且两侧都要使用螺丝固定，所以最好将机箱两侧的面板都拆卸掉，使用同样的方法拆卸机箱另外一个侧面板，如图4.12所示。

图4.11　安装主板外部接口挡板

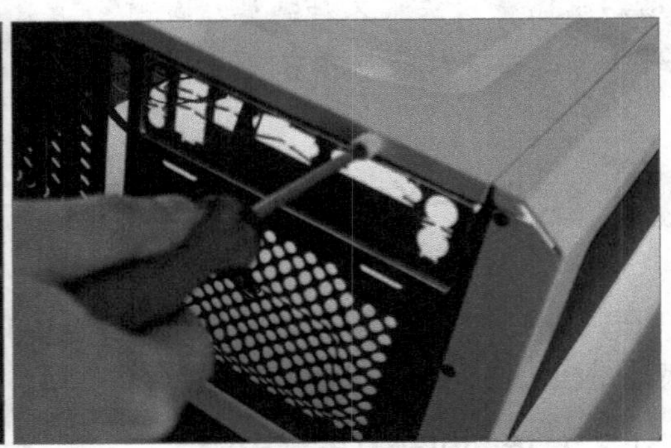

图4.12　拆卸机箱另外一个侧面板

5 放置电源，将电源有风扇的一面朝机箱上的预留孔，然后将其放置在机箱的电源固定架上，如图4.13所示。

图4.13　放入电源

提示：过去的电源通常固定架在机箱的上部，现在有很多机箱将电源固定架设置在机箱底部，安装起来更加方便，更有利于机箱的散热。

技巧：在组装计算机的过程中，首先安装电源的目的是为了防止电源过多的电源线插头在后面的安装过程中，影响其他硬件的安装。由于现在一些电源产品的电源线插头和电源主机是分开的，组装计算机时，也可以先安装电源的主机，在安装好其他硬件后，再进行电源线插头的安装和连接。

6 固定电源，将其后的螺丝孔与机箱上的孔位对齐，使用机箱附带的粗牙螺丝将电源固定在电源固定架上，然后用手上下晃动电源观察其是否稳固，如图4.14所示。

图4.14 固定电源

4.3.2 安装CPU与散热风扇

安装完电源后，通常先安装主板，再安装CPU，但由于机箱内的空间较小，对于初次组装计算机的用户来说，操作起来比较麻烦。为了保证安装的顺利进行，可以先将CPU、散热风扇和内存安装到主板上，再将主板固定到机箱中。下面介绍安装CPU和散热风扇的方法，其具体操作如下。

1 将主板从包装盒中取出，放置在附带的防静电绝缘垫上，如图4.15所示。

图4.15 放好主板

2 推开主板上的CPU插座拉杆，如图4.16所示。

3 打开CPU插座上的CPU挡板，如图4.17所示。

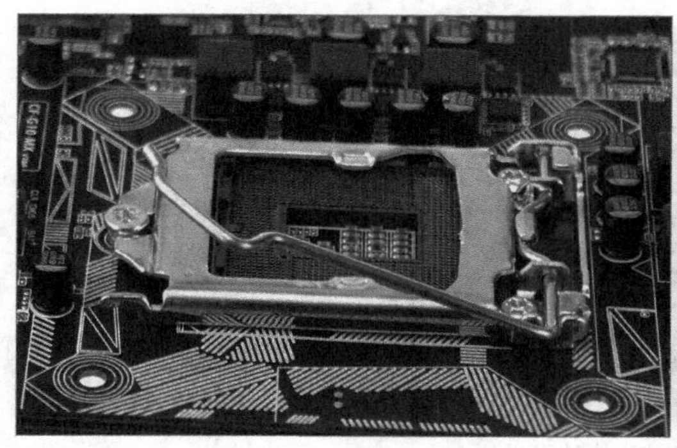
图4.16 拉开拉杆

图4.17 打开挡板

4 安装CPU，使CPU两侧的缺口对准插座缺口，将其垂直放入CPU插座中，如图4.18所示。

技巧：当没有绝缘垫时，可以使用主板包装盒中的矩形泡沫垫代替，将其放置在包装盒上即可。另外，有些CPU的一角上有个小三角形标记，如图4.19所示，将其对准主板CPU插座上的标记即可安装。

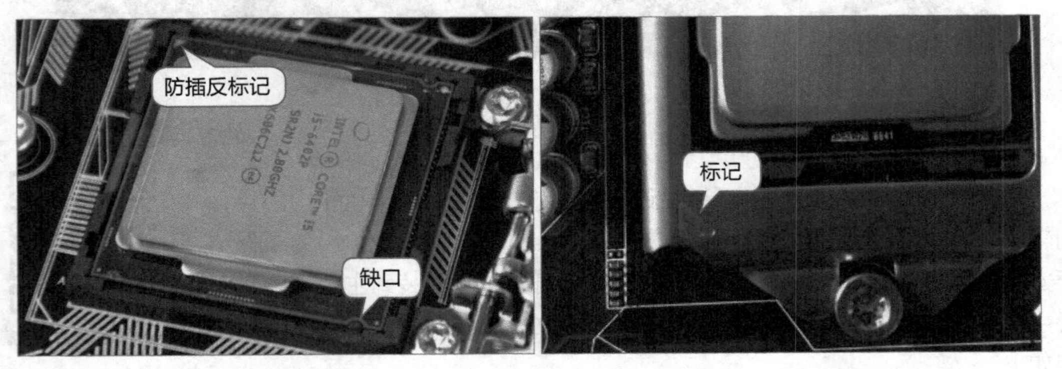

图4.18　放入CPU　　　图4.19　CPU插座挡板上的标记

5 此时不可用力按压，应使CPU自由滑入插座内，然后盖好CPU挡板并压下拉杆，完成CPU的安装，如图4.20所示。

图4.20　固定CPU

6 在CPU背面涂抹导热硅脂，方法是使用购买硅脂时赠送的注射针筒，挤出少许硅脂到CPU背面中心处，如图4.21所示。

图4.21　涂抹导热硅脂

技巧：涂抹硅脂后，可以给手指戴上胶套（防杂质，胶套多为附送），将硅脂涂抹均匀。另外，盒装正品CPU自带散热风扇，与CPU接触面已经涂抹了导热硅脂，如图4.22所示，直接安装即可。

7 将CPU风扇的4个膨胀扣对准主板上的风扇孔位；然后向下用力使膨胀扣卡槽进入孔位中，如图4.23所示。

图4.22 已经涂抹了硅脂的CPU风扇

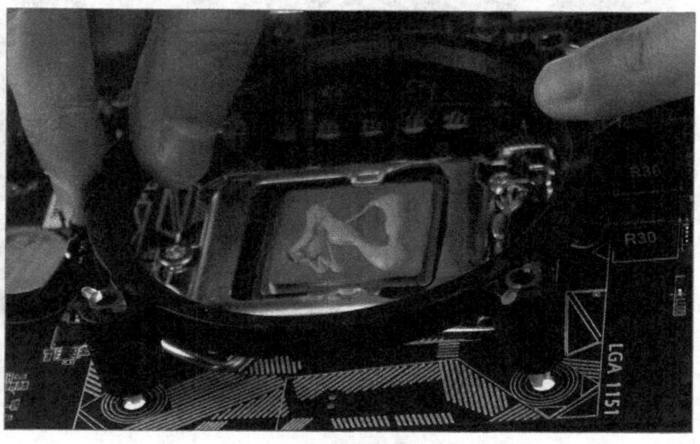

图4.23 安装散热风扇支架（1）

8 将主板翻转，即可在背面看到风扇支架的膨胀扣头，如图4.24所示。

9 将风扇支架螺帽插入膨胀扣中，如图4.25所示。

图4.24 安装散热风扇支架（2）

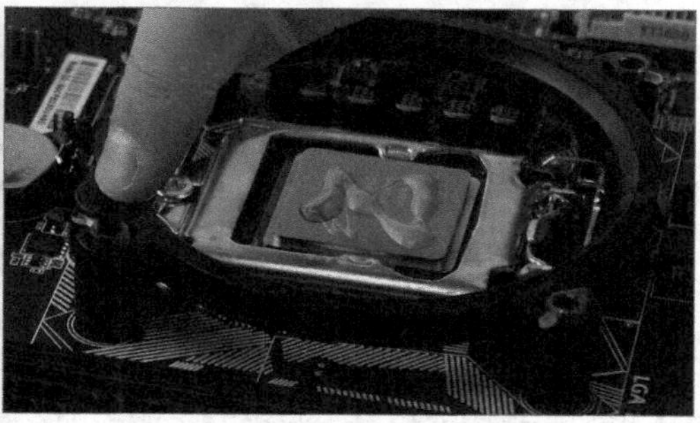

图4.25 安装支架螺帽

10 用同样的方法将其他螺帽插入膨胀扣中，固定风扇支架，如图4.26所示。

图4.26 固定散热风扇支架

11 将散热风扇一边的卡扣安装到支架一侧的扣具上，如图4.27所示。

12 将散热风扇另一边的卡扣安装到支架另一侧的扣具上，固定好风扇；将散热风扇的电源插头插入主板的CPU_FAN插槽，如图4.28所示。

图4.27　安装风扇卡扣

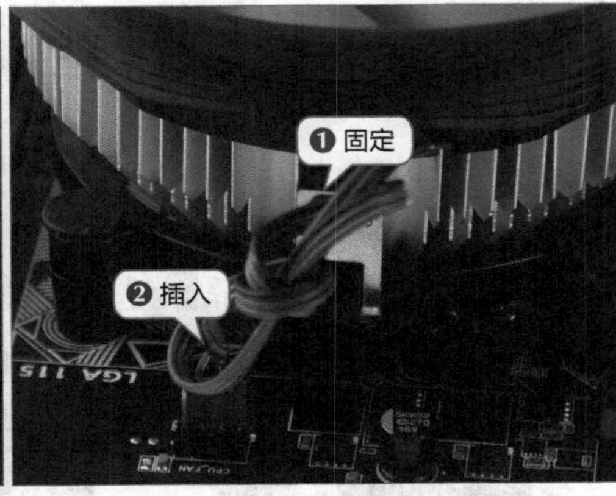

图4.28　固定风扇并连接电源

4.3.3 安装内存

还有一个硬件也可以在将主板放入机箱前进行安装，那就是内存，内存的安装也比较简单，其具体操作如下。

1 将内存条插槽上的固定卡座向外轻微用力扳开，打开内存条卡扣，如图4.29所示。

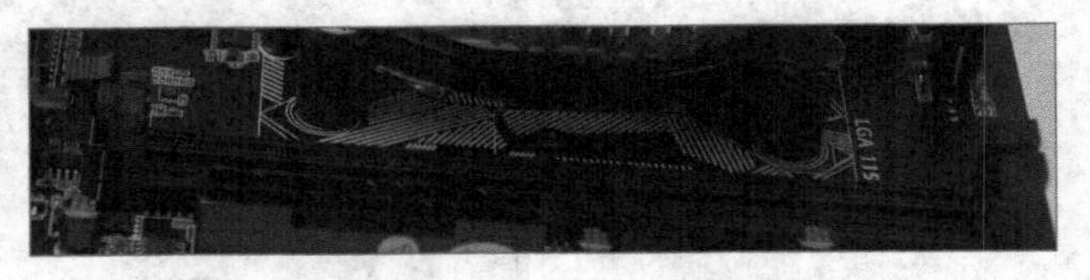

图4.29　打开内存插槽的卡扣

2 将内存条上的缺口与插槽中的防插反凸起对齐，向下均匀用力将其水平插入插槽中，使金手指和插槽完全接触，将内存卡座扳回，使其卡入内存卡槽中，如图4.30所示。

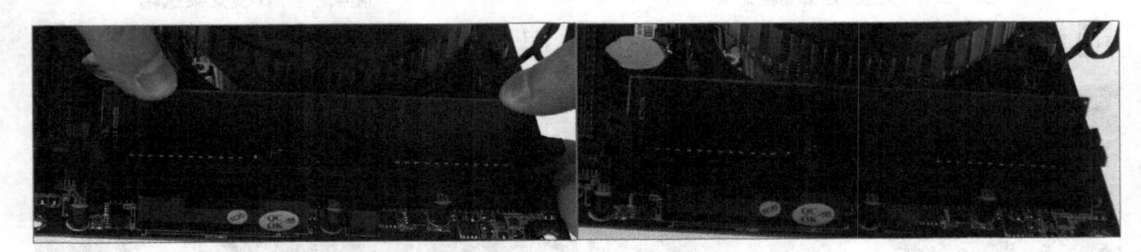

图4.30　安装并固定内存

提示：内存插槽一般用两种颜色来表示不同的通道，如果需要安装两根内存条来组成双通道，则需要将两根内存条插入相同颜色的插槽；如果是三通道，则需要将3根内存条插入相同颜色的插槽，如图4.31所示。

图4.31　安装三通道内存对比

4.3.4 安装主板

扫一扫

安装主板

安装主板就是将安装了CPU和内存的主板固定到机箱的主板支架上，其具体操作如下。

1 由于现在的主板都采用框架式的结构，可以通过不同的框架，进行线缆的走位和固定，方便硬件的安装，这里需要将电源的各种插头进行走位，方便在安装主板后将插头插入对应的插槽，如图4.32所示。

> 提示：如果机箱内没有固定主板的螺栓，需要观察主板螺丝孔的位置，然后根据该位置将六角螺栓安装在机箱内，如图4.33所示。

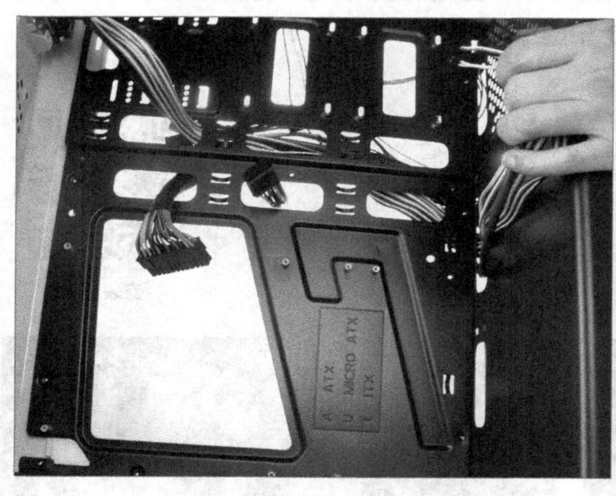

图4.32　整理线缆

图4.33　安装固定主板的六角螺栓

2 将主板平稳地放入机箱内，使主板上的螺丝孔与机箱上的六角螺栓对齐，然后使主板的外部接口与机箱背面安装好的该主板专用挡板孔位对齐，如图4.34所示。

3 此时主板的螺丝孔与六角螺栓也相应对齐，然后用螺丝将主板固定在机箱的主板架上，如图4.35所示。

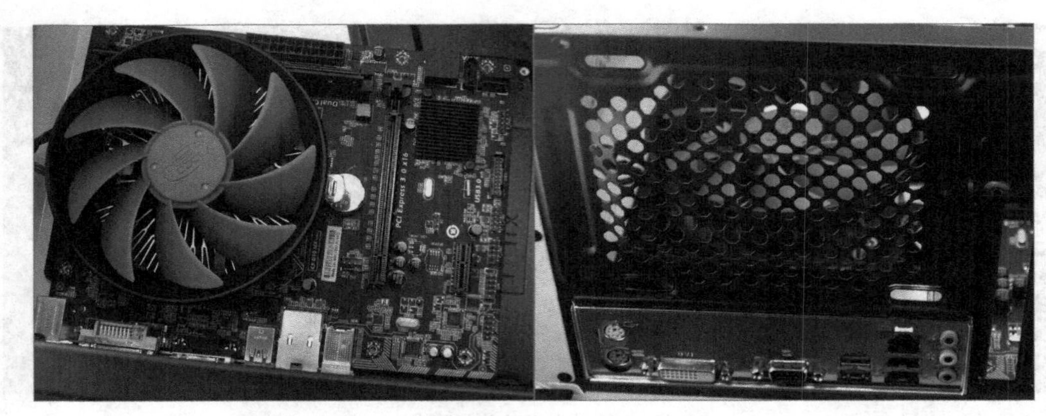

图4.34　放入主板

图4.35　固定主板

4.3.5 安装硬盘

扫一扫

安装硬盘

硬盘的类型主要有固态硬盘和机械硬盘，本次组装计算机两种硬盘都需要安装，其具体操作如下。

1 将固态硬盘放置到机箱的3.5英寸的驱动器支架上，将固态硬盘的螺丝口与驱动器的螺丝口对齐，如图4.36所示。

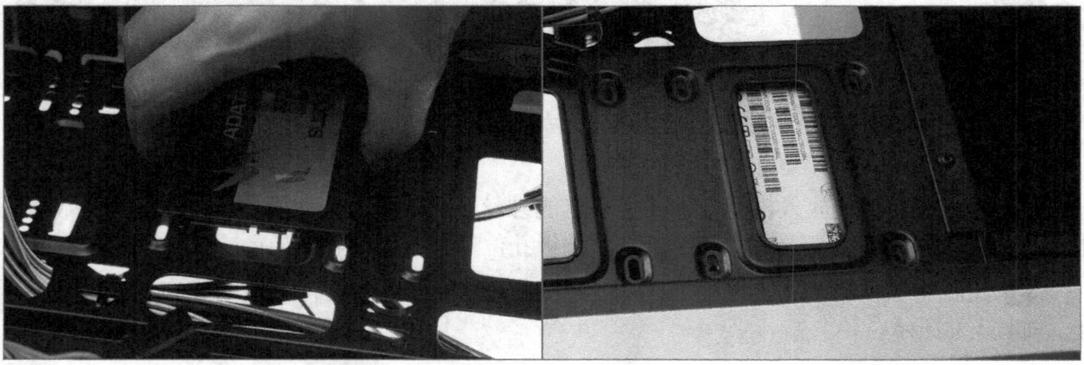

图4.36　放入固态硬盘

2 用细牙螺丝将固态硬盘固定在驱动器支架上，如图4.37所示。

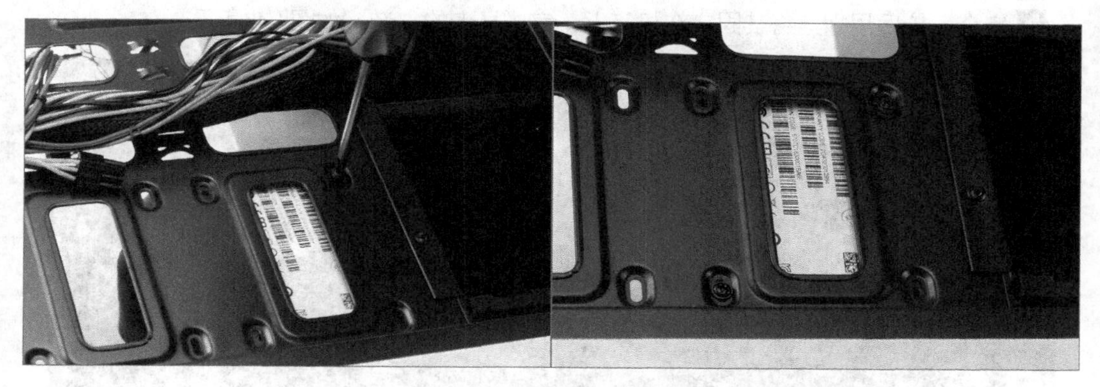

图4.37 固定固态硬盘

3 用同样的方法将机械硬盘固定到机箱的另一个驱动器支架上，如图4.38所示。

图4.38 安装机械硬盘

技巧：通常为了保证硬盘的稳定，需要用4颗螺丝固定，有时为了方便拆卸，可以使用两颗螺丝对角安装的方式固定。

4.3.6 安装显卡

扫一扫

安装显卡

其实很多主板都已集成了显卡、音频和网络芯片，但如果需要安装独立的显卡、声卡和网卡，其操作相差不大。下面以安装独立显卡为例，其具体操作如下。

1 先需要拆卸掉机箱后侧的板卡挡板（有些机箱不需要进行本步骤），如图4.39所示。

2 通常主板上的PCI-E显卡插槽上都设计有卡扣，首先需要向下按压卡扣将其打开，如图4.40所示。

图4.39 拆卸板卡挡板

图4.40 打开卡扣

3 将显卡的金手指对准主板上的PCI-E接口，然后轻轻按下显卡，如图4.41所示。

4 完全衔接后用螺丝将其固定在机箱上，完成显卡的安装，如图4.42所示。

图4.41 安装显卡

图4.42 固定显卡

技巧：在安装显卡时，听到"咔哒"一声后，即可检查显卡的金手指是否全部进入插槽，从而确定是否安装成功。另外，显卡的卡扣类型有几种，除了有向下按开的卡扣，还有向侧面拖动来打开的卡扣。

4.3.7 连接机箱中各种内部线缆

在安装了机箱内部的硬件后，即可连接机箱内的各种线缆，主要包括各种电源线、信号线和控制线，其具体操作步骤如下。

扫一扫

连接机箱中各种内部线缆

1 用20针主板电源线对准主板上的电源插座插入，如图4.43所示。

2 用4针的主板辅助电源线对准主板上的辅助电源插座插入，如图4.44所示。

图4.43 连接主板电源

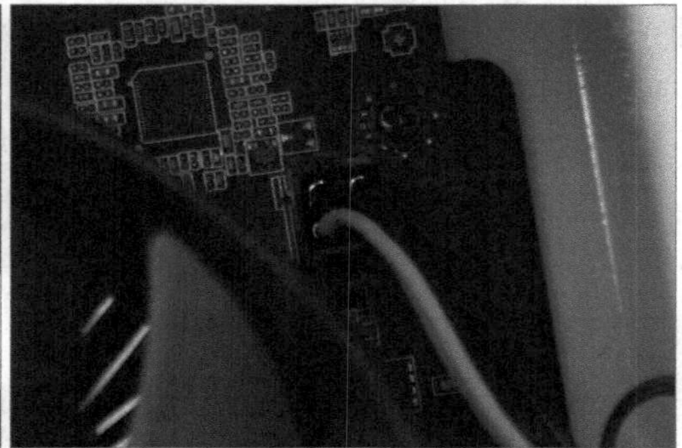

图4.44 连接主板辅助电源

3 现在常用SATA接口的硬盘，其电源线的一端为"L"形，在主机电源的连线中找到该电源线插头，将其插入硬盘对应的接口中，这里先连接固态硬盘的电源；再连接机械硬盘的电源，如图4.45所示。

4 SATA硬盘的数据线两端接口都为"L"形（该数据线属于硬盘的附件，在硬盘包装盒中），按正确的方向将一条数据线的插头插入固态硬盘的SATA接口中；再将另一条数据线的插头插入机械硬盘的SATA接口中，如图4.46所示。

图4.45 连接硬盘电源

图4.46 插入数据线插头

5 将对应固态硬盘的数据线的另一个插头插入主板的SATA插座中；再将机械硬盘数据线的插头插入主板的SATA插座中，如图4.47所示。

图4.47 将数据线插头插入主板插座

提示：主板上的信号线和控制线的接口都有文字标识，用户也可通过主板说明书查看对应的位置。其中，H.D.D LED信号线连接硬盘信号灯，RESET SW（QS）控制线连接重新启动按钮，POWER LED信号线连接主机电源灯，SPEAKER信号线连接主机蜂鸣器，POWER SW（QS）控制线连接开机按钮，USB控制线和AUDIO控制线分别连接机箱前面板中的USB接口和音频接口。

6 在机箱的前面板连接线中找到音频连线的插头，将其插入主板相应的插座上；再在机箱的前面板连接线中找到前置USB连线的插头，将其插入主板相应的插座上；最后在机箱的前面板连接线中找到USB3.0连线的插头，将其插入主板相应的插座上，如图4.48所示。

7 从机箱信号线中找到主机开关电源工作状态指示灯信号线（即独立的两芯插头），将其和主板上的POWER LED接口相连；找到机箱的电源开关控制线插头，该插头为一个两芯的插头，和主板上的POWER SW（QS）或PWR SW插座相连；找到硬盘工作状态指示灯信号线插头，其为两芯插头，一根线为红色，另一根线为白色，将该插头和主板上的H.D.D LED接口相连；找到机箱上的重启键控制线插头，并将其和主板上的RESET SW（QS）接口相连，如图4.49所示。

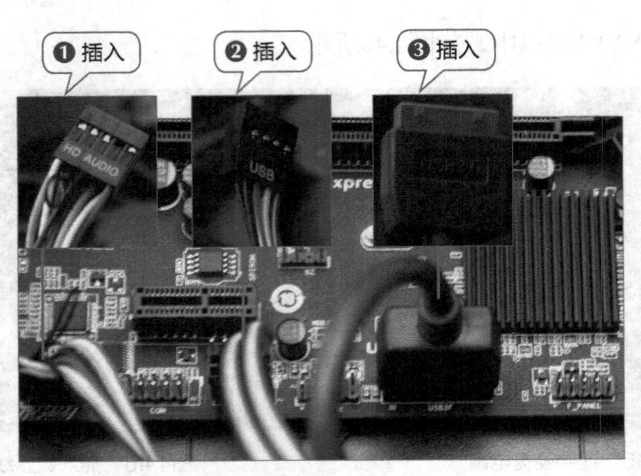

图4.48 插入外置面板控制线插头

图4.49 连接机箱信号线和数据线

8 将机箱内部的信号线放在一起，将光驱、硬盘的数据线和电源线理顺后用扎带捆绑固定起来，并将所有电源线捆扎起来，如图4.50所示。

图4.50 整理线缆

提示：有些信号线或控制线的插头需要区分正负极，通常白色线为负极，主板上的标记为⊖；红色线为正极，主板上的标记为⊕。

4.3.8 连接周边设备

这也是组装计算机硬件的最后步骤，需要安装机箱侧面板，然后连接显示器和键盘鼠标，并将计算机通电，其具体操作如下。

扫一扫

连接周边设备

1 将拆除的两个侧面板装上，然后用螺丝固定，如图4.51所示。

图4.51　安装侧面板

2 先将PS/2键盘连接线插头对准主机后的紫色键盘接口并插入；再将USB鼠标连接线插头对准主机后的USB接口并插入；然后将显示器包装箱中配置的数据线的VGA插头插入显卡的VGA接口中（如果显示器的数据线是DVI或HDMI插头，对应连接机箱后的接口即可），最后拧紧插头上的两颗固定螺丝，如图4.52所示。

图4.52　连接显卡、键盘和鼠标

3 将显示器数据线的另外一个插头插在显示器后面的VGA接口上，并拧紧插头上的两颗固定螺丝；再将显示器包装箱中配置的电源线一头插入显示器电源接口中，如图4.53所示。

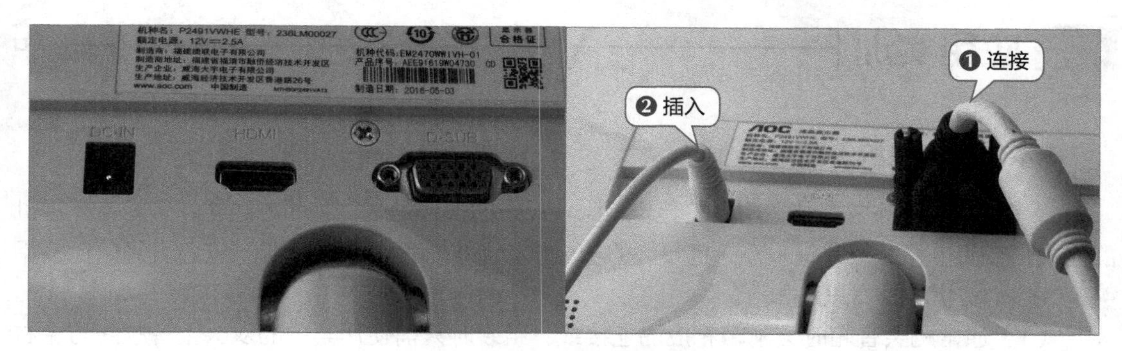

图4.53　连接显示器

4 检查前面安装的各种连线，确认连接无误后，将主机电源线连接到主机后的电源接口，如图4.54所示。

图4.54 连接电源线

5 先将显示器电源插头插入电源插线板中；再将主机电源线插头插入电源插线板中，完成计算机整机的组装操作，如图4.55所示。

图4.55 主机通电

> 技巧：计算机全部配件组装完成后，通常要再次检测是否安装成功。启动计算机，若能正常开机并显示自检画面，则说明整个计算机已组装成功，否则会发出报警声音。出错的硬件不同，报警声也不相同。通常最易出现的错误是显卡和内存条未插好，将其拔下重新插入即可解决问题。

4.4 应用实训

4.4.1 为计算机安装音箱

很多计算机都需要安装音箱，安装音箱比较复杂的操作是音箱之间的连线，音箱与计算机的连线比较简单，通常都是一根绿色接头的输出线。下面就为组装的计算机安装音箱，连接相关连线，本实训的操作思路如下。

（1）通常购买音箱时会附带相应的连接线，组装时只需使用其中的双头主音频线与左右声道音频线，将所需的音频线取出并整理好，如图4.56所示。

（2）将双头主音频线按不同的颜色，分别插入音箱后面对应颜色的音频输入孔中（通常是红色插头对应红色输入孔，白色插头对应白色输入孔），如图4.57所示。

图4.56　整理音频线

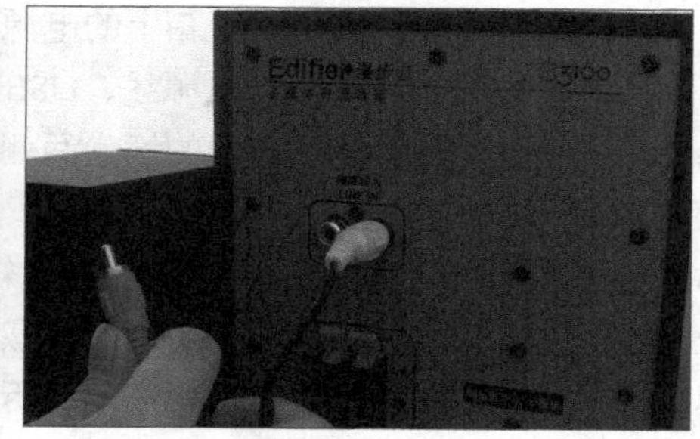

图4.57　连接双头主音频线

（3）将两根连接左右声道音箱的音频线按不同的颜色或正负极，将裸露的线头分别插入到低音炮与扬声器的左右音频输出口（即左右声道）中，并用手指将塑料卡扣压紧以固定音频线，如图4.58所示。

（4）将双头音频线的另一头插入主板或声卡的声音输出口中（通常为绿色），完成音箱的组装操作，如图4.59所示。

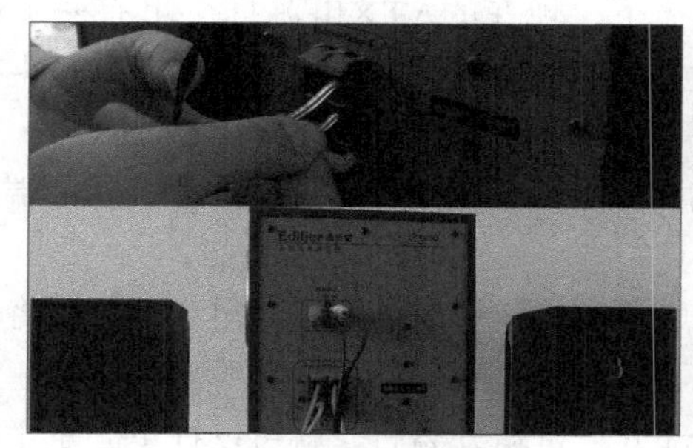

图4.58　整理音频线

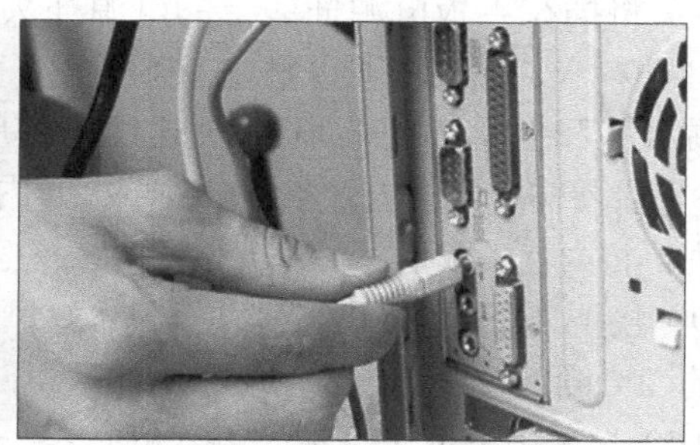

图4.59　连接音频输出口

4.4.2 拆卸计算机硬件连接

本实训的目标是将一台组装好的计算机中的硬件都拆卸下来，帮助大家进一步了解计算机各硬件的安装。完成本实训主要包括拆卸显示器、拆卸外部连线和拆卸机箱中的硬件3大操作，其前后对比效果如图4.60所示。本实训的操作思路如下。

扫一扫

拆卸计算机硬件连接

图4.60　计算机拆卸前后对比效果

（1）关闭电源开关，拔下主机箱上的电源线，在机箱后侧将一些连线的插头直接向外水平拔出，如键盘线、PS/2鼠标线、电源线、USB线和音箱线等。

（2）在机箱后侧先将剩余连线的插头两侧螺钉固定把手拧松，再向外平拉，如显示器信号电缆插头或打印机信号电缆插头等。

（3）拔下所有外设连线后就可以打开机箱了，机箱盖的固定螺钉大多在机箱后侧边缘上，用十字螺丝刀拧下机箱的固定螺钉就可以取下机箱盖。

（4）打开机箱盖后就可以拆卸板卡了，拆卸板卡时，先用螺丝刀拧下条形窗口上固定插卡的螺钉，然后用双手捏紧接口卡的上边缘，平直地向上拔出板卡。

（5）拆卸板卡后需要拔下硬盘的数据线和电源线，在拆卸时，只需捏紧插头的两端，平稳地沿水平方向拔出即可。然后就需要拆下硬盘，先拧下驱动器支架两侧固定驱动器的螺钉，再握住硬盘向后抽出驱动器，在拆卸过程中应防止硬盘滑落损坏。

（6）使用同样的方法拆下光盘驱动器。与拆下硬盘唯一的不同点是光盘驱动器应该从机箱的前面一侧抽出。

（7）将插在主板电源插座上的电源插头拔下，现在的ATX电源插头上有一个小塑料卡，捏住塑料卡，然后就可以拔出。除了拔下主板的电源插头外，还需要拔下的插头有CPU风扇电源插头和主板与机箱面板按钮连线插头等。

（8）接着需要取出内存条，向外侧扳开内存插槽上的固定卡，捏住内存条的两端，向上均匀用力，将内存条取下。

（9）接下来是拆下CPU，先将4个CPU风扇固定扣打开，取下CPU风扇，然后将CPU插槽旁边的CPU固定拉杆拉起，捏住CPU的两侧，小心地将CPU取下。

（10）接着需要取出主板，将主板的各个部分与机箱分离后，就可以拧下固定主板的螺丝，将主板从主机箱中取出来。

（11）最后拆下主机电源，先拧下固定的螺钉，再握住电源向后抽出机箱即可，至此就完成了计算机硬件的拆卸工作，并能看到组成计算机的几乎所有硬件。

4.5 拓展练习

（1）简述计算机组装的基本流程。

（2）根据本项目的讲解，试着在一台计算机上卸载所有机箱内的硬件设备，然后重新组装一次。

（3）仔细查看主板说明书，找到主板上连接机箱内部连线的接口位置，将上面的连线拔掉，然后尝试将连线重新连接起来。

（4）拆卸计算机的外部设备，并将其重新安装。

（5）试着不按本项目的安装步骤，自行组装一台计算机。

（6）总结一种能够迅速地组装一台计算机的方法。

第5章 设置UEFI BIOS

5.1 认识BIOS

BIOS（Basic Input and Output System，基本输入/输出系统）是被固化在只读存储器（Read Only Memory，ROM）中的程序，因此又被称为ROM BIOS或BIOS ROM。BIOS程序在开机时即运行，执行了BIOS后才能使硬盘上的程序正常工作。由于BIOS是存储在只读存储器（即BIOS芯片）中的，因此它只能读取不能修改，且断电后能保持数据不丢失。

5.1.1 了解BIOS的基本功能

BIOS的功能主要包括中断服务程序、系统设置程序、开机自检程序和系统启动自举程序4项，但经常使用到的只有后面3项。

◎ **中断服务程序：**实质上是指计算机系统中软件与硬件之间的一个接口，操作系统中对硬盘、光驱、键盘和显示器等外围设备的管理，都建立在BIOS的基础上。

◎ **系统设置程序：**计算机在对硬件进行操作前必须先知道硬件的配置信息，这些配置信息存放在一块可读写的RAM芯片中，而BIOS中的系统设置程序主要用来设置RAM中的各项硬件参数，这个设置参数的过程就称为BIOS设置。

◎ **开机自检程序：**在按下计算机电源开关后，POST（Power On Self Test，自检）程序将检查各个硬件设备是否工作正常，自检包括对CPU、640KB基本内存、1MB以上的扩展内存、ROM、主板、CMOS存储器、串并口、显示卡、软/硬盘子系统及键盘的测试，一旦在自检过程中发现问题，系统将给出提示信息或警告。

◎ **系统启动自举程序：**在完成POST自检后，BIOS将先按照RAM中保存的启动顺序来搜寻软硬盘、光盘驱动器和网络服务器等有效的启动驱动器，然后读入操作系统引导记录，再将系统控制权交给引导记录，最后由引导记录完成系统的启动。

5.1.2 认识UEFI BIOS和传统BIOS

UEFI BIOS只有一种类型，而传统的BIOS则分为AMI和Phoenix-Award两种类型。

1. UEFI BIOS

UEFI（Unified Extensible Firmware Interface，统一的可扩展固件接口）是一种详细描述全新类型接口的标准，是适用于计算机的标准固件接口，旨在代替 BIOS 并提高软件互操作性和解决 BIOS 的局限性，现在通常把具备 UEFI 标准的 BIOS 设置称为 UEFI BIOS。作为传统 BIOS 的继任者，UEFI BIOS 拥有前辈所不具备的诸多功能，如图形化界面、多种多样的操作方式和允许植入硬件驱动等。这些特性让 UEFI BIOS 相比于传统的 BIOS 更加易用、更加实用、更加方便。而 Windows 8 操作系统在发布之初就对外宣布全面支持 UEFI，这也促使了众多主板厂商纷纷转投 UEFI，并将此作为主板的标准配置之一。

UEFI BIOS 具有以下几个特点。

◎ 通过保护预启动或预引导进程，抵御bootkit攻击，从而提高安全性。

◎ 缩短了启动时间和从休眠状态恢复的时间。

◎ 支持容量超过2.2TB的驱动器。

◎ 支持64位的现代固件设备驱动程序，系统在启动过程中可以使用它来对超过172亿GB的内存进行寻址。

◎ UEFI硬件可与BIOS结合使用。

图 5.1 所示为 UEFI BIOS 芯片和 UEFI BIOS 开机自检画面。

图5.1 UEFI BIOS

2. 传统BIOS

传统BIOS的类型是按照品牌进行划分的，主要有以下两种。

◎ **AMI BIOS：**它是由AMI公司生产的BIOS，最早开发于20世纪80年代中期，占据了早期台式机的市场，286和386大多采用该BIOS，它具有即插即用、绿色节能和PCI总线管理等功能。图5.2所示为一块AMI BIOS芯片和AMI BIOS开机自检画面。

◎ **Phoenix-Award BIOS：**目前新配置的计算机大多使用Phoenix-Award BIOS，其功能和界面与Award BIOS基本相同，只是标识的名称代表了不同的生产厂家。图5.3所示为一块Phoenix-Award BIOS芯片和Phoenix-Award BIOS开机自检画面。

图5.2 AMI BIOS

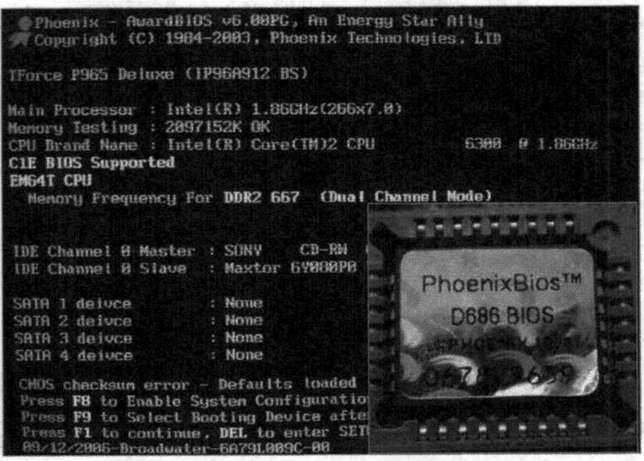

图5.3 Phoenix-Award BIOS

5.1.3 进入BIOS设置程序

不同的BIOS，其进入方法有所不同，下面就根据不同的品牌和种类进行介绍。

◎ **UEFI BIOS：**不同品牌的主板，其UEFI BIOS的设置程序可能有一些不同，但普遍都是中文界面，较好操作，且进入设置程序的方法是相同的。即启动计算机，按“Delete”或“F2”键，出现屏幕提示，图5.4所示为微星和华硕两款主板的不同UEFI BIOS主界面。

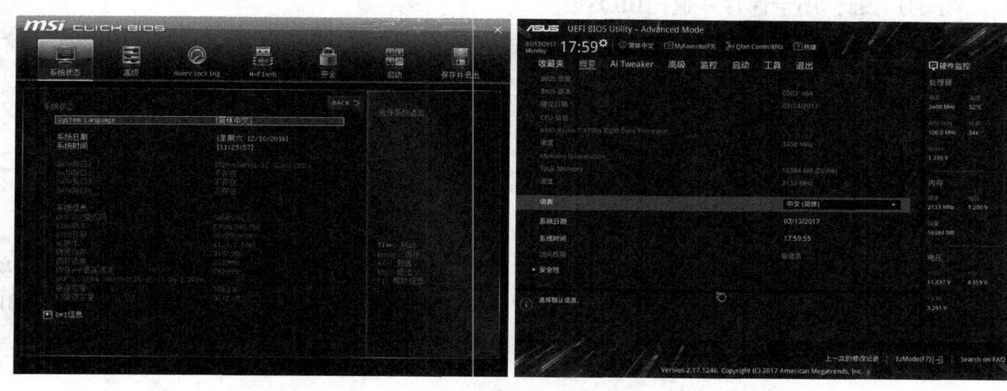

图5.4　UEFI BIOS主界面

◎ **AMI BIOS：**启动计算机，按“Delete”或“Esc”键，出现屏幕提示，图5.5所示为AMI BIOS的主界面。

◎ **Phoenix-Award BIOS：**启动计算机，按“Delete”键，出现屏幕提示，图5.6所示为Phoenix-Award BIOS的主界面。

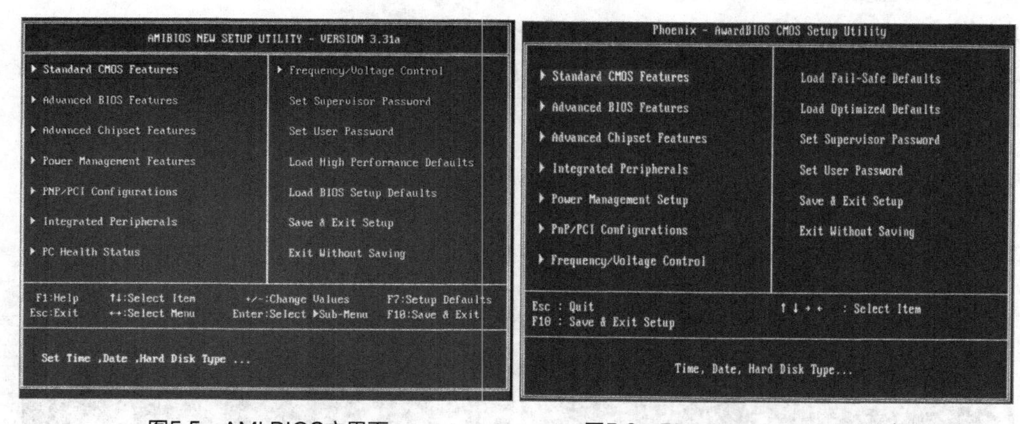

图5.5　AMI BIOS主界面　　　图5.6　Phoenix-Award BIOS主界面

5.1.4 学习BIOS的基本操作

UEFI BIOS可以直接通过鼠标操作，而传统BIOS进入设置主界面后，只能通过快捷键进行操作，这些快捷键同样在UEFI BIOS中适用。

◎ **“←”“→”“↑”和“↓”键：**用于在各设置选项间切换和移动。

◎ **“+”或“Page Up”键：**用于切换选项设置递增值。

◎ **“-”或“Page Down”键：**用于切换选项设置递减值。

◎ **“Enter”键：**确认执行和显示选项的所有设置值并进入选项子菜单。

◎ **“F1”键或“Alt+H”键：**弹出帮助（help）窗口，并显示说明所有功能键。

◎ **“F5”键：**用于载入选项修改前的设置值。

◎ **“F6”键：**用于载入选项的默认值。

◎ **“F7”键：**用于载入选项的最优化默认值。

◎ **“F10”键：**用于保存并退出BIOS设置。

◎ **“Esc”键：**返回前一级画面或主画面，或从主画面中结束设置程序。按此键也可不保存设置直接退出BIOS程序。

5.2 设置UEFI BIOS

UEFI BIOS通常是中文界面，通过鼠标可以直接设置，通常包括系统设置、高级设置、CPU设置、固件升级、安全设置、启动设置和保存退出等选项，下面以微星主板的UEFI BIOS设置为例，讲解其具体的操作方法。

5.2.1 认识UEFI BIOS中的主要设置项

UEFI BIOS 中的主要设置项包括以下几种。

◎ **系统状态：**主要用于显示和设置系统的各种状态信息，包括系统日期、时间和各种硬件信息等，如图5.4所示。

◎ **高级：**主要用于显示和设置计算机系统的高级选项，包括PCI子系统、主板中的各种芯片组、电源管理、计算机硬件监控和外部运行的设备控制等，如图5.7所示。

◎ **Overclocking：**主要用于显示和设置硬件频率和电压，包括CPU频率、内存频率、CPU电压、内存电压和PCI电压等，如图5.8所示。

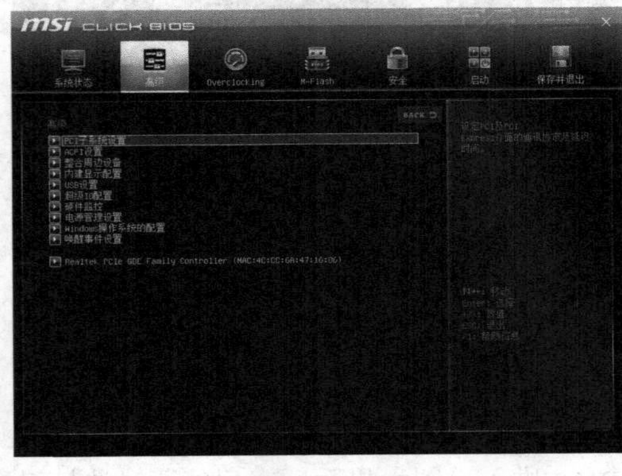

图5.7 高级界面

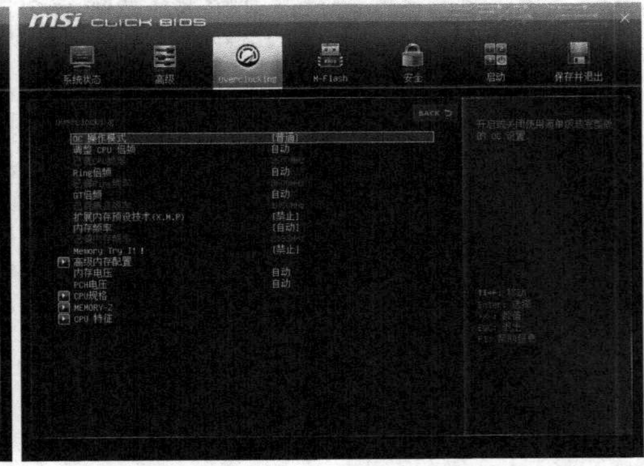

图5.8 Overclocking界面

◎ **M-Flash：**主要用于UEFI BIOS的固件升级，如图5.9所示。

◎ **安全：**主要用于设置系统安全密码，包括管理员密码、用户密码和机箱入侵设置等，如图5.10所示。

◎ **启动：**主要用于显示和设置系统的启动信息，包括启动配置、启动模式和设置启动顺序等，如图5.11所示。

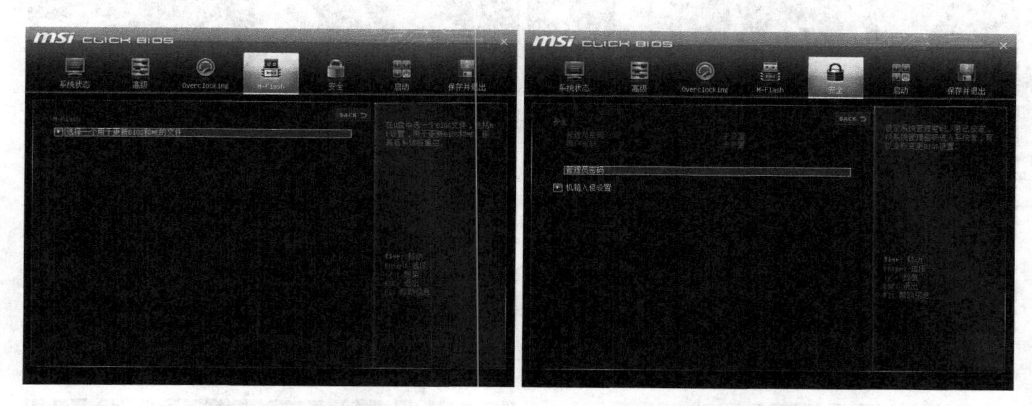

图5.9　M-Flash界面　　　　图5.10　安全界面

◎ **保存并退出：**主要用于显示和设置UEFI BIOS的操作更改，包括保存选项和更改的操作等，如图5.12所示。

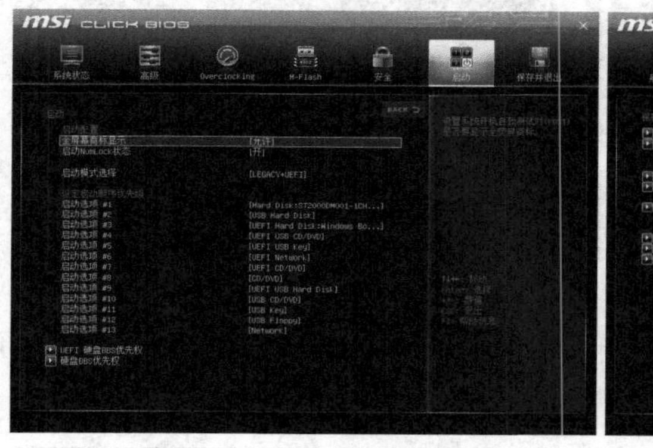

图5.11　启动界面　　　　图5.12　保存并退出界面

5.2.2 设置计算机启动顺序

扫一扫

设置计算机启动顺序

启动顺序是指系统启动时将按设置的驱动器顺序查找并加载操作系统，是在启动界面中进行设置。下面在启动界面中设置计算机通过光驱和U盘启动，其具体操作如下。

1 启动计算机，当出现自检画面时按“Delete”键，进入UEFI BIOS设置主界面，单击上面的“启动”按钮；打开“启动”界面，在“设定启动顺序优先级”栏中选择“启动选项#1”选项，如图5.13所示。

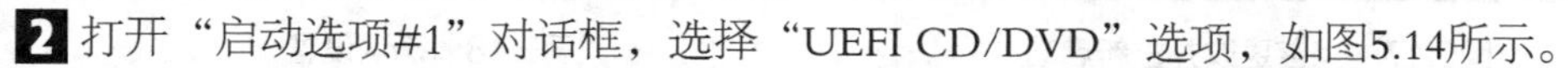

2 打开“启动选项#1”对话框，选择“UEFI CD/DVD”选项，如图5.14所示。

3 返回“启动”界面，在“设定启动顺序优先级”栏中选择“启动选项#2”选项，如图5.15所示。

4 打开“启动选项#2”对话框，选择“USB Hard Disk”选项，如图5.16所示。

5 返回“启动”界面，单击上面的“保存并退出”按钮；打开“保存并退出”界面，在“保存并退出”栏中选择“储存变更并重新启动”选项，如图5.17所示。

图5.13　选择启动选项

图5.14　设置光驱启动

图5.15　选择第二启动选项

图5.16　设置U盘启动

6 在打开的提示框中要求用户确认是否保存并重新启动，单击“是”按钮，如图5.18所示，完成计算机启动顺序的设置。

图5.17　保存更改并重新启动

图5.18　确认设置

5.2.3 设置BIOS管理员密码

通常在BIOS设置中有两种密码形式，一种是管理员密码，设置这种密码后，计算机开机就需要输入该密码，否则无法开机登录；另一种是用户密码，设置这种密码后，可以正常开机使用，但进入BIOS需要输入

该密码。下面就以设置管理员密码为例，讲述其具体操作。

1 进入UEFI BIOS设置主界面，单击上面的“安全”按钮；打开“安全”界面，在“安全”栏中选择“管理员密码”选项，如图5.19所示。

2 打开“建立新密码”对话框，输入密码，如图5.20所示。

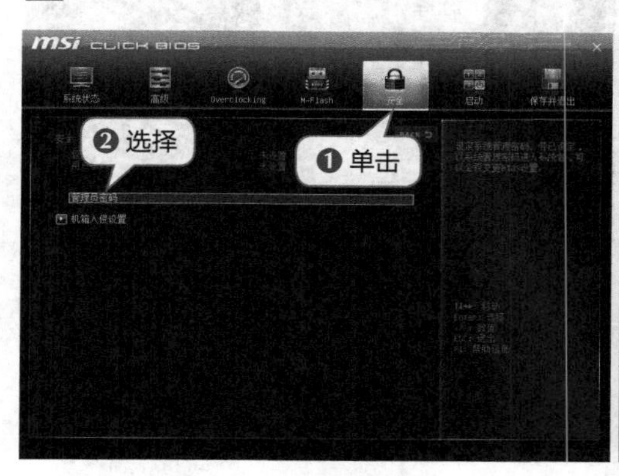

图5.19　选择安全选项

图5.20　输入密码

3 打开“确认新密码”对话框，再次输入相同的密码，如图5.21所示。

4 返回“安全”界面，显示管理员密码已设置，如图5.22所示，然后保存变更并重新启动计算机，即可打开输入密码登录的界面，输入刚才设置的管理员密码即可启动计算机。

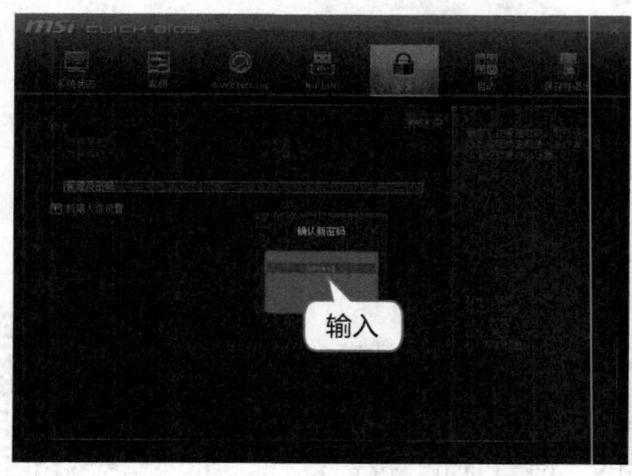

图5.21　确认密码

图5.22　完成密码设置

5.2.4 设置意外断电后恢复状态

设置意外断电后恢复状态

通常在计算机意外断电后，需要重新启动计算机。但在BIOS中进行断电恢复的设置后，一旦电源恢复，计算机将自动启动。下面就在UEFI BIOS中设置计算机断电后的自动重启，其具体操作如下。

1 进入UEFI BIOS设置主界面，单击上面的“高级”按钮；打开“高级”界面，在“高级”栏中选择“电源管理设置”选项，如图5.23所示。

2 在“高级/电源管理设置”栏中，选择“AC电源掉电再来电的状态”选项，如图5.24所示。

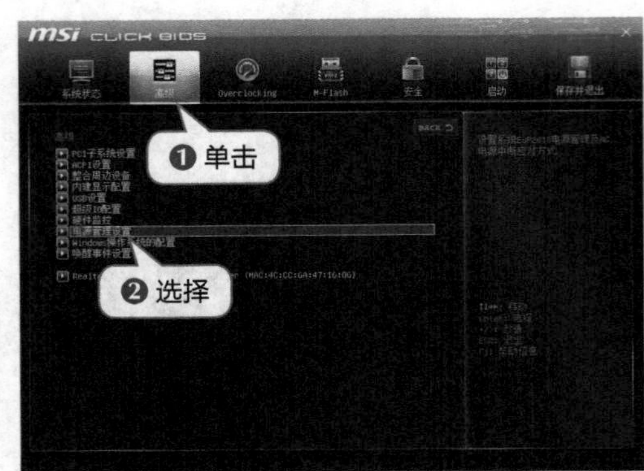

图5.23 选择高级选项

图5.24 电源管理设置

3 打开“AC电源掉电再来电的状态”对话框，选择“开机”选项，如图5.25所示，然后保存变更并重新启动计算机。

图5.25 设置断电恢复的选项

提示：在断电恢复的状态选项中，系统默认是“关机”选项，如果选择“掉电前的最后状态”选项，系统将根据掉电前计算机的状态进行恢复。

5.2.5 升级BIOS来兼容最新硬件

升级BIOS来兼容最新硬件

对于UEFI BIOS来说，可以通过升级的方式来兼容最新的计算机硬件，提升计算机的性能，升级BIOS的具体操作如下。

1 进入UEFI BIOS设置主界面，单击上面的“M-Flash”按钮；打开“M-Flash”界面，在“M-Flash”栏中选择“选择一个用于更新BIOS和ME的文件”选项，如图5.26所示。

2 打开“选择UEFI文件”对话框，在其中选择一个升级的文件，如图5.27所示，系统将自动升级BIOS并自动重新启动计算机。

提示：如果对设置不满意，需要直接退出BIOS，可以在BIOS界面中单击上面的“保存并退出”按钮，打开“保存并退出”界面，在“保存并退出”栏中选择“撤销改变并退出”选项，在打开的提示框中要求用户确认是否退出而不保存，单击“是”按钮，如图5.28所示。

图5.26　选择M-Flash选项

图5.27　选择升级的文件

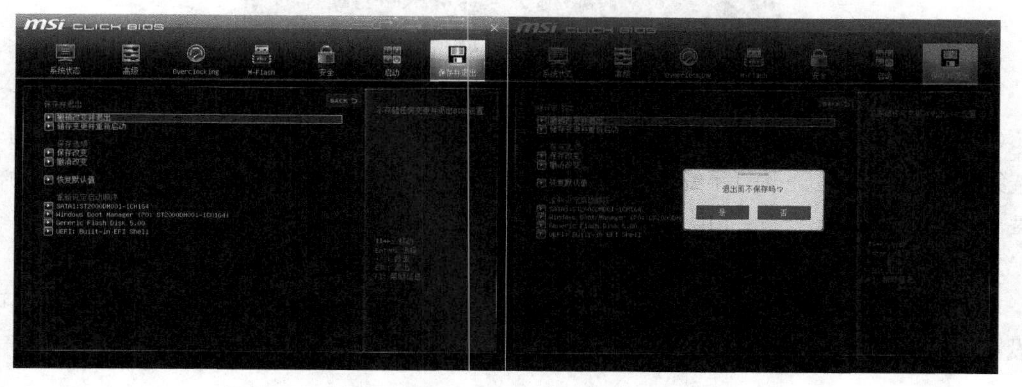
图5.28　不保存设置退出

5.3 设置传统的BIOS

和UEFI BIOS不同，传统的BIOS通常是英文界面，通过键盘的按键进行设置。传统BIOS虽然有两种类型，但Phoenix-Award BIOS的使用更加广泛，下面就以Phoenix-Award BIOS为例，讲解设置传统BIOS的相关操作。

5.3.1 认识传统BIOS的主要设置项

传统BIOS中的常用选项设置包括标准CMOS设置、高级BIOS特性设置、高级芯片组设置、外部设备设置、电源管理设置、PnP和PCI配置设置、频率和电压控制设置、载入最安全默认值和载入最优化默认值等。

1. Standard CMOS Features（标准CMOS设置）

这项功能主要包括对日期和时间、硬盘和光驱，以及启动检查等选项的设置，其设置界面如图5.29所示。

◎ **Date和Time：**用于设置日期和时间，BIOS中的日期和时间即为系统所使用的日期和时间，如果设置的值与实际的值有偏差，可以通过BIOS设置对其进行调整。

◎ **光驱和硬盘：**在其中显示硬盘和光驱的参数、硬盘自动检测功能、存取模式和相关参数的检测方式等，另外，还可以查看硬盘的容量大小。

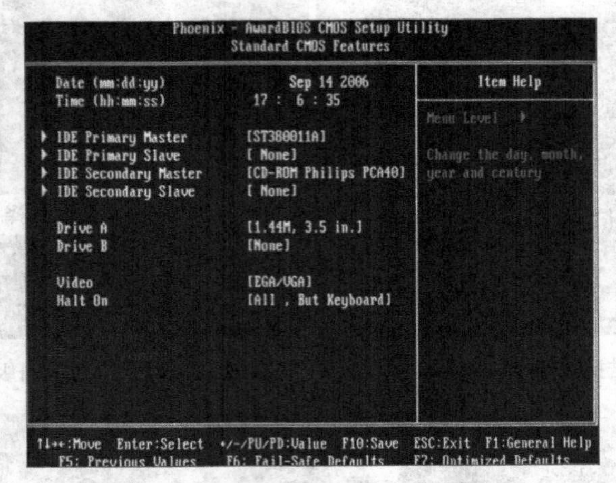

图5.29　Standard CMOS Features界面

◎ **Halt On：**该选项用于设置启动检查。当计算机在启动过程中遇到错误时可暂停启动，从而避免在有问题的环境下运行系统。在BIOS中可对需要检查的内容进行设置。当前图中选项为检查键盘，一般在启动时需要按“F1”键才能继续启动。

2. Advanced BIOS Features（高级BIOS特性设置）

在其中可以对CPU的运行频率、病毒报警功能、磁盘引导顺序以及密码检查方式等选项进行设置，其设置界面如图5.30所示。

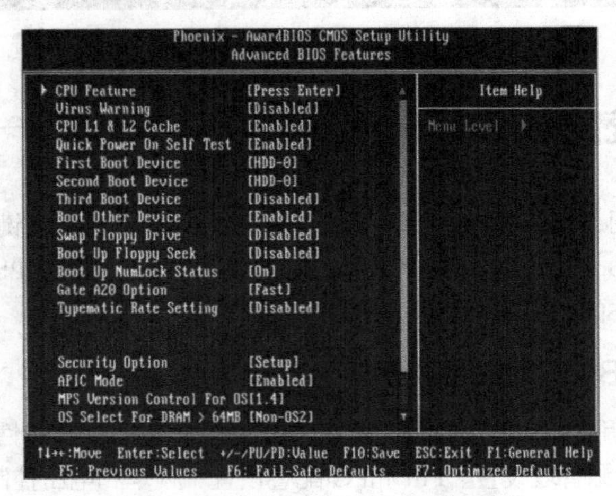

图5.30　Advanced BIOS Features界面

◎ **CPU Feature：**在该选项上按“Enter”键可在打开的界面中对CPU的运行频率进行设置，如果设置错误将导致系统出错，无法启动。

◎ **Virus Warning：**病毒警告功能，启用该功能后，BIOS只要检测到硬盘的引导扇区和硬盘分区表有写入操作时，就会将其暂停，并发出信息询问用户的意见，从而达到预防开机型病毒的目的。

◎ **磁盘引导顺序：**通过BIOS中的相应设置可决定系统在开机时先检测哪个设备并进行启动，包括第一、第二、第三启动的磁盘设置和是否启动其他磁盘，常用的可选设备有CDROM和

HDD-0等。

◎ **Security Option:** 如果用户为计算机设置了开机密码，则可通过设置该选项决定在什么时候需要输入密码，其中包括Setup和System两个选项。

提示：在传统BIOS设置中，有一些常见的参数，通常“Enabled”表示该功能正在运行；“Disabled”表示该功能不能运行；“On”表示该功能处于启动状态；“Off”表示该功能处于未启动状态。

3. Advanced Chipset Features（高级芯片组设置）

该项主要对主板采用的芯片组运行参数进行设置，通过其中各个选项的设置可更好地发挥主板芯片的功能。但其设置内容非常复杂，稍有不慎将导致系统无法开机或出现死机现象，所以不建议用户更改其中的任何设置参数，其设置界面如图5.31所示。

```
Phoenix - AwardBIOS CMOS Setup Utility
Advanced Chipset Features

DRAM Timing Selectable      [By SPD]          Item Help
                                              Menu Level  ▶
Memory Frequency For
System BIOS Cacheable       [Enabled]
Video  BIOS Cacheable       [Disabled]
Memory Hole At 15M-16M      [Disabled]
Delayed Transaction         [Enabled]
Delay Prior to Thermal      [16 Min]
AGP Aperture Size (MB)      [64]
System BIOS Protect         [Enabled]

↑↓→←:Move  Enter:Select  +/-/PU/PD:Value  F10:Save  ESC:Exit  F1:General Help
   F5: Previous Values     F6: Fail-Safe Defaults     F7: Optimized Defaults
```

图5.31　Advanced Chipset Features界面

◎ **DRAM Timing Selectable:** 设置芯片组运行参数，当选择“By SPD”选项时，表示由计算机自动控制，其下方的相关设置选项为不可用状态。

◎ **Delayed Transaction:** 设置对延时的处理，如果不使用ISA显卡或与PCI 2.1标准不兼容，则应将其设定为“Disabled”。

◎ **Video BIOS Cacheable:** 目前操作系统已很少请求视频BIOS，建议设定为“Disabled”，以释放内存空间并降低冲突概率。

4. Integrated Peripherals（外部设备设置）

该项主要对外部设备运行的相关参数进行设置，主要包括芯片组内建第一和第二个Channel的PCI IDE界面、第一和第二个IDE主控制器下的PIO模式、USB控制器和USB键盘支持，以及AC97音效等，其设置界面如图5.32所示。

◎ **AC97 Audio:** 该选项表示主板中集成了AC97声卡，通过该选项可设置是否开启AC97声效。如要使用独立声卡，可以将“AC97 Audio”选项设定为“Disabled”，以屏蔽集成声卡的功能。

◎ **USB Keyboard Support:** 用于设置是否支持USB接口的键盘。

◎ **USB Controller:** 用于设置是否开启USB控制器。最好将其设置为“Enabled”。

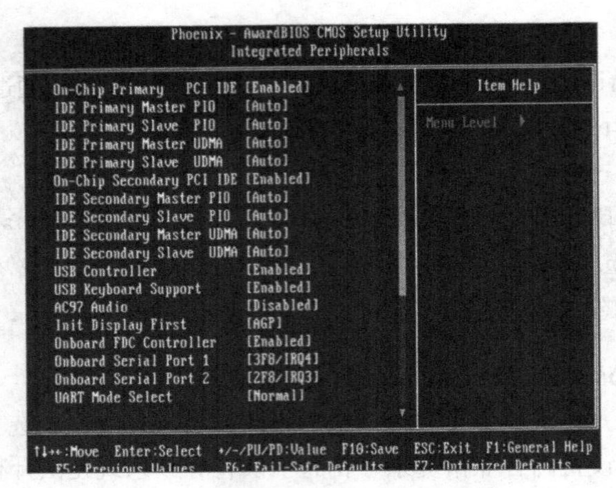

图5.32　Integrated Peripherals界面

5. Power Management Setup（电源管理设置）

该项用于配置计算机的电源管理功能，降低系统的耗电量。计算机可以根据设置的条件自动进入不同阶段的省电模式，其设置界面如图5.33所示。

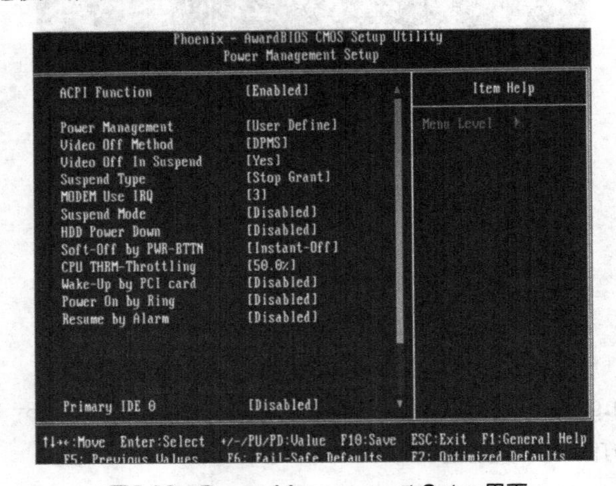

图5.33　Power Management Setup界面

◎ **Video Off Method**：用于设置屏幕进入省电模式时系统的运行模式。

◎ **Soft-Off by PWR-BTTN**：用于设置当按下主机电源开关后，计算机所执行的操作，包括待机和关机两种，判断依据为按住电源开关持续的时间。

◎ **Power management**：用于设置计算机的省电模式。

◎ **Resume by Alarm**：用于设置系统是否采用定时开机。

6. PnP/PCI Configuration（PnP/PCI配置设置）

该项主要用于对PCI总线部分的系统设置。其配置设置内容技术性较强，通常采用系统默认值即可，其设置界面如图5.34所示。

◎ **Reset Configuration Data**：在新增硬件或更改IRQ设置等情况时，可先将该项设置为"Enabled"，系统在下次开机时将自动重新配置PnP资源，配置完成后会自动切换到"Disabled"。

◎ **Resources Controlled By**：用于设置系统上的IRQ和DMA等资源由谁来进行分配，所以该项只需设定为“Auto（ESCD）”默认值即可。

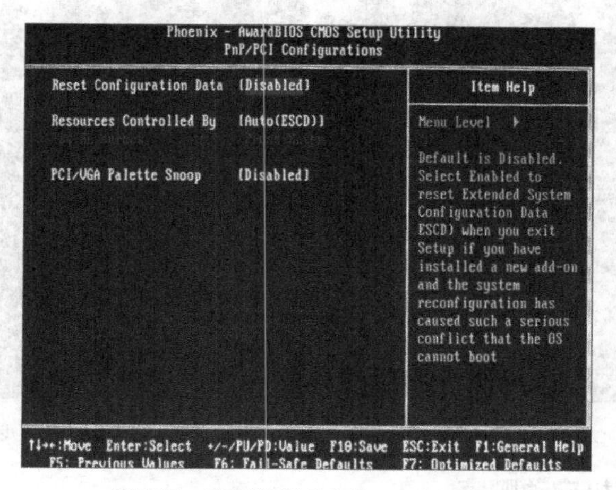

图5.34 PnP/PCI Configuration界面

7. Frequency/Voltage Control（频率和电压控制设置）

频率和电压控制（Frequency/Voltage Control）功能主要用来调整CPU的工作电压和核心频率，帮助CPU进行超频，其设置界面如图5.35所示。

8. Load Fail-Safe Defaults（载入最安全默认值）

最安全默认值是BIOS为用户提供的保守设置，以牺牲一定的性能为代价最大限度地保证计算机中硬件的稳定性。用户可在BIOS主界面中选择“Load Fail-Safe Defaults”选项将其载入，如图5.36所示。

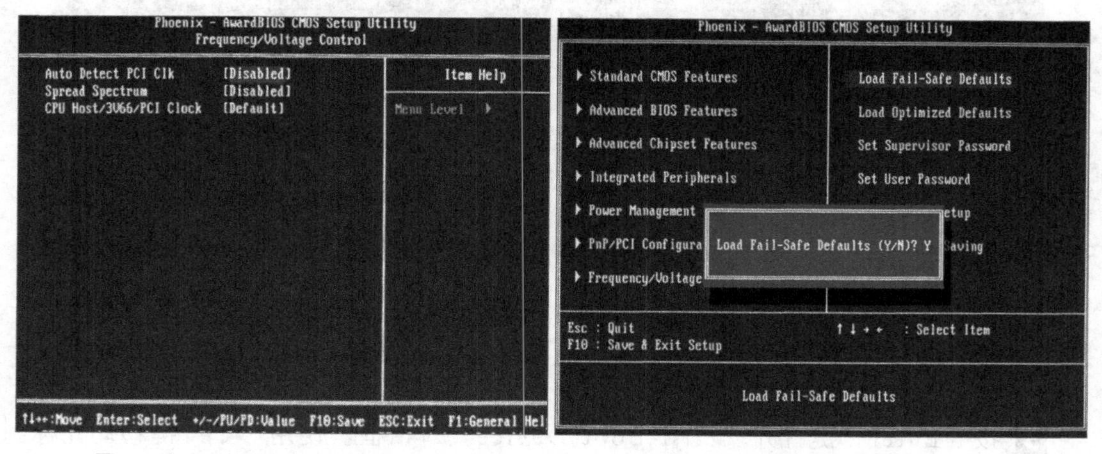

图5.35 Frequency/Voltage Control界面　　图5.36 Load Fail-Safe Defaults界面

9. Load Optimized Defaults（载入最优化默认值）

最优化默认值是指将各项参数更改为针对该主板的最优化方案。用户可在BIOS主界面中选择“Load Optimized Defaults”选项将其载入，如图5.37所示。

10. 退出BIOS

在BIOS主界面中选择“Save&Exit Setup”选项可保存更改并退出BIOS系统；若选择“Exit Without Saving”选项则不保存更改直接退出BIOS系统，如图5.38所示。

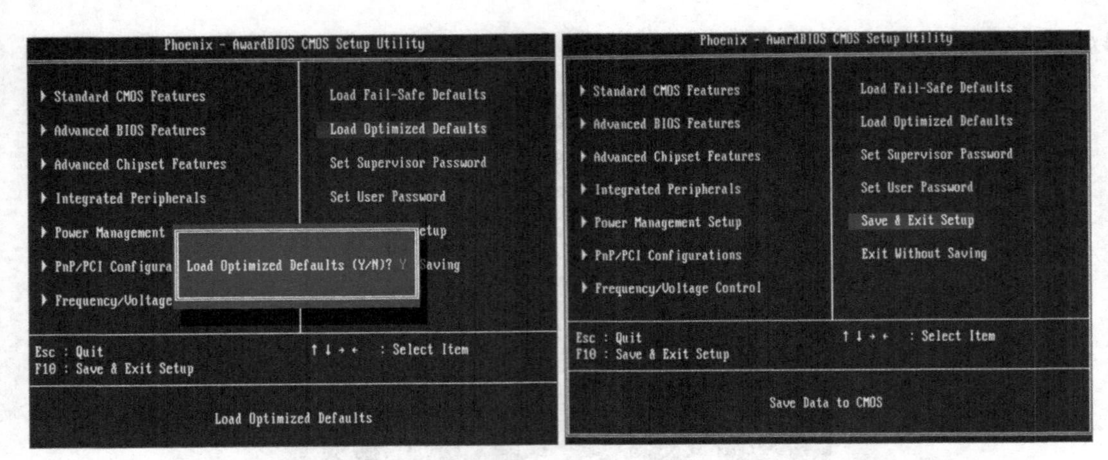

图5.37　Load Optimized Defaults界面　　　　图5.38　退出BIOS界面

5.3.2 设置计算机启动顺序

启动顺序是指系统启动时将按设置的驱动器顺序查找并加载操作系统，是在高级BIOS设置界面中进行设置，其具体操作如下。

1 在BIOS设置主界面中，使用“↓”键将光标移动到“Advanced BIOS Features（高级BIOS设置）”选项上，如图5.39所示。

2 按“Enter”键进入高级BIOS设置界面，使用“↓”键将光标移动到“First Boot Device”选项上，如图5.40所示。

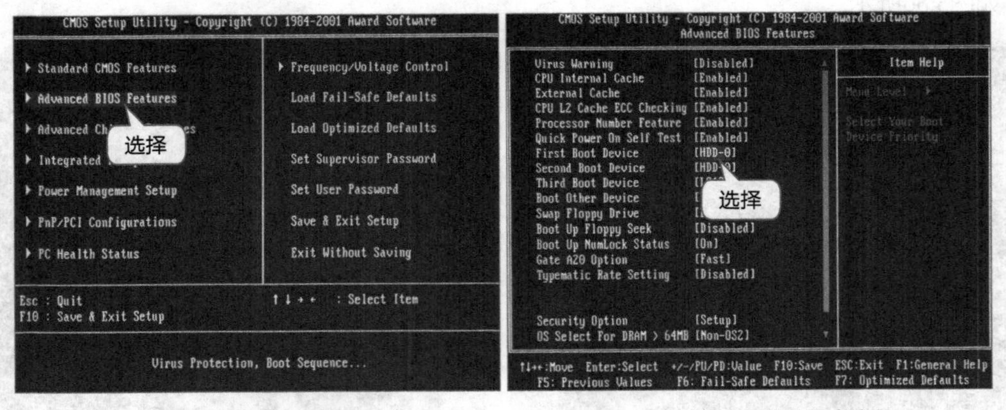

图5.39　选择高级BIOS设置　　　　图5.40　选择设置启动顺序选项

3 按“Enter”键打开“First Boot Device”对话框。使用“↓”键移动光标到“CD ROM”选项上，即设置光驱为第一启动设备，设置完成后按“Enter”键，返回高级BIOS设置界面，如图5.41所示。

> 提示：在打开的提示框中，“Floppy”选项表示软盘驱动器；“LS120”选项表示LS120软盘驱动器；“HDD-0、HDD-1、HDD-2……”选项表示硬盘；“SCSI”选项表示SCSI设备；“USB”选项表示USB设备。

4 移动光标到“Second Boot Device”选项上，以同样的方法设置HDD-0（第一主硬盘）为第二启动设备，如图5.42所示。设置完成后按“Esc”键，返回BIOS设置主菜单。

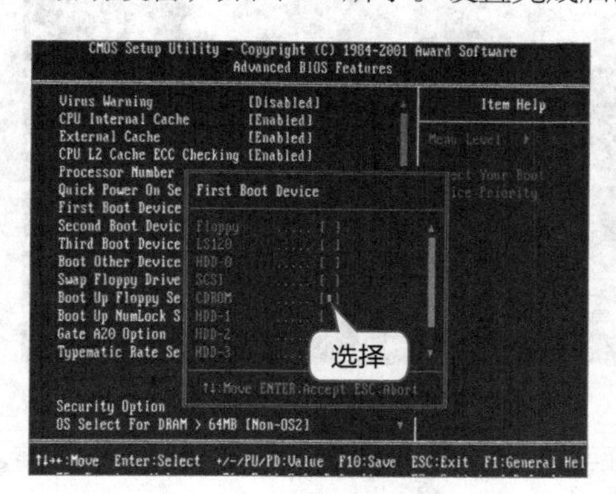

图5.41 设置第一启动设备

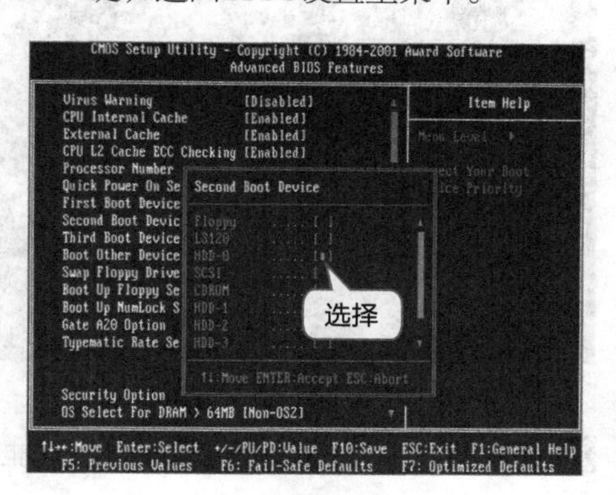

图5.42 设置第二启动设备

5.3.3 设置BIOS密码

在BIOS中可以为计算机设置两种密码，分别是用户密码与超级用户密码，其具体操作如下。

1 在BIOS主界面中使用方向键将光标移动到“Set Supervisor Password（设置超级用户密码）”选项上，然后按“Enter”键，如图5.43所示。

2 系统将打开“Enter Password”文本框，在文本框中输入要设置的超级用户密码，然后按“Enter”键，如图5.44所示。

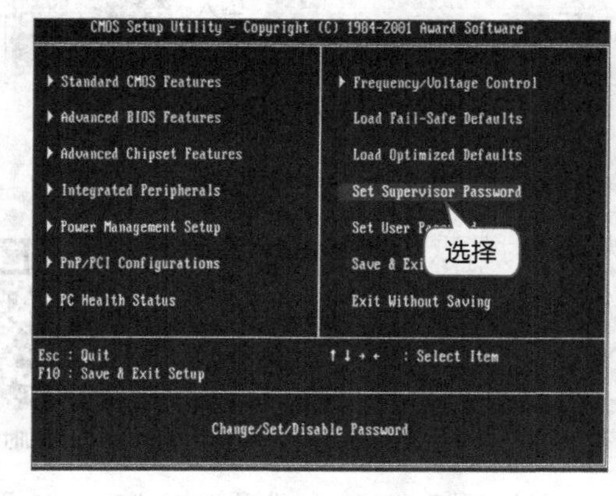

图5.43 选择选项

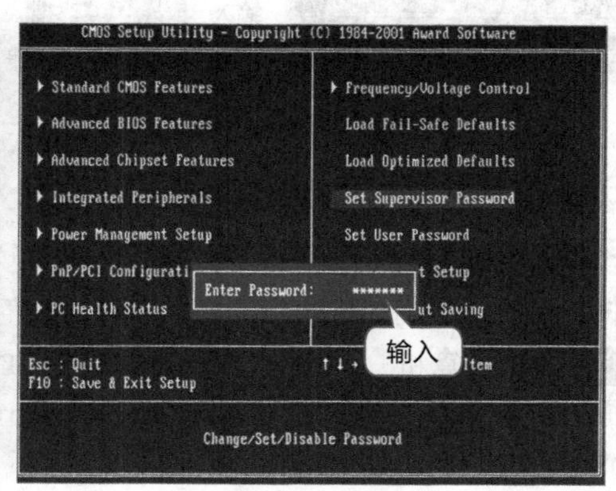

图5.44 输入超级用户密码

3 系统将提示再次输入密码，在文本框中再次输入要设置的密码，然后按“Enter”键，如图5.45所示。

4 返回BIOS主界面后，使用方向键将光标移动到“Set User Password（设置用户密码）”选项上，然后按“Enter”键，如图5.46所示。

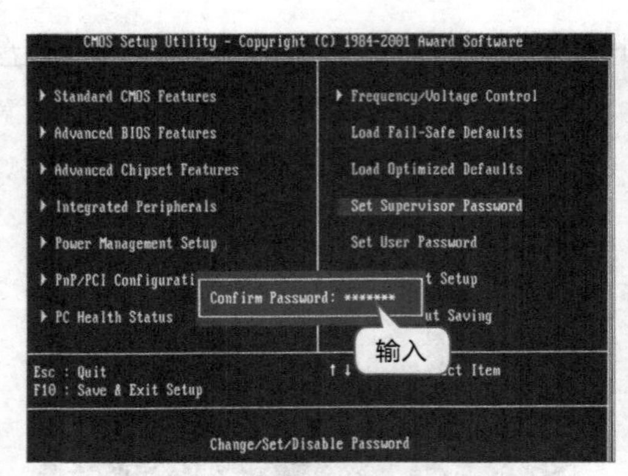

图5.45　确认密码

图5.46　设置用户密码

5 系统将打开“Enter Password”文本框，在其中输入用户密码，然后按“Enter”键，如图5.47所示。

6 在打开的确认文本框中再次输入用户密码，然后按“Enter”键即可完成用户密码的设置，如图5.48所示。

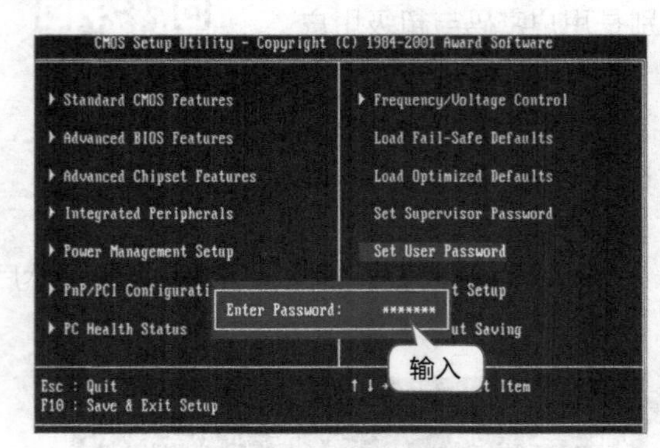

图5.47　输入用户密码

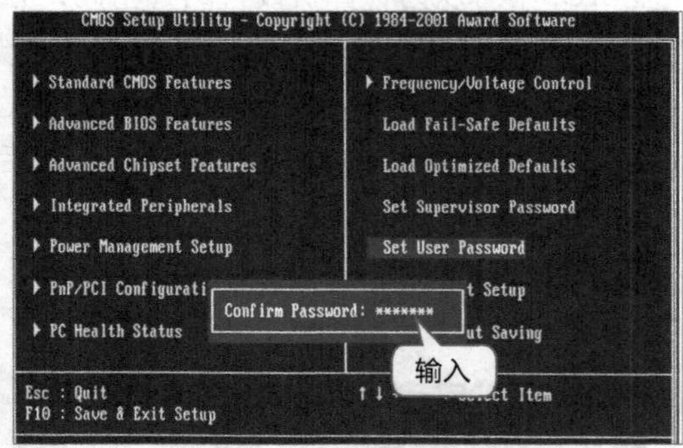

图5.48　确认密码

5.3.4 更改系统日期和时间

扫一扫

更改系统日期和时间

全新组装的计算机，其系统时间与日期都为出厂时的默认设置，用户可将其更改为正确的时间与日期，其具体操作如下。

1 启动计算机，当出现自检画面时按“Delete”键进入BIOS设置主界面，光标默认停留在第一个选项“Standard CMOS Features（标准CMOS设置）”上，如图5.49所示。

2 按“Enter”键进入设置界面，然后在“Date”选项与“Time”选项中按“Page Up”或“Page Down”键调整系统日期和时间即可，如图5.50所示。

技巧：设置BIOS密码后，如果需要删除密码或更改密码，则必须先使用用户密码进入BIOS设置主界面，在“Set Supervisor Password”选项或“Set User Password”选项上连续按3次“Enter”键即可删除密码。更改密码的操作过程与设置密码的操作相同。

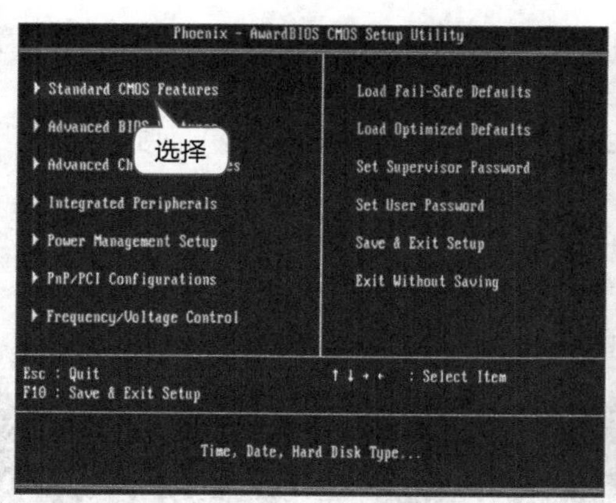

图5.49 进入BIOS设置

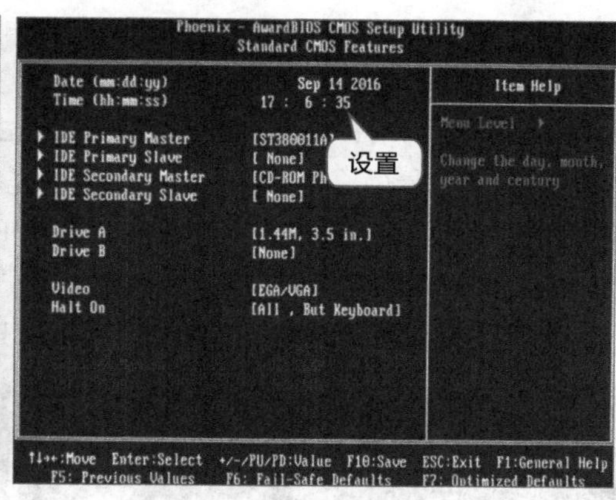

图5.50 更改日期和时间

5.3.5 保存并退出BIOS

对BIOS进行设置后，需要保存设置并重新启动计算机，相关设置才会生效，下面介绍保存并退出BIOS的方法，其具体操作如下。

1 在BIOS设置主界面中选择“Save & Exit Setup”（保存后退出）选项并按“Enter”键，在打开的提示对话框中按“Y”键，再按“Enter”键即可保存并退出BIOS，如图5.51所示。

2 如果需要不保存设置，直接退出BIOS，则选择“Exit Without Setup”（不保存退出）选项并按“Enter”键，在打开的提示对话框中按“Y”键，再按“Enter”键直接退出BIOS，如图5.52所示。

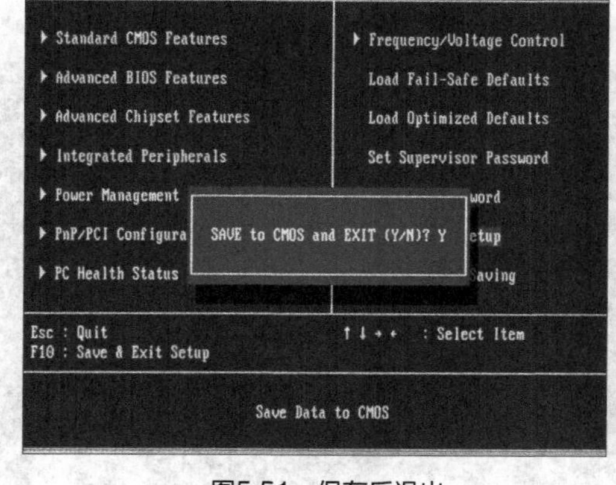

图5.51 保存后退出

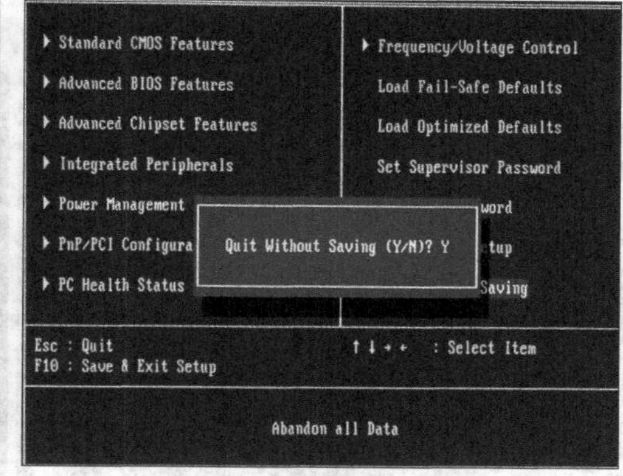

图5.52 不保存退出

5.4 应用实训

5.4.1 在UEFI BIOS中设置硬盘启动

对于普通计算机来说，标准的启动顺序应该是第一启动项为硬盘，第二启动项为U盘（或移动硬盘），第三启动项为光驱。本实训要求启动计算机后进入UEFI BIOS，然后设置计算机的启动顺序，将计算机的第一启动项设置为硬盘，第二启动项设置为U盘，本实训的操作思路如下。

（1）启动计算机，按“Delete”键进入UEFI BIOS设置主界面，单击上面的“启动”按钮；打开“启动”界面，在“设定启动顺序优先级”栏中选择“启动选项#1”选项。

（2）打开“启动选项#1”对话框，选择“Hard Disk”对应的选项，如图5.53所示。

（3）返回“启动”界面，在“设定启动顺序优先级”栏中选择“启动选项#2”选项。

（4）打开“启动选项#2”对话框，选择“USB Hard Disk”选项，如图5.54所示。

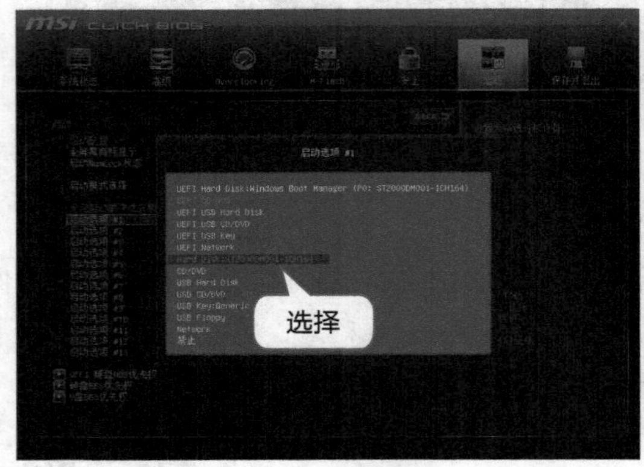

图5.53　设置第一启动项

图5.54　设置第二启动项

（5）返回“启动”界面，单击上面的“保存并退出”按钮，打开“保存并退出”界面，在“保存并退出”栏中选择“储存变更并重新启动”选项，如图5.55所示。

（6）在打开的提示框中要求用户确认是否保存并重新启动，单击“是”按钮，完成计算机启动顺序的设置，如图5.56所示。

图5.55　保存更改并重新启动

图5.56　确认设置

5.4.2 在传统BIOS中设置温度报警

扫一扫

在传统BIOS中设置温度报警

CPU过热有可能会导致计算机出现重启或死机等故障，严重时还可能烧毁CPU，因此，可以在BIOS中为其设置报警温度，即当CPU达到设定的温度时发出报警声，以提醒用户及时地发现问题并解决。下面在传统的BIOS中设置温度报警，本实训的操作思路如下。

（1）启动计算机，按“Delete”键进入BIOS设置主界面，按“↓”键移动光标到“PC Health Status（计算机健康状况）”选项上，然后按“Enter”键，如图5.57所示。

（2）在“计算机健康状况”设置界面将光标移动到“CPU Warning Temperature”选项上，然后按“Enter”键，在打开的对话框中选择“70℃/158° F”选项，再按“Enter”键，如图5.58所示。

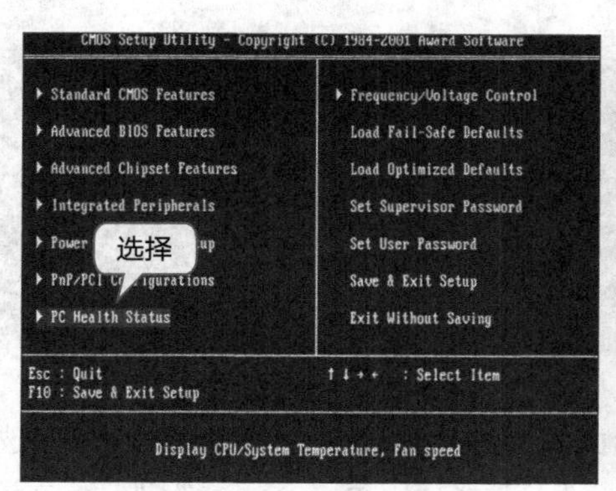

图5.57 选择计算机健康设置

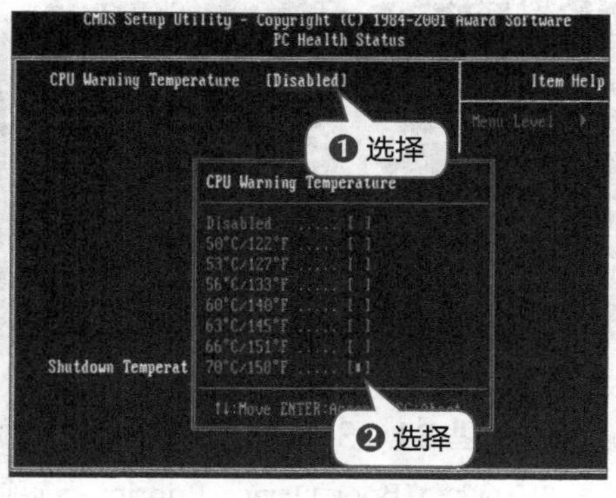

图5.58 设定报警温度

（3）按“↓”键移动光标到“Shutdown Temperature（系统重启温度）”选项上，然后按“Enter”键，如图5.59所示。

（4）进入“设置系统重启温度”界面，按照与步骤2相同的方法将系统重启温度设置为75℃/167° F，即当CPU温度达到75℃时，系统将自动重新启动，如图5.60所示。

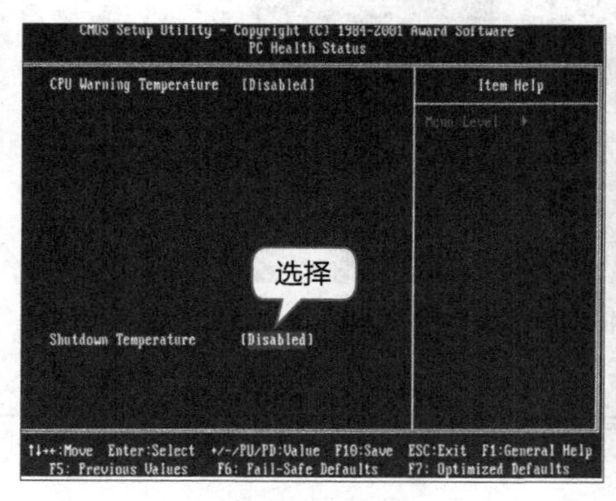

图5.59 选择选项

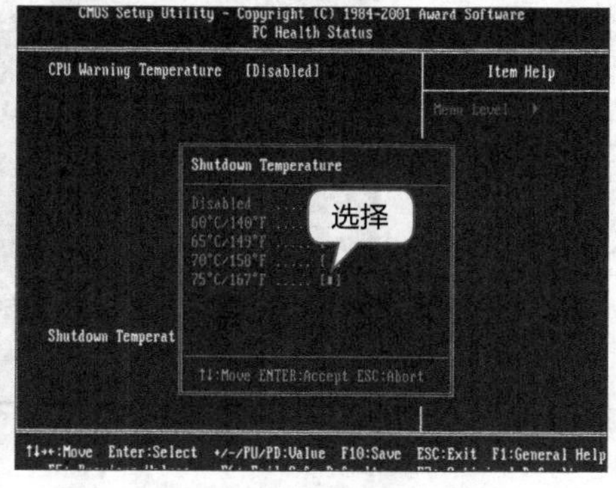

图5.60 设定计算机重启温度

5.4.3 在不同的主板设置U盘启动

对于传统主板来说，不同主板设置U盘启动的方法有所不同，总的来说，BIOS设置从U盘启动并不复杂，首先是进入BIOS，进入高级设置，然后再找到启动项设置，之后选择U盘即可，最后保存退出，计算机自动重启，即可进入U盘。下面介绍几种最常见的方法。

◎ **Award BIOS主板（适合2010年之前的主流主板）：**启动计算机，进入BIOS设置界面，选择“Advanced BIOS Features”选项，在“Advanced BIOS Features”界面中选择“Hard Disk Boot Priority”选项，进入BIOS开机启动项优先级选择，选择“USB-FDD”或“USB-HDD”选项（计

算机会自动识别插入计算机中的U盘），如图5.61所示。

◎ **Phoenix-Award BIOS主板（适合2010年之后的主流主板）：** 启动计算机，进入BIOS设置界面，选择“Advanced BIOS Features”选项，在“Advanced BIOS Features”界面里，选择“First Boot Device”选项，在打开的界面中选择“USB-FDD”选项，如图5.62所示。

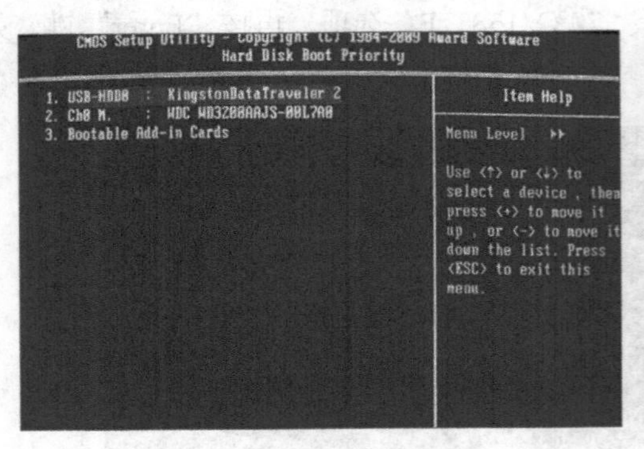

图5.61 设置U盘

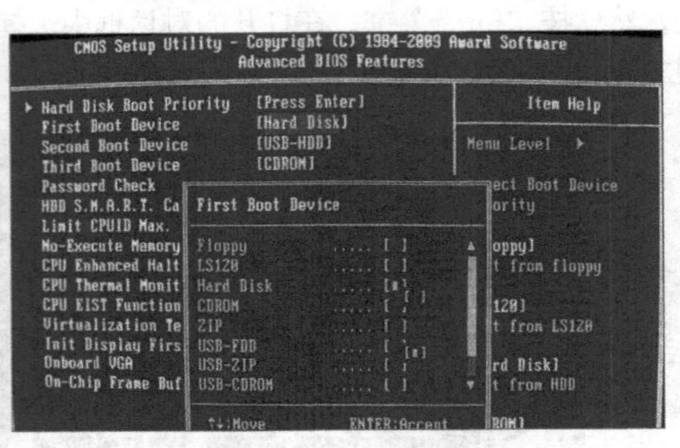

图5.62 选择启动设备

◎ **其他的一些BIOS：** 启动计算机，进入BIOS设置界面，按方向键选择“Boot”选项，在“Boot”界面中选择“Boot Device Priority”选项，然后选择“1st Boot Device”选项，在该选项里选择插入计算机中的U盘作为第一启动设备，如图5.63所示。

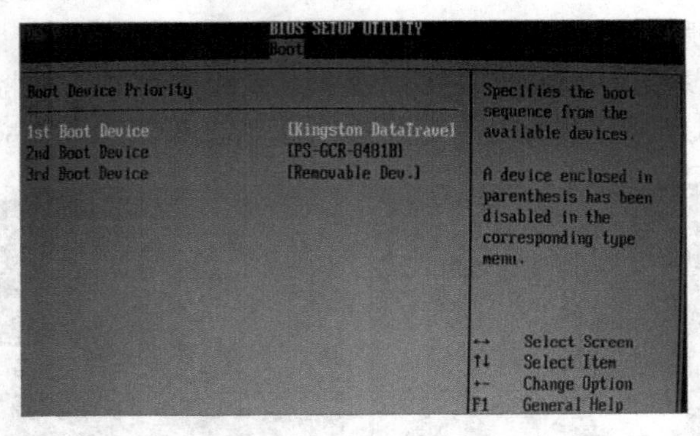

图5.63 选择启动设备

5.5 拓展练习

（1）在某台计算机中，设置关闭光盘驱动器，设置U盘和硬盘启动。

（2）在某台计算机中，设置BIOS的管理员密码。

（3）在某台计算机中，设置开机顺序为光驱→USB→硬盘。

第6章 硬盘分区与格式化

6.1 认识TB大容量硬盘分区

硬盘分区是指在一块物理硬盘上创建多个独立的逻辑单元，以提高硬盘利用率并实现数据的有效管理，这些逻辑单元即通常所说的C盘、D盘和E盘等。随着硬盘容量的不断提升，过去的硬盘分区方式已经不能兼容2TB以上容量的硬盘，下面介绍TB大容量硬盘分区的相关知识。

6.1.1 硬盘分区的原因、原则和类型

要了解硬盘分区，首先需要了解分区的原因、原则和类型等基础知识。

1. 硬盘分区的原因

硬盘进行分区的原因主要有以下两个方面。

◎ **引导硬盘启动：**新出厂的硬盘并没有进行分区激活，这使得计算机无法对硬盘进行读写操作。在进行硬盘分区时可为其设置好各项物理参数，并指定硬盘的主引导记录及引导记录备份的存放位置。只有主分区中存在主引导记录，才可以正常引导硬盘启动，从而实现操作系统的安装和数据的读写。

◎ **方便管理：**未进行分区前的新硬盘只具有一个原始分区，但随着硬盘容量越来越大，一个分区不仅会使硬盘中的数据变得没有条理性，而且不利于计算机性能的发挥，因此有必要对硬盘空间进行合理分配，将其划分为几个容量较小的分区。

2. 硬盘分区的原则

在对硬盘进行分区时不可盲目分配，需按照一定的原则来完成分区操作。分区的原则一般包括合理分区、实用为主、根据操作系统的特性分区和常见分区等。

◎ **合理分区：**合理分区是指分区数量要合理，不可太多。过多的分区数量会降低系统启动和读写数据的速度，并且也不方便磁盘管理。

◎ **实用为主：**根据实际需要来决定每个分区的容量大小，每个分区都有专门的用途。这种做法可以使各个分区之间的数据相互独立，不易产生混淆。

◎ **根据操作系统的特性分区：**同一种操作系统不能支持全部类型的分区格式，因此，在分区时应考虑将要安装何种操作系统，以便做出合理安排。

◎ **常见分区：**常见的分区可分为系统、程序、数据和备份4个区，除了系统分区要考虑操作系统容量外，其余分区可平均进行分配。

3. 硬盘分区的类型

分区类型是在最早的DOS操作系统中出现的，其作用是描述各个分区之间的关系。分区

类型主要包括主分区、扩展分区和逻辑分区。

◎ **主分区：**是硬盘上最重要的分区。在一个硬盘上最多能有4个主分区，但只能有一个主分区被激活。主分区被系统默认分配为C盘。

◎ **扩展分区：**主分区外的其他分区统称为扩展分区。

◎ **逻辑分区：**逻辑分区从扩展分区中分配，只有逻辑分区的文件格式与操作系统兼容，操作系统才能访问它。逻辑分区的盘符默认从D盘开始（前提条件是硬盘上只存在一个主分区）。

6.1.2 传统的MBR分区格式

MBR（Master Boot Record）是在磁盘上存储分区信息的一种方式，这些分区信息包含了分区从哪里开始的信息，这样操作系统才知道哪个扇区是属于哪个分区的，以及哪个分区是可以启动的。MBR的意思是“主引导记录”，它是存在于驱动器开始部分的一个特殊的启动扇区。这个扇区包含了已安装的操作系统的启动加载器和驱动器的逻辑分区信息。如果安装了Windows操作系统，Windows启动加载器的初始信息就放在该区域中——如果MBR的信息被覆盖导致Windows不能启动，就需要使用Windows的MBR修复功能来使其恢复正常。MBR支持最大2TB硬盘，无法处理大于2TB容量的硬盘。MBR只支持最多4个主分区——如果有更多分区，需要创建“扩展分区”，并在其中创建逻辑分区。

传统的MBR分区文件格式有FAT32与NTFS两种，以NTFS为主，这种文件格式的硬盘分区占用的簇更小，支持的分区容量更大，并且还引入了一种文件恢复机制，可最大限度地保证数据安全。Windows 系列操作系统通常都使用这种分区的文件格式。

6.1.3 2TB以上容量的硬盘使用GPT分区格式

GPT也被称为GUID（全局唯一标识符）分区表，这是一个正逐渐取代MBR的新分区标准，它和UEFI相辅相成，UEFI用于取代老旧的BIOS，而GPT则取代老旧的MBR。GUID分区表的由来是因为驱动器上的每个分区都有一个全局唯一的标识符（Globally Unique Identifier，GUID），且是一个随机生成的字符串，可以保证为地球上的每一个GPT分区都分配完全唯一的标识符。该标准没有MBR的诸多限制。磁盘驱动器容量可以大很多，大到操作系统和文件系统都没法支持。它同时还支持几乎无限个分区数量，限制只在于Windows操作系统支持最多128个GPT分区，不需要创建扩展分区。

在MBR磁盘上，分区和启动信息是保存在一起的。如果这部分数据被覆盖或破坏，硬盘通常就不容易恢复。相对地，GPT在整个磁盘上保存多个这部分信息的副本，因此更为安全，并可以恢复被破坏的这部分信息。GPT还为这些信息保存了循环冗余校验码（Cyclic Redundancy Check，CRC）以保证其完整和正确，即如果数据被破坏，GPT会发现这些破坏，并从磁盘上的其他地方进行恢复。而MBR则不能进行处理，只有在问题出现后，才会发现计算机无法启动，或者磁盘分区不翼而飞。

6.2 制作U盘启动盘启动计算机

很多计算机都没有安装光驱，因此，需要通过U盘来启动计算机并进行系统的分区、格式化和软件安装，下面介绍如何制作U盘启动盘来启动计算机。

6.2.1 制作U盘启动盘

Windows PE是U盘启动盘最常用的操作系统，下面就以制作“大白菜”U盘启动盘为例，其具体操作如下。

1 打开大白菜官网（http://www.winbaicai.com/），下载并安装U盘启动盘的制作软件（下载与安装软件的具体操作将在第7章中详细讲解），如图6.1所示。

2 启动安装好的U盘启动盘制作工具软件，打开选择安装模式的对话框，单击“ISO模式”选项卡，其他保持默认设置，单击“开始制作”按钮，如图6.2所示。

图6.1　下载并安装软件

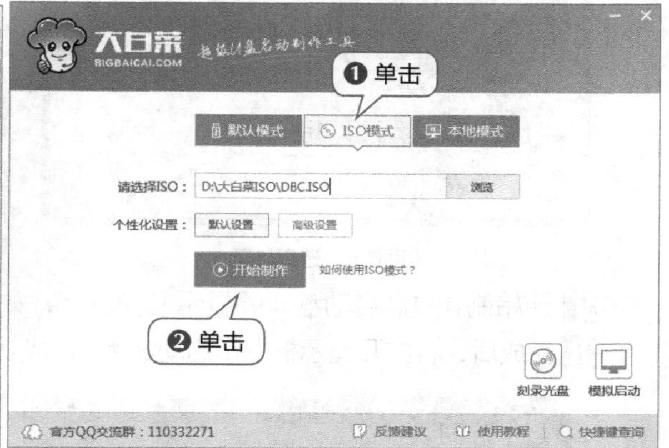

图6.2　设置制作模式

提示：大白菜U盘启动盘制作工具软件一般有3种制作模式，普通用户可以选择“默认模式”进行安装，如果安装不成功（通常是U盘原因造成），再使用ISO模式。

3 将一个U盘插入计算机的USB接口，如图6.3所示。

4 打开提示框，要求用户确认是否开始制作，单击“确定”按钮，如图6.4所示。

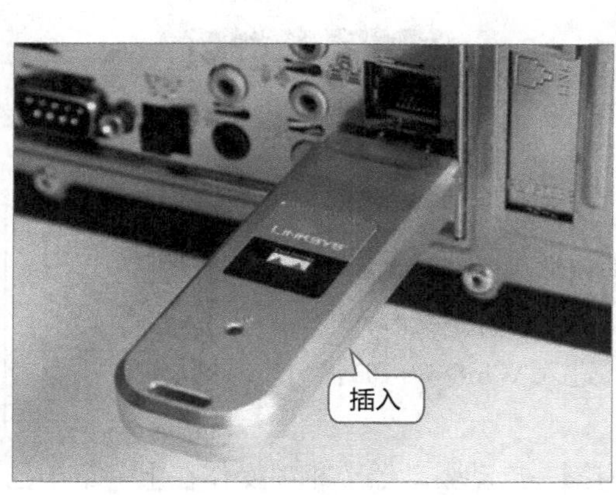

图6.3　插入U盘

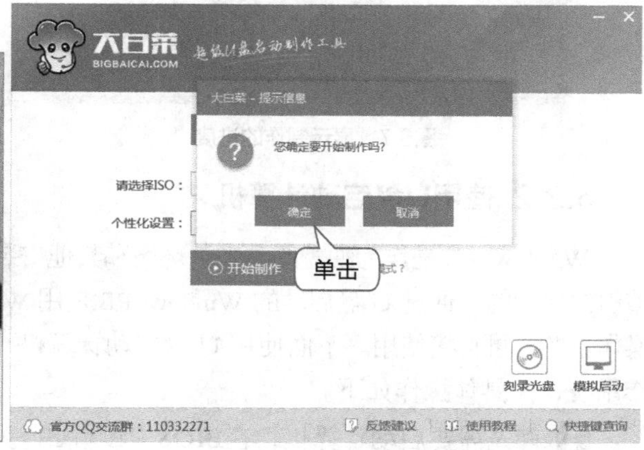

图6.4　确认制作

5 打开“写入硬盘映像”对话框，在“硬盘驱动器”下拉列表框中选择创建启动盘的U盘驱动器；其他保持默认设置，单击“写入”按钮，如图6.5所示。

6 打开提示框，提示将删除U盘中的所有数据，要求用户确认是否继续操作，单击“是”按钮，如图6.6所示。

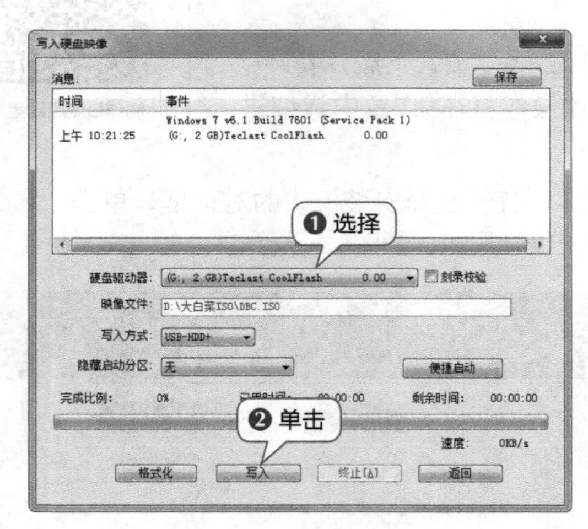

图6.5 选择U盘

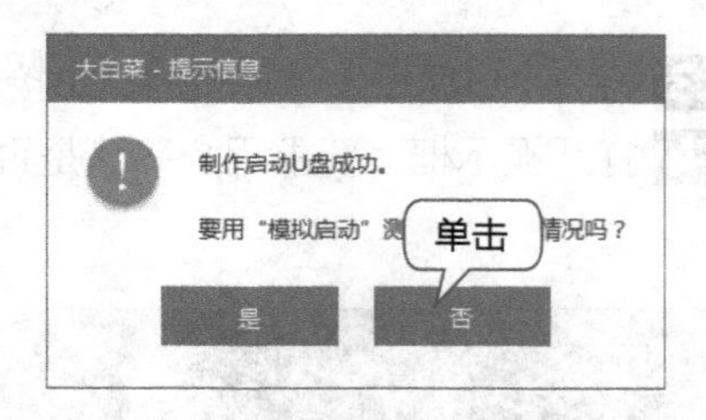

图6.6 继续操作

7 开始制作U盘启动盘，并显示制作进度，如图6.7所示。

8 完成后，将打开提示框提示启动U盘制作成功，单击“否”按钮放弃测试，如图6.8所示。

图6.7 显示制作的进度

大白菜 - 提示信息
制作启动U盘成功。

图6.8 完成制作

6.2.2 使用U盘启动计算机

Windows PE是作为独立的预安装环境和其他安装程序或恢复技术的完整组件使用的，通过U盘启动的Windows PE是用Windows PE定义制作的操作系统，可直接使用。下面使用U盘启动计算机并进入Windows PE操作系统，其具体操作如下。

1 首先需要启动计算机，在BIOS中设置U盘为第一启动驱动器（相关操作在上一章中已讲解，这里不再赘述），然后插入制作好的启动U盘，重新启动计算机，计算机将通过U盘中的启动程序来启动，进入启动程序的菜单选择界面，这里通过键盘上的方向键，选择“【02】大白菜WIN8 PE标准版（新机器）”选项，按“Enter”键，如图6.9所示。

2 计算机将自动进入Windows PE操作系统，如图6.10所示，在其中即可对计算机进行硬盘分区、格式化，以及操作系统的安装和系统备份等操作。另外，在计算机操作系统被破坏的情况下，也可以通过U盘启动计算机，对操作系统进行恢复和优化。

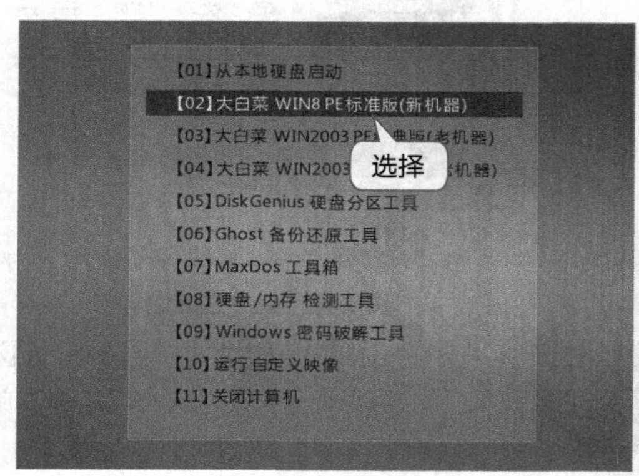

图6.9　选择版本

图6.10　进入Windows PE

6.3 对不同容量的硬盘进行分区

对于硬盘分区来说，2TB是个分水岭，针对不同容量的硬盘，其分区的操作也有不同之处。DiskGenius是Windows PE中自带的专业硬盘分区软件，可以对目前所有容量的硬盘进行分区，下面以该软件为例，介绍不同容量的硬盘分区方法。

6.3.1 使用DiskGenius为60GB硬盘分区

由于60GB容量是小于2TB的，因此本例对硬盘分区需要使用MBR的分区格式。下面就使用DiskGenius为60GB的硬盘进行分区，其具体操作如下。

扫一扫

使用DiskGenius为60GB硬盘分区

1 首先启动计算机，通过U盘启动进入Windows PE操作系统界面，双击“DiskGenius分区工具”图标。

2 打开DiskGenius软件的工作界面，在左侧的列表框中选择需要分区的硬盘，单击硬盘对应的区域，单击“新建分区”按钮，如图6.11所示。

3 打开“建立新分区”对话框，在“请选择分区类型”栏中单击选中“主磁盘分区”单选项，在“请选择文件系统类型”下拉列表中选择“NTFS”选项，在“新分区大小”数值框中输入“20”，在右侧的下拉列表中选择“GB”选项，单击“确定”按钮，如图6.12所示。

4 返回DiskGenius工作界面，即可看到已经划分好的硬盘主磁盘分区，单击空闲的硬盘空间，然后单击“新建分区”按钮，如图6.13所示。

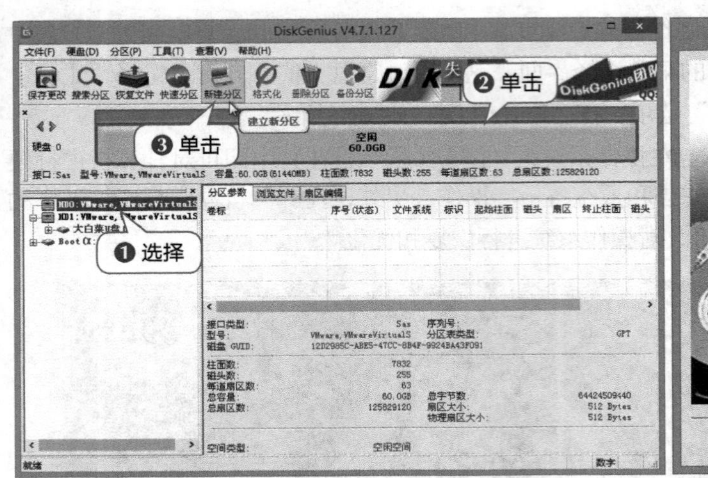

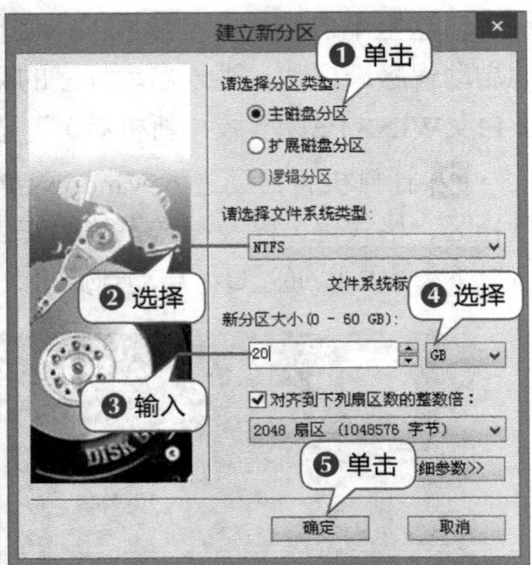

图6.11 选择分区的硬盘　　　图6.12 建立主磁盘分区

5 打开“建立新分区”对话框，在“请选择分区类型”栏中单击选中“扩展磁盘分区”单选项，在“新分区大小”数值框中输入“40”，在右侧的下拉列表中选择“GB”选项，单击“确定”按钮，如图6.14所示。

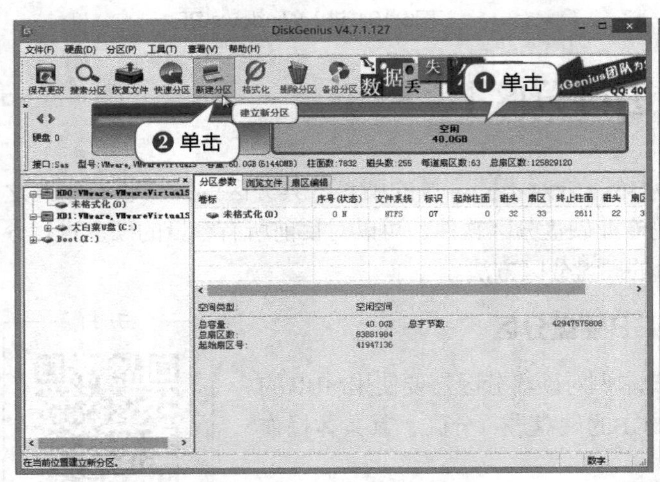

图6.13 选择空闲硬盘空间　　　图6.14 建立扩展磁盘分区

6 返回DiskGenius工作界面，即可看到已经将选择的硬盘空闲分区划分为扩展硬盘分区，继续单击空闲的硬盘空间，单击“新建分区”按钮，如图6.15所示。

7 打开“建立新分区”对话框，在“请选择分区类型”栏中单击选中“逻辑分区”单选项，在“请选择文件系统类型”下拉列表中选择“NTFS”选项，在“新分区大小”数值框中输入“10”，在右侧的下拉列表中选择“GB”选项，单击“确定”按钮，如图6.16所示。

8 返回DiskGenius工作界面，即可看到已经将选择的硬盘空闲分区划分出一个逻辑分区，继续单击剩余的空闲硬盘空间，单击“新建分区”按钮，如图6.17所示。

9 打开“建立新分区”对话框，在“请选择分区类型”栏中单击选中“逻辑分区”单选项，在“请选择文件系统类型”下拉列表中选择“NTFS”选项，在“新分区大小”数值框中输入“30”，在右侧的下拉列表中选择“GB”选项，单击“确定”按钮，如图6.18所示。

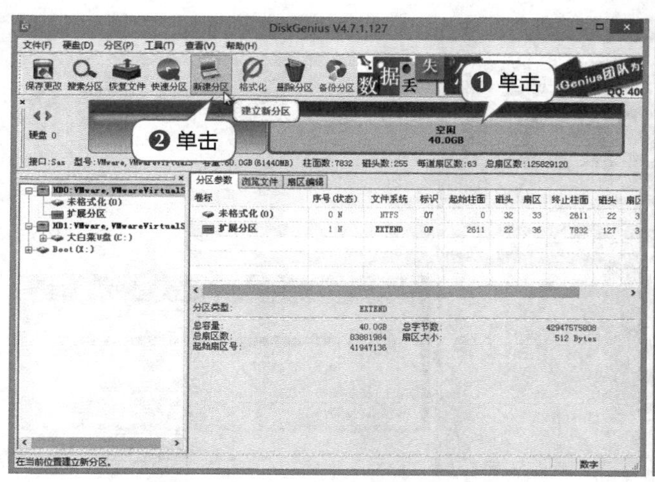

图6.15　继续硬盘分区

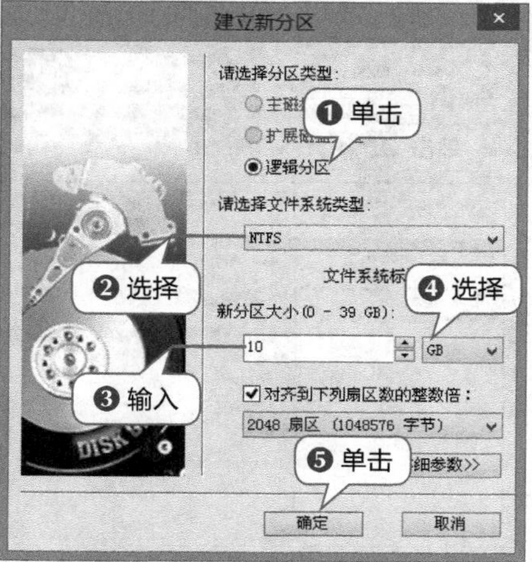

图6.16　建立第一个逻辑分区

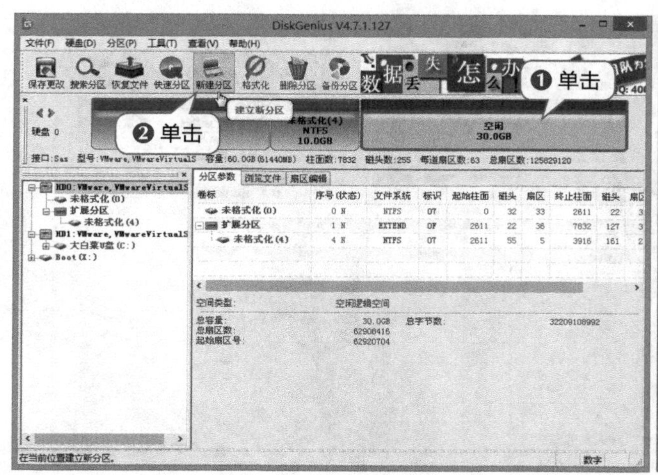

图6.17　继续硬盘分区

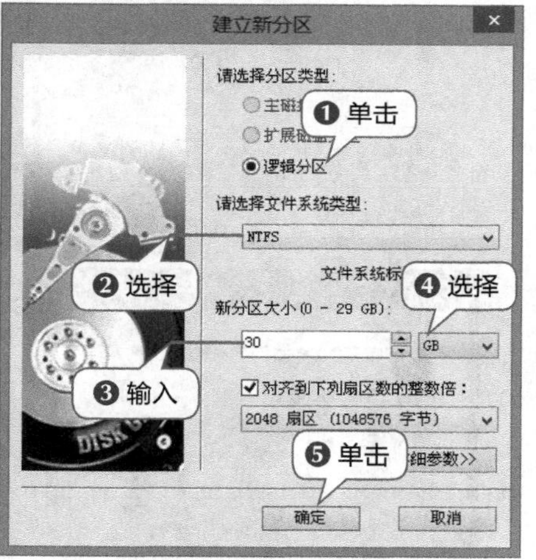

图6.18　建立第二个逻辑分区

提示：很多2TB以上的大容量硬盘都会自带硬盘分区工具软件，如希捷硬盘的DiscWizard工具软件，无论是在Windows XP还是Windows 7操作系统中，无论主板BIOS是否支持UEFI，利用DiscWizard工具软件都可以实现让希捷2TB以上的大容量硬盘作为数据盘或者系统盘的分区操作。

10 返回DiskGenius工作界面，即可看到已经将硬盘划分为3个分区，单击“保存更改”按钮，如图6.19所示。

11 打开提示框，要求用户确认是否保存分区的更改，单击“是”按钮，如图6.20所示。

12 打开提示框，询问用户是否对新建立的硬盘分区进行格式化，单击“否”按钮，如图6.21所示。

13 返回DiskGenius工作界面，即可看到硬盘分区的最终效果，如图6.22所示。

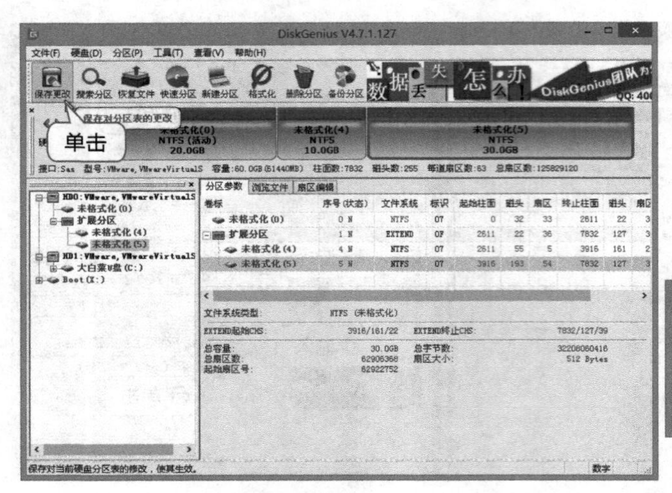

图6.19　保存更改

DiskGenius

确定要保存对分区表的所有更改吗？所做更改将立即生效。

是(Y)　否(N)

单击

图6.20　确认更改

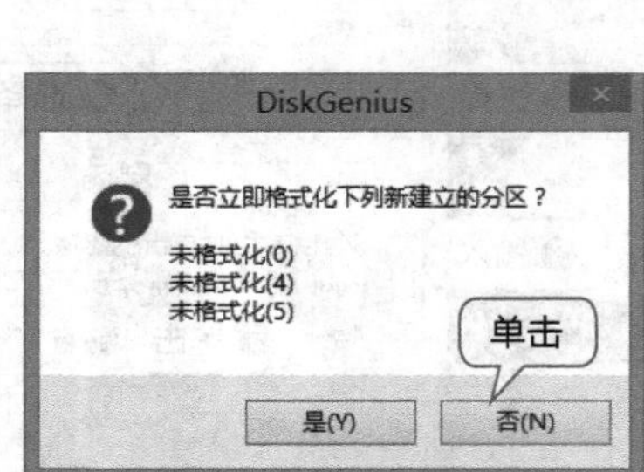

图6.21　是否格式化分区

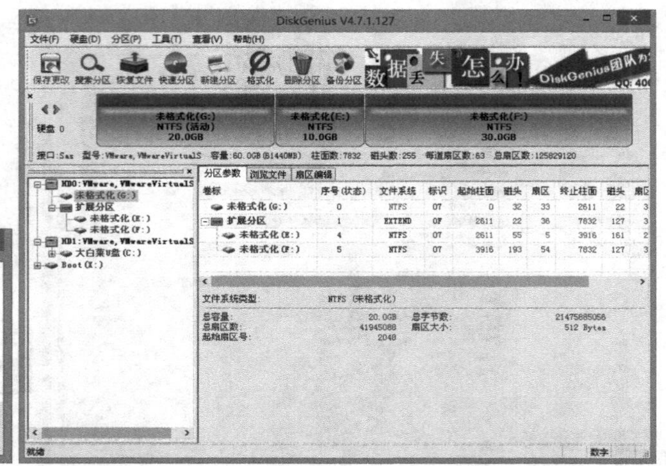

图6.22　查看分区的效果

6.3.2 使用DiskGenius为6TB硬盘分区

使用DiskGenius为6TB硬盘分区

6TB的硬盘需要使用GPT的分区格式，下面使用DiskGenius为6TB的硬盘进行分区，为了区别上一种分区方式，这里采用自动快速分区的方法，将硬盘分为两个区，其具体操作如下。

1 利用U盘启动计算机并进入Windows PE操作系统，启动并打开DiskGenius软件的工作界面，在左侧的列表框中选择需要分区的硬盘，单击硬盘对应的区域，单击“快速分区”按钮，如图6.23所示。

2 打开“快速分区”对话框，在左侧的“分区表类型”栏中单击选中“GUID”单选项，在“分区数目”栏中单击选中“自定”单选项，在右侧的下拉列表中选择“2”选项，在“高级设置”栏的第一行的文本框中输入“2000”，在右侧的“卷标”下拉列表中选择“系统”选项，在“高级设置”栏的第二行的文本框中输入“4000”，在右侧的“卷标”下拉列表中选择“数据”选项，单击选中“对齐分区到此扇区数的整数倍”复选框，单击“确定”按钮，如图6.24所示。

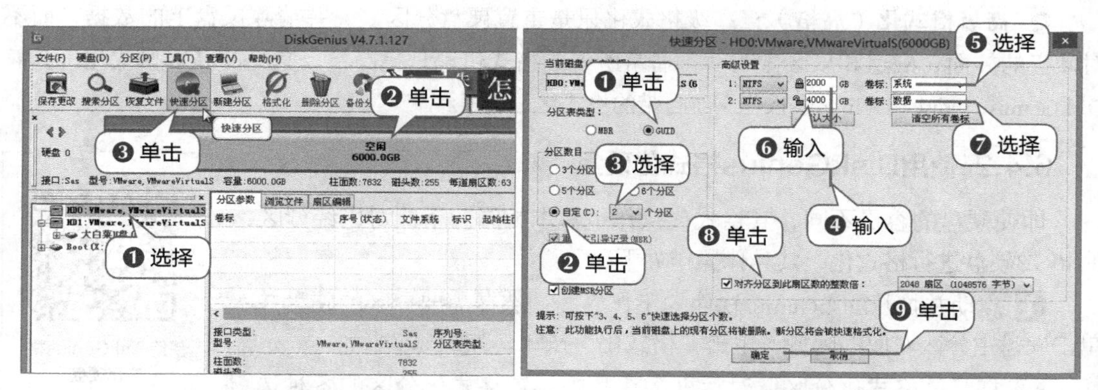

图6.23 选择需要分区的硬盘　　　图6.24 设置分区

3 DiskGenius开始按照设置对硬盘进行快速分区，分区完成后，将自动对分区进行格式化操作，如图6.25所示。

4 返回DiskGenius工作界面，即可看到硬盘分区的最终效果，如图6.26所示。

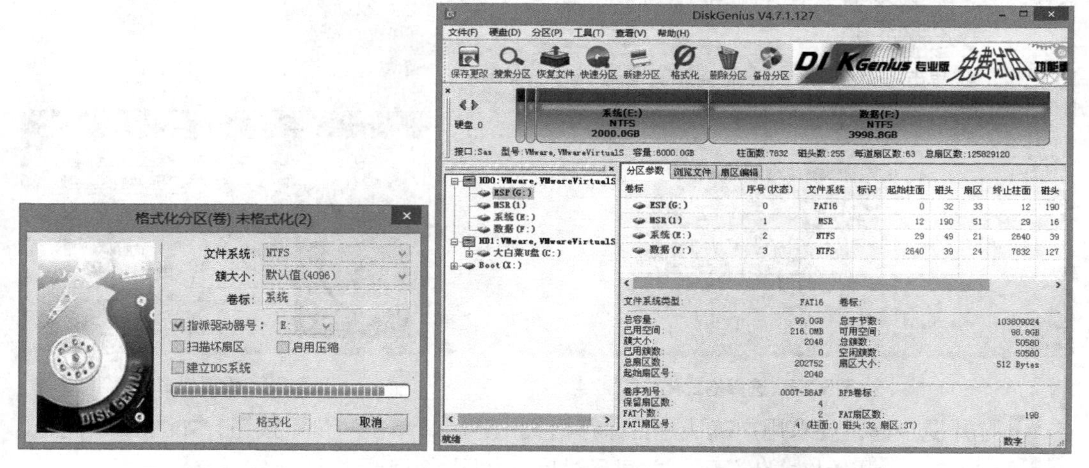

图6.25 开始分区　　　图6.26 查看分区的效果

6.4 格式化TB硬盘

硬盘格式化是指对创建的分区进行初始化，并确定数据的写入区，只有经过格式化的分区，才可以安装软件和存储数据。如果是对已经写入数据的硬盘分区执行格式化操作，将会清除已存储数据分区中的所有内容。

6.4.1 格式化硬盘的类型

格式化硬盘通常有两种类型，即常说的低格和高格。

◎ **低级格式化（低格）：** 低级格式化又叫物理格式化，它将空白的磁盘划分出柱面和磁道，再将磁道划分为若干个扇区。硬盘在出厂时已经进行过低级格式化操作，常见的低级格式化工具有

LFormat、DM和硬盘厂商们推出的各种硬盘工具等。

◎ **高级格式化（高格）：** 高级格式化只是重置硬盘分区表，并清除硬盘上的数据，而不对硬盘的柱面、磁道和扇区做改动。通常所说的格式化都是指高格，常见的高级格式化工具有DiskGenius、Fdisk和Windows操作系统自带的格式化工具等。

6.4.2 使用DiskGenius格式化硬盘

即使硬盘的容量不同，其格式化操作也基本相同。下面对已经分区的60GB硬盘进行格式化，其具体操作如下。

1 启动并打开DiskGenius软件的工作界面，选择需要分区的硬盘并单击硬盘主分区对应的区域，单击“格式化”按钮，如图6.27所示。

2 打开“格式化分区”对话框，在其中设置格式化分区的各种选项，这里保持默认设置，单击“格式化”按钮，如图6.28所示。

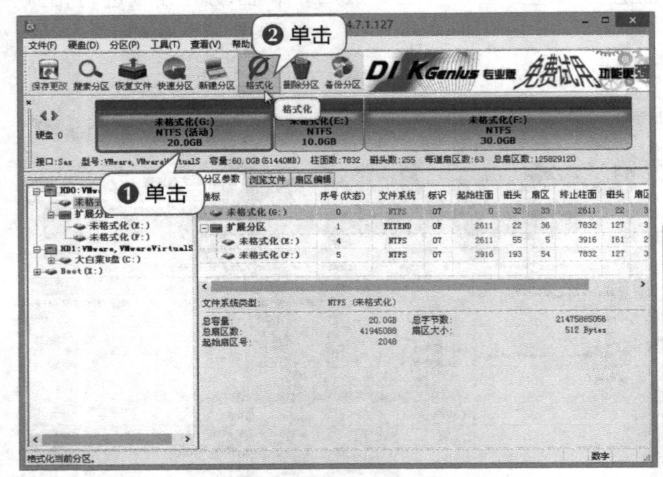

图6.27 选择格式化分区

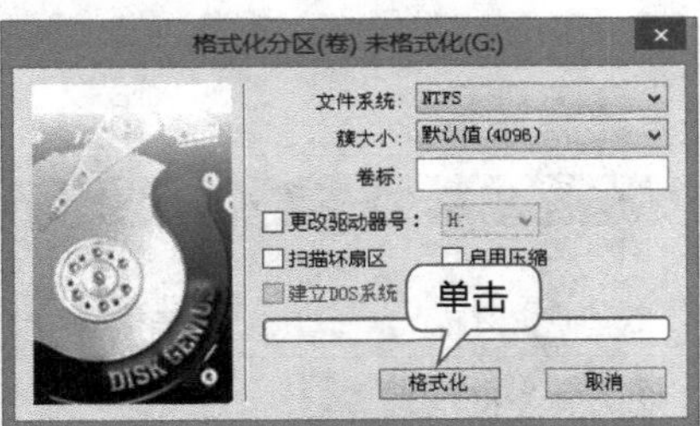

图6.28 设置格式化

3 打开提示框，要求用户确认是否保存格式化分区，单击“是”按钮，如图6.29所示。

4 DiskGenius开始格式化分区，并显示进度，如图6.30所示。

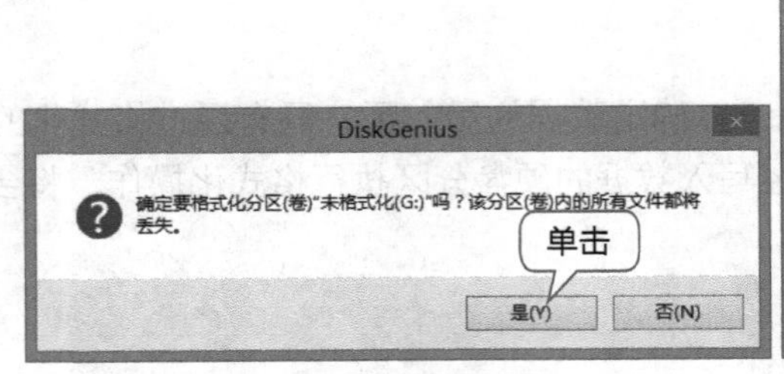

图6.29 确认格式化

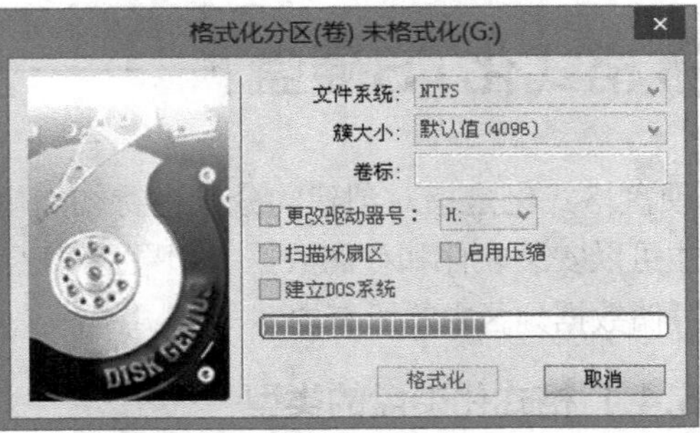

图6.30 开始格式化

5 返回DiskGenius软件的工作界面，可以看到系统分区已经完成格式化，如图6.31所示。

6 使用相同的方法继续进行格式化操作，将其他两个硬盘分区格式化，完成格式化操作的最终效果如图6.32所示。

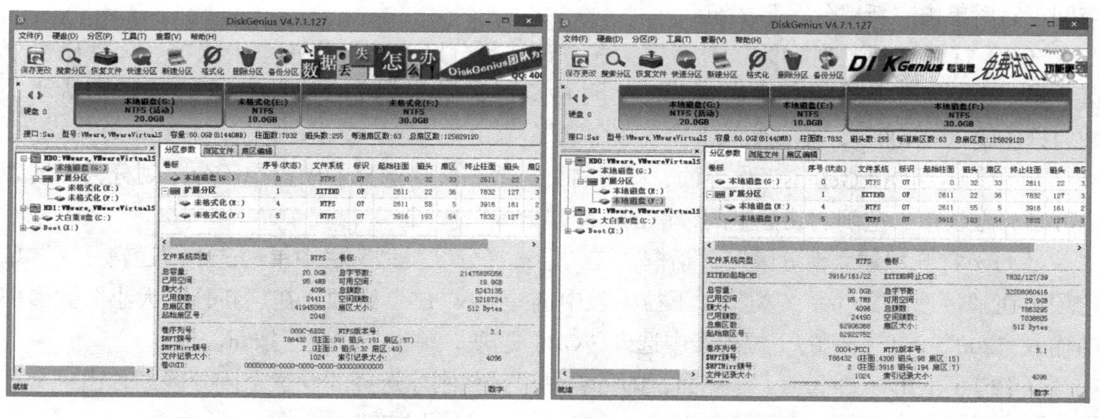

图6.31 查看格式化效果

图6.32 完成格式化操作

6.5 应用实训——使用U盘启动计算机并对硬盘分区

扫一扫

使用U盘启动计算机并对硬盘分区

使用U盘启动计算机，并对硬盘进行分区和格式化，是组装计算机的基本操作之一，也是学习计算机组装和维护的必备技能。下面利用U盘来制作系统启动盘，并通过U盘启动盘中的Windows PE系统，启动DiskGenius对一个600GB的硬盘进行分区。本实训的操作思路如下。

（1）打开大白菜官网，下载并安装U盘启动盘的制作软件，启动安装好的U盘启动盘制作工具软件，打开选择安装模式的对话框，单击“ISO模式”选项卡，其他保持默认设置，单击“开始制作”按钮。

（2）将U盘插入计算机的USB接口，打开提示框，要求用户确认是否开始制作，单击“确定”按钮，打开“写入硬盘映像”对话框，在“硬盘驱动器”下拉列表框中选择创建启动盘的U盘驱动器，其他保持默认设置，单击“写入”按钮。

（3）打开提示框，提示将删除U盘中的所有数据，要求用户确认是否继续操作，单击“是”按钮，开始制作U盘启动盘，并显示制作的进度，完成后，将打开提示框提示启动U盘制作成功，单击“否”按钮。

（4）在BIOS中设置U盘为第一启动驱动器，然后插入制作好的启动U盘，重新启动计算机，计算机将通过U盘中的启动程序来启动，进入启动程序的菜单选择界面，这里通过键盘上的方向键，选择“【02】大白菜WIN8 PE标准版（新机器）”选项，按“Enter”键。

（5）计算机将自动进入Windows PE操作系统，双击“DiskGenius分区工具”图标。

（6）打开DiskGenius软件的工作界面，左侧的列表框中选择需要分区的硬盘；单击硬盘对应的区域；单击“新建分区”按钮。

（7）打开“建立新分区”对话框，在“请选择分区类型”栏中单击选中“主磁盘分区”单选项，在“请选择文件系统类型”下拉列表中选择“NTFS”选项，在“新分区大小”数值框中输入“200”，在右侧的下拉列表中选择“GB”选项，单击“确定”按钮。

（8）返回DiskGenius工作界面，即可看到已经划分好的硬盘主磁盘分区，单击空闲的硬盘空间，然后单击“新建分区”按钮。

（9）打开“建立新分区”对话框，在“请选择分区类型”栏中单击选中“扩展磁盘分区”单选项，在“请选择文件系统类型”下拉列表中选择“Extend”选项，在“新分区大小”数值框中输入“400”，在右侧的下拉列表中选择“GB”选项，单击“确定”按钮。

（10）返回DiskGenius工作界面，即可看到已经将刚才选择的硬盘空闲分区划分为扩展硬盘分区，继续单击空闲的硬盘空间，单击“新建分区”按钮。

（11）打开“建立新分区”对话框，在“请选择分区类型”栏中单击选中“逻辑分区”单选项；在“请选择文件系统类型”下拉列表中选择“NTFS”选项，在“新分区大小”数值框中输入“200”，在右侧的下拉列表中选择“GB”选项，单击“确定”按钮。

（12）返回DiskGenius工作界面，即可看到已经将刚才选择的硬盘空闲分区划分出一个逻辑分区，继续单击剩余的空闲硬盘空间，单击“新建分区”按钮。

（13）打开“建立新分区”对话框，在“请选择分区类型”栏中单击选中“逻辑分区”单选项，在“请选择文件系统类型”下拉列表中选择“NTFS”选项，在“新分区大小”数值框中输入“200”，在右侧的下拉列表中选择“GB”选项，单击“确定”按钮。

（14）返回DiskGenius工作界面，即可看到已经将硬盘划分为3个分区，单击“保存更改”按钮，打开提示框，要求用户确认是否保存分区的更改，单击“是”按钮，打开提示框，询问用户是否对新建立的硬盘分区进行格式化，单击“否”按钮。

（15）返回DiskGenius工作界面，选择需要分区的硬盘并单击硬盘主分区对应的区域；单击“格式化”按钮。

（16）打开“格式化分区”对话框，在其中设置格式化分区的各种选项，这里保持默认设置，单击“格式化”按钮。

（17）打开提示框，要求用户确认是否保存格式化分区，单击“是”按钮，DiskGenius开始格式化分区，并显示进度，完成后返回DiskGenius软件的工作界面。

（18）使用相同的方法继续进行格式化操作，将其他两个硬盘分区格式化。

6.6 拓展练习

（1）在某台计算机中，使用DiskGenius对其中的硬盘进行分区，要求划分2个主分区、1个逻辑分区，然后对这些分区进行格式化。

（2）尝试使用其他软件对硬盘进行分区和格式化操作，如Fdisk或Windows自带的分区工具。

第7章 安装操作系统和常用软件

7.1 U盘安装32/64位Windows 7操作系统

操作系统是计算机软件的核心，是计算机能正常运行的基础，没有操作系统，计算机将无法完成任何工作，其他应用软件只能在安装操作系统后再进行安装，没有操作系统的支持，应用软件也不能发挥作用。Windows系列操作系统是目前的主流操作系统，使用较多的版本是Windows XP、Windows 7和Windows 10。

7.1.1 操作系统的安装方式

操作系统的安装方式通常有两种，分别是升级安装和全新安装，其中全新安装又分为使用光盘安装和使用U盘安装两种。

1. 升级安装

升级安装是在计算机中已安装有操作系统的情况下，将其升级为更高版本的操作系统。但是，由于升级安装会保留已安装系统的部分文件，为避免旧系统中的问题遗留到新的系统中，建议删除旧系统，使用全新的安装方式。

2. 全新安装

全新安装是在计算机中没有安装任何操作系统的基础上安装一个全新的操作系统。

◎ **光盘安装：**购买正版的操作系统安装光盘，将其放入光驱，通过该安装光盘启动计算机，然后将光盘中的操作系统安装到计算机硬盘的系统分区中，这也是过去很长一段时间里最常用的操作系统安装方式。

◎ **U盘安装：**是一种目前非常流行的操作系统安装方式，首先从网上下载正版的操作系统安装文件，将其放置到硬盘或移动存储设备中，然后通过U盘启动计算机，在Windows PE操作系统中找到安装文件，通过该安装文件安装操作系统。

7.1.2 Windows 7操作系统对硬件配置的要求

Windows操作系统对于计算机硬件配置的要求可分为两种：一种是Microsoft官方要求的最低配置；另一种是能够得到较满意运行效果的推荐配置（工作中建议采用）。Windows 7操作系统配置的具体要求如下。

◎ **CPU：**1GHz 或更快的 32 位（x86）或64 位（x64）。

◎ **内存：**1GB RAM（32 位）或 2GB RAM（64 位）。

◎ **硬盘：**16 GB 可用硬盘空间（32 位）或 20 GB 可用硬盘空间（64 位）。

◎ **显卡：**DirectX 9 图形设备（WDDM 1.0 或更高版本的驱动程序）。

7.1.3 Windows 7操作系统版本

Windows 7操作系统的版本主要有6种，不同的版本，其功能、定位和价格等都不同，根据需要进行选择。

◎ **Windows7 Starter:** Windows 7 简易版或初级版，是功能最少的Windows 7 版本，可以加入家庭组，任务栏上有变化，有Jump List菜单，但没有Aero效果，仅限于上网本市场。

◎ **Windows 7 Home Basic:** Windows 7家庭普通版，也叫家庭基础版，主要针对中低级的家庭计算机，因此也没有Windows Aero功能，仅限于新兴市场来发布。

◎ **Windows 7 Home Premium:** Windows 7家庭高级版，是针对家用主流计算机市场而开发的版本，它包含了各种Windows Aero功能、Windows Media Center媒体中心和触控屏幕的控制功能，在美化效果上也较突出，因此该版本得到大部分家庭用户的青睐。

◎ **Windows 7 Professional:** Windows 7专业版，主要是面向小企业用户和计算机爱好者，不仅包含了家庭高级版的所有功能，同时还增加了包括远程桌面、服务器、加密的文件系统、展示模式、位置识别打印和软件限制方针以及Windows XP模式等在内的新功能，是目前使用最多的版本之一，如图7.1所示。

◎ **Windows 7 Enterprise:** Windows 7企业版，提供一系列企业级增强功能，如内置或外置驱动器数据保护的BitLocker、锁定非授权软件运行的AppLocker、无缝连接基于Windows Server 2008 R2企业网络的DirectAccess，以及Windows Server 2008 R2网络缓存等，主要应用于企业和服务器相关的应用，使用范围相对较小。

◎ **Windows 7 Ultimate:** Windows 7旗舰版，是授权给一般用户使用的高级版本，包括Windows 7企业版的所有功能，是Windows 7 各版本中最为灵活、强大的一个版本，是目前使用最多的另一个版本之一，如图7.2所示。

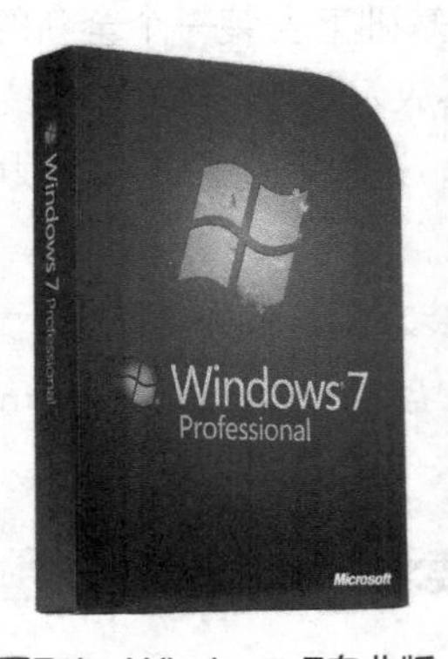

图7.1 Windows 7专业版

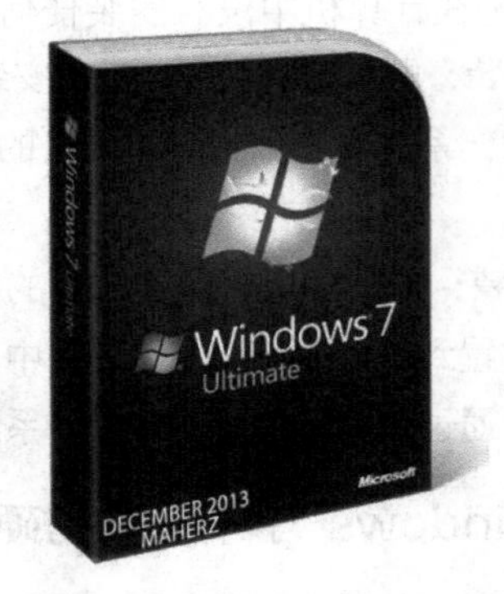

图7.2 Windows 7旗舰版

7.1.4 安装32/64位Windows 7操作系统

扫一扫

安装32/64位Windows 7操作系统

操作系统的位数与CPU的位数相同，在64位CPU的计算机中需要安装64位的操作系统才能发挥其最佳性能（可以安装32位操作系统，但64位效能就会大打折扣），而在32位CPU的计算机中只能安装32位的操作系统。32/64位操作系统的安装操作基本一致，下面用U盘在计算机中安装64位Windows 7操作系统，其具体操作如下。

1 首先在网上下载64位的Windows 7操作系统安装文件，将其保存到U盘中，如图7.3所示。

2 通过U盘启动盘来启动计算机，进入启动程序的菜单选择界面，这里通过键盘上的方向键，选择“【02】大白菜WIN8 PE标准版（新机器）”选项，按“Enter”键，如图7.4所示。

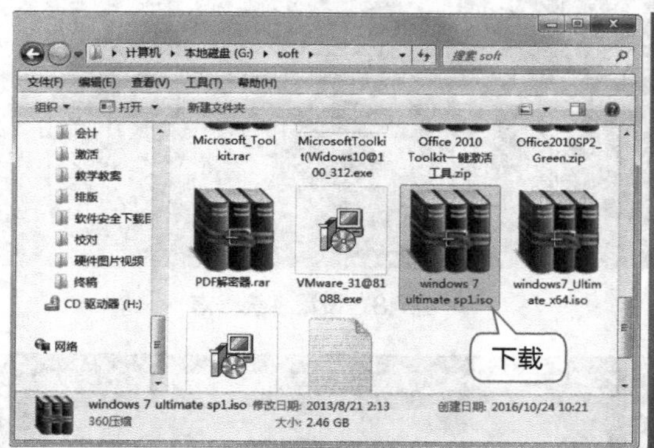

图7.3　下载安装程序

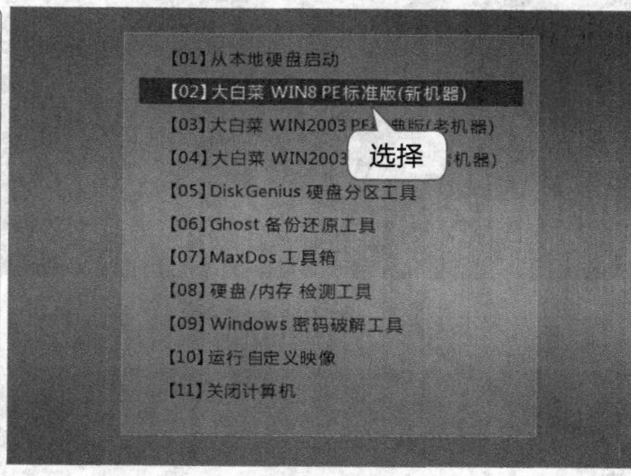

图7.4　选择操作

3 计算机将自动进入Windows PE操作系统，如图7.5所示，双击“计算机”图标。

4 在U盘中找到Windows 7的安装文件，双击该安装文件，如图7.6所示。

图7.5　进入Windows PE

图7.6　开始安装

5 打开压缩文件窗口，找到其中的“Setup. exe”安装程序，双击进行安装。这时将对硬盘进行检测，屏幕中将显示安装程序正在加载安装需要的文件，如图7.7所示。

6 文件复制完成后将运行Windows 7的安装程序，在打开的窗口中进行设置，这里保持默认设置，单击“下一步”按钮，如图7.8所示。

7 在打开的对话框中单击“现在安装”按钮，安装Windows 7，如图7.9所示。

8 打开“请阅读许可条款”对话框，单击选中“我接受许可条款”复选框，单击“下一步”按钮，如图7.10所示。

9 打开“您想进行何种类型的安装”对话框，单击相应的选项，如图7.11所示。

10 在打开的“您想将Windows安装在何处？”对话框中选择安装Windows 7的磁盘分区，单击“下一步”按钮，如图7.12所示。

图7.7　载入光盘文件

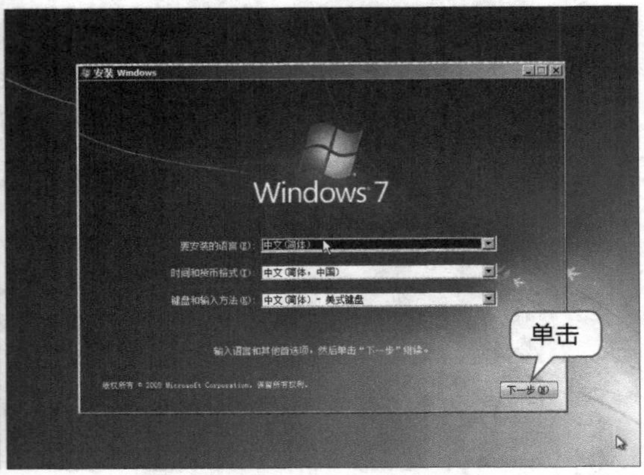

图7.8　设置系统语言

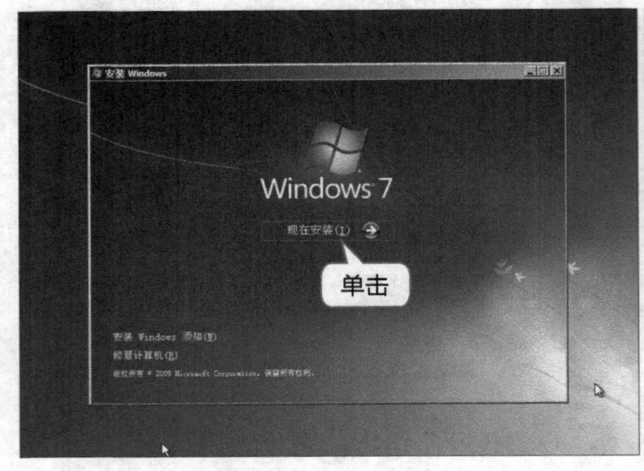

图7.9　开始安装

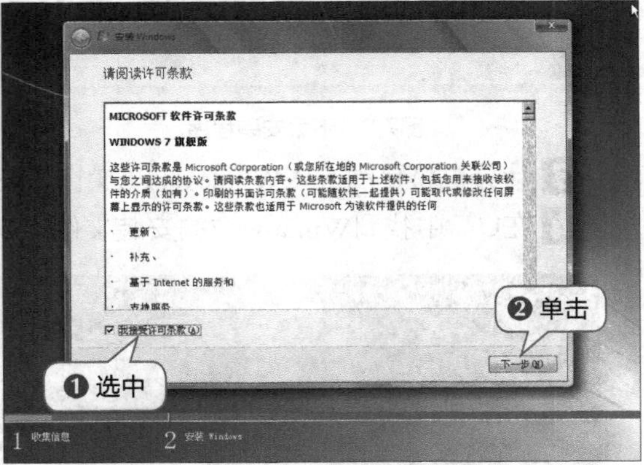

图7.10　接受许可条款

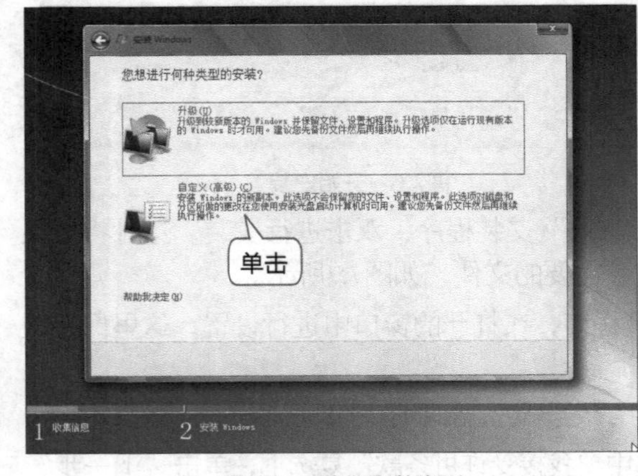

图7.11　选择安装类型

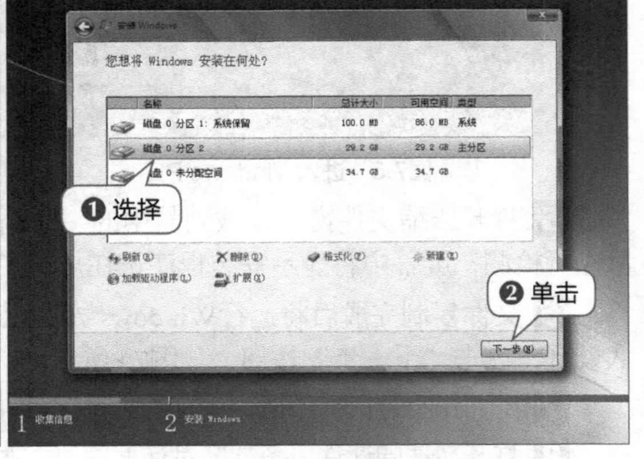

图7.12　选择安装的磁盘分区

11 在打开的“正在安装Windows”对话框中将显示安装进度，如图7.13所示。

12 在安装过程中将显示一些安装信息，包括更新注册表设置和正在启动服务等，用户只需等待自动安装即可，如图7.14所示。

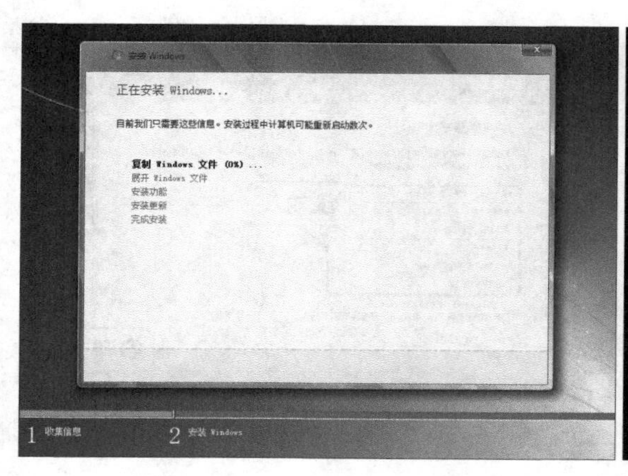

图7.13　正在安装

图7.14　更新注册表

13 在安装复制文件的过程中会要求重启计算机，约10秒后会自动重启，重启后将继续进行安装，如图7.15所示表示正在进行最后的安装。

14 安装完成后将提示“安装程序将在重启您的计算机后继续”，如图7.16所示。

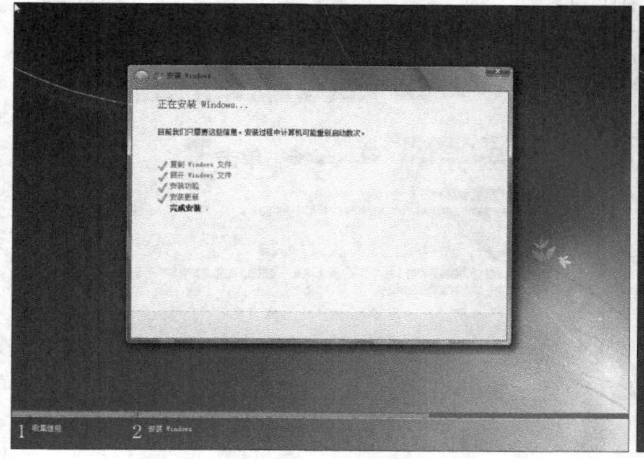

图7.15　继续安装

安装程序将在重新启动您的计算机后继续

图7.16　重启计算机

15 重启计算机后，将打开设置用户名的对话框，如图7.17所示，在“键入用户名”文本框中输入用户名，在“键入计算机名称”文本框中输入该台计算机在网络中的标识名称，单击“下一步”按钮。

16 在打开的“为账户设置密码”对话框的“键入密码”“再次键入密码”和“键入密码提示”文本框中输入用户密码和密码提示，单击“下一步”按钮，如图7.18所示。

17 打开“键入您的Windows产品密钥”对话框，如图7.19所示，在“产品密钥”文本框中输入产品密钥，单击选中“当我联机时自动激活Windows”复选框，单击“下一步”按钮。

提示：产品密钥就是软件的产品序列号，一般在安装光盘包装盒的背面。正版操作系统的安装光盘背面有一张黄色的不干胶贴纸，上面的25位数字和字母的组合就是产品密匙。

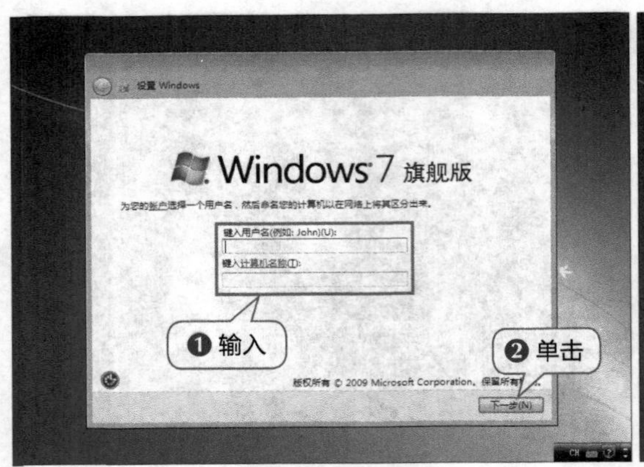

图7.17　设置用户名

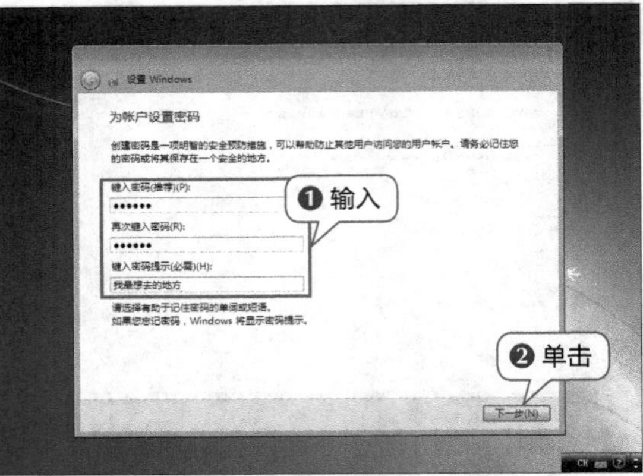

图7.18　设置密码

18 在打开的“帮助自动保护Windows”对话框中设置系统保护与更新，选择“使用推荐设置”选项，如图7.20所示。

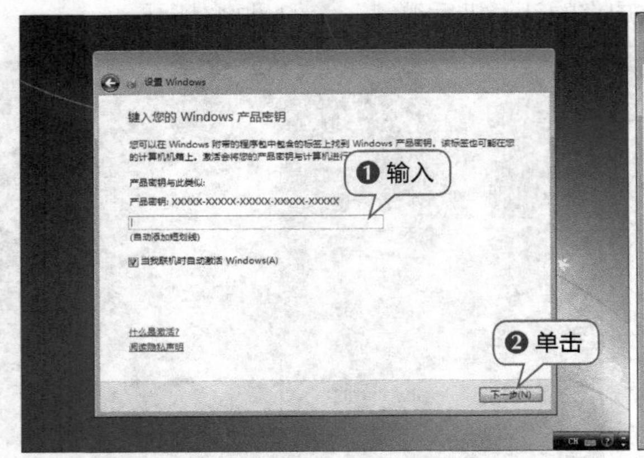

图7.19　输入产品密钥

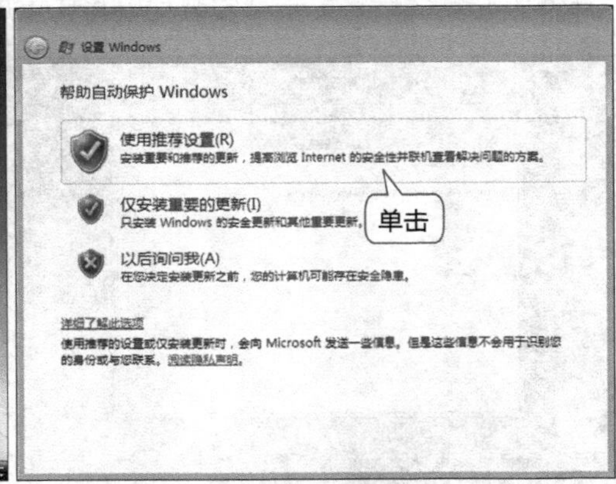

图7.20　设置自动更新

19 打开“查看时间和日期设置”对话框，在“时区”下拉列表框中选择“(UTC+08:00)北京，重庆，香港特别行政区，乌鲁木齐”选项，然后设置正确的日期和时间，单击“下一步”按钮，如图7.21所示。

20 在打开的“请选择计算机当前的位置”对话框中设置计算机当前所在位置，这里选择“公共场所”选项，如图7.22所示。

21 在打开的“设置Windows”对话框中进行Windows 7的设置，如图7.23所示。

22 此时将登录Windows 7并显示正在进行个性化设置，稍后即可进入Windows 7操作系统，如图7.24所示。

23 在登录Windows 7操作系统时若设置了用户密码，需在登录界面中输入用户密码后，再按“Enter”键登录，如图7.25所示。

24 登录完成后将显示出Windows 7操作系统的系统桌面，基本完成Windows 7的安装，如图7.26所示，接下来还需要激活操作系统。

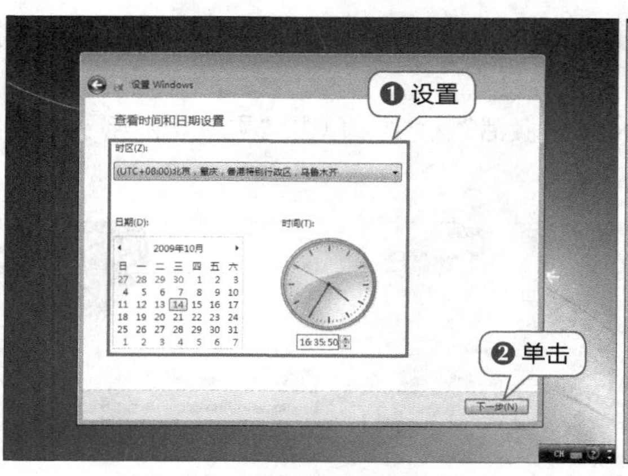

图7.21　设置系统时间

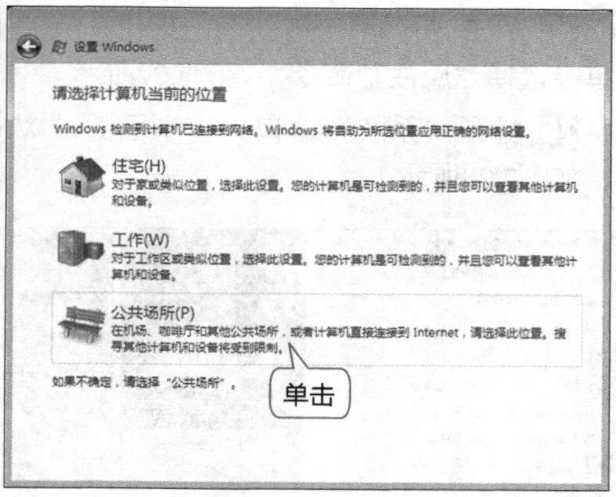

图7.22　设置网络

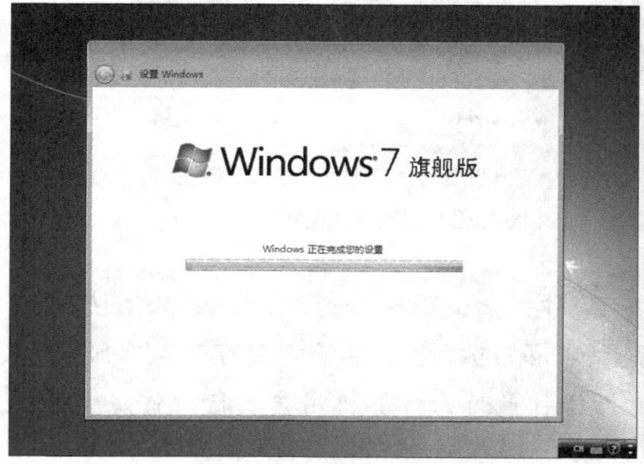

图7.23　完成设置

图7.24　个性化设置

图7.25　登录系统

图7.26　显示桌面

提示：所有的正版Windows操作系统都只有30天的试用期，没有连接Internet则不能进行激活。对于没有激活的系统，当30天试用期过后，除了激活功能之外其他所有功能都将被禁用。

25 单击“开始”按钮，在打开菜单中的“计算机”命令上单击鼠标右键，在弹出的快捷菜单中选择“属性”命令，如图7.27所示。

26 打开“系统”窗口，在下面的“Windows激活”栏中，单击“更改产品密钥”超链接，如图7.28所示。

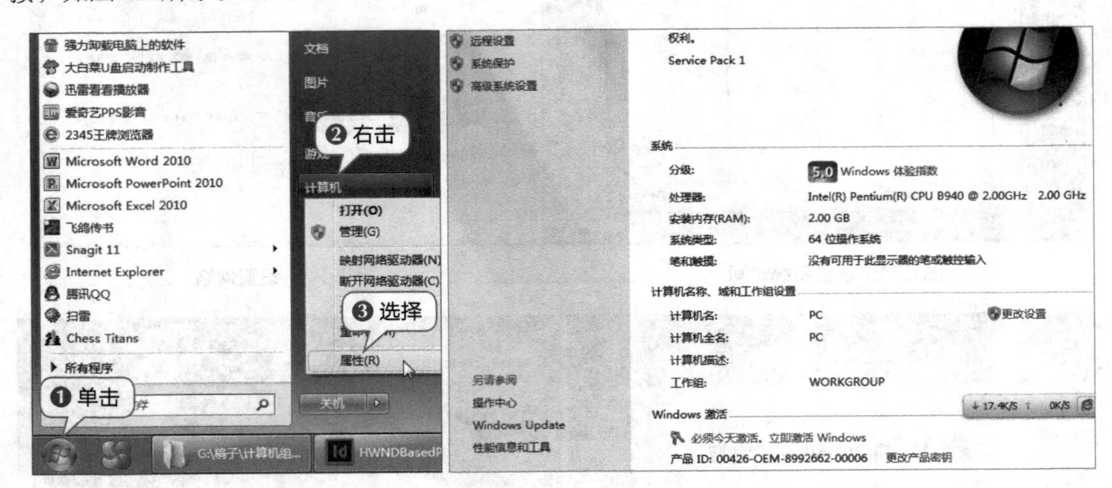

图7.27　选择操作　　　　图7.28　更改产品密钥

> 提示：激活Windows操作系统的方式有两种，如果选择普通激活，则必须使计算机连接到Internet，通过产品密钥进行激活；如果选择电话激活，则可致电客服代表，号码可以在光盘包装盒的背面找到，激活操作最好由计算机用户自行操作。

27 打开“Windows激活”对话框，在“产品密钥”文本框中输入产品密钥，单击“下一步”按钮，如图7.29所示。

28 操作系统开始进行激活操作，过程大约需要几分钟，且需要计算机连接到Internet，完成后返回“系统”窗口，在下面的“Windows激活”栏中显示操作系统已激活，如图7.30所示。

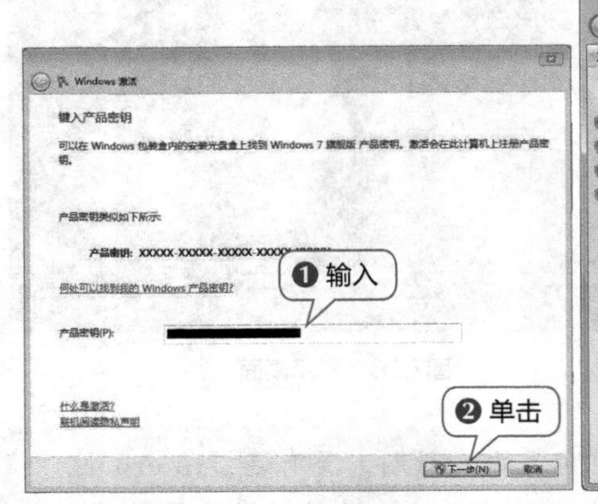

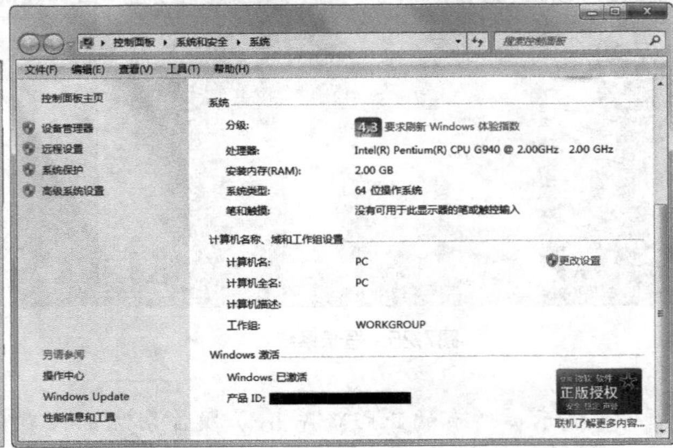

图7.29　输入产品密钥　　　　图7.30　完成激活

7.2 安装硬件的驱动程序

驱动程序是设备驱动程序（Device Driver）的简称，它是添加到操作系统中的一小段代码，作用是向操作系统解释如何使用该硬件设备，其中包含相关硬件设备的信息。如果没有驱动程序，计算机中的硬件就无法正常工作。单击“开始”按钮，在打开的菜单中的“计算机”命令上单击鼠标右键，在弹出的快捷菜单中选择“属性”命令，在打开的“系统”窗口左侧的任务窗格中单击“设备管理器”超链接，打开“设备管理器”窗口，可在其中查看计算机中已经安装了的硬件设备及驱动程序，如图7.31所示。

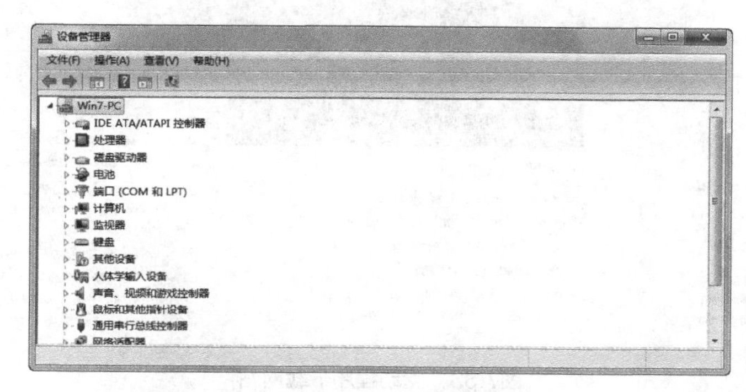

图7.31 “设备管理器”窗口

7.2.1 从光盘和网上获取驱动程序

获取硬件驱动程序主要有两种方法：一是购买硬件时附带的安装光盘；二是从网上下载。

1. 安装光盘

在购买硬件设备时，其包装盒内通常会附带一张安装光盘，通过该光盘便可进行硬件设备的驱动安装。用户需妥善保管驱动程序的安装光盘，方便以后重装系统时再次安装驱动程序，图7.32所示为主板盒中的驱动光盘和说明书。

图7.32 主板驱动光盘和说明书

2. 网络

网络已经成为人们工作和生活的一部分，在网络中可方便地获取各种资源，驱动程序也不例外，通过网络可查找和下载各种硬件设备的驱动程序。在网上主要可通过以下两种方式获取硬件的驱动程序。

◎ **访问硬件厂商的官方网站：** 当硬件的驱动程序有新版本发布时，在其官方网站中都可找到。

◎ **访问专业的驱动程序下载网站：** 最著名的专业驱动程序下载网站是“驱动之家”（http://drivers.mydrivers.com/），在该网站中几乎能找到所有硬件设备的驱动程序，并且有多个版本供用户选择，如图7.33所示。

图7.33　驱动程序下载网站

3. 选择驱动程序的版本

同一个硬件设备的驱动程序在网上会有很多版本，如公版、非公版、加速版、测试版和WHQL版等，用户可以根据需要及硬件的具体情况，下载不同的版本进行安装。

◎ **公版：** 由硬件厂商开发的驱动程序，具有最大的兼容性，适合使用该硬件的所有产品。例如，NVIDIA官方网站下载的所有显卡驱动都属于公版。

◎ **非公版：** 由硬件厂商为其生产的产品量身定做的驱动程序，这类驱动程序会根据具体硬件产品的功能进行改进，并加入一些调节硬件属性的工具，最大限度地提高该硬件产品的性能。这类驱动只有微星和华硕等知名大厂才具有实力开发。

◎ **加速版：** 是由硬件爱好者对公版驱动程序进行改进后产生的版本，其目的是使硬件设备的性能达到最佳，不过其兼容性和稳定性要低于公版和非公版驱动程序。

◎ **测试版：** 硬件厂商在发布正式版驱动程序前会提供测试版驱动程序供用户测试，这类驱动分为Alpha版和Beta版，其中Alpha版是厂商内部人员自行测试版本，Beta版是公开测试版本。此类驱动程序的稳定性未知，适合喜欢尝新的用户。

◎ **WHQL版：** WHQL（Windows Hard-ware Quality Labs，Windows硬件质量实验室）主要负责测试硬件驱动程序的兼容性和稳定性，验证其是否能在Windows系列操作系统中稳定运行。该版本的特点是通过了WHQL认证，最大限度地保证了操作系统和硬件的稳定运行。

扫一扫

通过光盘安装驱动程序

7.2.2 通过光盘安装驱动程序

Windows操作系统通常会自动识别计算机硬件并安装驱动程序，但为了保证发挥各个硬件的性能，通常都需要利用安装光盘为显卡和主板等硬件安装驱动程序。下面就以安装某款显卡的驱动程序为例进行介绍，其具体操作如下。

1 将显卡驱动光盘放入光驱，操作系统将自动启动显卡驱动的安装程序，单击“简易安装”超链接，如图7.34所示。

2 进入驱动版本选择界面，单击“Windows 7/8/8.1/Vista”超链接，如图7.35所示。

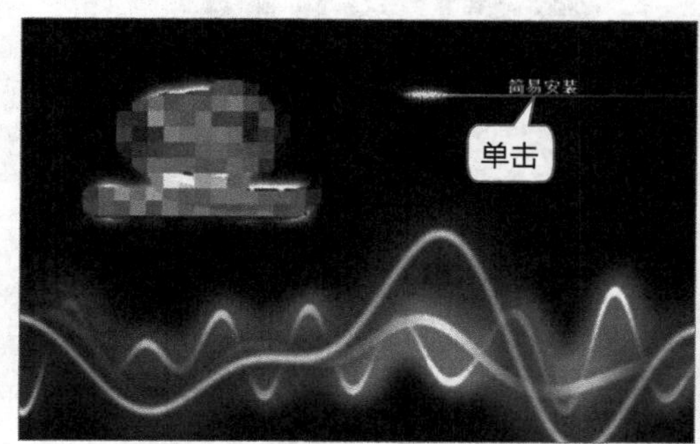

图7.34　显卡驱动安装程序

图7.35　选择驱动版本

3 打开安装显卡驱动程序的“欢迎”对话框，在其中选择显卡支持的语言，这里保持默认设置，单击“下一步”按钮，如图7.36所示。

4 打开“选择安装操作”对话框，在“您想要做什么呢？”栏中单击“安装”按钮，如图7.37所示。

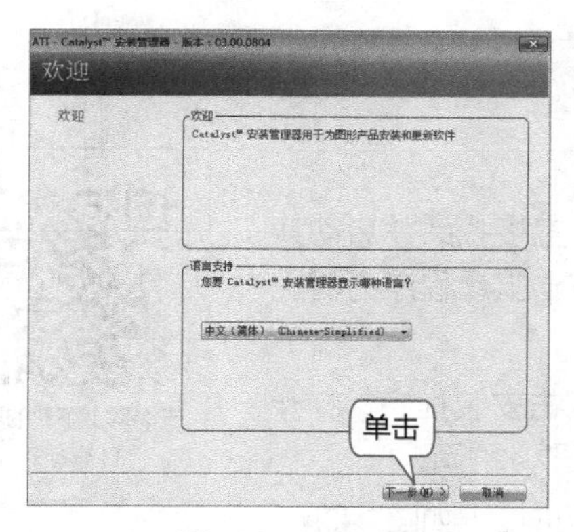

图7.36　设置语言

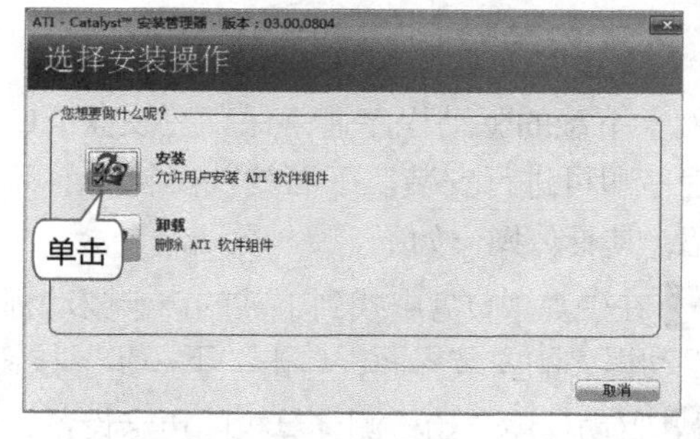

图7.37　选择操作

5 打开“欢迎使用安装程序”对话框，在“欢迎”栏中单击选中“快速”单选项，在下面的文本框中输入驱动程序的安装位置，通常是保持默认设置，单击“下一步”按钮，如图7.38所示。

6 打开“最终用户许可协议”对话框，阅读软件的许可协议，单击“接受”按钮，如图7.39所示。

7 开始安装显卡的驱动程序，并显示进度，如图7.40所示。

8 打开“完成”对话框，显示已经完成显卡驱动程序的安装操作，单击“完成”按钮，如图7.41所示。

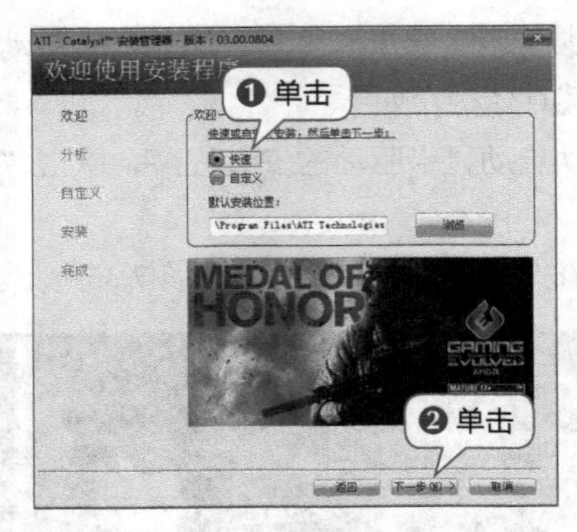

图7.38　选择安装方式

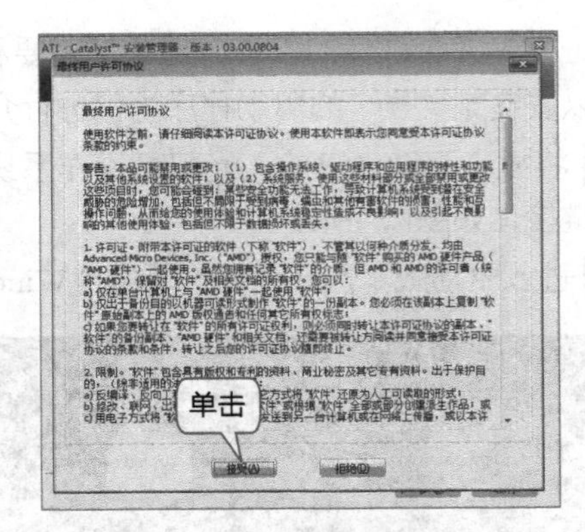

图7.39　接受许可协议

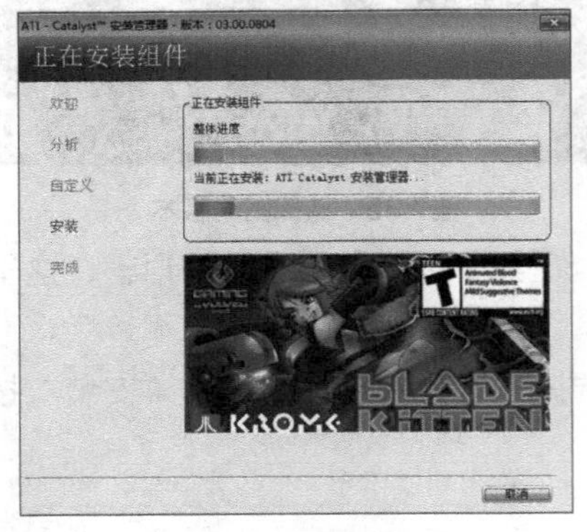

图7.40　显示安装进度

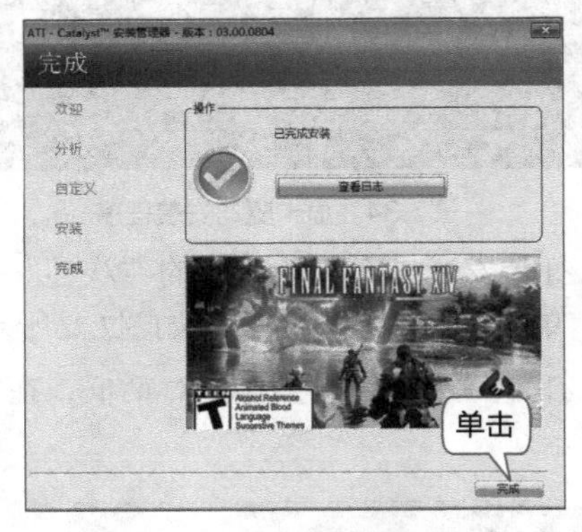

图7.41　完成安装

7.2.3 安装网上下载的驱动程序

安装网上下载的驱动程序

网上下载的驱动程序通常保存在硬盘或U盘中，直接找到并启动其安装程序即可进行安装。下面就以安装网上下载的声卡驱动程序为例进行介绍，其具体操作如下。

1 在硬盘或U盘中找到下载的声卡驱动程序，双击安装程序，打开声卡驱动程序的安装界面，单击“下一步”按钮，如图7.42所示。

2 驱动程序开始检测计算机的声卡设备，并显示进度，如图7.43所示。

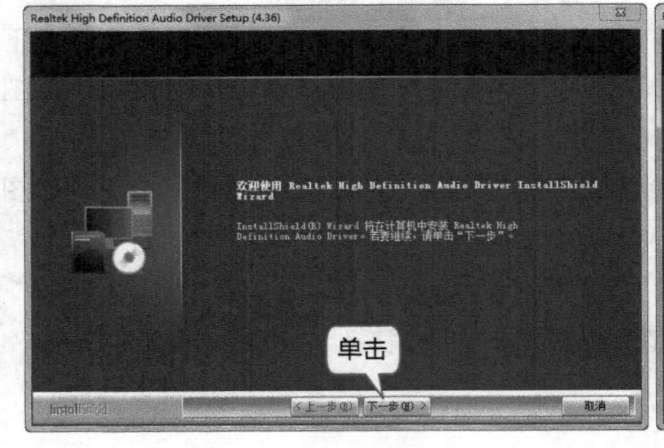

图7.42　开始安装

图7.43　检测声卡

3 检测完毕，开始安装声卡驱动程序，如图7.44所示。

4 安装完成后，提示需要重新启动计算机，保持默认设置，单击“完成”按钮，如图7.45所示，重新启动计算机后，完成声卡驱动程序的安装操作。

图7.44　安装驱动

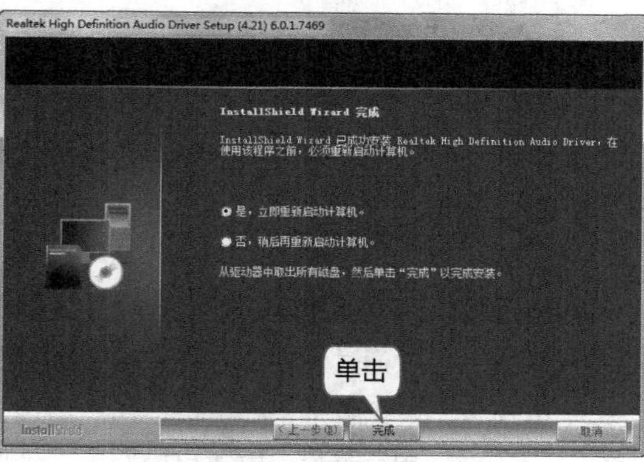

图7.45　重启计算机

提示：从网上下载的驱动程序或应用软件的安装文件通常会进行压缩，用户在安装时需找到启动安装文件的可执行文件，其名称一般为“setup.exe”或“install.exe”，也有的以软件名称命名。

7.3 在计算机中安装常用软件

安装常用软件是组装计算机的最后一步，只有安装了软件，计算机才能进行各种操作，如安装Office软件进行文档制作和数据计算；安装Photoshop软件进行图形绘制和图像处理；安装360安全卫士软件进行系统维护和安全防范等。

7.3.1 获取和安装软件的方式

在安装应用软件前，首先需要获取它，然后通过不同的方式来安装。

1. 软件的获取途径

常用软件获取的途径主要有两种，分别是从网上下载软件安装文件和购买软件安装光盘。

◎ **网上下载：**许多软件开发商会在网上公布一些共享软件和免费软件的安装文件，用户只需要到软件下载网站上查找并下载这些安装文件即可。

◎ **购买安装光盘：**到正规的软件商店或网上购买正版的软件安装光盘，不但软件的质量有保证，还能享受升级服务和技术支持，这对计算机的正常运行很有帮助。

2. 软件的安装方式

软件安装主要是指将软件安装到计算机中的过程，由于软件的获取途径主要有两种，所以其安装方式也主要包括向导安装和解压安装两种。

◎ **通过向导安装：**在软件专卖店购买的软件，均采用向导安装的方式进行安装。这类软件的特点是可运行相应的可执行文件启动安装向导，然后在安装向导的提示下进行安装。

◎ **解压安装：**在网络中下载的软件，由于网络传输速度方面的原因，一般都会制作成压缩文件。这类软件在使用解压缩软件解压到一个目录后，一些需要通过安装向导进行安装，另一些（如绿色软件）则可直接运行主程序启动软件。

7.3.2 软件的版本

了解软件的版本有助于选择适合的软件，常见的软件版本主要包括以下几种。

◎ **测试版：**软件的测试版表示软件还在开发中，其各项功能并不完善，也不稳定。开发者会根据使用测试版用户反馈的信息对软件进行修改，通常这类软件会在软件名称后面注明是测试版或Beta版。

◎ **试用版：**试用版是软件开发者将正式版软件有限制地提供给用户使用，如果用户觉得软件符合使用要求，可以通过付费的方法解除限制的版本。试用版又分为全功能限时版和功能限制版。

◎ **正式版：**正式版是正式上市，用户通过购买即可使用的版本，经过开发者测试，已经能稳定运行。对于普通用户来说，应该尽量选用正式版的软件。

◎ **升级版：**升级版是软件上市一段时间后，软件开发者在原有功能基础上增加的部分功能，并修复已经发现的错误和漏洞，然后推出的更新版本。安装升级版需要先安装软件的正式版，然后在其基础上安装更新或补丁程序。

7.3.3 安装常用软件

扫一扫

安装常用软件

软件的类型虽然很多，但其安装过程却大致相似，下面以安装从网上下载的驱动人生软件为例，讲解安装软件的基本方法，其具体操作如下。

1 双击安装程序，打开程序的安装界面，单击选中“同意驱动人生6的许可协议”复选框，在“安装目录”和“备份目录”文本框中设置程序的安装位置和驱动程序的备份位置，单击“立即安装”按钮，如图7.46所示。

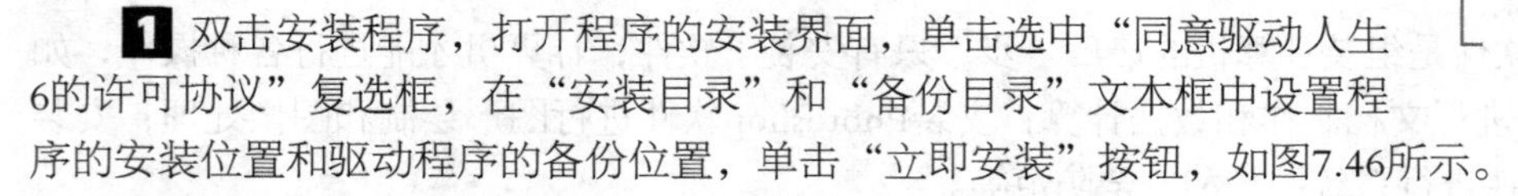

2 开始安装驱动人生软件，并显示进度，如图7.47所示。

图7.46　开始安装

图7.47　安装进度

3 安装完成后将提示安装完成，单击“立即体验”按钮，如图7.48所示。

4 将直接启动该软件，进入其操作界面，如图7.49所示。

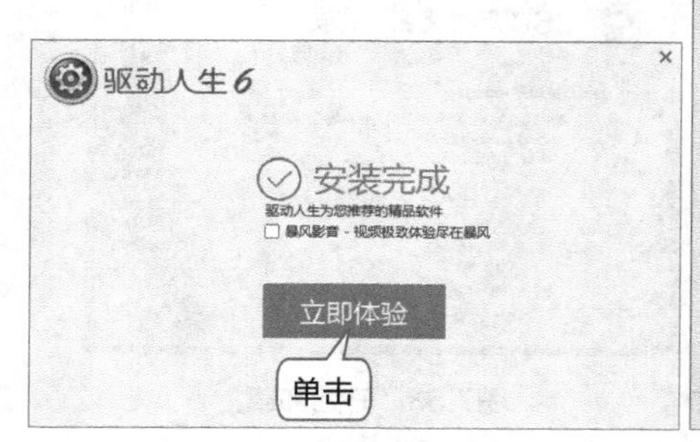

图7.48　完成安装

图7.49　软件操作界面

提示：对于应用软件而言，最好将其安装在非系统盘，并统一安装在某一个文件夹中。另外，现在很多网上下载的软件都捆绑了一些其他软件，在安装时可以通过设置取消这些附带软件的安装。

7.3.4 卸载不需要的软件

用户在安装了应用软件后，若对其不满意或不需要再使用该应用软件时，还可以将其从计算机中卸载，以释放磁盘空间。卸载软件的操作通常都在“控制面板”窗口中进行。下面以卸载360驱动大师软件为例介绍卸载软件的方法，其具体操作如下。

1 单击“开始”按钮，在打开的菜单中选择“控制面板”命令，如图7.50所示。

2 打开“控制面板”窗口，在“程序”选项中单击“卸载程序”超链接，如图7.51所示。

图7.50　打开“开始”菜单

图7.51　单击“卸载程序”超链接

3 打开卸载或更改程序窗口，在右下角的列表框中选择“360驱动大师”选项，单击“卸载/更改”按钮，如图7.52所示。

4 打开“360驱动大师 卸载”对话框，单击选中“我要直接卸载360驱动大师”单选项，单击“继续”按钮，如图7.53所示。

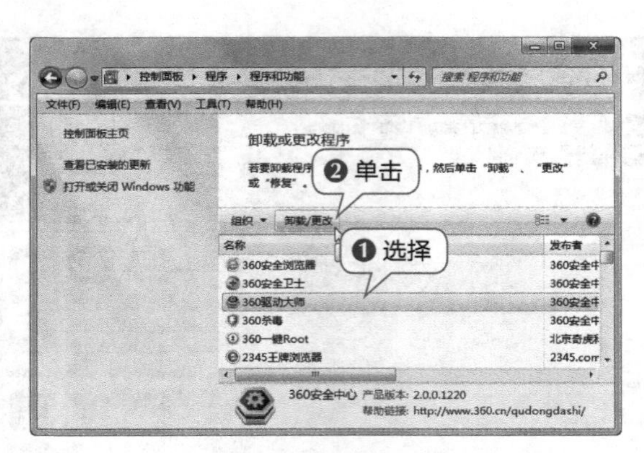

图7.52　选择卸载的程序

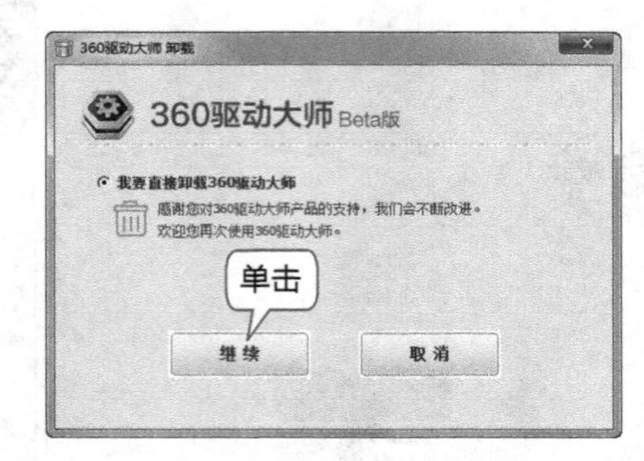

图7.53　开始卸载

5 打开提示框，询问是否删除备份，单击“是”按钮，如图7.54所示。

6 完成360驱动大师软件的卸载操作，单击“完成”按钮，如图7.55所示。

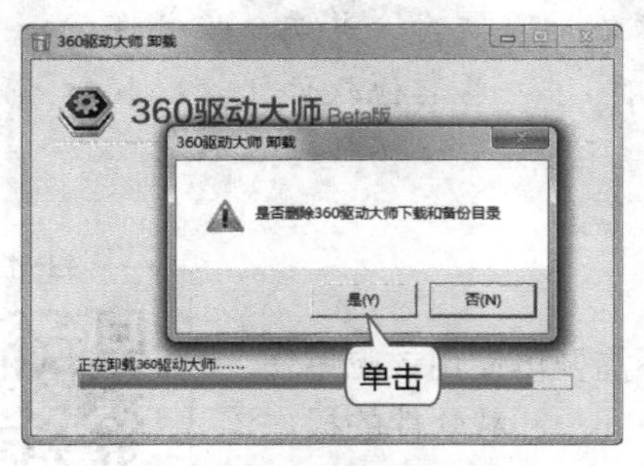

图7.54　删除备份

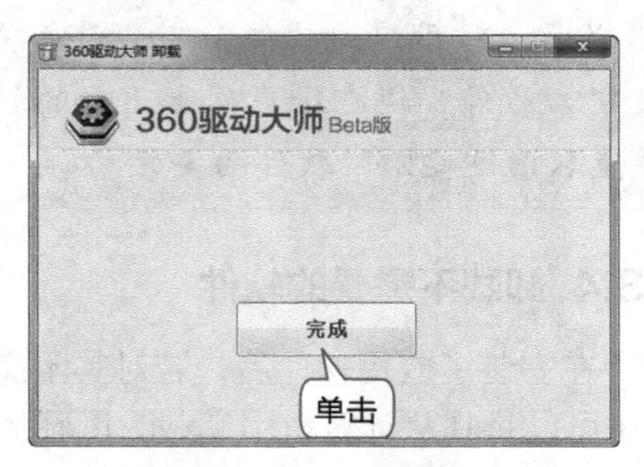

图7.55　完成卸载

7.4 应用实训——安装64位Windows 10操作系统

Windows 10操作系统是Microsoft发布的最后一个独立Windows操作系统版本，Windows 10操作系统加强了支持移动设备的功能，并单独推出了支持移动设备的版本，即Windows 10 Mobile（移动版）和Windows 10 Mobile Enterprise（企业移动版），还推出了面向小型低端设备的版本，主要针对物联网设备，或者功能更加强大的设备，如ATM、零售终端、手持终端和工业机器人等的Windows 10 Mobile IoT Core（物联网版）。

扫一扫

安装64位Windows 10操作系统

Windows 10操作系统的安装过程与Windows 7相差不大，首先要输入产品密钥，然后同意安装协议，选择安装的分区，复制各种系统文件，最后进行系统设置。下面就利用U盘来安装64位Windows 10操作系统。本实训的操作思路如下。

（1）首先在网上下载64位的Windows 10操作系统的安装文件，将其保存在U盘中。

（2）通过U盘启动盘来启动计算机，进入启动程序的菜单选择界面，这里通过键盘上的方向键，选择“【02】大白菜WIN8 PE标准版（新机器）”选项，按“Enter”键。

（3）计算机将自动进入Windows PE操作系统，在系统桌面上双击“计算机”图标。

（4）在打开的“计算机”窗口中双击U盘对应的驱动器图标，进入U盘文件夹中，找到

Windows 10的安装文件，并双击其中的“Setup”安装程序。

（5）打开安装对话框，在其中设置安装的语言、时间货币和键盘输入方法，单击“下一步”按钮，如图7.56所示。

（6）在打开的对话框中单击“现在安装”按钮，如图7.57所示。

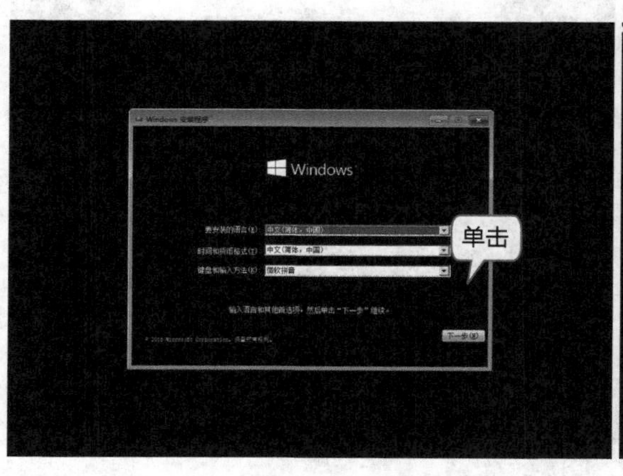

图7.56 设置安装语言

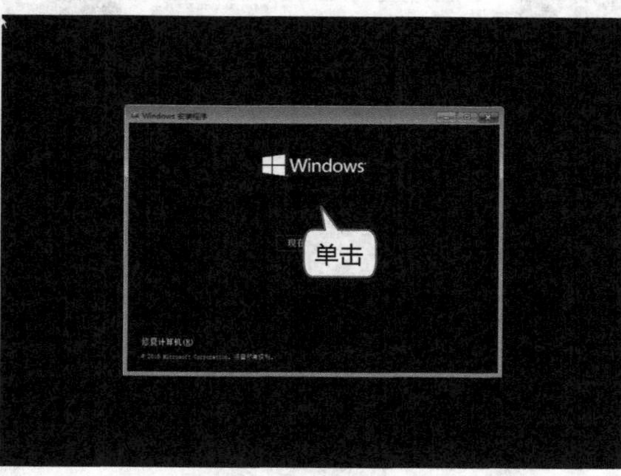

图7.57 开始安装

（7）打开“激活Windows”对话框，在其中的文本框中输入产品密钥，单击“下一步”按钮，如图7.58所示。

（8）打开“选择要安装的操作系统”对话框，在其中的列表框中选择Windows 10的安装版本，单击“下一步”按钮，如图7.59所示。

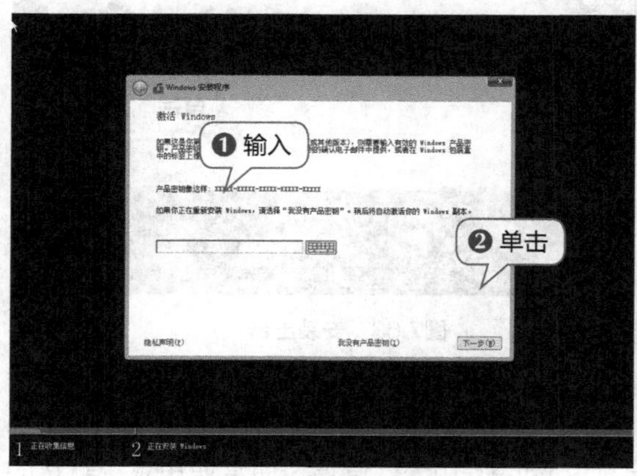

图7.58 激活Windows

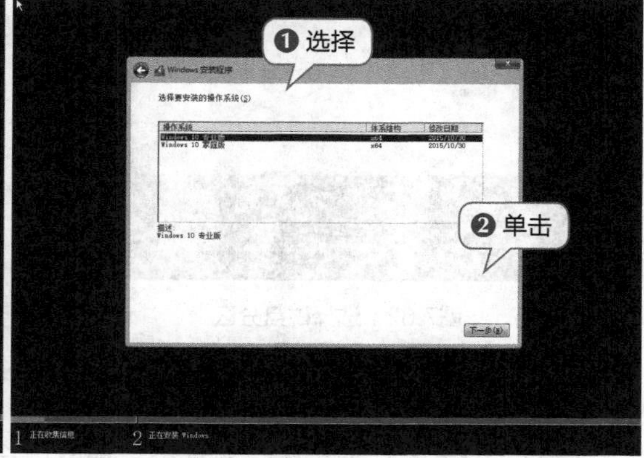

图7.59 选择安装版本

（9）打开“许可条款”对话框，查看其中的许可条款，单击选中“我接受许可条款”复选框，单击“下一步”按钮，如图7.60所示。

（10）打开“你想执行哪种类型的安装？”对话框，如果是升级安装，就选择“升级：安装Windows并保留文件、设置和应用程序”选项；如果是全新安装，则选择“自定义：仅安装Windows（高级）”选项，如图7.61所示。

（11）打开“你想将Windows安装在哪里？”对话框，在下面的列表框中选择Windows 10安装的磁盘分区，单击“下一步”，如图7.62所示。

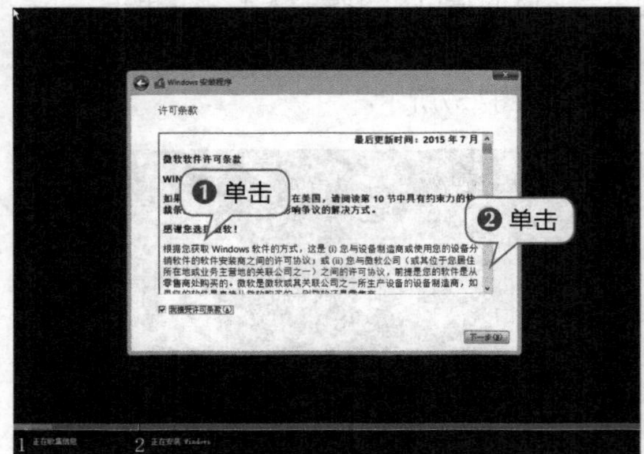

图7.60　接受许可条款

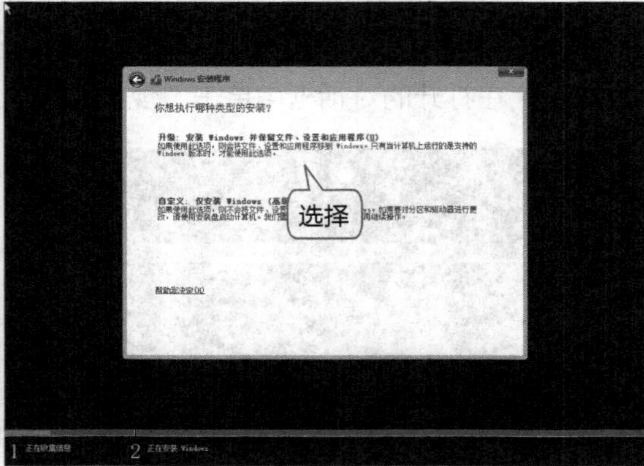

图7.61　选择安装的类型

提示：通常Windows 10操作系统应该安装在GPT分区中，如果安装在MBR分区，则会打开如图7.63所示的对话框，提示操作无法进行。

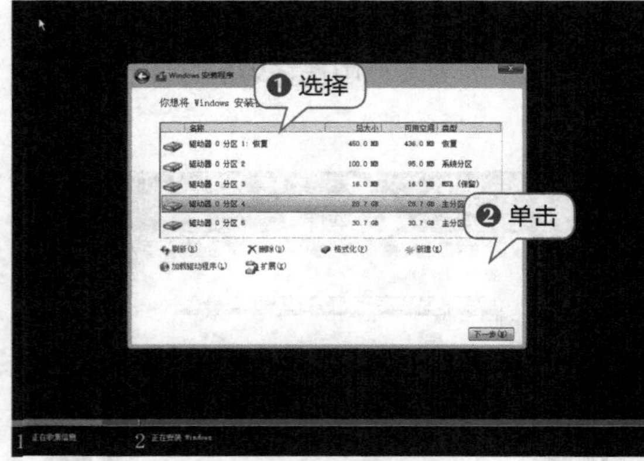

图7.62　选择磁盘分区

图7.63　安装出错

（12）安装程序开始复制文件和安装功能，并显示安装进度，如图7.64所示，在安装过程中可能会自动重新启动计算机。

（13）打开“快速上手”对话框，需要用户对Windows 10进行设置，通常使用系统默认的快速设置，单击“使用快速设置”按钮，如图7.65所示。

（14）打开“谁是这台电脑的所有者？”对话框，个人用户通常选择“我拥有它”选项，如图7.66所示。

（15）打开“个性化设置”对话框，在其中可以设置并登录Microsoft的账户，对于普通用户来说，需要跳过此步骤，单击“跳过此步骤”超链接，如图7.67所示。

（16）打开“为这台电脑创建一个账户”对话框，在其中的文本框中为计算机设置管理员账户和密码，单击“下一步”按钮，如图7.68所示。

（17）Windows 10开始按照设置配置操作系统，在等待一段时间后，即可重新启动计算机，进入Windows 10的系统界面，如图7.69所示。

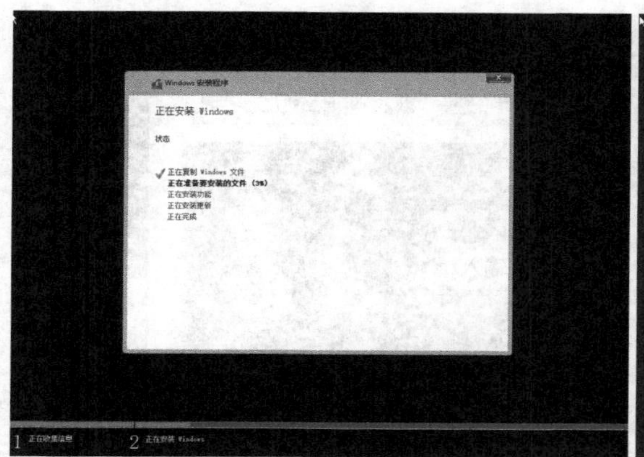

图7.64　复制文件

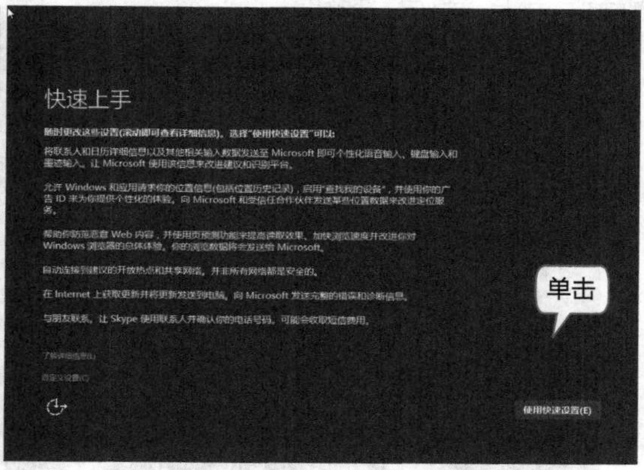

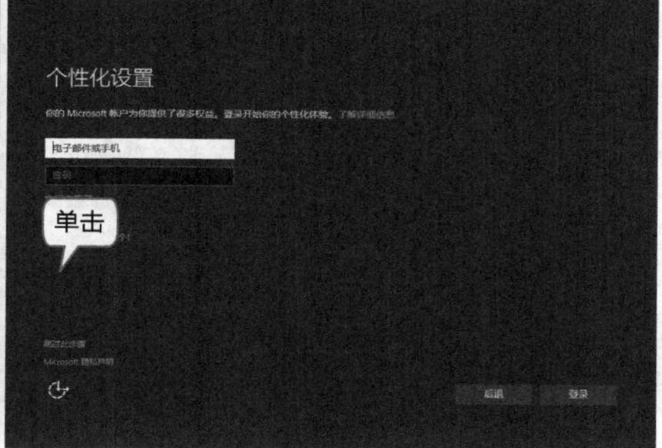

图7.65　使用快速设置

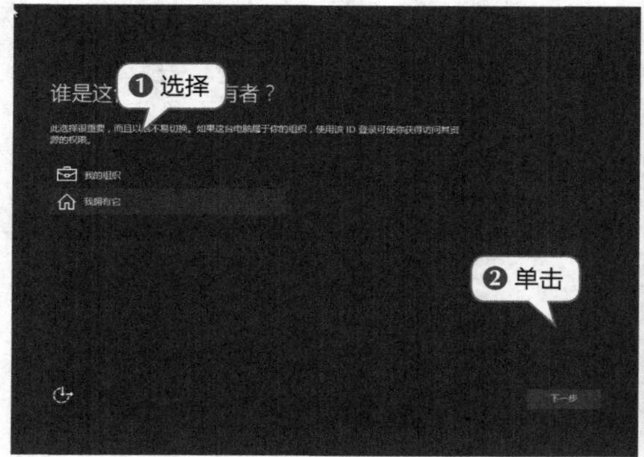

图7.66　设置账户

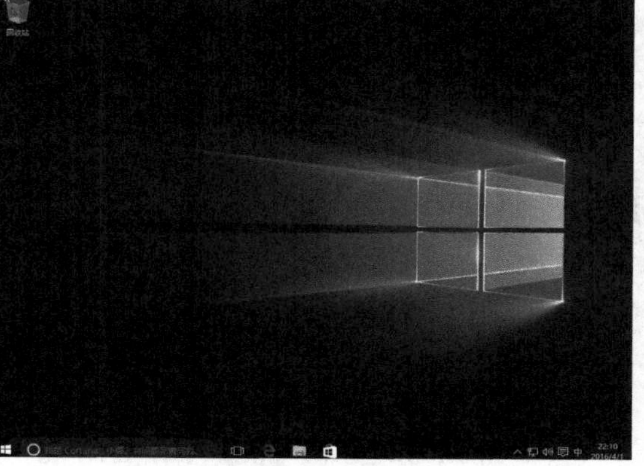

图7.67　个性化设置

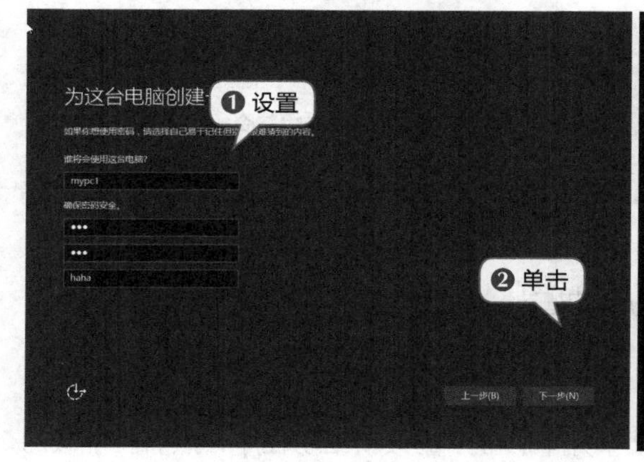

图7.68　设置账户

图7.69　完成安装

（18）单击“开始”按钮，在打开的“开始”菜单中选择“设置”命令，在打开的“设置”对话框中单击“更新和安全”超链接，在打开的“更新和安全”对话框左侧的任务窗格中选择“激活”选项，在右侧单击“更改产品密钥”按钮，如图7.70所示。

（19）打开“输入产品密钥”对话框，在其中的文本框中输入正确的产品密钥，如图7.71所示，单击“激活”按钮。

图7.70　查看激活状态

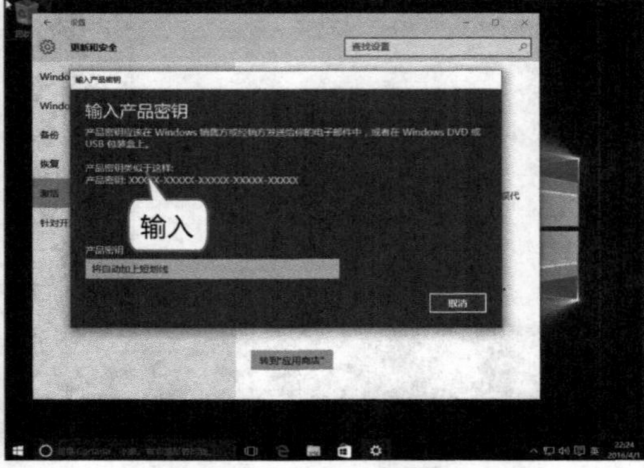

图7.71　输入产品密钥

（20）激活完成将打开提示框，提示计算机已永久激活，单击“确定”按钮，如图7.72所示。

（21）打开控制面板的系统窗口，也可以看到该计算机和操作系统的相关信息，在“Windows激活”栏中也显示Windows已激活，如图7.73所示。

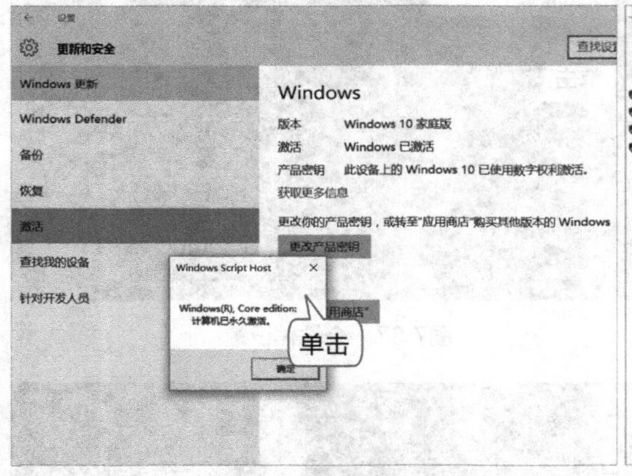

图7.72　完成激活

图7.73　查看系统状态

7.5 拓展练习

（1）简述安装Windows 7操作系统的计算机推荐配置。

（2）分别尝试在台式计算机和笔记本电脑上安装Windows 7操作系统。

（3）简述显卡驱动程序的安装过程。

（4）在驱动之家网站的驱动中心网页中搜索并下载显卡的最新驱动程序，然后将下载的驱动程序安装到计算机中。

（5）在计算机中安装一个QQ交流软件和Office办公软件，熟悉安装软件的方法。

（6）在计算机上卸载不需要的软件，以节省更多的磁盘空间。

（7）在计算机中安装一个双操作系统（自行选择系统版本）。

第8章 备份与优化操作系统

8.1 操作系统的备份与还原

备份系统最好在安装完驱动程序后进行，这时的系统最“干净”，最不容易出现问题；也可在安装完各种软件后再进行备份，这样在还原系统时可省略重装操作系统、重装驱动程序和重装应用软件等操作。Ghost是一款专业的系统备份和还原软件，使用它可以将某个磁盘分区或整个硬盘上的内容完全镜像复制到另外的磁盘分区或硬盘上，并可压缩为一个镜像文件，利用该镜像文件即可还原备份的系统。

8.1.1 利用Ghost备份系统

扫一扫
利用Ghost备份系统

制作Ghost镜像文件就是备份操作系统，下面通过U盘启动盘中自带的Ghost来备份操作系统，其具体操作如下。

1 利用U盘启动计算机，进入Windows PE的菜单选择界面，按“↓”键选择“【06】Ghost备份还原工具”选项，按“Enter”键，如图8.1所示。

2 在打开的Ghost主界面中显示了软件的基本信息，单击“OK”按钮，如图8.2所示。

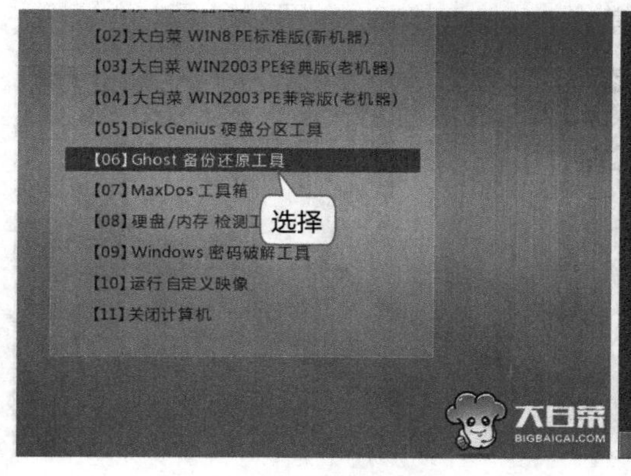

图8.1 选择操作

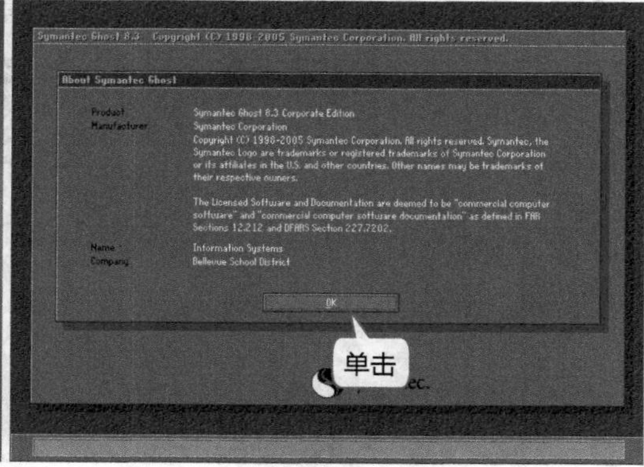

图8.2 Ghost主界面

3 在打开的Ghost界面中选择【Local】/【Partition】/【To Image】命令，如图8.3所示。

4 在打开的对话框中选择硬盘（在有多个硬盘的情况下需慎重选择），这里直接单击“OK”按钮，如图8.4所示。

5 在打开的对话框中选择要备份的分区，通常应选择第1分区；单击“OK”按钮，如图8.5所示。

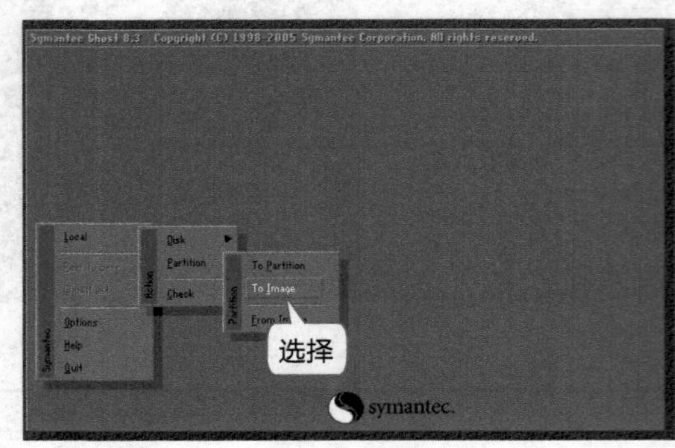

图8.3　选择操作

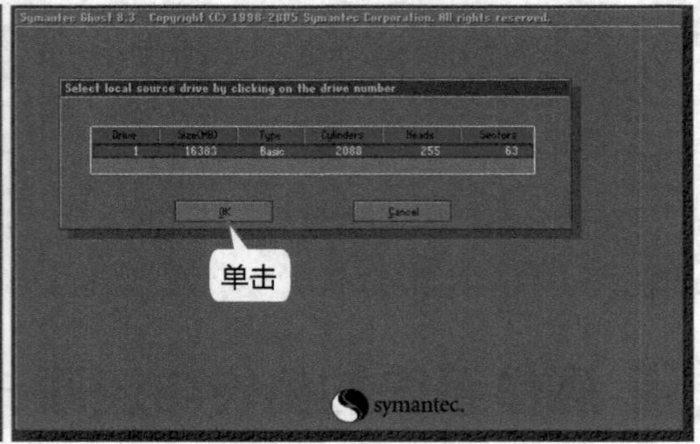

图8.4　选择备份的硬盘

6 在打开对话框的“Look in”下拉列表框中选择E盘对应的选项，如图8.6所示。

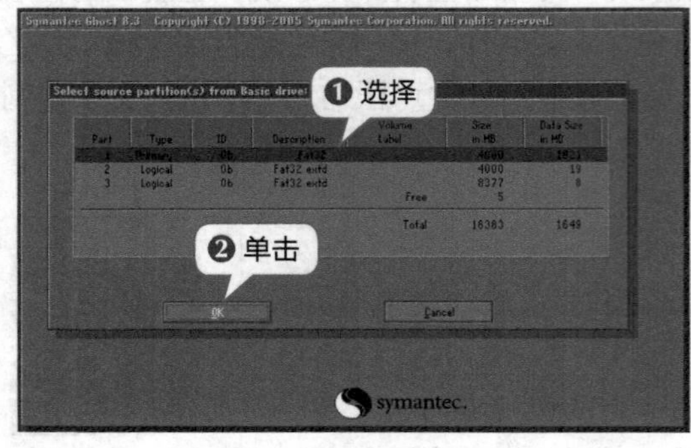

图8.5　选择要备份的分区

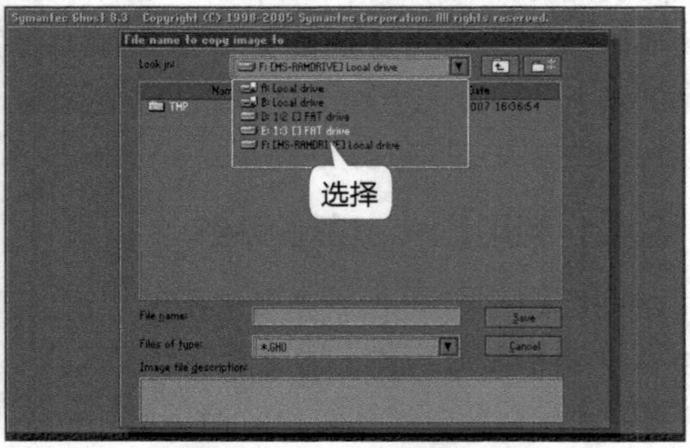

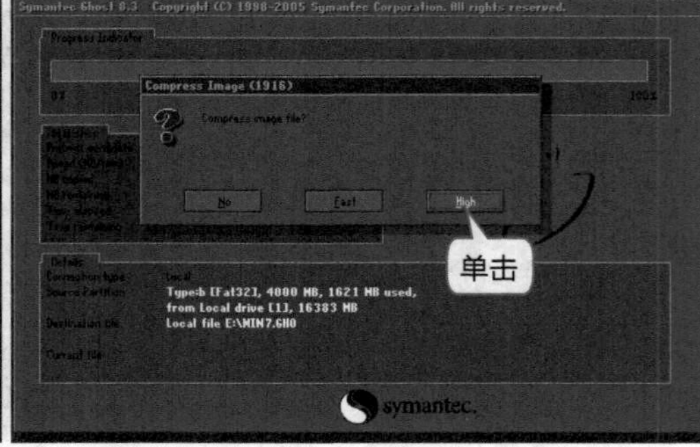

图8.6　选择保存位置

7 在“File name”文本框中输入镜像文件的名称“WIN7”，单击“Save”按钮，如图8.7所示。

8 在打开的对话框中选择压缩方式，这里单击“High”按钮，如图8.8所示。

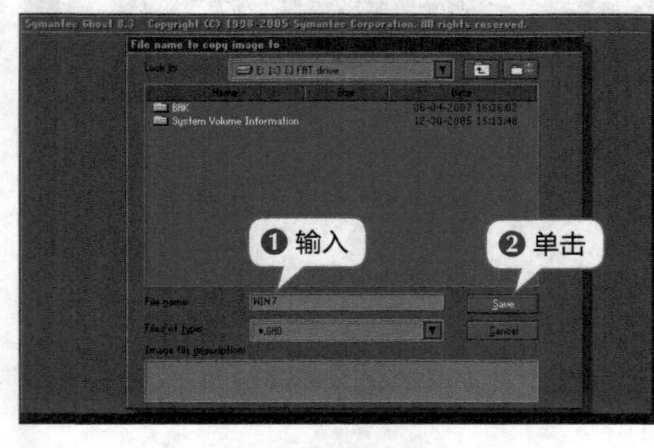

图8.7　输入镜像文件的名称

图8.8　选择压缩方式

提示：Ghost也可以通过键盘操作，其中，“Tab”键主要用于在界面中的各个项目间进行切换，当按“Tab”键激活某个项目后，该项目将呈高亮显示状态，按“Enter”键即可确认该按钮的操作。

9 在打开的提示框中询问是否确认要创建镜像文件，这里单击“Yes”按钮，如图8.9所示。

10 Ghost开始备份第1分区，并显示备份进度等相关信息，如图8.10所示。

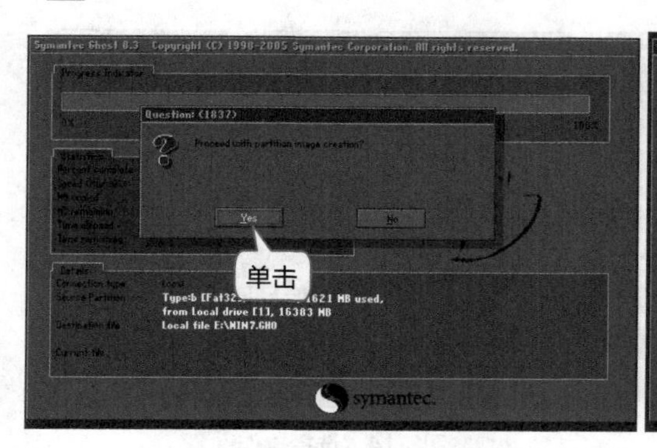

图8.9　确认操作

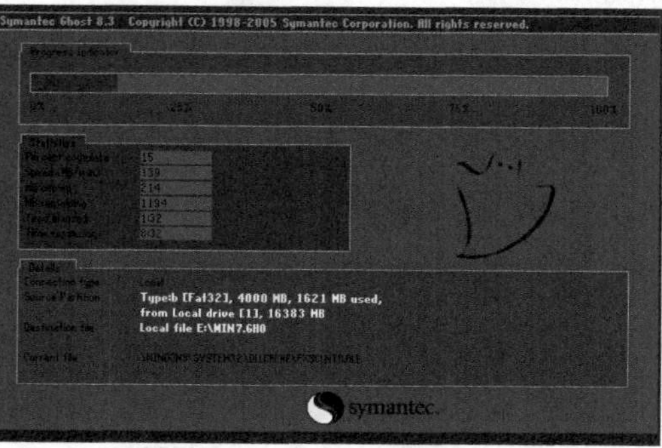

图8.10　开始备份

11 备份完成后，将打开提示框提示备份成功，单击“Continue”按钮，返回Ghost主界面即可完成系统备份，如图8.11所示。

提示：如果在备份过程中自动打开如图8.12所示的对话框，表示要备份分区上的文件总量小于Ghost软件最初报告的总量（一般是由虚拟内存文件造成的），直接单击“Yes”按钮确认可继续备份。

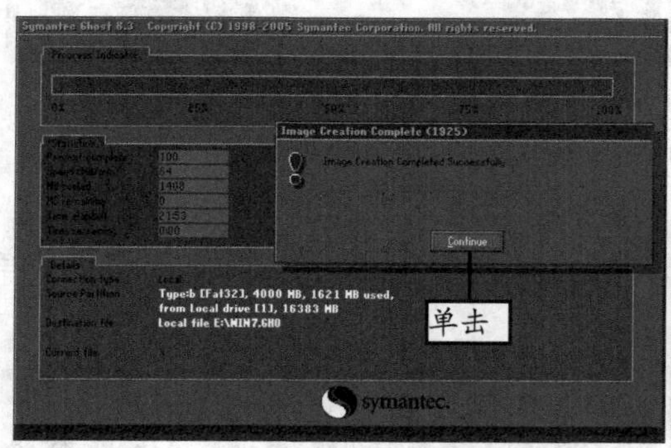

图8.11　完成备份

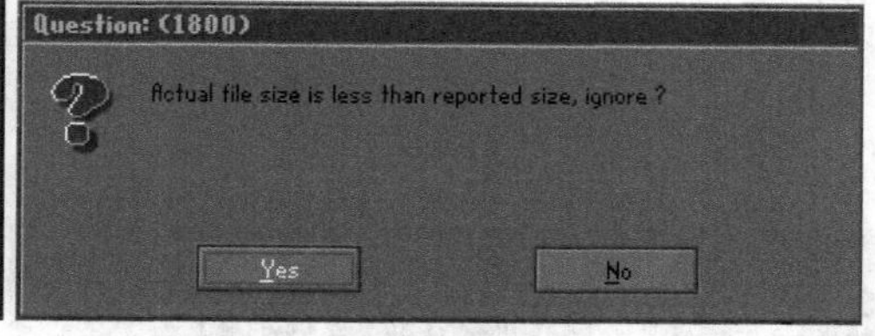

图8.12　显示提示信息

8.1.2 利用Ghost还原系统

当操作系统无法正常工作时，可通过Ghost从备份的镜像文件快速恢复系统。下面使用Ghost还原操作系统，其具体操作如下。

1 利用U盘启动Ghost，在打开的Ghost主界面中单击“OK”按钮，如图8.13所示。

2 选择【Local】/【Partition】/【From Image】命令，如图8.14所示。

3 在打开的对话框中选择备份的镜像文件“WINXP604.GH0”，单击“Open”按钮，如图8.15所示。

4 在打开的对话框中显示了该镜像文件的大小及类型等相关信息，单击“OK”按钮，如

图8.16所示。

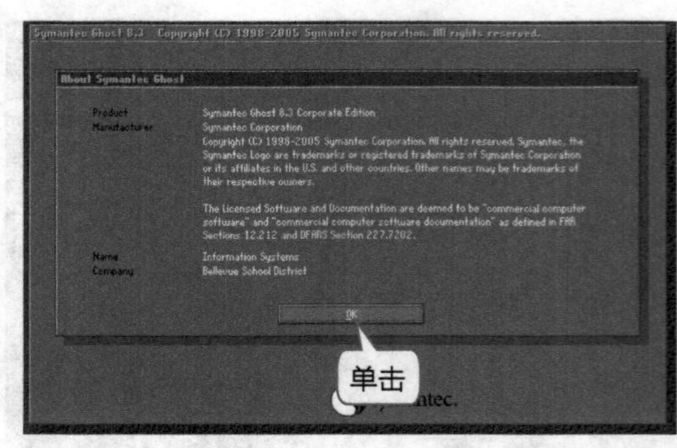

图8.13　进入Ghost主界面

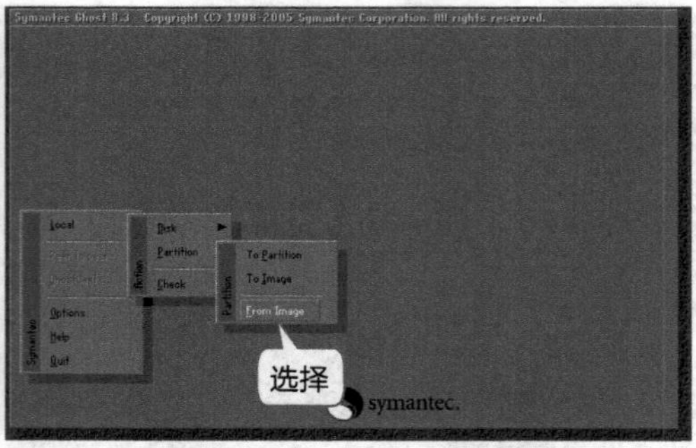

图8.14　选择操作

图8.15　选择镜像文件

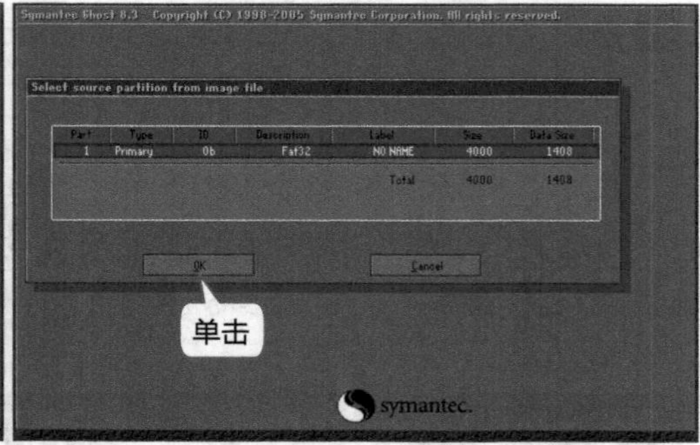

图8.16　查看文件信息

5 在打开的对话框中选择需要恢复到的硬盘，这里只有一个硬盘，单击“OK”按钮，如图8.17所示。

6 在打开的对话框中选择需要恢复到的磁盘分区，这里选择恢复到第1分区；单击“OK”按钮，如图8.18所示。

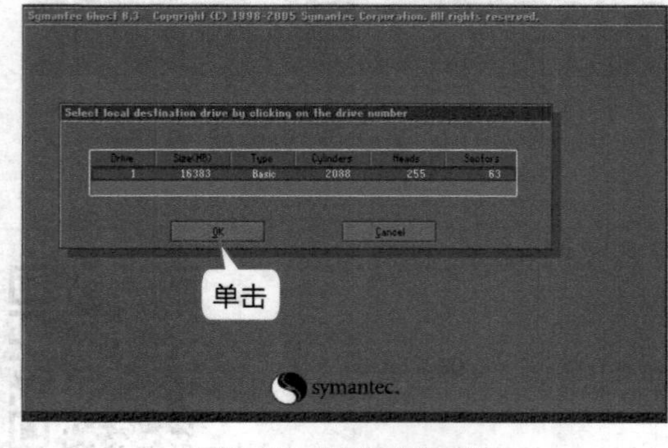

图8.17　选择还原的硬盘

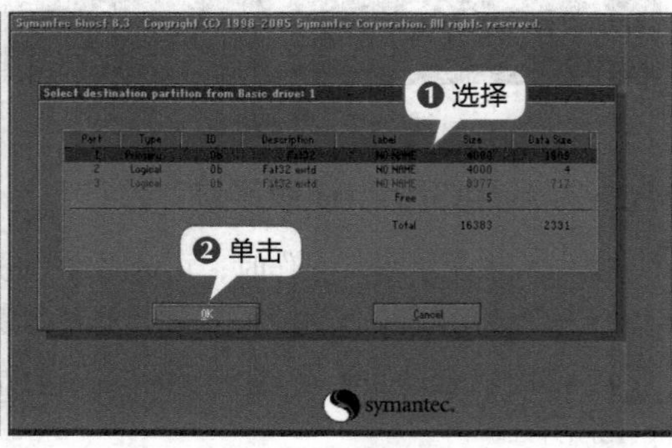

图8.18　选择还原的分区

7 在打开的对话框中询问是否确定恢复，单击“Yes”按钮，如图8.19所示。

8 此时Ghost开始恢复该镜像文件到系统盘，并显示恢复速度、进度和时间等信息，恢复完毕后，在打开的对话框中单击“Reset Computer”按钮，重新启动计算机，完成还原操作，如图8.20所示。

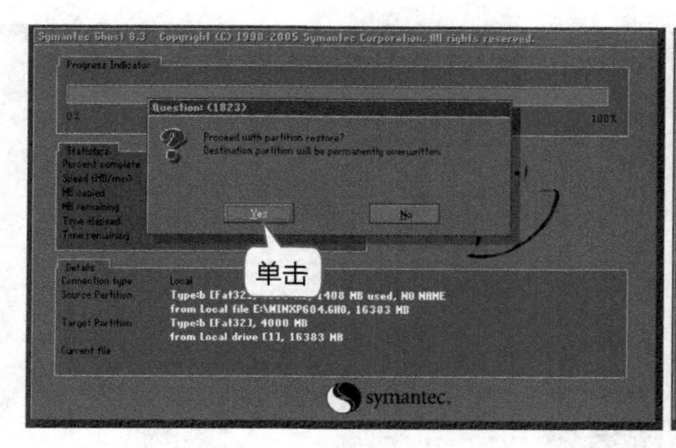

图8.19　确认还原

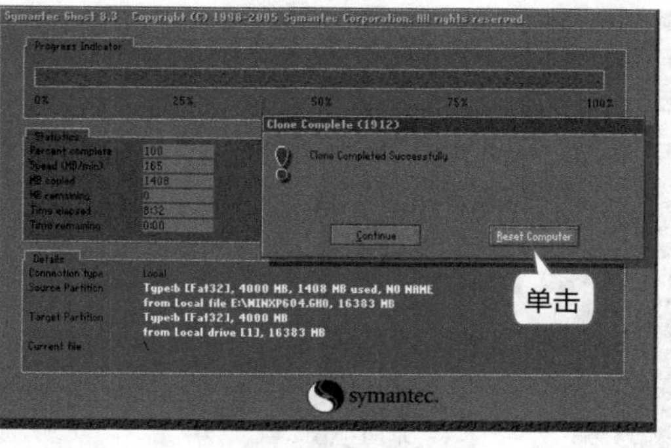

图8.20　完成还原

提示：Windows 8操作系统也提供了系统备份和还原功能，利用该功能可以直接将各硬盘分区中的数据备份到一个隐藏的文件夹中作为还原点，以便计算机在出现问题时，快速将各硬盘分区还原至备份前的状态。该功能有一个缺陷，就是在Windows操作系统无法启动时，就无法还原系统。同时，由于该功能要占用大量的磁盘空间，所以磁盘空间有限的用户可以关闭该功能。

8.2 优化操作系统

计算机虽然“聪明”，但也达不到人脑的水平，它只能按照设计的程序运行，不能分辨程序的好坏，因此需要人为对计算机进行优化，提升其性能。优化操作系统是指对系统软件与应用软件中一些设置不当的项目进行修改，以加快运行速度。

8.2.1 使用Windows优化大师优化系统

扫一扫

使用Windows优化大师优化系统

Windows操作系统的许多默认设置并不是最优设置，使用一段时间后难免会出现系统性能下降或频繁出现故障等情况，这时就需要使用专业的操作系统优化软件对系统进行优化与维护，如Windows优化大师。下面使用Windows优化大师中的自动优化功能优化操作系统，其具体操作如下。

1 启动Windows优化大师，软件自动进入一键优化窗口，单击“一键优化”按钮，如图8.21所示。

2 Windows优化大师开始自动优化系统，并在窗口下面显示优化进度，如图8.22所示。

3 优化完成后，在窗口下面的进度条中显示“完成‘一键优化’操作”，单击“一键清理”按钮，如图8.23所示。

4 Windows优化大师首先开始清理系统垃圾，准备待分析的目录，如图8.24所示。

5 扫描系统垃圾后，Windows优化大师开始删除垃圾文件，并打开提示框提示用户关闭多余的程序，单击“确定”按钮，如图8.25所示。

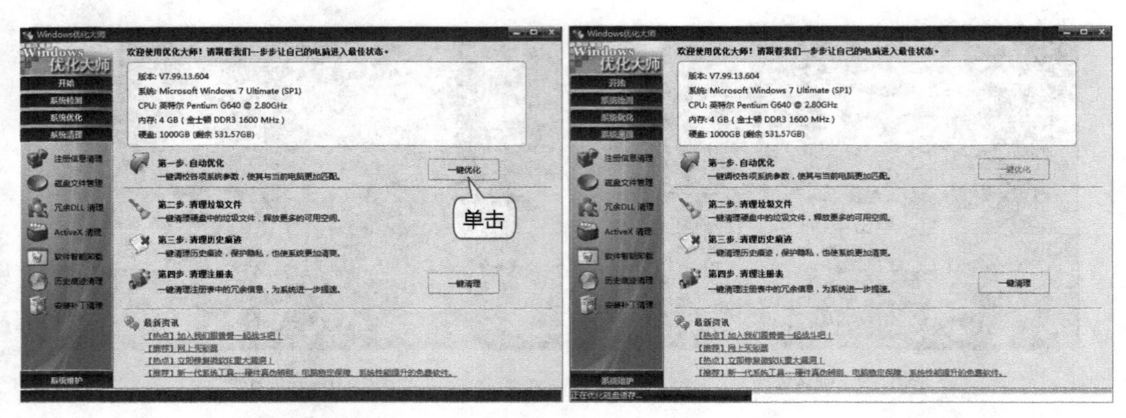

图8.21 自动优化窗口　　图8.22 一键优化

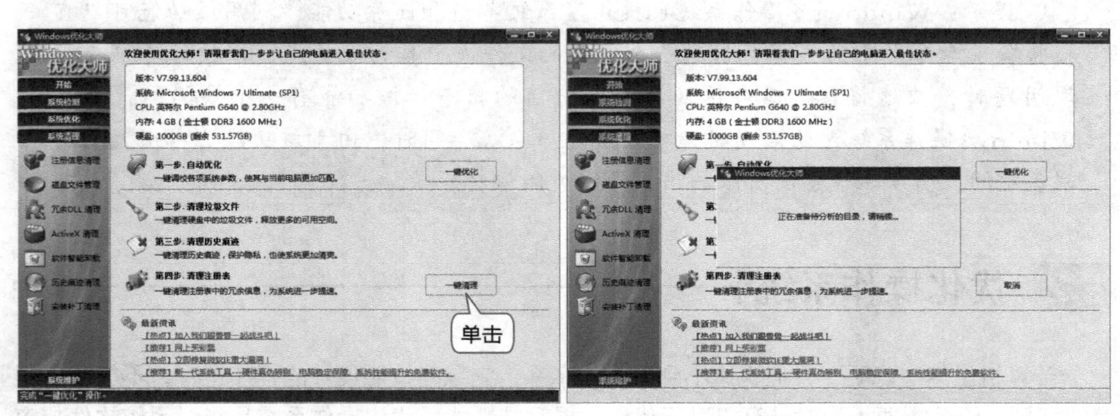

图8.23 一键清理　　图8.24 清理垃圾文件

6 此时将打开提示框，要求用户确认是否删除这些垃圾文件，单击“是”按钮，如图8.26所示。

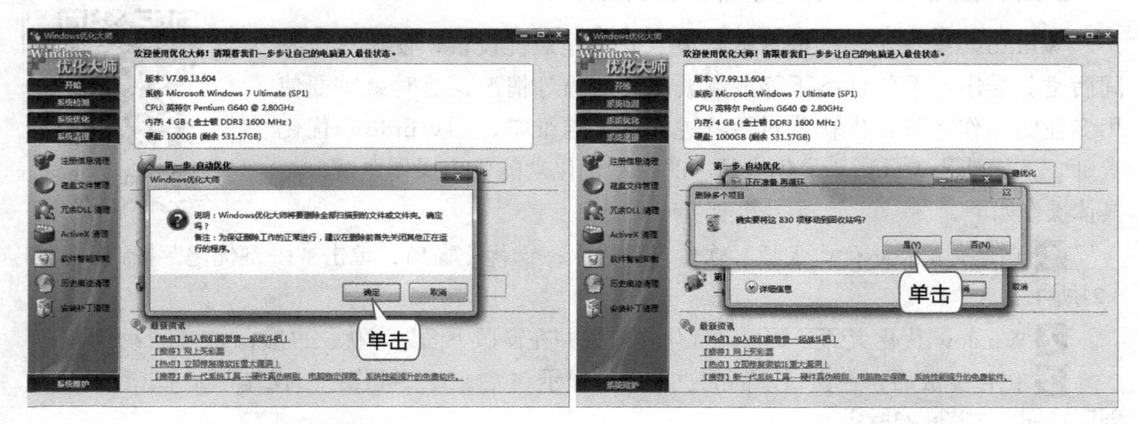

图8.25 关闭多余程序　　图8.26 确认删除操作

7 Windows优化大师开始清理历史痕迹，并打开提示框，提示用户确认是否删除历史记录痕迹，单击“确定”按钮，如图8.27所示。

8 Windows优化大师开始清理注册表，并打开提示框，提示用户对注册表进行备份，单击“是”按钮，如图8.28所示，Windows优化大师将自动对注册表进行备份。

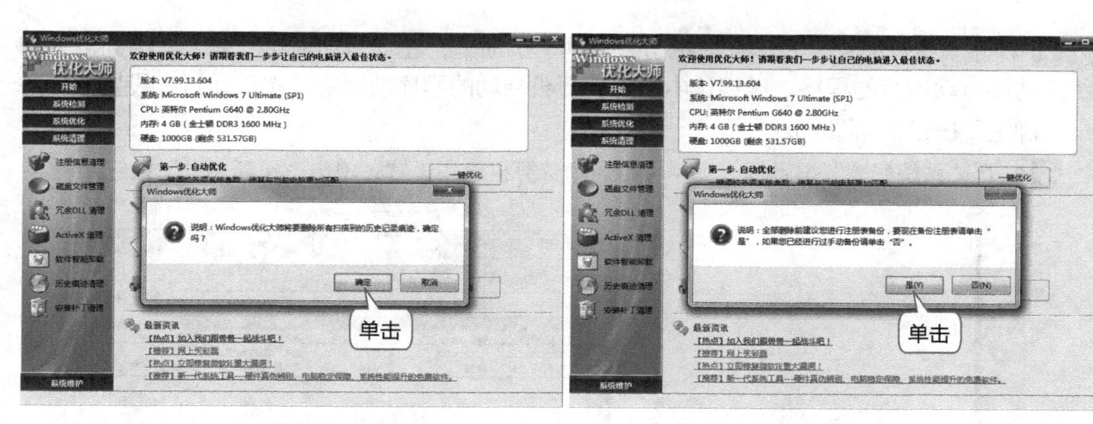

图8.27 删除历史记录痕迹　　图8.28 备份注册表

9 稍后将打开提示框，提示用户是否删除扫描到的注册表信息，单击“确定”按钮，如图8.29所示。

10 Windows优化大师完成计算机所有的优化操作，打开提示框，提示用户重新启动计算机使设置生效，单击“确定”按钮，如图8.30所示。

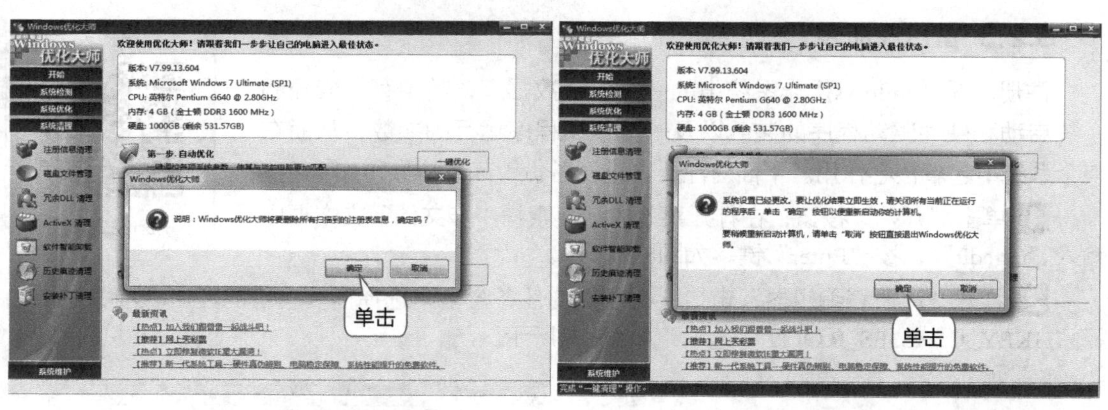

图8.29 清理注册表　　图8.30 完成优化

> 提示：系统优化因人而异，优化操作系统的关键是养成良好的安全意识和操作习惯，这才是保证系统安全的最终核心。

8.2.2 减少系统启动时的加载项目

减少系统启动时的加载项目

用户在使用计算机的过程中，会不断安装各种应用程序，其中一些程序会默认加载到系统启动项中，如一些播放器程序或聊天工具等，这对于部分用户来说也许并非必要，反而会造成计算机开机缓慢。在Windows 7操作系统中，用户可以通过设置相关选项减少这些自动运行的程序，加快操作系统启动的速度，其具体操作如下。

1 单击“开始”按钮，在打开菜单的“搜索程序和文件”文本框中输入“msconfig”文本，按“Enter”键，如图8.31所示。

2 打开“系统配置”对话框，单击“启动”选项卡，在“启动项目”列表框中列出了随系统启动而自动运行的程序，撤销选中不需要开机启动的程序前面的复选框即可。设置完成后单击“确定”按钮，如图8.32所示。

3 打开“系统配置”提示框，提示重新启动计算机应用设置，单击“重新启动”按钮即可。

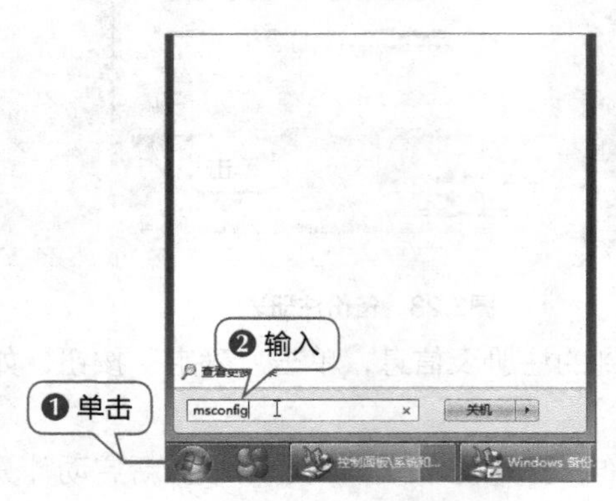

图8.31　输入程序名称

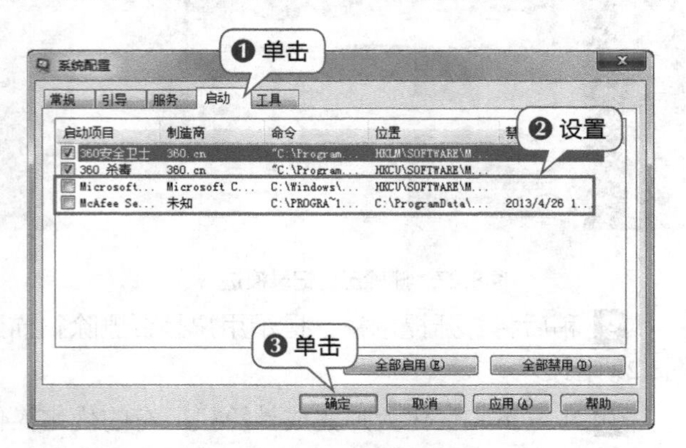

图8.32　设置启动项

8.2.3 备份注册表

注册表是Windows操作系统中的一个核心数据库，其中存放着控制系统启动和硬件驱动程序的装载以及一些应用程序运行的参数，从而在整个系统中起着核心作用。下面对注册表进行备份，其具体操作如下。

1 单击“开始”按钮；在打开菜单的“搜索程序和文件”文本框中输入“regedit”，按“Enter”键，如图8.33所示。

2 打开“注册表编辑器”窗口，在左侧的任务窗格中选择需要备份的注册表项，这里选择“HKEY_CLASSES_ROOT”选项，如图8.34所示。

图8.33　输入操作

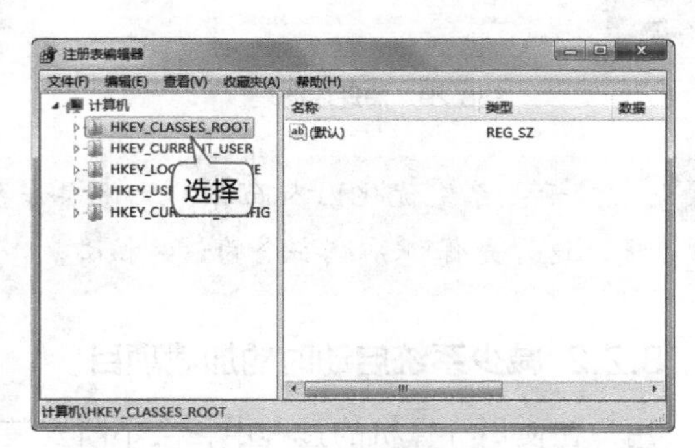

图8.34　选择备份项

3 选择【文件】/【导出】命令，如图8.35所示。

4 打开“导出注册表文件”对话框，设置注册表备份文件的保存位置，在“文件名”文本框中输入备份文件的名称，然后单击“保存”按钮，如图8.36所示。

5 Windows 7操作系统将按照前面的设置对注册表的“HKEY_CLASSES_ROOT”项进行备份，并将其保存为“.reg”文件，在设置的保存文件夹中即可看到保存的“root.reg”文件。

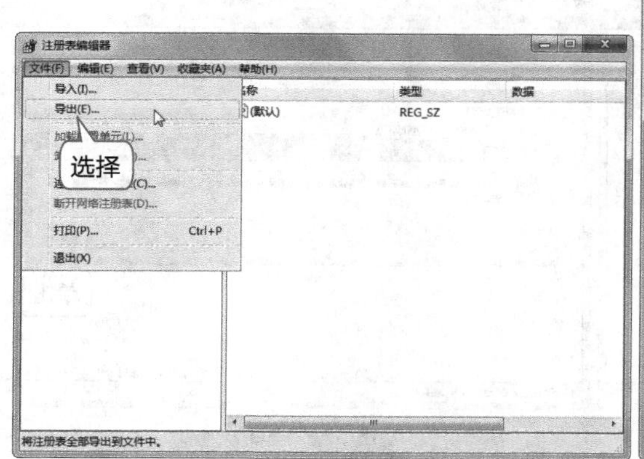

图8.35 选择备份操作

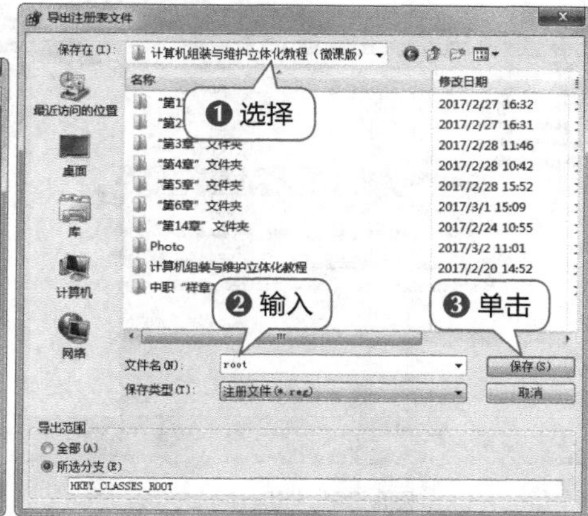

图8.36 设置备份的保存

提示：注册表编辑器程序（regedit.exe）的主要功能是管理Windows操作系统的注册表，Windows操作系统的注册表存储了以下内容：软、硬件的有关配置和状态信息；应用程序和资源管理器外壳的初始条件、首选项和卸载数据；计算机整个系统的设置和各种许可，文件扩展名与应用程序的关联，硬件的描述、状态和属性；计算机性能记录和底层的系统状态信息，以及各类其他数据。

8.2.4 还原注册表

扫一扫

还原注册表

当需要恢复注册表时，还可使用注册表编辑器程序还原注册表，其具体操作如下。

1 打开“注册表编辑器”窗口，选择【文件】/【导入】命令，如图8.37所示。

2 打开“导入注册表文件”对话框，在其中选择备份的注册表文件，单击“打开”按钮，如图8.38所示。

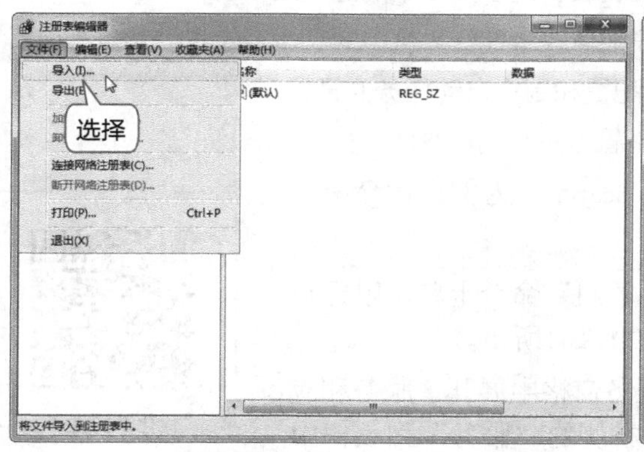

图8.37 选择操作

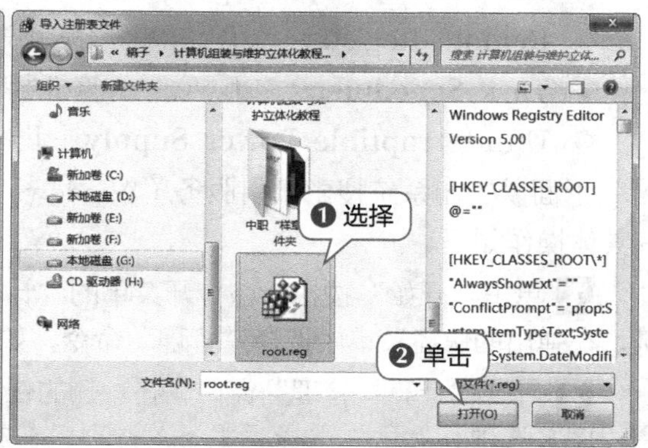

图8.38 选择注册表文件

3 Windows 7操作系统开始还原注册表文件，并显示进度，如图8.39所示。

4 还原完成后将打开提示框提示还原注册表成功，单击“确定”按钮，如图8.40所示。

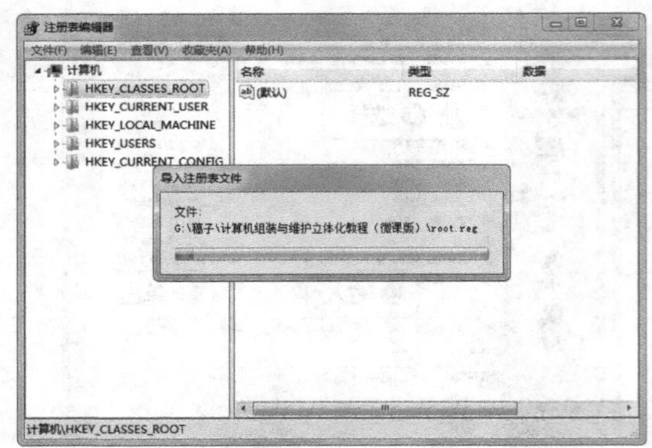

图8.39 还原注册表

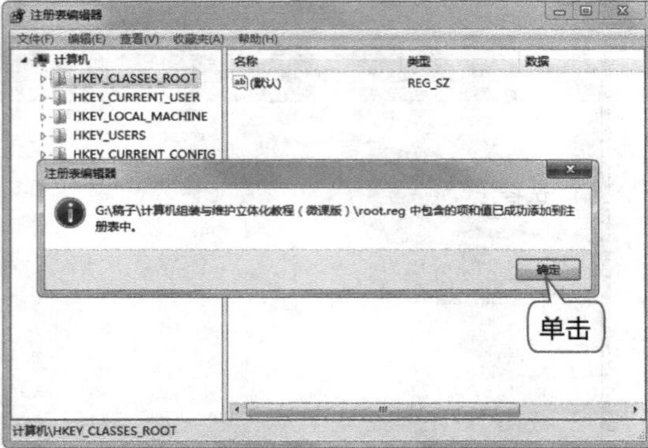

图8.40 完成还原操作

8.2.5 优化系统服务

Windows操作系统启动时，系统自动加载了许多在系统和网络中发挥着很大作用的服务，这些服务并不都适合用户，因此有必要将一些不需要的服务关闭以节约内存资源，加快计算机的启动速度。另外，优化系统服务的主动权应该掌握在用户手中，因为每个系统服务的使用需要依个人实际使用情况来决定。

Windows 7操作系统中提供的大量服务虽然占据了许多系统内存，且很多服务用户也完全用不上，考虑到大多数用户并不明白每一项服务的含义，不能随便进行优化。如果能让用户完全明白某服务项的作用，就可以打开服务项管理窗口逐项检查，关闭其中一些服务来提高操作系统的性能。下面介绍一些Windows 操作系统中常见的可以关闭的服务项。

◎ **ClipBook：**该服务允许网络中的其他用户浏览本机的文件夹。

◎ **Print Spooler：**打印机后台处理程序。

◎ **Error Reporting Service：**系统服务和程序在非正常环境下运行时发送错误报告。

◎ **Net Logon：**网络注册功能，用于处理注册信息等网络安全功能。

◎ **NT LM Security Support Provider：**为网络提供安全保护。

◎ **Remote Desktop Help Session Manager：**用于网络中的远程通信。

◎ **Remote Registry：**使网络中的远程用户能修改本地计算机中的注册表设置。

◎ **Task Scheduler：**使用户能在计算机中配置和制定自动任务的日程。

◎ **Uninterruptible Power Supply：**用于管理用户的UPS。

下面以关闭系统搜索索引服务（Windows Search）为例进行介绍，其具体操作如下。

1 单击“开始”按钮，在打开菜单的“计算机”命令上单击鼠标右键，在弹出的快捷菜单中选择“管理”命令，如图8.41所示。

2 打开“计算机管理”窗口，在左侧的任务窗格中展开“服务和应用程序”选项，然后再选择“服务”选项，在右侧的“服务”列表框中选择“Windows Search”选项，单击“停止”超链接，如图8.42所示。

3 Windows系统开始停止该项服务，并显示进度，如图8.43所示。

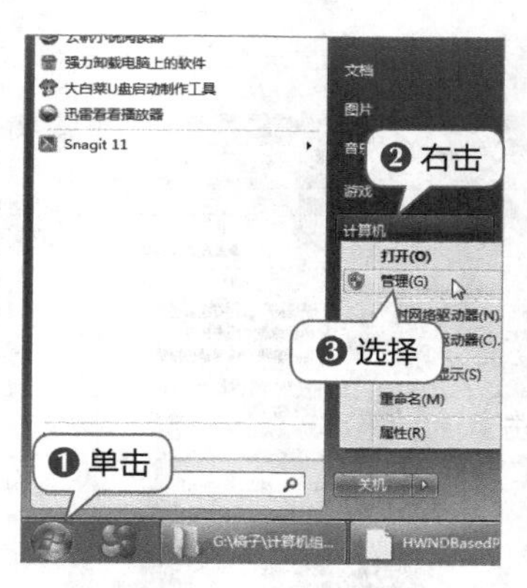

图8.41　输入程序名称

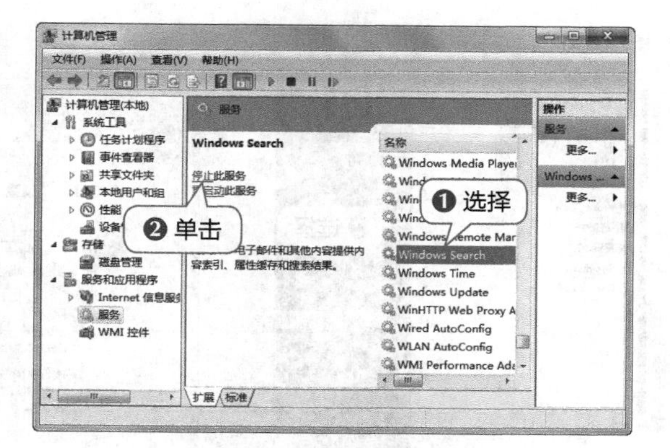

图8.42　选择操作

4 停止服务后，只有通过单击“启动”超链接才能重新启动该服务，如图8.44所示。

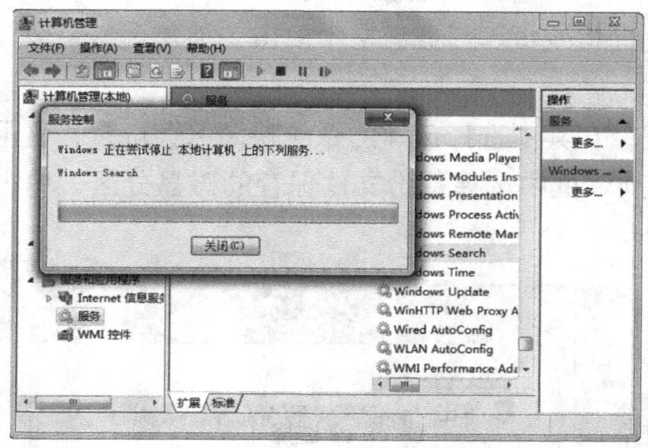

图8.43　停止服务

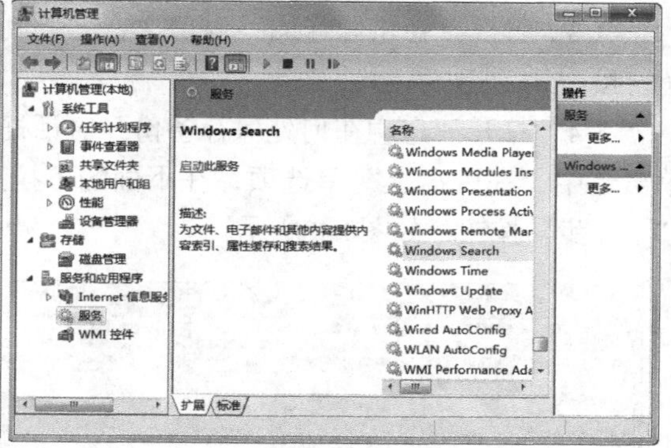

图8.44　完成优化

8.3 应用实训

8.3.1 备份操作系统

若没有备份操作系统，一旦计算机系统出现非硬件的重大故障导致无法开机时，通常只能选择重新安装操作系统，既费时又麻烦，且所有的驱动程序和软件都需要重新安装，同时系统盘上保留的重要文件或重要数据都会删除。如果对操作系统进行了备份，则可以避免这些情况。Windows 7自带的系统还原功能虽然可以还原系统，但最大的问题是太占系统盘空间，若还原文件里面包含病毒，杀毒软件也无法查杀，还原后系统仍然无法使用。因此，在备份和还原操作系统时建议选择Ghost等专业软件。本实训的目标是利用Windows 7操作系统自带的系统备份与还原功能，对操作系统进行备份。本实训的操作思路如下。

（1）单击“开始”按钮，在打开的菜单中选择“控制面板”命令，如图8.45所示。

（2）打开“控制面板”窗口，在“系统和安全”栏中单击“备份您的计算机”超链接，如图8.46所示。

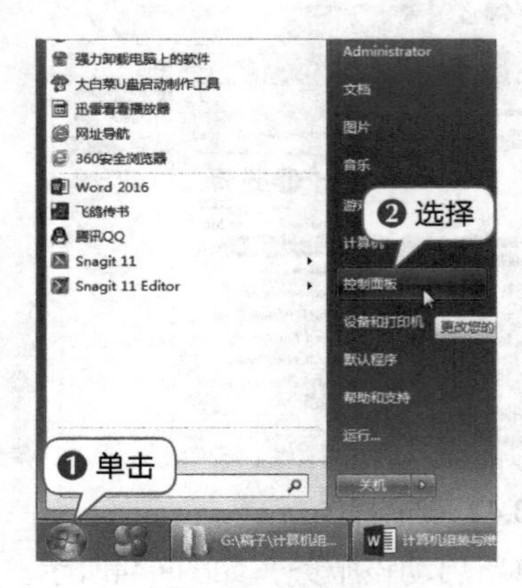

图8.45　选择操作

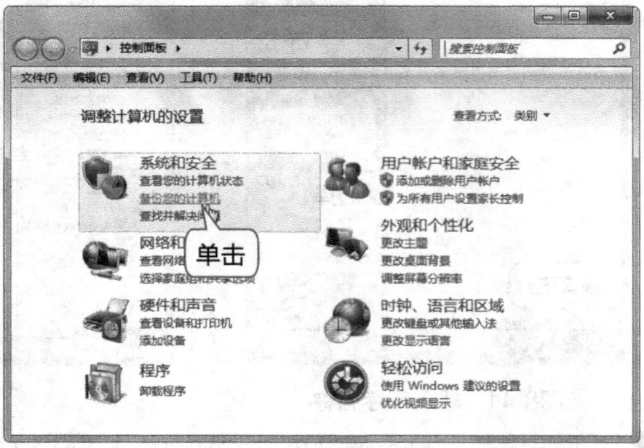

图8.46　备份计算机

（3）打开“备份和还原”窗口，在“控制面板主页”任务窗格中单击“创建系统映像”超链接，如图8.47所示。

（4）打开“您想在何处保存备份”对话框，在其中选择创建的系统映像保存位置，这里单击选中“在硬盘上”单选项，在下面的下拉列表框中选择备份文件保存的磁盘分区，单击“下一步”按钮，如图8.48所示。

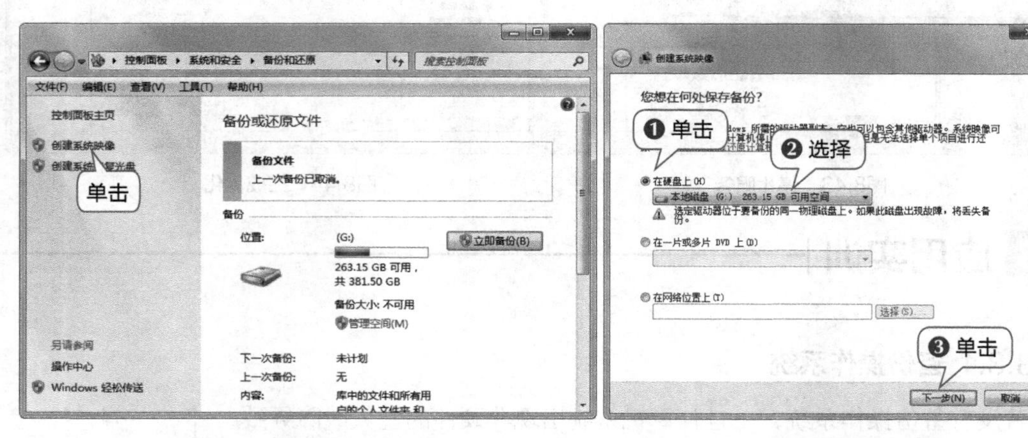

图8.47　创建系统映像

图8.48　选择保存位置

（5）打开“您要在备份中包括哪些驱动器”对话框，在其中选择备份的驱动器，通常单击选中系统盘对应的复选框，单击“下一步”按钮，如图8.49所示。

（6）打开“确认您的备份设置”对话框，在其中确认相关的备份设置，单击“开始备份”按钮，如图8.50所示。

（7）打开“创建系统映像”对话框，开始对系统盘进行备份，并显示备份的进度，如图8.51所示。

（8）备份的过程需要稍长的时间，备份完成后，打开提示框，询问“是否要创建系统修复光盘”，单击“否”按钮，返回“创建系统映像”对话框，单击“关闭”按钮，如图8.52所示，完成操作系统备份的操作。

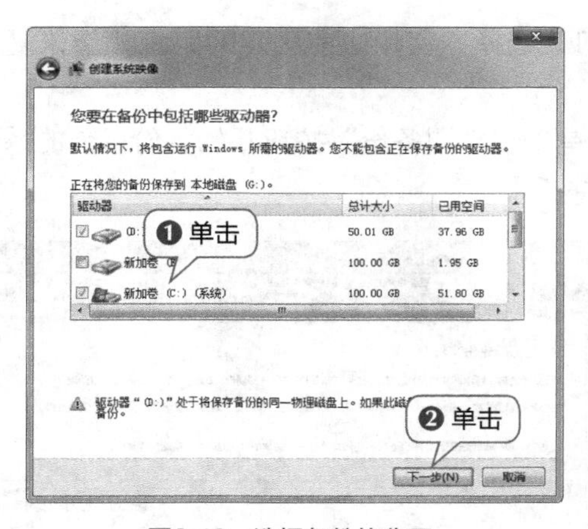

图8.49　选择备份的分区

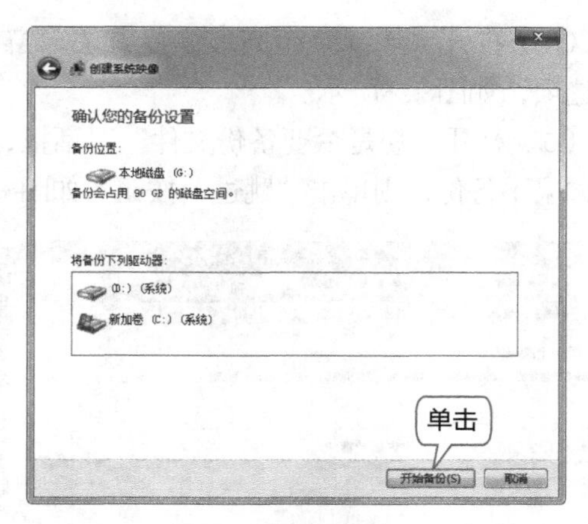

图8.50　确认操作

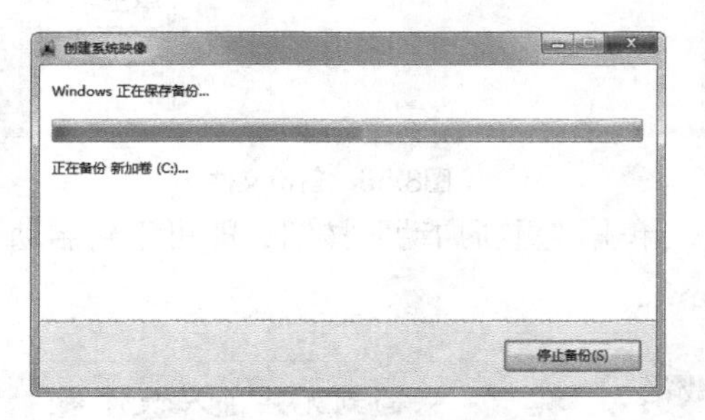

图8.51　备份操作系统

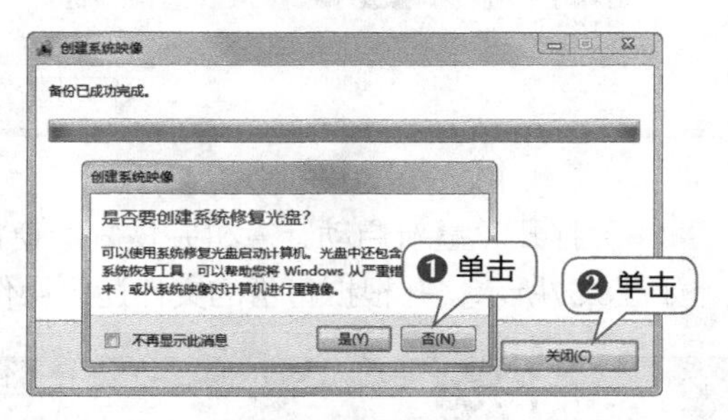

图8.52　完成备份

8.3.2 还原操作系统

本实训的目标是利用Windows 7操作系统自带的系统备份与还原功能，对操作系统进行还原。本实训的操作思路如下。

（1）单击“开始”按钮，在打开的菜单中选择“控制面板”命令，打开“控制面板”窗口，在“系统和安全”栏中单击“备份您的计算机”超链接。

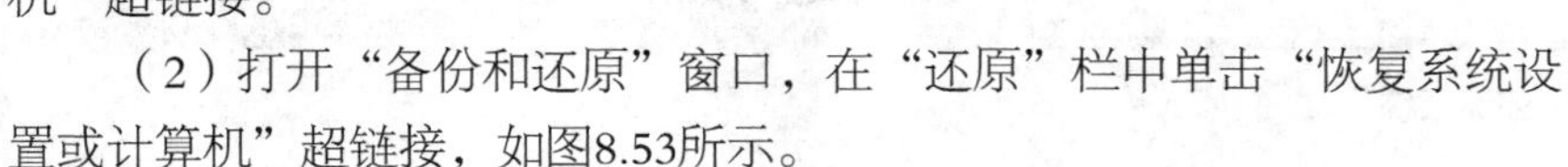

（2）打开“备份和还原”窗口，在“还原”栏中单击“恢复系统设置或计算机”超链接，如图8.53所示。

（3）打开“恢复”窗口，在其中单击“高级恢复方法”超链接，如图8.54所示。

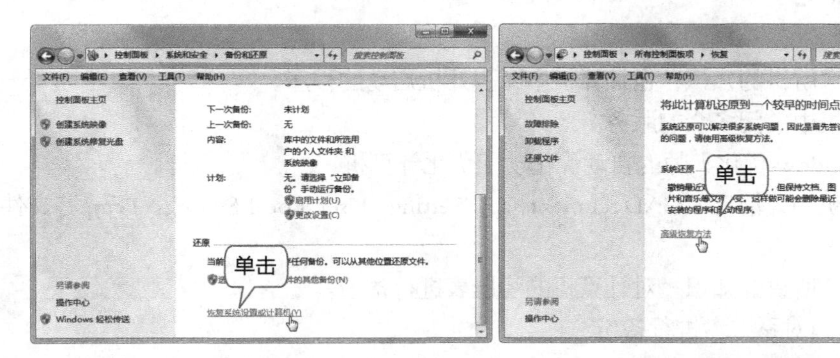

图8.53　恢复设置

图8.54　高级恢复方法

（4）打开“选择一个高级恢复方法”窗口，选择“使用之前创建的系统映像恢复计算机”选项，如图8.55所示。

（5）打开“您是否要备份文件”对话框，单击“立即备份”按钮开始备份目前的系统文件，如果不备份，则单击“跳过”按钮，如图8.56所示。

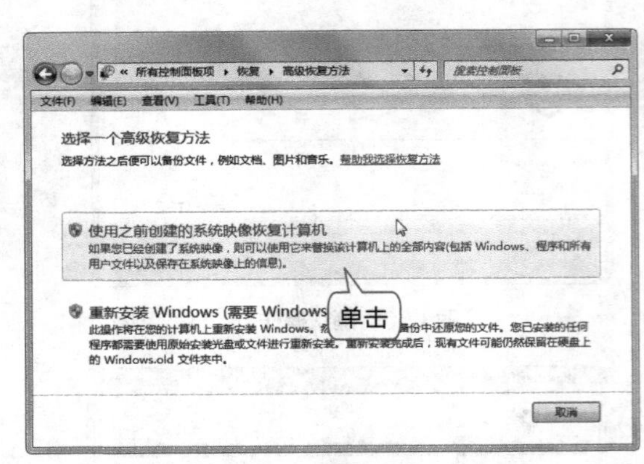

图8.55　选择还原方法

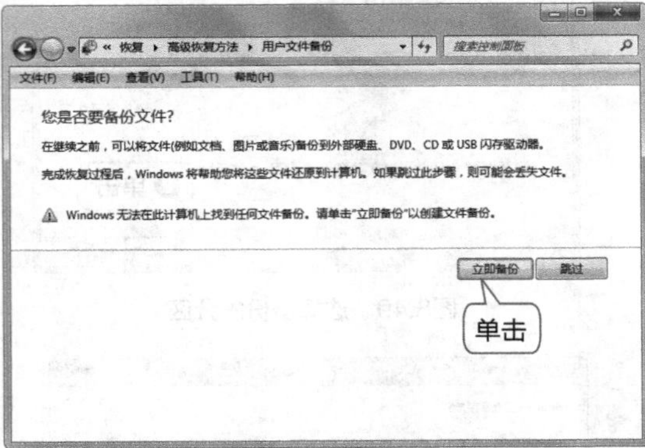

图8.56　备份文件

（6）打开“重新启动计算机并恢复”窗口，单击“重新启动”按钮，即可重新启动计算机，如图8.57所示，并根据备份的文件还原操作系统。

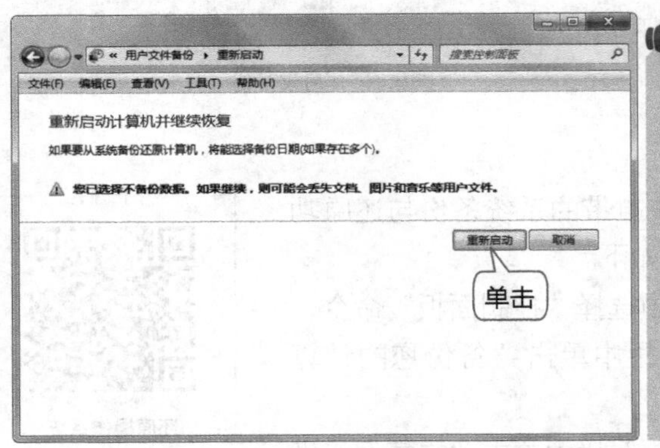

图8.57　还原系统

提示：若遇到无法进入操作系统的情况，需要在开机时按“F8”键，在打开的引导菜单中选择“修复计算机”选项，按“Enter”键，打开“系统恢复选项”对话框，单击“系统映像恢复”超链接，打开操作向导对话框，按提示操作即可用备份的文件还原操作系统。

8.4 拓展练习

（1）按照本章所讲的知识，在计算机中减少开机启动的程序。

（2）在计算机中关闭多余的服务。

（3）使用Windows优化大师的自动优化功能优化计算机。

（4）在计算机中，清理“C:\Documents and Settings\User\Local Settings\Temp”文件夹中的垃圾文件。

（5）按照本章所讲的知识，对计算机的注册表进行备份。

（6）使用Ghost对系统盘进行备份。

第9章 搭建虚拟计算机测试平台

9.1 VM虚拟机安装32/64位Windows 10操作系统

VMware Workstation（简称VM）是一款比较专业的虚拟机软件，它可以同时运行多个虚拟的操作系统，当需要在计算机中虚拟重装系统、安装多系统或BIOS升级等操作时，就可以使用VW进行模拟。VM可以同时运行多个虚拟的操作系统，在软件测试等专业领域使用较多，该软件属于商业软件，普通用户需要付费购买。

9.1.1 VM的基本概念

VM的功能相当强大，应用也非常广泛，只要是涉及使用计算机的职业，都能派上用场，如教师、学生、程序员和编辑等，都可以利用它来解决一些工作上相应的难题。在使用VM之前需先了解一些相关的专用名词，下面分别对这些专用名词进行讲解。

◎ **虚拟机：**指通过软件模拟具有计算机系统功能，且运行在一个完全隔离的环境中的完整计算机系统。通过虚拟机软件，可以在一台物理计算机上模拟出一台或多台虚拟的计算机，这些虚拟的计算机（简称虚拟机）可以像真正的计算机一样进行工作，如可以安装操作系统和应用程序等。虚拟机只是运行在计算机上的一个应用程序，但对于虚拟机中运行的应用程序而言，可以得到在真正计算中操作的结果。

提示：使用虚拟机软件，用户可以同时运行Linux各种发行版、Windows各种版本、DOS和UNIX等各种操作系统，甚至可以在同一台计算机中安装多个Linux发行版或多个Windows操作系统版本。在虚拟机的窗口上，模拟了多个按键，分别代表打开虚拟机电源、关闭虚拟机电源和Reset键等。这些按键的功能和计算机真实的按键一样，使用起来非常方便。

◎ **主机：**指运行虚拟机软件的物理计算机，即用户所使用的计算机。

◎ **客户机系统：**指虚拟机中安装的操作系统，也称“客户操作系统”。

◎ **虚拟机硬盘：**由虚拟机在主机上创建的一个文件，其容量大小受主机硬盘的限制，即存放在虚拟机硬盘中的文件大小不能超过主机硬盘大小。

◎ **虚拟机内存：**虚拟机运行所需内存是由主机提供的一段物理内存，其容量大小不能超过主机的内存容量。

◎ **虚拟机软件：**目前流行的虚拟机软件有VMware Workstation、Microsoft Virtual PC和Oracle Virtual Box，它们都能在Windows系统上虚拟出多个计算机。其中，Microsoft Virtual PC是一款由

Microsoft公司开发，支持多个操作系统的虚拟机软件，具有功能强大和使用方便的特点，主要应用于重装系统、安装多系统和BIOS升级等，该软件的缺点是升级较慢，无法跟上操作系统的更新步伐。另外一款Oracle VM VirtualBox则是一款功能强大的虚拟机软件，具备虚拟机的所有功能，且操作简单、完全免费、升级速度快，非常适合普通用户使用。

9.1.2 VM对系统和主机硬件的基本要求

虚拟机在主机中运行时，要占用部分系统资源，特别是对CPU和内存资源的使用较大。所以，运行VMware Workstation需要主机的操作系统和硬件配置达到一定的要求，这样才不会因运行虚拟机而影响系统的运行速度。

1. VM能够安装的操作系统

VMware Workstation几乎能够支持所有操作系统的安装，如下所示。

◎ **Microsoft Windows：**从Windows 3.1一直到最新的Windows 7/8/10。

◎ **Linux：**各种Linux版本，从Linux 2.2.x核心到Linux 2.6.x核心。

◎ **Novell NetWare：**Novell NetWare 5和Novell NetWare 6。

◎ **Sun Solaris：**Solaris 8、Solaris 9、Solaris 10和Solaris 11 64-bit。

◎ **VMware ESX：**VMware ESX/ESXi 4和VMware ESXi 5。

◎ **其他操作系统：**MS-DOS、eComStation、eComStation 2和FreeBSD等。

2. VM对主机硬件的要求

在VM中安装不同的操作系统对主机的硬件要求也不同，表9.1列出了安装最常见操作系统时的硬件配置要求。

表9.1　VM对主机硬件的要求

操作系统版本	主机磁盘剩余空间	主机内存容量
Windows XP	至少40GB	至少512MB
Windows Vista	至少40GB	至少1GB
Windows 7/8/10	至少60GB	至少1GB

9.1.3 VM的常用快捷键

快捷键就是自身或与其他按键组合能够起到特殊作用的按键，在VM中的快捷键默认为“Ctrl”键。在虚拟机运行过程中，“Ctrl”键与其他键组合所能实现的功能如下所示。

◎ **“Ctrl+B”组合键：**开机。

◎ **“Ctrl+E”组合键：**关机。

◎ **“Ctrl+R”组合键：**重启。

◎ **“Ctrl+Z”组合键：**挂起。

◎ **“Ctrl+N”组合键：**新建一个虚拟机。

◎ **“Ctrl+O”组合键：**打开一个虚拟机。

◎ **“Ctrl+F4”组合键：**关闭所选择虚拟机的概要或控制视图。如果打开了虚拟机，将出现一个确认对话框。

◎ **"Ctrl+D"组合键：**编辑虚拟机配置。

◎ **"Ctrl+G"组合键：**为虚拟机捕获鼠标和键盘焦点。

◎ **"Ctrl+P"组合键：**编辑参数。

◎ **"Ctrl+Alt+Enter"组合键：**进入全屏模式。

◎ **"Ctrl+Alt"组合键：**返回正常（窗口）模式。

◎ **"Ctrl+Alt+Tab"组合键：**当鼠标和键盘焦点在虚拟机中时，在打开的虚拟机中切换。

◎ **"Ctrl+Shift+Tab"组合键：**当鼠标和键盘焦点不在虚拟机中时，在打开的虚拟机中切换。前提是VMware Workstation应用程序必须在活动应用状态上。

9.1.4 创建一个安装Windows 10的虚拟机

在VMware Workstation的官方网站（http://www.vmware.com/）可以下载最新版本的VM软件，将其安装到计算机中后，就可以创建和使用虚拟机了。下面就创建一个Windows 10操作系统的虚拟机，其具体操作如下。

扫一扫

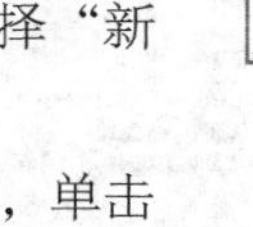

创建一个安装Windows 10的虚拟机

1 启动VMware Workstation，打开其主界面，单击"Workstation"按钮，在弹出的菜单中选择"文件"命令，在弹出的子菜单中选择"新建虚拟机"命令，如图9.1所示。

2 打开"新建虚拟机向导"对话框，在其中选择配置的类型，单击选中"典型"单选项，单击"下一步"按钮，如图9.2所示。

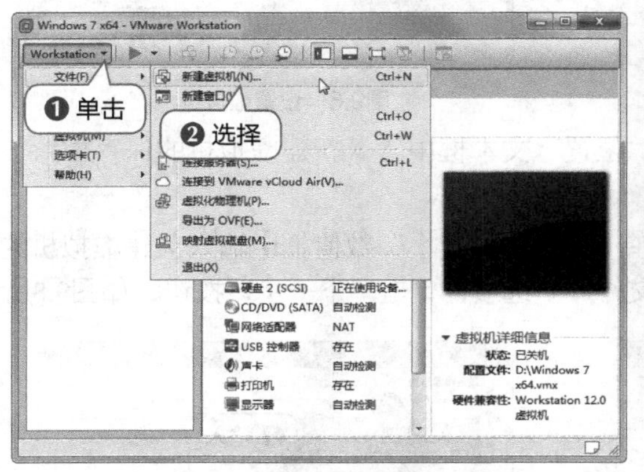

图9.1 选择菜单命令

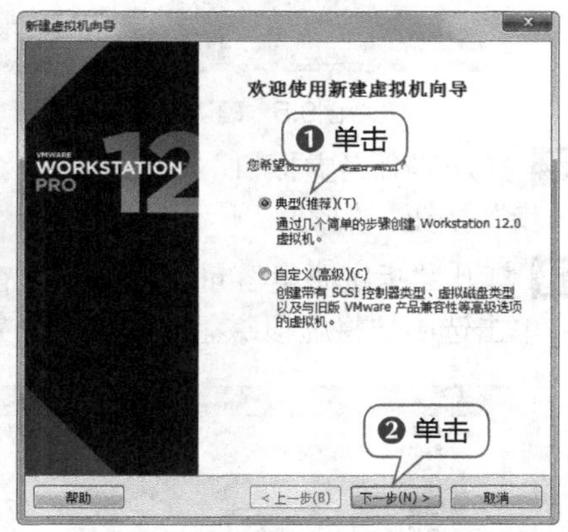

图9.2 选择配置类型

3 打开"安装客户机操作系统"对话框，单击选中"安装程序光盘映像文件"单选项，单击"浏览"按钮，如图9.3所示。

4 打开"浏览ISO映像"对话框，选择操作系统的安装映像文件，这里选择一个从网上下载的Windows 10的映像文件，单击"打开"按钮，如图9.4所示。

5 返回"安装客户机操作系统"对话框，单击"下一步"按钮，如图9.5所示。

6 打开"简易安装信息"对话框，在"Windows 产品密钥"文本框中输入Windows 7的安装密钥，在"全名""密码"和"确认"文本框中输入该操作系统的个性化设置，单击"下一步"按钮，如图9.6所示。

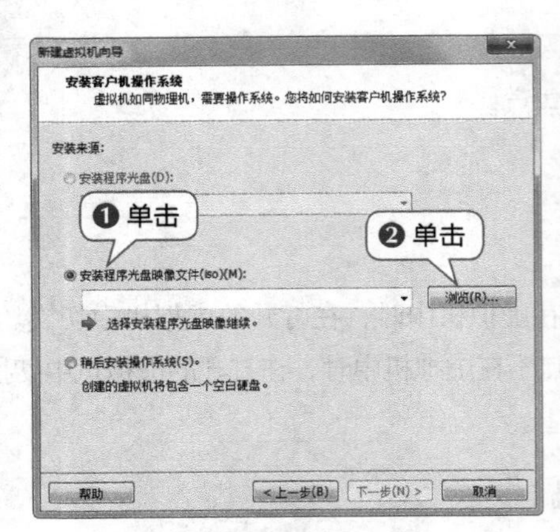

图9.3 选择如何安装

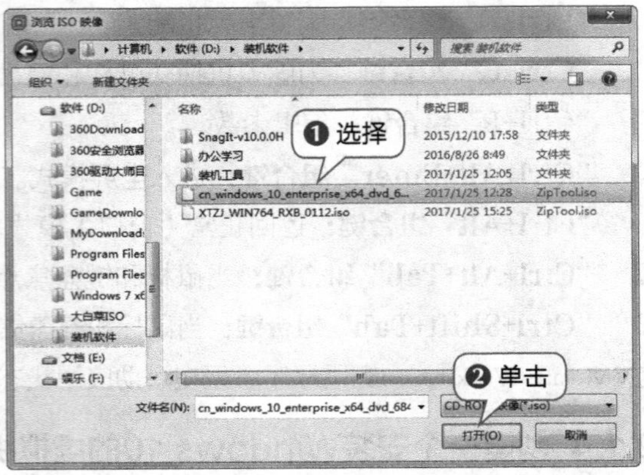

图9.4 选择映像文件

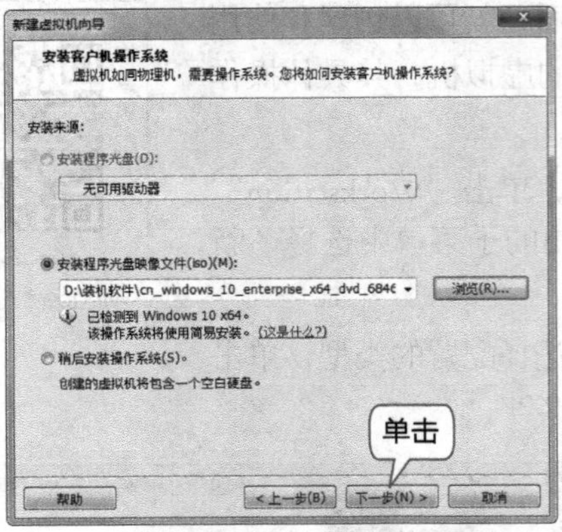

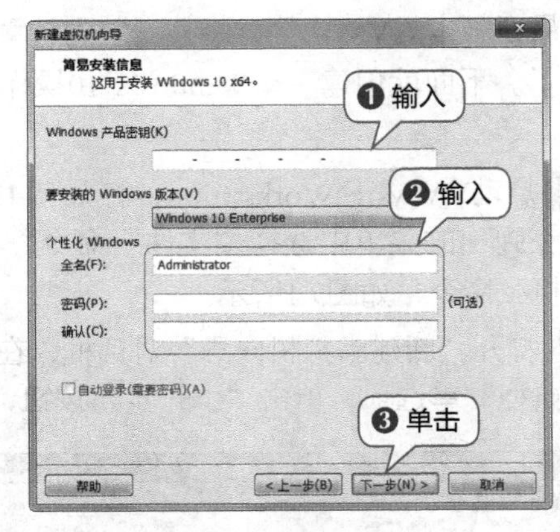

图9.5 确认安装

图9.6 设置虚拟机

7 打开“命名虚拟机”对话框，在“位置”文本框中输入新建虚拟机的保存位置，单击“下一步”按钮，如图9.7所示。

8 打开“指定磁盘容量”对话框，在“最大磁盘大小”数值框中输入创建虚拟机的磁盘大小，单击选中“将虚拟磁盘储存为单个文件”单选项，单击“下一步”按钮，如图9.8所示。

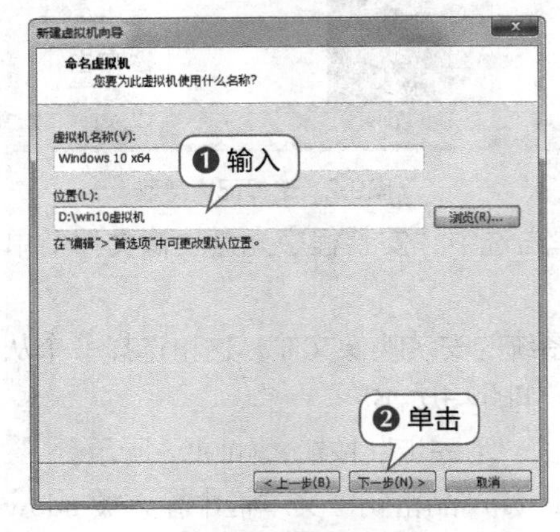

图9.7 设置保存位置

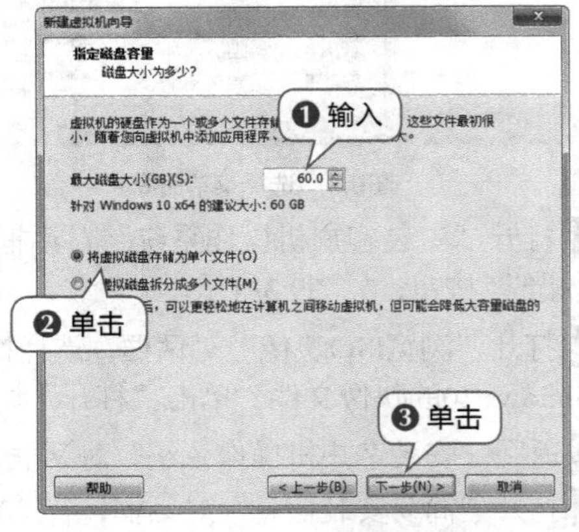

图9.8 指定磁盘容量

9 打开“已准备好创建虚拟机”对话框，撤销选中“创建后开启此虚拟机”复选框，单击“完成”按钮，如图9.9所示。

10 VM开始创建虚拟机，并显示进度，如图9.10所示，创建完成后，将在VM主界面窗口左侧的“库”任务窗格中看到创建好的虚拟机，并在右侧窗格的“设备”栏中查看该虚拟机的相关信息。

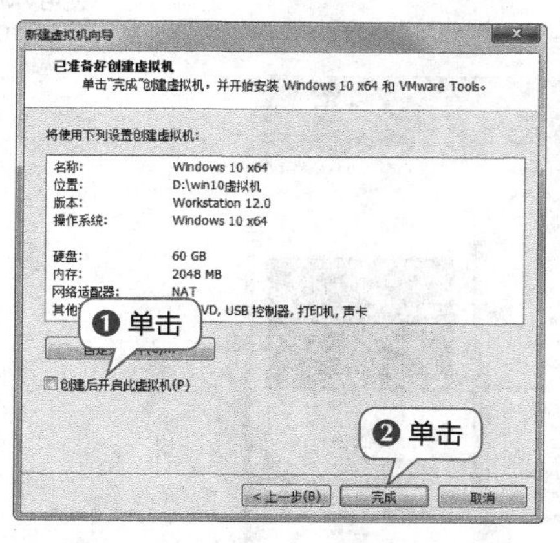

图9.9　准备创建

图9.10　新建虚拟机

提示：虚拟机创建完成后，需要对其进行简单配置，如新建虚拟硬盘，设置内存的大小及设置显卡和声卡等虚拟设备，但VM通常在创建虚拟机时就已经完成设置了，用户可以对这些设置进行修改。打开VM主界面窗口，在创建的虚拟机的选项卡中，单击“编辑虚拟机设置”超链接，打开“虚拟机设置”对话框，在其中可对虚拟机进行相关的设置，如图9.11所示。

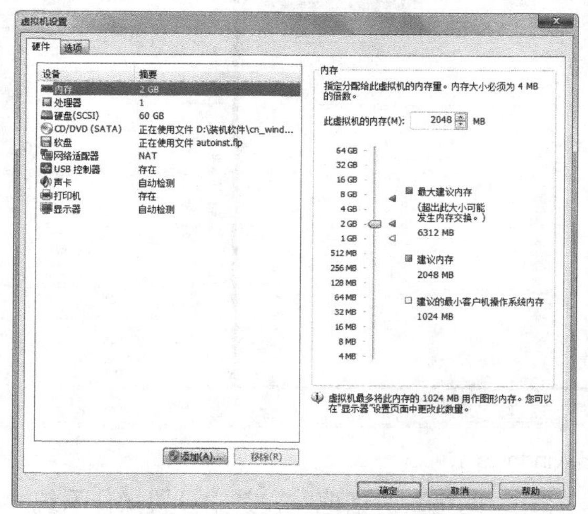

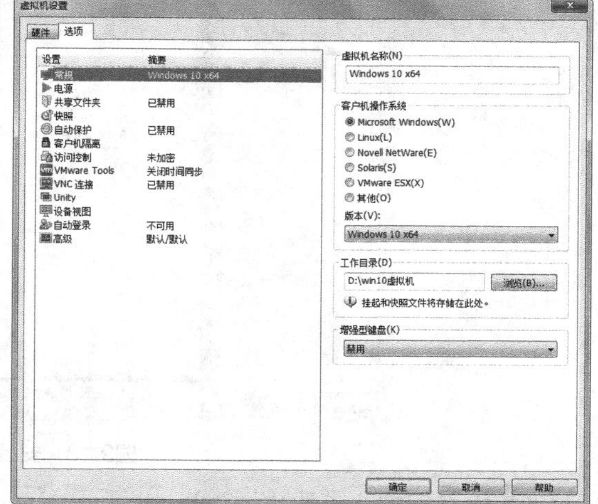

图9.11　虚拟机设置

9.1.5　使用VM安装Windows 10操作系统

在VM中安装操作系统的操作与在计算机中安装操作系统基本相同，不同之处是可以通过

ISO文件直接启动虚拟机并进行安装，下面通过Windows 10的64位ISO文件安装操作系统，其具体操作如下。

1 启动VMware Workstation，打开其主界面，在左侧的"库"任务窗格中展开"我的计算机"选项，选择"Windows 10 x64"选项，在右侧的"Windows 10 x64"选项卡中间的任务窗格中选择"开启此虚拟机"选项，如图9.12所示。

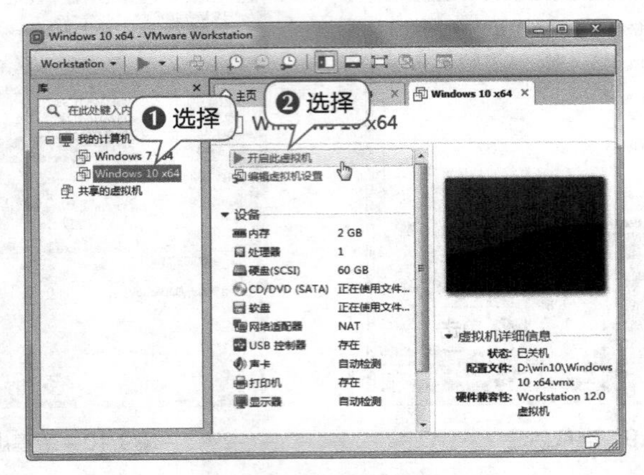

图9.12　开启虚拟机

2 VM将启动刚才创建的Windows 10虚拟机，并启动安装程序开始安装Windows 10，包括复制Windows文件、准备安装的文件、安装功能和安装更新等，如图9.13所示，在安装过程中VM将按照安装程序的设置自动重新启动虚拟机。

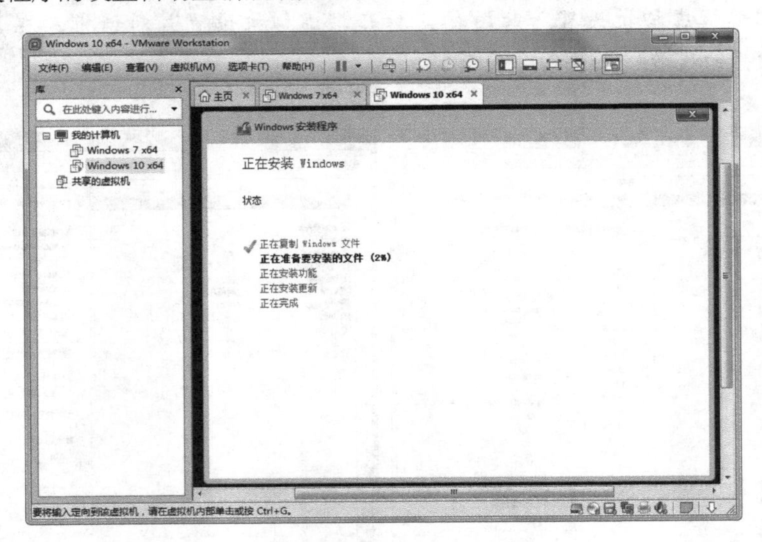

图9.13　安装Windows 10

3 稍等片刻，完成Windows 10的安装后，打开"网络"对话框，在其中设置操作系统的网络，如图9.14所示。

4 进入Windows 10的操作界面，完成在VM中通过虚拟机安装操作系统的操作，如图9.15所示。

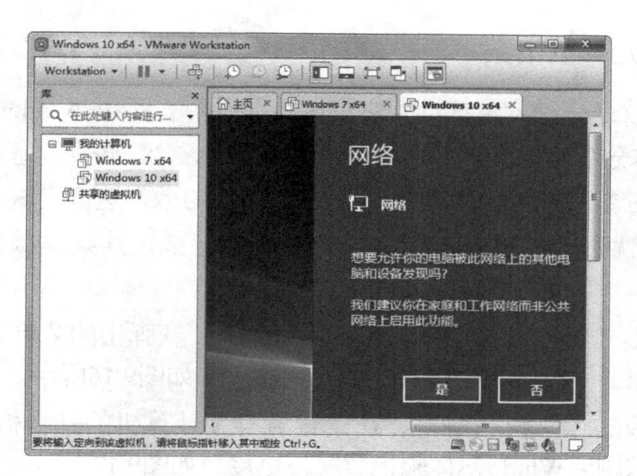

图9.14　设置计算机网络

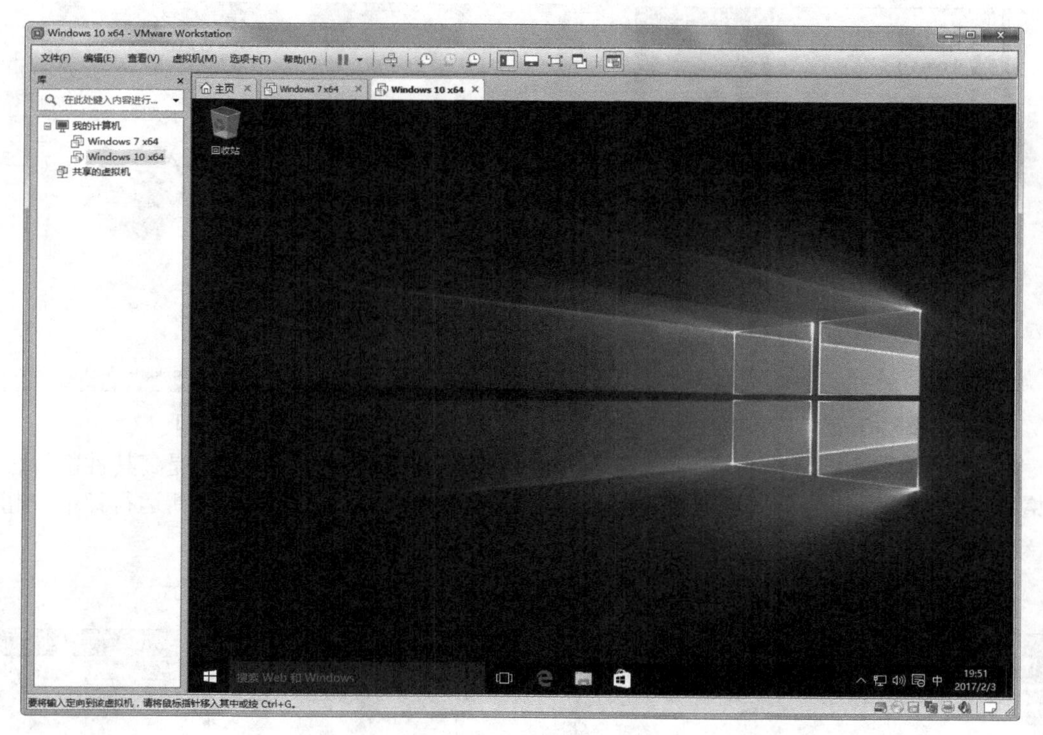

图9.15　完成安装

提示：Windows 10的安装在前面章节中已经详细介绍过，这里不再赘述。

9.2 利用软件测试计算机性能

利用软件对计算机的硬件进行测试，然后根据测试结果给出一个分数，来体现硬件的性能高低。尤其是CPU、显卡这些计算机核心硬件，软件测试似乎已经成为了所有购买新产品用户，甚至于每一款新产品上市之前所必须经过的一个环节，也是组装计算机的一个必要环节。

9.2.1 Windows体验指数

Windows 体验指数是一种度量标准，它可以检测计算机运行 Windows 的状况，并可使用基本分数对计算机用户获得的体验进行评分。较高的基本分数通常表示与基本分数较低的计算机相比，该计算机的运行速度更快、响应能力更强。下面就在计算机中刷新 Windows 体验指数，其具体操作如下。

1 在Windows 7操作系统界面中单击“开始”按钮，在弹出的菜单中的“计算机”命令上单击鼠标右键，在弹出的快捷菜单中选择“属性”命令，如图9.16所示。

2 打开控制面板的“系统”窗口，在“查看有关计算机的基本信息”任务窗格的“系统”栏中，单击“要求刷新Windows体验指数”超链接，如图9.17所示。

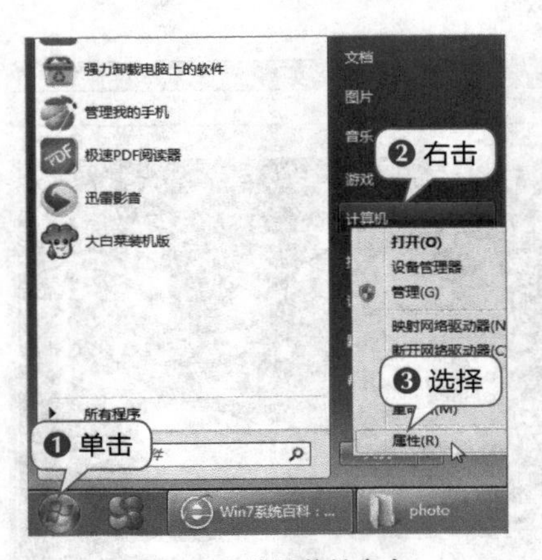

图9.16　选择菜单命令

图9.17　打开“系统”窗口

3 打开控制面板的“性能信息和工具”窗口，在“为计算机评分并提高其性能”任务窗格中，可以查看目前计算机的Windows体验指数评分，单击下面的“重新运行评估”超链接，如图9.18所示。

4 Windows将开始评估计算机的性能，并显示评估的进度，如图9.19所示。

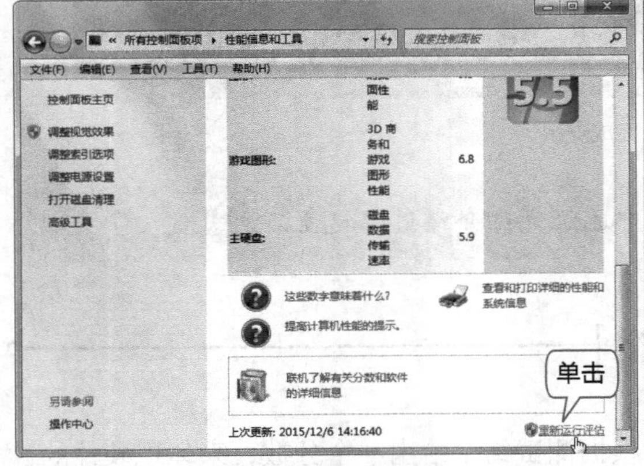

图9.18　重新运行评估

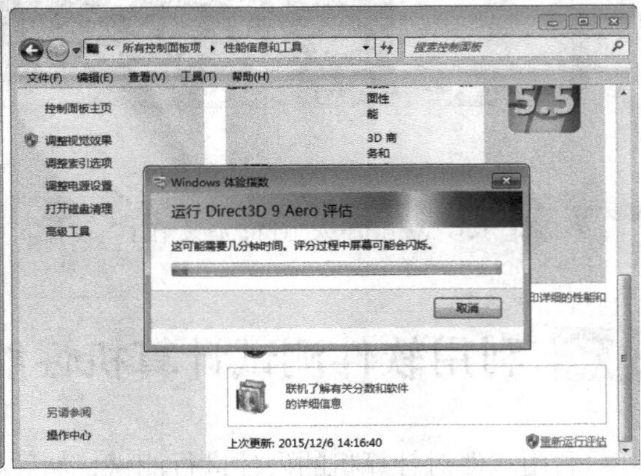

图9.19　评估进度

5 完成评估后，将重新显示Windows体验指数，如图9.20所示。

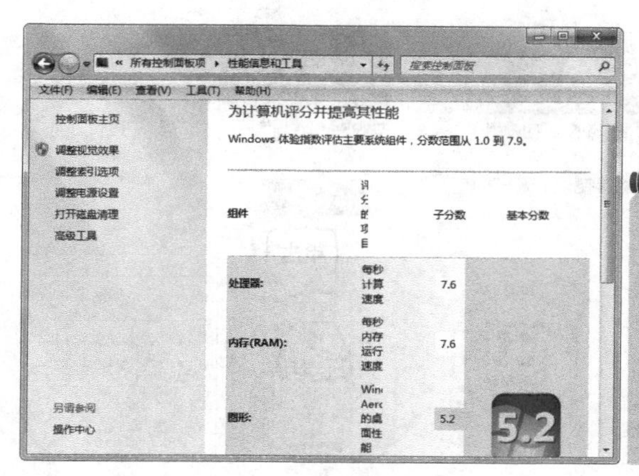

图9.20　完成评估

> 提示：Windows体验指数的基本分数通常在1.0～7.9的范围内，Windows体验指数的总分遵循“木桶原理”，即系统最低分的设备决定了系统的综合分数，因此升级相应的低分设备，可以获得更高的分数。

> 提示：计算机中的每个硬件都有其各自的分数，称为子分数，查看子分数可以了解硬件的性能状况，这可以帮助用户决定是否要对计算机的部分硬件进行升级。

9.2.2 使用鲁大师测试

扫一扫

使用鲁大师测试

鲁大师是一款专业的硬件检测软件，很多人都会使用鲁大师对计算机进行检测。下面就使用鲁大师对计算机进行测试并评分，其具体操作如下。

1 在计算机中启动鲁大师软件，在其工作界面中单击“性能测试”选项卡，如图9.21所示。

图9.21　启动鲁大师

2 进入鲁大师的计算机性能测试页面，单击“开始评测”按钮，如图9.22所示。

3 鲁大师开始对计算机的主要硬件进行检测，主要包括处理器、显卡、内存和磁盘，这个过程需要较长的时间，且在检测过程中显示器可能出现闪烁或停顿的现象。

图9.22 开始检测

4 检测完成后鲁大师将显示计算机的测试结果，并会单独显示各主要硬件的分数，如图9.23所示。

图9.23 显示测试结果

9.2.3 使用3DMARK测试

3DMARK是业内公认的专业图形性能测试工具，是所有硬件网站的测试标准，也是衡量市面上所有显卡和计算机平台的标准型测试项目。下面就以3DMARK 11测试显卡为例进行介绍，其具体操作如下。

1 启动3DMARK，进入基础测试界面，单击“Advanced”选项卡，如图9.24所示。

2 进入3DMARK的高级选项设置界面，这里保持默认的设置，单击“运行Performance”按钮，如图9.25所示。

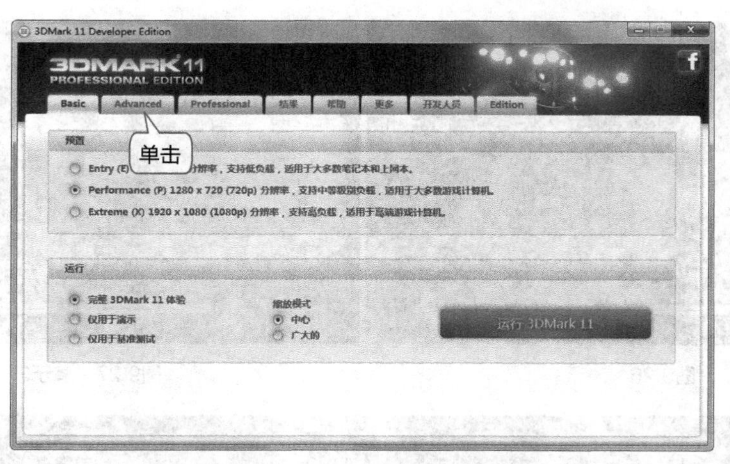

图9.24 启动3DMARK

提示：3DMARK的基础测试选项主要有Entry（对CPU依赖性相对较大，难度最小）、Performance（基本上只看显卡的性能，难度适中）和Extreme（难度最高，对CPU依赖性最小）3种，对应入门、主流和极致3种计算机配置，对应的测试结果会显示E分、P分和X分。

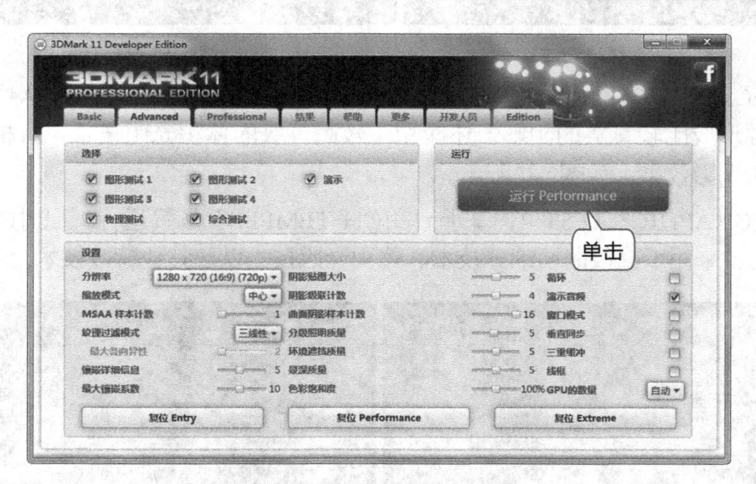

图9.25 运行Performance

3 3DMARK开始按照前面的选项，运行不同的场景Demo演示显卡，首先是“DEEP SEA”（深海），如图9.26所示。

4 然后是“HIGH TEMPLE”（高阶神庙），这一幕Demo着重演示了光影及特效，如图9.27所示。

5 接着开始正式的显卡测试，首先是GRAPHICS TEST 1，基于“DEEP SEA”场景运行，主要测试阴影及体积光照的处理能力，未加入曲面细分功能，如图9.28所示。

6 然后是GRAPHICS TEST 2，基于“DEEP SEA”场景运行，阴影及体积光照的等级有所上升，要求GPU有较强的处理能力，还加入了中等等级的曲面细分，如图9.29所示。

图9.26 演示1

图9.27 演示2

图9.28 图形测试1

图9.29 图形测试2

7 接着是GRAPHICS TEST 3，基于“HIGH TEMPLE”场景运行，加入中等等级曲面细分，用定向光源形成比较真实的阴影，还应用了较高等级的体积光照技术，可根据不同的媒介材质实现不同的光影效果，如图9.30所示。

8 然后是GRAPHICS TEST 4，基于“HIGH TEMPLE”场景运行，但对GPU的性能要求比前一场景要高。采用了高级曲面细分技术、体积光照技术以及其他特效技术，如图9.31所示。

图9.30 图形测试3

图9.31 图形测试4

9 下面开始物理测试（PHYSICS TEST），物理测试场景不再支持PhysX物理技术，而是转向对CPU的物理计算性能提出了要求，更高的主频和更多的线程会在这一项测试中占有利位置，如图9.32所示。

10 最后进行综合测试（COMBINED TEST），将对CPU和GPU同时进行测试，其中物体的下落和倒塌将完全由CPU进行物理计算，而植物、旗帜等物体将由DirectCompute技术计算，GPU则负责进行画面渲染工作以及完成曲面细分等DirectX 11特有的画面技术，如图9.33所示。

图9.32 物理测试

图9.33 综合测试

11 返回3DMARK界面，显示最终测试分数，如图9.34所示。

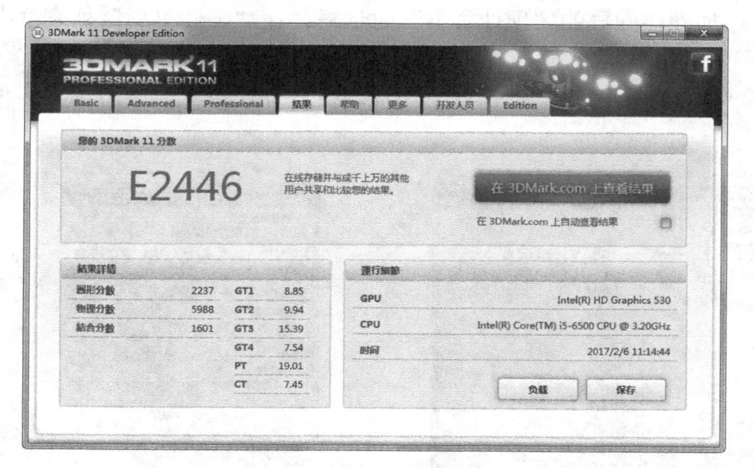

图9.34 显示得分

9.3 应用实训

9.3.1 在VM中设置U盘启动

为了更好地模拟计算机操作，在VM测试平台中也需要设置使用U盘启动虚拟机。下面就在VM中设置U盘启动虚拟机，本实训的操作思路如下。

（1）先将U盘连接到计算机中，启动VMware Workstation，打开创建好的Windows 10虚拟机，单击左上角的“编辑虚拟机设置”超链接，如图9.35所示。

（2）打开“虚拟机设置”对话框，在“硬件”选项卡中单击“添加”按钮，如图9.36

所示。

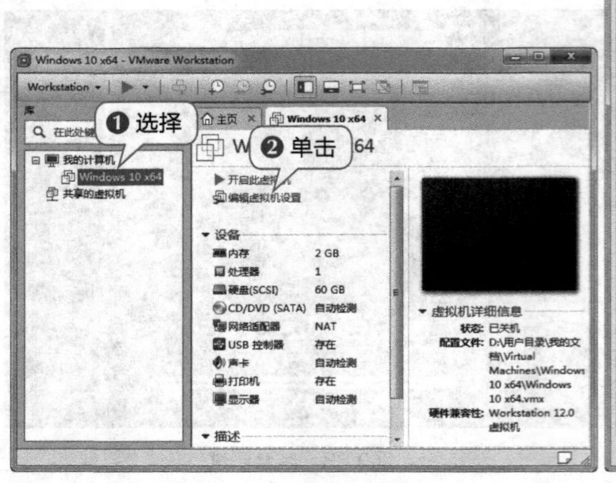

图9.35 打开“虚拟机设置”对话框

图9.36 添加硬件

（3）打开添加硬件向导的“硬件类型”对话框，在“硬件类型”列表框中选择“硬盘”选项，单击“下一步”按钮，如图9.37所示。

（4）打开“选择磁盘类型”对话框，在其中保持默认设置，单击“下一步”按钮，如图9.38所示。

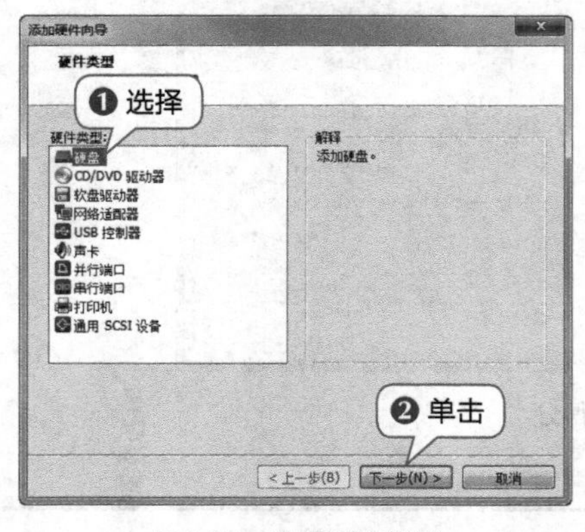

图9.37 选择硬件类型

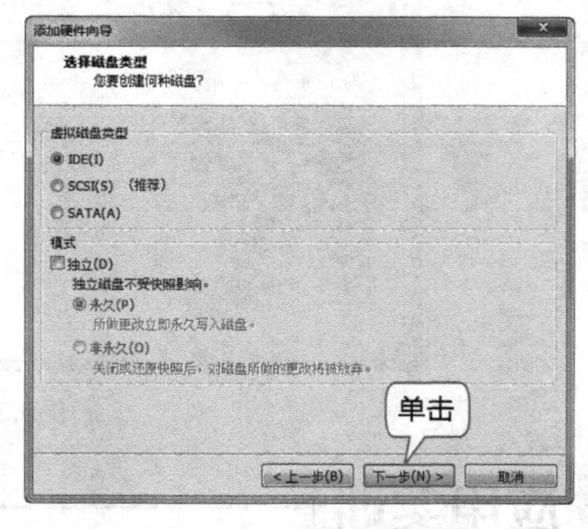

图9.38 选择磁盘类型

（5）打开“选择磁盘”对话框，在“磁盘”栏中单击选中“使用物理磁盘”单选项，单击“下一步”按钮，如图9.39所示。

（6）打开“选择物理磁盘”对话框，在“设备”下拉列表中选择U盘对应的选项（通常PhysicalDrive0代表虚拟硬盘，U盘通常是最下面的一个选项），在“使用方式”栏中单击选中“使用整个磁盘”单选项，单击“下一步”按钮，如图9.40所示。

（7）打开“指定磁盘文件”对话框，在其中设置磁盘文件的保存位置，通常保持默认设置，单击“完成”按钮，如图9.41所示。

（8）返回“虚拟机设置”对话框，即可看到新建的设备“硬盘（SCSI）”，单击“确定”按钮，如图9.42所示。

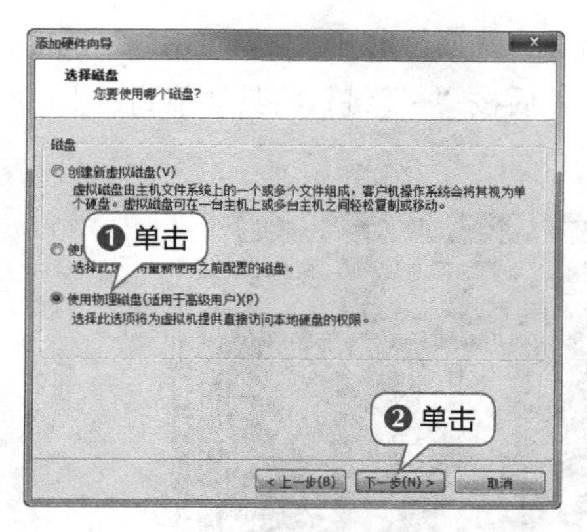

图9.39 选择磁盘

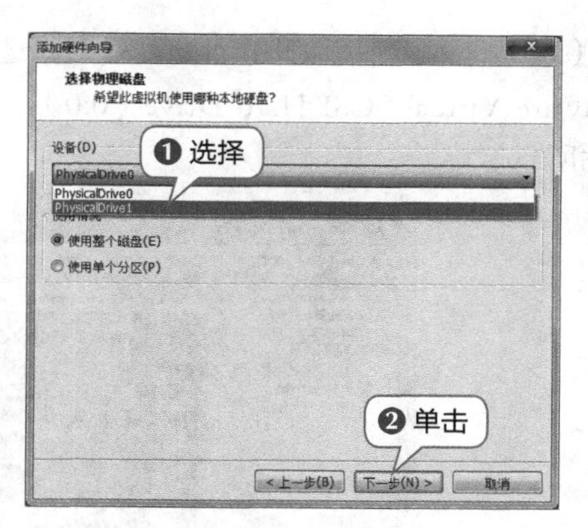

图9.40 选择物理磁盘

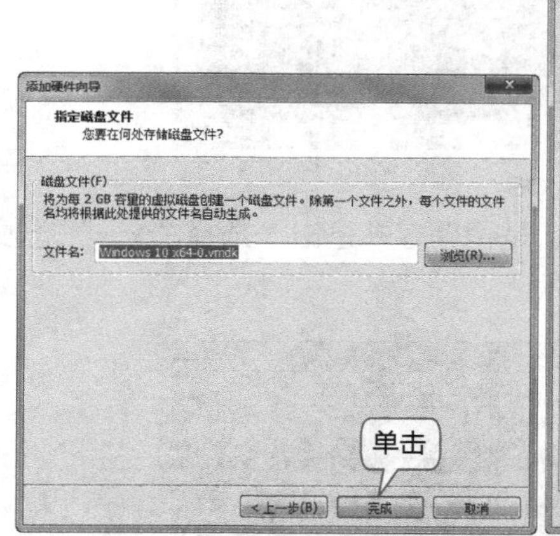

图9.41 指定磁盘文件

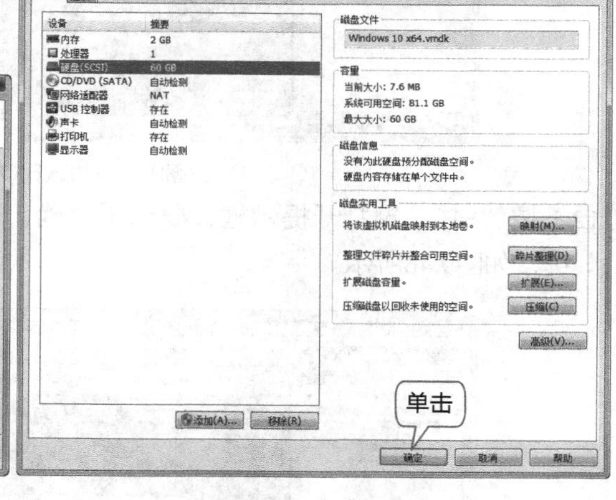

图9.42 完成设置

（9）返回该Windows 10虚拟机的主界面中，在左侧的“设备”任务窗格中可以看到创建好的硬盘设备，单击左上角的“开启此虚拟机”超链接，如图9.43所示。

（10）VM开始启动虚拟机，当进入如图9.44所示的界面时，按“F2”键。

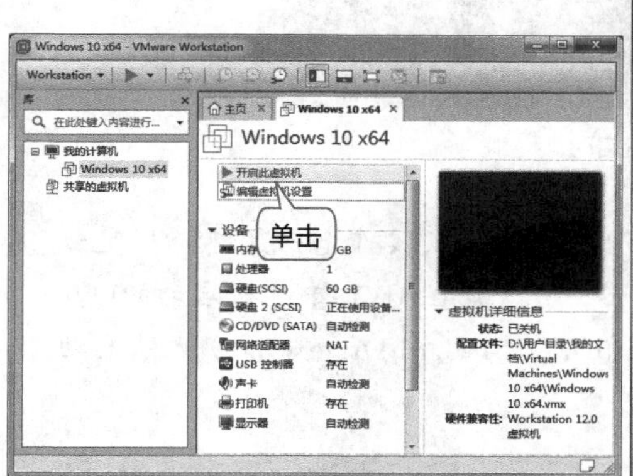

图9.43 启动虚拟机

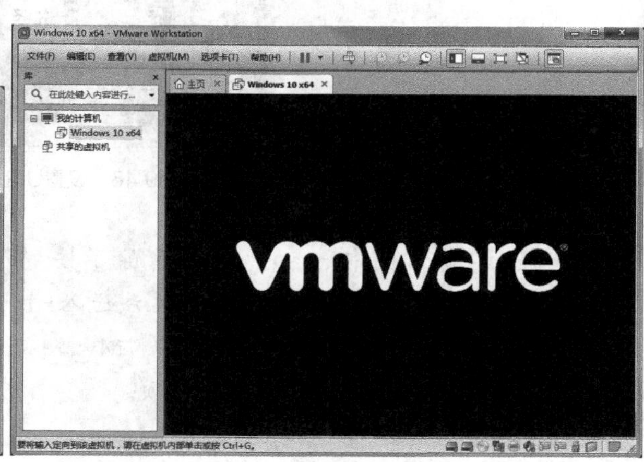

图9.44 BIOS界面

（11）进入虚拟机的BIOS设置界面，选择“Boot”选项，展开“Hard Drive”选项，选择“VMware Virtual SCSI Hard Drive（0:0）”选项，然后按“+”键，将其调整到最上一行，如图9.45所示。

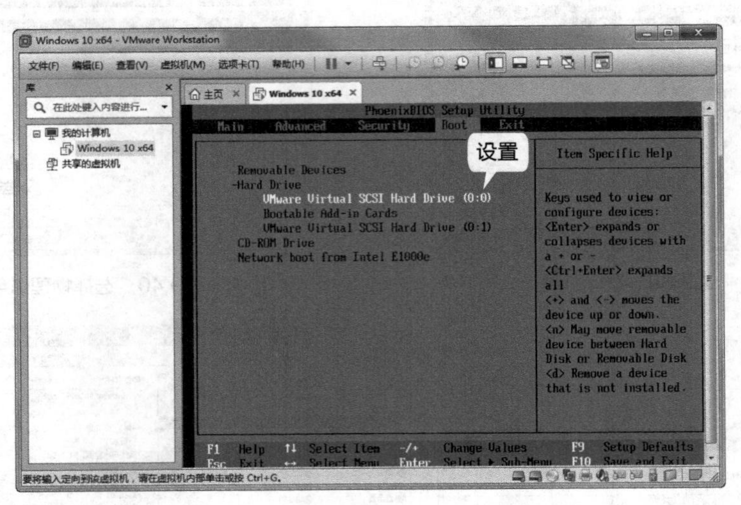

图9.45 进入BIOS

（12）按“F10”键打开提示框，要求用户确认是否保存并退出，选择“Yes”选项，按“Enter”键，如图9.46所示。

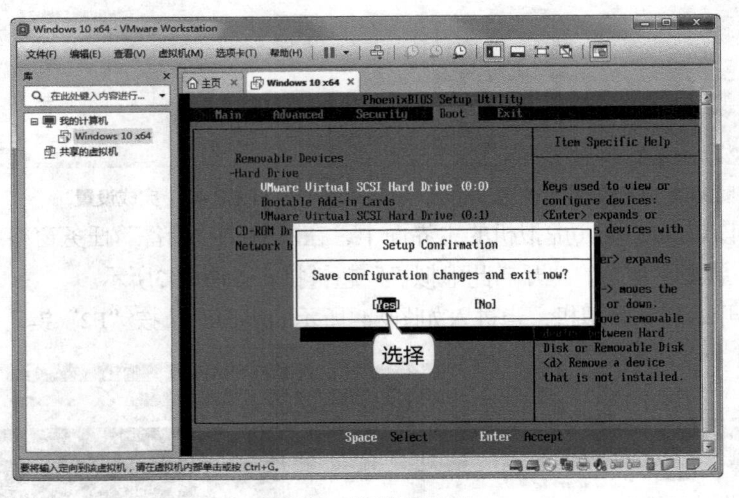

图9.46 设置U盘启动

提示：在VM中进入BIOS时，除了按“F2”键外，应该首先将鼠标光标定位到VM启动的虚拟机中，否则可能无法进入BIOS。另外，在BIOS中选择启动的U盘时，可能存在多个U盘启动项，如果VMware Virtual SCSI Hard Drive（0:0）无法启动计算机，可以设置并试用其他启动项。

（13）如果U盘中有启动程序，就开始启动计算机。

9.3.2 在VM中安装Windows 7操作系统

下面创建一个Windows 7操作系统的虚拟机，并安装Windows 7，本实训的操作思路如下。

在VM中安装Windows 7操作系统

（1）启动VMware Workstation，打开其主界面，选择【文件】/【新建虚拟机】命令。

（2）打开“新建虚拟机向导”对话框，在其中选择配置的类型，这里单击选中“典型”单选项，单击“下一步”按钮。

（3）打开“安装客户机操作系统”对话框，选择如何安装操作系统，这里单击选中“安装程序光盘映像文件”单选项，单击“浏览”按钮。

（4）打开“浏览ISO映像”对话框，选择操作系统的安装映像文件，这里选择一个从网上下载的Windows 7的映像文件，单击“打开”按钮，如图9.47所示。

（5）返回“安装客户机操作系统”对话框，单击“下一步”按钮。

（6）打开“简易安装信息”对话框，在“Windows 产品密钥”文本框中输入Windows 7的安装密钥，在“全名”“密码”和“确认”文本框中输入该操作系统的个性化设置，单击“下一步”按钮，如图9.48所示。

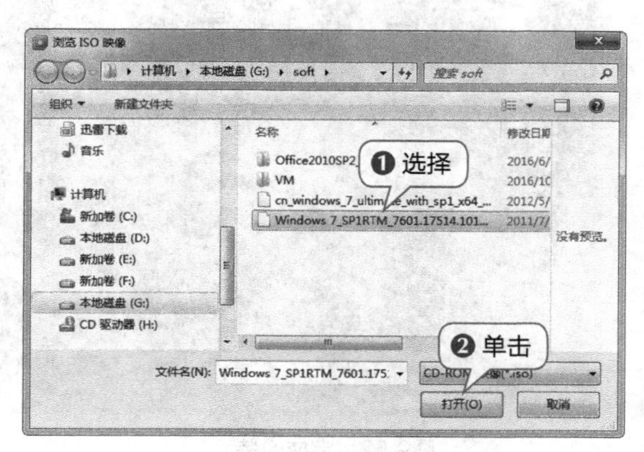

图9.47 选择映像文件

图9.48 设置虚拟机

（7）打开“命名虚拟机”对话框，在“虚拟机名称”文本框中输入虚拟机的名称，在“位置”文本框中输入新建虚拟机的保存位置，单击“下一步”按钮，如图9.49所示。

（8）打开“指定磁盘容量”对话框，在“最大磁盘大小”数值框中输入创建虚拟机的磁盘大小，这里输入“60.0”，单击选中“将虚拟磁盘储存为单个文件”单选项，单击“下一步”按钮。

（9）打开“已准备好创建虚拟机”对话框，撤销选中“创建后开启此虚拟机”复选框，单击“完成”按钮。

（10）VM开始创建虚拟机，并显示进度，如图9.50所示。创建完成后，将在VM主界面窗口中看到创建好的虚拟机的相关信息。

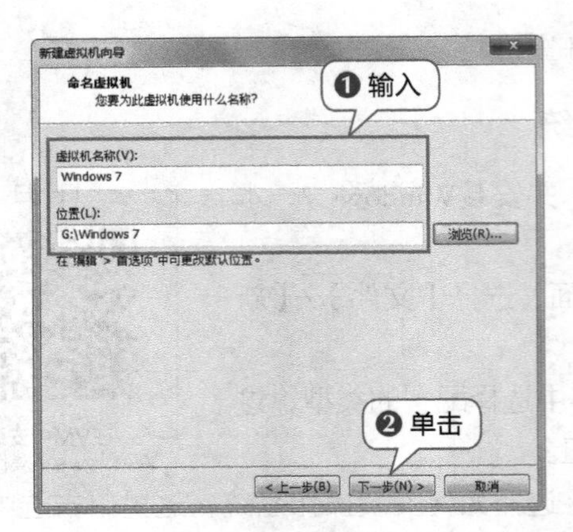

图9.49　命名虚拟机

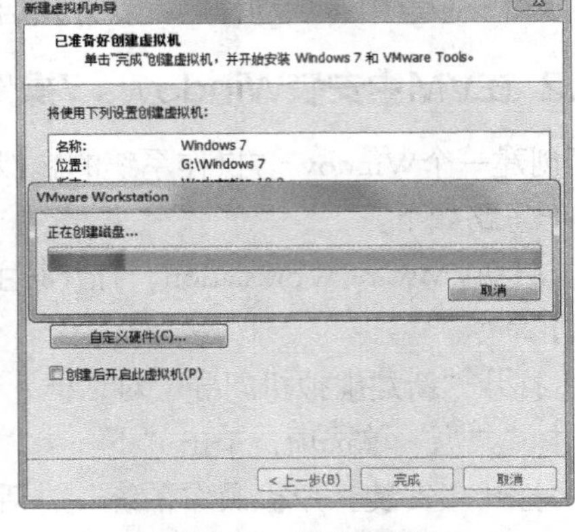

图9.50　新建虚拟机

（11）返回VM工作界面，单击“开启此虚拟机”超链接，如图9.51所示。

（12）VM按照前面的设置，启动Windows 7操作系统的安装程序，并进行操作系统的安装。

（13）后面的操作与在计算机中安装Windows 7操作系统完全相同，这里不再赘述，安装完成后即可进入Windows 7操作系统，如图9.52所示。

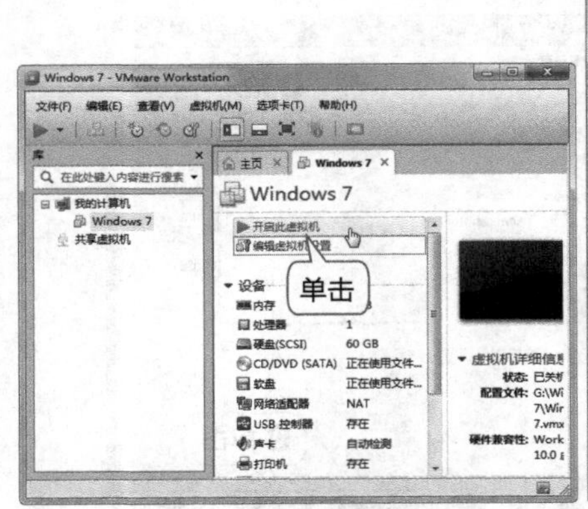

图9.51　启动虚拟机

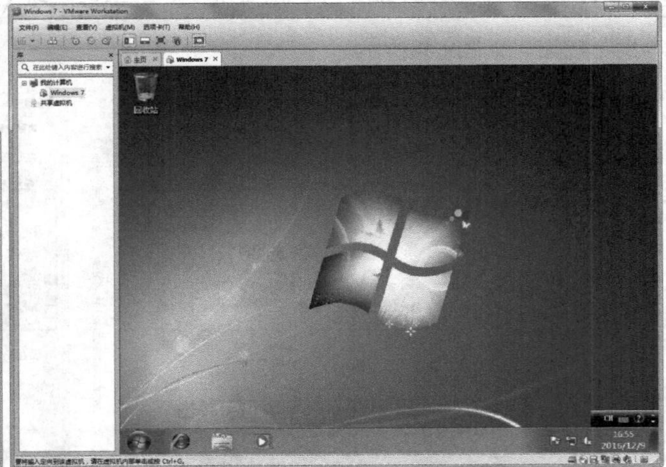

图9.52　完成安装

9.4 拓展练习

（1）下载并安装最新版本的VM。

（2）分别利用VM创建Windows 7、Windows 8和Windows 10 3个虚拟机。

（3）为新建的3个虚拟机安装对应的操作系统。

（4）分别使用鲁大师和3DMARK对计算机进行测试。

第10章 计算机的日常维护

10.1 计算机的日常维护事项

我们日常生活中接触到的各种机器，使用的时候就有磨损，一旦磨损过大，就容易导致故障，所以需要日常的保养与维护。而计算机也是一种机器，更加需要日常维护，因为计算机的组成部件更多，出现故障的概率更大。

10.1.1 认识维护的目的

现在，计算机已成为不可缺少的工具，而且随着信息技术的发展，计算机在实际使用中开始面临越来越多的系统维护和管理问题，如硬件故障、软件故障、病毒防范和系统升级等，如果不能及时有效地处理这些问题，将会给正常工作和生活带来不良的影响。为此，需要全面地针对计算机系统进行维护服务，以较低的成本换来较为稳定的性能，保证日常工作的正常进行。

10.1.2 创建良好的工作环境

计算机对工作环境有较高的要求，长期工作在恶劣环境中很容易使计算机出现故障。因此，对于计算机的工作环境主要有以下6点要求。

◎ **做好防静电工作：**静电有可能造成计算机中各种芯片的损坏，为防止静电造成的损害，在打开机箱前应当用手接触暖气管或水管等可以放电的物体，将身体的静电放掉后再接触计算机中的部件。另外，在安装计算机时将机壳用导线接地，也可起到很好的防静电效果。

◎ **预防震动和噪音：**震动和噪音会造成计算机内部件的损坏（如硬盘损坏或数据丢失等），因此计算机不能在震动和噪音很大的环境中工作，如确实需要将其放置在震动和噪音大的环境中，应考虑安装防震和隔音设备。

◎ **避免过高的工作温度：**计算机应工作在20~25℃的环境中，过高的温度会使计算机在工作时产生的热量散不出去，轻则缩短使用寿命，重则烧毁芯片。因此，最好在放置计算机的房间安装空调，以保证计算机正常运行时所需的环境温度。

◎ **湿度不能过高：**计算机在工作状态中应保持良好的通风，以降低机箱内的温度，否则主机内的线路板容易腐蚀，使板卡过早老化。

◎ **防止灰尘过多：**由于计算机各部件非常精密，如果在较多灰尘的环境中工作，就可能堵塞计算机的各种接口，使其不能正常工作。因此，不要将计算机置于灰尘过多的环境中，如果不能避免，应做好防尘工作。另外，最好每月清理一次机箱内部的灰尘，做好计算机的清洁工作，以保证其正常运行。

◎ **保证计算机的工作电源稳定：**电压不稳容易对计算机的电路和部件造成损害，由于市电供应存在高峰期和低谷期，电压经常会波动，因此最好配备稳压器，以保证计算机正常工作所需的稳定电源。另外，如果突然停电，则有可能会造成计算机内部数据的丢失，严重时还会造成系统不能启动等故障。因此，要想对计算机进行电源保护，推荐配备一个小型的家用UPS电源（不间断电源供应设备），如图10.1所示。

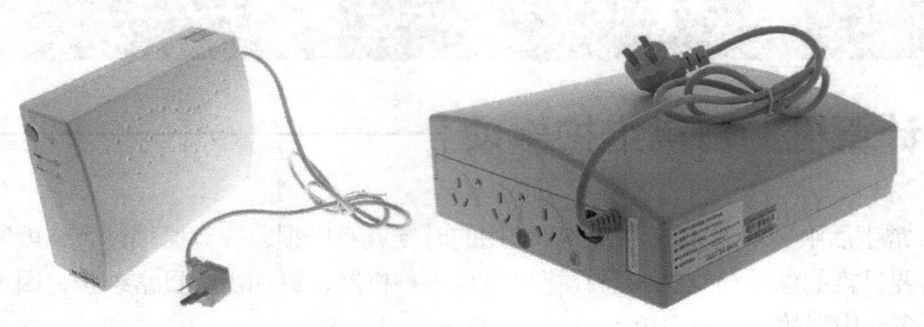

图10.1 家用UPS电源

10.1.3 摆放计算机

计算机的安放位置也比较重要，在计算机的日常维护中，应该注意以下4点。

◎ 计算机主机的安放应当平稳，并保留必要的工作空间，用于放置磁盘和光盘等常用配件。

◎ 要调整好显示器的高度，位置应保持显示器上边与视线基本平行，太高或太低都容易使操作者疲劳，图10.2所示为显示器的摆放位置。

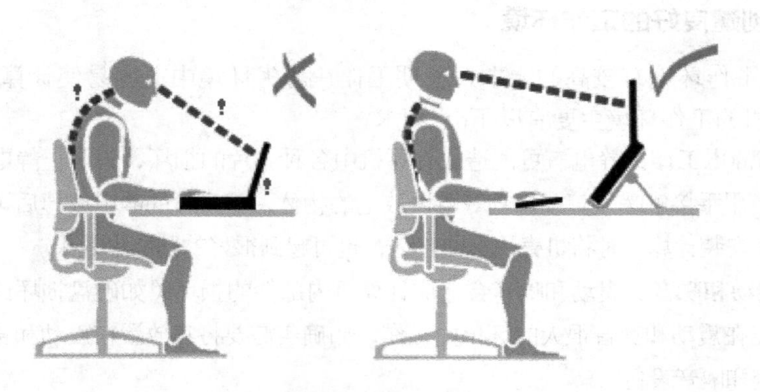

图10.2 正确和错误的显示器摆放位置

◎ 当计算机停止工作时最好能盖上防尘罩，防止灰尘对计算机的侵袭，但在计算机正常使用的情况下，一定要将防尘罩拿下来，以保证散热。

◎ 北方较冷的地方，最好将计算机放在有暖气的房间；南方较热的地方，则最好将计算机放在有冷气的房间。

提示：温度过高或过低、湿度较大等都容易使计算机的板卡变形而产生接触不良等故障。尤其是南方的梅雨季节更应该注意，保证计算机每个月通电一两次，每一次的通电时间应不少于两个小时，以避免潮湿的天气使板卡变形，导致计算机不能正常工作。

10.1.4 计算机软件维护的主要项目

软件故障在计算机故障中所占比例很大，特别是频繁地安装和卸载软件，会产生大量的垃圾文件，降低计算机的运行速度，因此软件也需进行维护。操作系统的优化也可以看成计算机软件维护的一个方面，软件维护还包括以下11个方面的内容。

◎ **系统盘问题：**系统安装时系统盘分区不宜太小，否则需要经常对C盘进行清理，除了必要的程序以外，其他的软件尽量不要安装在系统盘，系统盘的文件格式尽可能选择NTFS格式。

◎ **注意杀毒软件和播放器：**很多计算机出现故障都是因为软件冲突，需要特别注意的是杀毒软件和播放器。一个系统装两个以上的杀毒软件便可能会造成系统运行缓慢甚至死机、蓝屏等；大部分播放器装好后会在后台形成加速进程，两个或两个以上播放器会造成互抢宽带、网速过慢等问题，计算机配置不好时还有可能死机等。

◎ **设置好自动更新：**自动更新可以为计算机的许多漏洞打上补丁，也可以避免病毒利用系统漏洞攻击计算机，所以应该设置好系统的自动更新。

◎ **阅读说明书中关于维护的章节：**很多常见的问题和维护方法在硬件或软件的说明书中都有标识，组装完计算机后应该仔细阅读一下说明书。

◎ **安装防病毒软件：**安装杀毒软件可有效地预防病毒的入侵。

◎ **安装防“流氓”软件：**网络共享软件很多都捆绑了一些插件，这些插件俗称为“流氓”软件，初学者在安装这类软件时应注意选择和辨别。

◎ **保存好所有的驱动程序安装光盘：**原装驱动程序可能不是最好的，但它一般都是比较适用的。最新的驱动不一定能更好地发挥老硬件的性能，因此不宜过分追求最新的驱动。

◎ **备份重要的文件：**很多人（特别是初学者）习惯将文件保存在系统默认的文档里，这里建议将默认文档的存放路径转移到非系统盘。其方法是，在“开始”菜单的“文档”命令上单击鼠标右键，在弹出的快捷菜单中选择“属性”命令，在打开的“文档 属性”对话框中单击“删除”按钮，再单击“包含文件夹”按钮，在打开的对话框中设置新的存放路径，如图10.3所示，单击“包括文件夹”按钮。

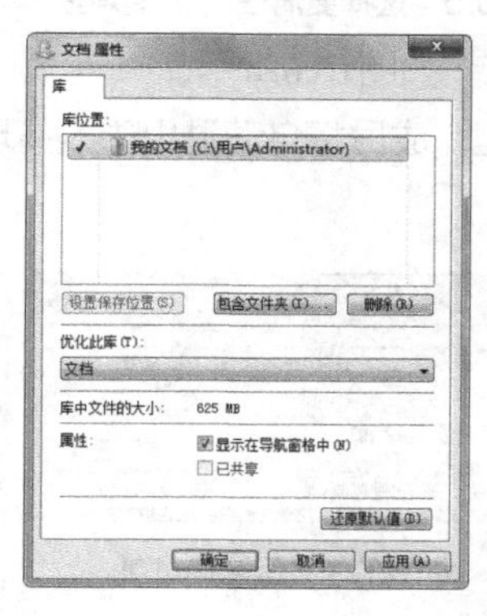

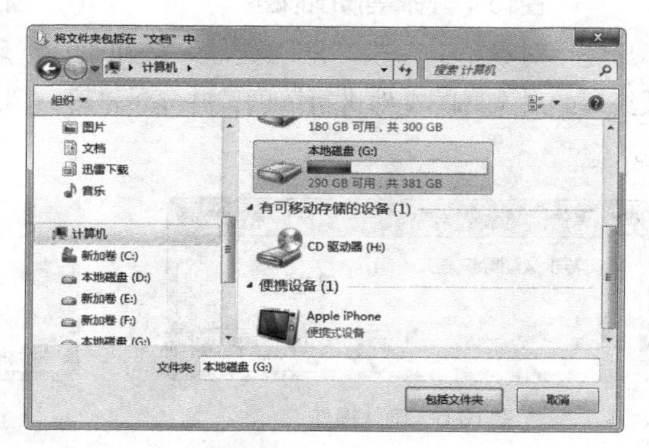

图10.3 更改默认文档的位置

◎ **每周维护：**清除垃圾文件、整理硬盘里的文件、用杀毒软件深入查杀一次病毒，都是计算机日常维护中的主要工作。此外，还需每月进行一次碎片整理，运行硬盘查错工具。

◎ **清理回收站中的垃圾文件：**定期清空回收站释放系统空间，或直接按“Shift+Delete”组合键完全删除文件。

◎ **注意清理系统桌面：**桌面上不宜存放太多东西，以避免影响计算机的运行和启动速度。

10.2 计算机硬件的日常维护

很多计算机专家明确提出，计算机硬件是需要进行日常维护的，因为在使用计算机的过程中由于操作不当等人为因素，很可能造成硬件故障，所以应对这些硬件进行维护。由于各种硬件有不同的功能，所以不同硬件的维护方法也不同，下面分别进行介绍。

10.2.1 整理系统盘的文件和碎片

下面以整理系统盘中的文件和碎片为例，介绍计算机软件维护的相关知识，其具体操作如下。

1 选择【开始】/【所有程序】/【附件】/【系统工具】/【磁盘清理】命令，打开“磁盘清理 驱动器选择”对话框，在“驱动器”下拉列表框中选择需要清理的磁盘，单击“确定”按钮，如图10.4所示。

2 打开“新加卷（C:）的磁盘清理”对话框，在“要删除的文件”列表框中选择要清理的文件类型，单击“确定”按钮，如图10.5所示。

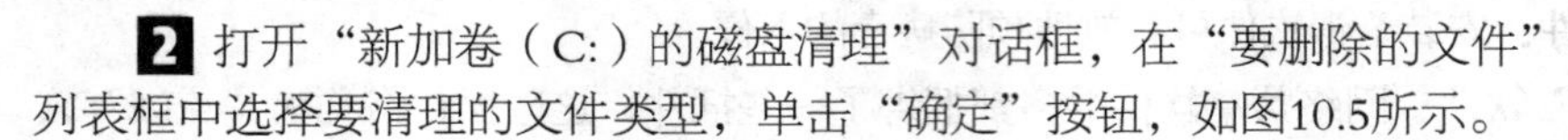

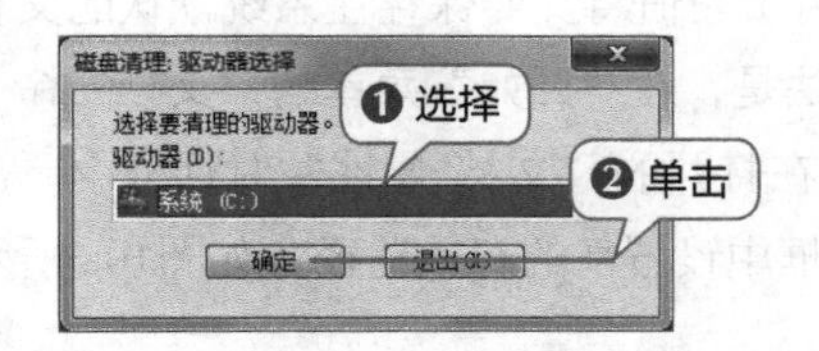

图10.4　选择要清理的磁盘

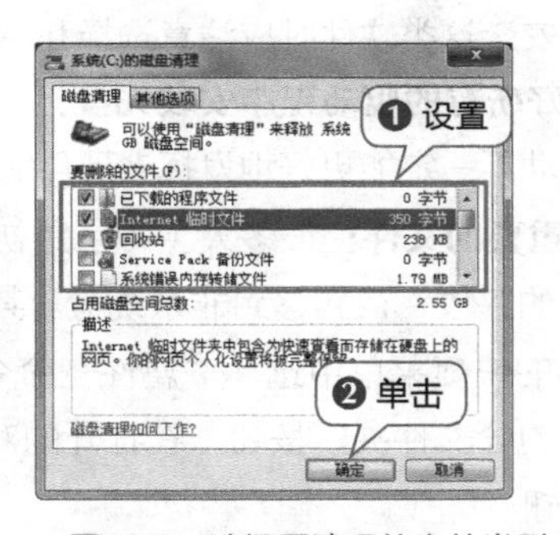

图10.5　选择要清理的文件类型

3 打开提示对话框，单击“删除文件”按钮确认清理，如图10.6所示。

4 系统开始对选择的文件进行清理，并显示进度，清理完成后将自动退出磁盘清理程序，如图10.7所示。

图10.6　确认操作

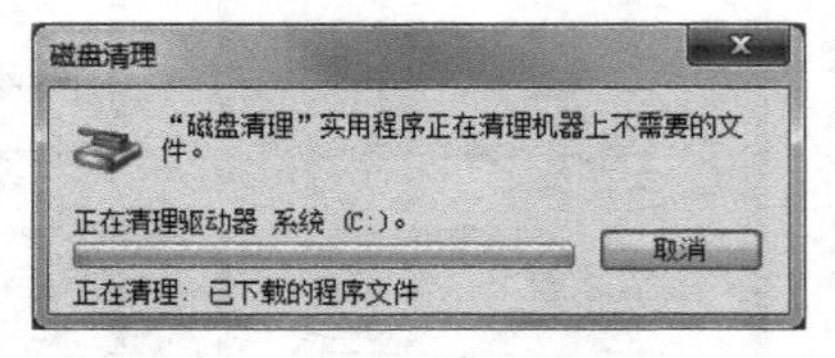

图10.7　显示清理进度

5 选择【开始】/【所有程序】/【附件】/【系统工具】/【磁盘碎片整理程序】命令，打开“磁盘碎片整理程序”对话框，在列表框中选择要整理的磁盘，单击“分析磁盘”按钮，如图10.8所示。

6 系统开始分析所选硬盘分区中的磁盘碎片，并显示进度，如图10.9所示。

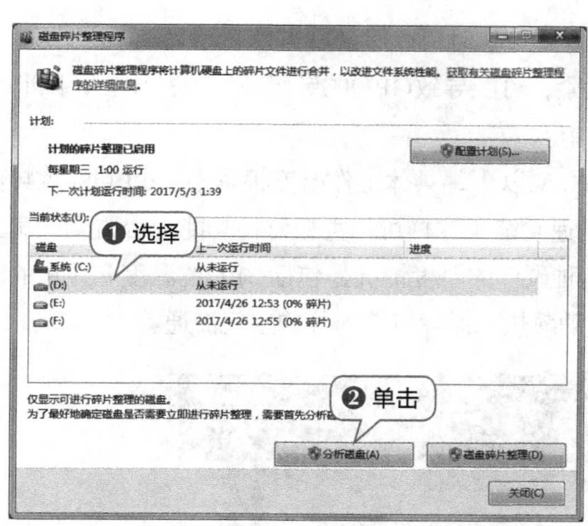

图10.8　选择磁盘

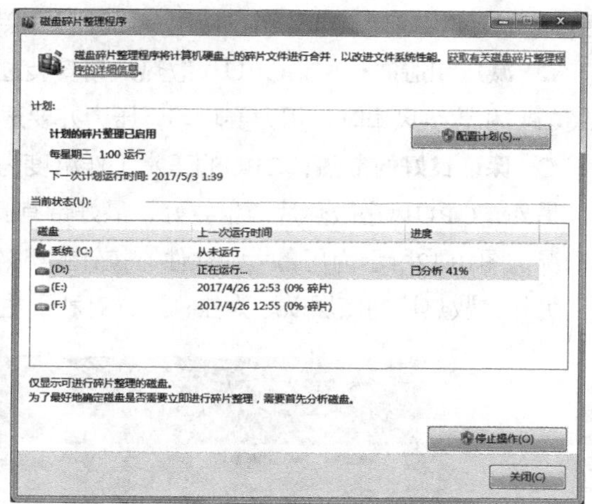

图10.9　分析磁盘

提示：磁盘碎片是由于对计算机进行频繁的存储和删除操作，使完整的文件变成不连续的碎片形式存储在磁盘上，这不仅影响文件打开的速度，严重时还将导致存储的文件丢失等。

7 系统将分析结果以百分比形式显示出来（10%以下通常不需要进行碎片整理），单击“磁盘碎片整理”按钮，如图10.10所示。

8 系统开始整理所选硬盘分区中的磁盘碎片，并显示进度，整理完毕后，单击“关闭”按钮完成操作，如图10.11所示。

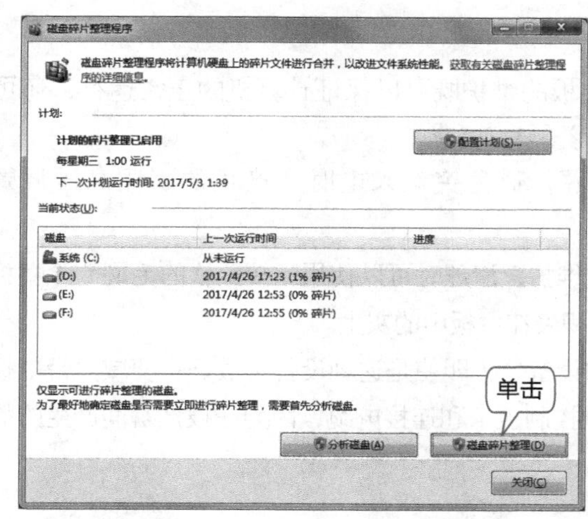

图10.10　开始整理

磁盘碎片整理程序

磁盘碎片整理程序将计算机硬盘上的碎片文件进行合并，以改进文件系统性能。获取有关磁盘碎片整理程序的详细信息。

计划:

计划的碎片整理已启用

每星期三 1:00 运行

下一次计划运行时间: 2017/5/3 1:39

配置计划(S)...

当前状态(U):

磁盘	上一次运行时间	进度
系统 (C:)	从未运行	
(D:)	正在运行...	第 1 遍: 0% 已进行碎片...
(E:)	2017/4/26 12:53 (0% 碎片)	
(F:)	2017/4/26 12:55 (0% 碎片)	

仅显示可进行碎片整理的磁盘。

为了最好地确定磁盘是否需要立即进行碎片整理，需要首先分析磁盘。

单击

停止操作

关闭(C)

图10.11　完成整理

10.2.2 维护多核CPU

CPU的运行状态会对整机的稳定性产生直接影响，对CPU的维护主要在于频率和散热两方面，其日常维护技巧有以下3点。

◎ **用好硅脂：**硅脂在使用时要涂于CPU表面内核上，薄薄的一层即可，过量使用有可能会渗漏到CPU表面接口处。且硅脂在使用一段时间后会干燥，这时可以除净后再重新涂上硅脂。

◎ **减压和避震：**如果CPU和散热风扇安装过紧，可能导致CPU的针脚或触点被压损，因此在安装CPU和散热风扇时，用力要均匀，压力亦要适中。

◎ **保证良好的散热：**CPU的正常工作温度为50℃以下，具体工作温度根据不同CPU的主频而定。另外，CPU风扇散热片质量要好，最好带有测速功能，这样可与主板监控功能配合监测风扇工作情况，图10.12所示为用鲁大师软件监控计算机各种硬件的温度情况，包括CPU的温度和风扇的转速。另外，散热片的底层以厚为佳，这样有利于主动散热，保障机箱内外的空气流通。

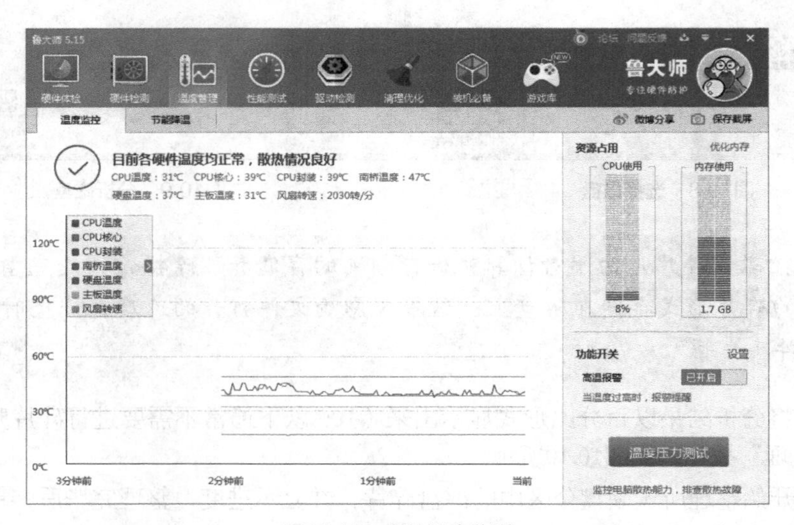

图10.12 硬件温度监测

10.2.3 维护主板

主板几乎连接了计算机的所有硬件，做好主板的维护既可以保证计算机的正常运行，还可以延长计算机的使用寿命。日常维护主板主要有以下3点要求。

◎ **防范高压：**停电时应立刻拔掉主机电源，避免突然来电时，产生的瞬间高压烧毁主板。

◎ **防范灰尘：**清理灰尘是主板最重要的日常维护，清理时可以使用比较柔软的毛刷清除主板上的灰尘，平时使用时，不要将机箱盖打开，减少积聚在主板中的灰尘。

◎ **最好不要带电拔插：**除了支持即插即用的设备外（即使是这种设备，最好也要减少带电拔插的次数），在计算机运行时，禁止带电拔插各种控制板卡和连接电缆，因为在拔插瞬间产生的静电放电和信号电压的不匹配等现象容易损坏芯片。

10.2.4 维护硬盘

硬盘存储了所有的计算机数据，其日常维护应该注意以下5项。

◎ **正确地开关计算机电源：**硬盘处于工作状态时（读或写盘时），尽量不要强行关闭主机电源，因为硬盘在读写过程中如果突然断电容易造成硬盘物理性损伤或丢失各种数据等，尤其是正在进行高级格式化时。

◎ **工作时一定要防震：**必须要将计算机放置在平稳、无震动的工作平台上，尤其是在硬盘处于工作状态时要尽量避免移动硬盘，此外在硬盘启动或停机过程中也不要移动硬盘。

◎ **保证硬盘的散热：**硬盘温度直接影响着其工作的稳定性和使用寿命，硬盘在工作中的温度以20～25℃为宜。

◎ **不能私自拆卸硬盘：**拆卸硬盘需要在无尘的环境下进行，因为如果灰尘进入到了硬盘内部，那么磁头组件在高速旋转时就可能带动灰尘将盘片划伤或将磁头自身损坏，这时势必会导致数据的丢失，硬盘也极有可能损坏。

◎ **最好不要压缩硬盘：**不要使用Windows操作系统自带的"磁盘空间管理"进行硬盘压缩，因为压缩之后硬盘读写数据的速度会大大减慢，而且读盘次数也会因此变得频繁。这会对硬盘的发热量和稳定性产生影响，还可能缩短硬盘的使用寿命。

提示：内存也需要日常维护。首先，它是计算机中比较"娇贵"的部件，尤其静电对其伤害最大，因此在插拔内存时一定要先释放自身的静电。在计算机的使用过程中，绝对不能对内存进行插拔，否则会出现烧毁内存甚至烧毁主板的危险。另外，安装一根内存时，应首选和CPU插槽接近的插槽，因为内存被CPU风扇带出的灰尘污染后可以清洁，而插座被污染后却极不易清洁。

10.2.5 维护显卡和显示器

散热一直是显卡使用时最主要的问题，由于显卡的发热量较大，因此要注意散热风扇是否正常转动及散热片与显示芯片是否接触良好等。通常需要拆卸显卡的散热器，进行除尘、涂抹硅脂和添加风扇润滑油等操作，如图10.13所示。

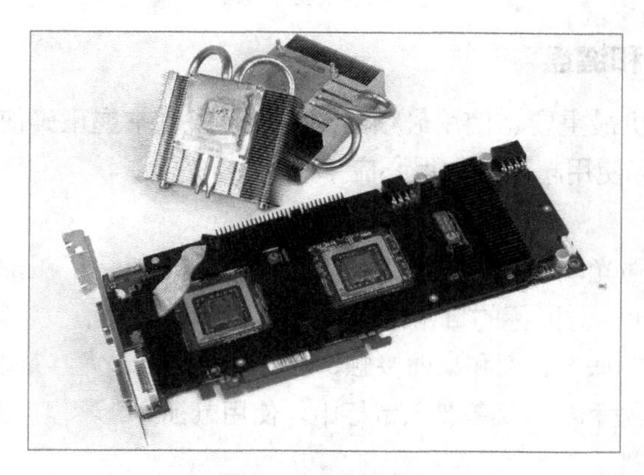

图10.13 维护显卡

目前被广泛使用的是液晶显示器，其日常维护应该注意以下两点。

◎ **保持工作环境的干燥：**启动显示器后，水分会腐蚀显示器的液晶电极，最好准备一些干燥剂（药店有售）或干净的软布，随时保持显示屏的干燥。如果水分已经进入显示器里面，就需要将其放置到干燥的地方，让水分慢慢蒸发。

◎ **避免一些挥发性化学药剂的危害：**无论是何种显示器，液体对其都有一定的危害，特别是化学药剂，其中又以具有挥发性的化学品对液晶显示器的侵害最大。例如，经常使用的发胶、夏天频繁使用的灭蚊剂等都会对液晶分子乃至整个显示器造成损坏，从而导致显示器的使用寿命缩短。

10.2.6 维护机箱和电源

机箱是计算机主机的保护罩，其本身就有很强的自我保护能力。在使用时需注意摆放平稳，同时还需要保持其表面与内部的清洁。机箱和电源的维护主要包括以下3点。

◎ **保证机箱散热：**使用计算机时，不要在机箱附近堆放杂物，以保证空气的畅通，使主机工作时产生的热量能够及时释放。

◎ **保证电源散热：**如发现电源的风扇停止工作，必须切断电源防止电源烧毁甚至造成其他更大的损坏。另外，要定期（3~6个月检查一次）检查电源风扇是否正常工作。

◎ **注意电源除尘：**电源在长时间工作中，会积累很多灰尘，造成散热不良。同时，灰尘过多，在潮湿的环境中也会造成电路短路的现象，因此为了系统能正常、稳定地工作，电源应定期除尘。在使用一年左右时，最好打开电源，用毛刷清除内部的灰尘，同时为电源风扇添加润滑油，如图10.14所示。

图10.14　维护电源

10.2.7 维护鼠标和键盘

键盘和鼠标是计算机最重要、使用最频繁的输入设备，掌握正确使用及维护键盘、鼠标的方法，能够让键盘、鼠标使用起来更加得心应手。

1. 维护鼠标

鼠标要预防灰尘、强光以及拉拽等，内部沾上灰尘会使鼠标机械部件运作不灵，强光会干扰光电管接收信号。因此，对鼠标的日常维护主要有以下4个方面。

◎ **注意灰尘：**鼠标的底部长期和桌面接触，最容易被污染。尤其是机械式和光学机械式鼠标的滚动球极易将灰尘、毛发和细纤维等带入鼠标中。使用鼠标垫，不但使鼠标移动更平滑，而且可减少污垢进入鼠标的可能性。

◎ **小心拔插：**除USB接口外，尽量不要对PS/2键盘和鼠标进行热插拔。

◎ **保证感光性：**使用光电鼠标时，要注意保持鼠标垫的清洁，使其处于更好的感光状态，避免污垢附着在发光二极管和光敏三极管上，遮挡光线接收。光电鼠标勿在强光条件下使用，也不要在反光率高的鼠标垫上使用。

◎ **正确操作：**操作时不要过分用力，防止鼠标按键的弹性降低，操作失灵。

2. 维护键盘

键盘使用频率较高、按键用力过大、金属物掉入键盘或茶水等液体溅入键盘内，都可能造成键盘内部微型开关弹片变形或被锈蚀，出现按键不灵等现象，因此可从以下3点进行维护。

◎ **经常清洁：**日常维护或更换键盘时，应切断计算机电源。另外，还应定期清洁表面的污垢，一般清洁可以用柔软、干净的湿布擦拭键盘，对于顽固的污渍可用中性的清洁剂擦除，最后再用湿布擦拭一遍。

◎ **保证干燥：**当有液体溅入键盘时，应尽快关机，将键盘接口拔下，打开键盘用干净、吸水的软布或纸巾擦干内部的积水，最后在通风处自然晾干即可。

◎ **正确操作：**在按键时一定要注意力度适中、动作轻柔，强烈的敲击会缩短键盘的寿命，尤其在玩游戏时更应该注意，不要使劲按键，以免损坏键帽。

10.2.8 维护打印机

打印机是最常用到的计算机外部设备，其日常维护主要有以下8个方面。

◎ **水平放置：**这项主要针对喷墨打印机，打印机放置的地方必须是水平面，倾斜放置不但会影响打印效果，减慢喷嘴工作速度，而且会损害内部的机械结构。打印机不要放在地上，特别是铺有地毯的地面，容易有异物或灰尘飞入机器内部。

◎ **做好防尘措施：**打印机工作时，不要打开前面板，避免灰尘吹入机器内部。打印完毕，散热半小时后，应立即盖上防尘罩，不要将其空置在房间中。

◎ **正确关机：**不使用打印机或搬动打印机之前，要先进行永久断电，先关掉打印机电源，让喷嘴复位，盖上墨水盒，防止墨水挥发，再拔去电源线和信号线，这样在搬动时也不容易损坏喷嘴。

◎ **正确安装墨盒：**墨盒支架的可受力度很小，安装新墨盒时要千万小心。按照正常设计，墨盒用适当的力度即可安装好，不要大力推动支架。

◎ **适时清洁：**打印机外部和内部一样，都要定时进行清洁，外部可以用湿水软布来擦，清洁液体必须是水之类的中性物质，绝对不能用酒精。内部尽量用干布来擦，且不要接触内部的电子元件、机械装置等。

◎ **避免重压：**有些人经常在打印机上面放置其他物体，这样可能会压坏打印机外壳，一些细小的东西也会掉入打印机内。注意，饮料、茶杯等都是禁放品。

◎ **不能使用多种墨水：**由于各厂商使用的墨水化学成分不同，尽量选用对应品牌的墨水，不要频繁更换，以免对墨盒和打印头造成伤害。墨盒是有一定寿命的，加墨的次数也不是无限的，通常安全的方法是使用10次以内就更换。

◎ **墨水一定要使用：**由于彩色墨盒价格昂贵，因此部分用户舍不得用，但这样也会带来很多麻烦。因为喷嘴每喷一次墨，总有剩余的墨水留在附近，喷墨打印机在使用时，墨盒中的新墨水会冲洗掉上次剩余的墨水，否则它们会慢慢凝固，造成喷嘴堵塞。若不使用墨水，有些打印机会定时自动清洗喷嘴，反而造成更大的浪费。

10.3 应用实训——清理计算机机箱中的灰尘

灰尘对计算机的损坏很大，不仅影响散热，而且一旦遇上潮湿的天气就会导电，损毁计算机硬件。在计算机的日常维护中，清理灰尘是非常重要的环节。

清理计算机机箱中的灰尘

清理前，需要准备一些必要的工具，如吹风筒一个、小毛刷一把、十字螺丝刀一把、硬纸皮若干、橡皮一块、干净的布、风扇润滑油、清水和酒精。另外，还可以准备吹气球一个或硬毛刷一把。在进行灰尘清理前，还需注意必须在完全断电的情况下工作，即将所有的计算机电源插头全部拔下后再工作。工作前，应先清洗双手，并触摸铁质水龙头释放静电。另外，还没过保修期的硬件建议不要拆分。本实训首先要拆卸计算机的各种硬件，然后清理灰尘，最后将计算机组装起来，本实训的操作思路如下。

（1）先用螺丝刀将机箱盖拆开（也有部分可以直接用手拆开），然后拔掉所有的插头。

（2）将内存条拆下来，使用橡皮擦轻轻地擦拭金手指，注意不要碰到电子元件，至于电路板部分，使用小毛刷轻轻将灰尘扫掉即可。

（3）将CPU散热器拆下，将散热片和风扇分离，用水冲洗散热片，然后用吹风筒吹干即可，风扇可用小毛刷加布或纸清理干净。将风扇的不干胶撕下，向小孔中滴一滴润滑油（注意不要加多），接着转动风扇片以便将孔口的润滑油渗进里面，最后擦干净孔口四周的润滑油，用新的不干胶封好即可。在清理机箱电源时，其风扇也要除尘加油。

（4）如果有独立显卡，也要清理金手指并加滴润滑油。

（5）对于整块主板来说，可用小毛刷将灰尘刷掉（不宜用力过大），再用吹风筒猛吹（如果天气潮湿，最好用热风），最后用吹气球做细微的清理即可。插槽部分可用硬纸片插进去，来回拖动几下即可达到除尘的效果。

（6）检查光驱和硬盘接口并进行清洁，可用硬纸皮清理。

（7）机箱表面、键盘和显示器的外壳，用带酒精的布进行涂抹。键盘的键缝需要慢慢地用布抹，也可用棉签清理。

（8）显示器最好用专业的清洁剂进行清理，然后用布抹干净。此外，计算机中的各种连线和插头，也应用布抹干净。

10.4 拓展练习

（1）对计算机进行一次磁盘碎片整理操作，看看整理后计算机的速度是否有变化。

（2）对自己的计算机进行一次灰尘清理操作。

第11章 计算机的安全维护

11.1 查杀各种计算机病毒

病毒已成为威胁计算机安全的主要因素之一，而且随着网络的不断普及，这种威胁也变得越来越严重。因此，防范病毒是保障计算机安全的首要任务，计算机操作人员必须及时发现病毒，从而做好必要的防范措施。

11.1.1 计算机感染病毒的各种表现

计算机病毒本身也是一种程序，由一组程序代码构成。不同之处在于，计算机病毒会对计算机的正常使用造成破坏。

1. 病毒的直接表现

虽然病毒入侵计算机的过程通常在后台，并在入侵后潜伏于计算机系统中等待机会，但这种入侵和潜伏的过程并不是毫无踪迹的，当计算机出现异常现象时，就应该使用杀毒软件扫描计算机，确认是否感染病毒。这些异常现象包括以下几个方面。

◎ **系统资源消耗加剧：**硬盘中的存储空间急剧减少，系统中基本内存发生变化，CPU的使用率保持在80%以上。

◎ **性能下降：**计算机运行速度明显变慢，运行程序时经常提示内存不足或出现错误；计算机经常在没有任何征兆的情况下突然死机；硬盘经常出现不明的读写操作，在未运行任何程序时，硬盘指示灯不断闪烁甚至长亮不熄。

◎ **文件丢失或被破坏：**计算机中的文件莫名丢失、文件图标被更换、文件的大小和名称被修改以及文件内容变成乱码，原本可正常打开的文件无法打开。

◎ **启动速度变慢：**计算机启动速度变得异常缓慢，启动后在一段时间内系统对用户的操作无响应或响应变慢。

◎ **其他异常现象：**系统的时间和日期无故发生变化；自动打开IE浏览器链接到不明网站；突然播放不明的声音或音乐，经常收到来历不明的邮件；部分文档自动加密；计算机的输入/输出端口不能正常使用等。

2. 病毒的间接表现

某些病毒会以“进程”的形式出现在系统内部，这时我们可以通过打开系统进程列表来查看正在运行的进程，通过进程名称及路径判断是否产生病毒，如果有则记下其进程名，结束该进程，然后删除病毒程序即可。

计算机的进程一般包括基本系统进程和附加进程，了解这些进程所代表的含义，可以方便用户判断是否存在可疑进程，进而判断计算机是否感染病毒。基本系统进程对计算机的正常运行起着至关重要的作用，因此不能随意将其结束。常用进程主要包括如下几项。

◎ **Explorer. exe：**用于显示系统桌面上的图标以及任务栏图标。

◎ **Spoolsv. exe：**用于管理缓冲区中的打印和传真作业。

◎ **Lsass. exe：**用于管理IP安全策略及启动ISAKMP/Oakley（IKE）和IP安全驱动程序。

◎ **Servi. exe：**指系统服务的管理工具，包含很多系统服务。

◎ **Winlogon. exe：**用于管理用户登录系统。

◎ **Smss. exe：**指会话管理系统，负责启动用户会话。

◎ **Csrss. exe：**指子系统进程，负责控制Windows创建或删除线程以及16位的虚拟DOS环境。

◎ **Svchost. exe：**系统启动时，Svchost.exe将检查计算机中的位置来创建需要加载的服务列表，如果多个Svchost.exe同时运行，则表明当前有多组服务处于活动状态，或者是多个.dll文件正在调用它。

◎ **System Idle Process：**该进程是作为单线程运行的，并在系统不处理其他线程时分派处理器的时间。

提示：Wuauclt.exe（自动更新程序）、Systray.exe（系统托盘中的声音图标）、Ctfmon.exe（输入法）以及Mstask.exe（计划任务）等属于附加进程，可以按需取舍，不会影响到系统的正常运行。

11.1.2 计算机病毒的防治方法

计算机病毒具有强大的破坏能力，不仅会造成资源和财产的损失，随着波及范围的扩大，还有可能造成社会性的灾难。用户在日常使用计算机的过程中，应做好防治工作，将感染病毒的概率降到最低。

1. 预防病毒

计算机病毒固然猖獗，但只要用户加强病毒防范意识和防范措施，就可以降低计算机被病毒感染的概率和破坏程度。计算机病毒的预防主要包括以下几个方面。

◎ **安装杀毒软件：**计算机中应安装杀毒软件，开启软件的实时监控功能，并定期升级杀毒软件的病毒库。

◎ **及时获取病毒信息：**通过登录杀毒软件的官方网站、计算机报刊和相关新闻，获取最新的病毒预警信息，学习最新病毒的防治和处理方法。

◎ **备份重要数据：**使用备份工具软件备份系统，以便在计算机感染病毒后可以及时恢复。同时，重要数据应利用移动存储设备或光盘进行备份，减少病毒造成的损失。

◎ **杜绝二次传播：**当计算机感染病毒后应及时使用杀毒软件清除和修复，注意不要将计算机中感染病毒的文件复制到其他计算机中。若局域网中的某台计算机感染了病毒，应及时断开网线，以免其他计算机被感染。

◎ **切断病毒传播渠道：**建议使用正版软件，拒绝使用盗版和来历不明的软件；网上下载的文件要先杀毒再打开；使用移动存储设备时也应先杀毒再使用；同时注意不要随便打开来历不明的电子邮件和QQ好友传送的文件等。

2. 检测和清除病毒

目前，计算机病毒的检测和消除办法主要有以下两种。

◎ **人工方法：**是指借助于一些DOS命令和修改注册表等来检测与清除病毒。这种方法要求操作者对系统与命令十分熟悉，且操作复杂，容易出错，有一定的危险性，一旦操作不慎就会导致严重的后果。这种方法常用于自动方法无法清除的病毒。

◎ **自动方法：**该方法是针对某一种或多种病毒使用专门的反病毒软件或防病毒卡自动对病毒进行检测和清除处理。它不会破坏系统数据，操作简单，运行速度快，是一种较为理想，也是目前较为通用的检测和消除病毒的方法。

3. 病毒查杀的注意事项

普通用户一般都是使用反病毒软件查杀计算机病毒，为了得到更好的杀毒效果，在使用反病毒软件时需注意以下几个方面。

◎ **不能频繁操作：**对计算机不可频繁地进行查杀病毒操作，这样不但不能取得很好的效果，有时可能会导致硬盘损坏。

◎ **在多种模式下杀毒：**当发现病毒后，一般情况下都是在操作系统的正常登录模式下杀毒，当杀毒操作完成后，还需启动到安全模式下再次查杀，以便彻底清除病毒。

◎ **选择全面的杀毒软件：**病毒软件不仅应包括常见的查杀病毒功能，还应该同时包括实时防毒功能、实时监测和跟踪功能，一旦发现病毒，立即报警，只有这样才能最大限度地减少被病毒感染的几率。

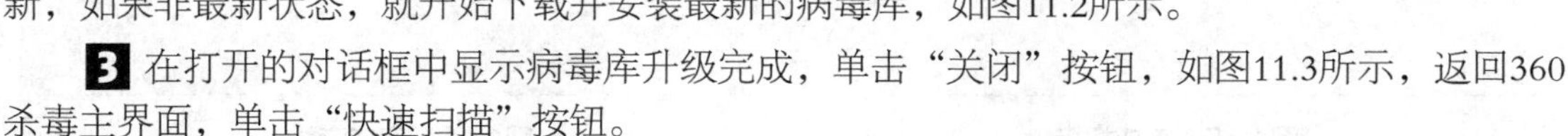

提示：在安装新的操作系统时，要注意安装系统补丁；在上网和玩网络游戏时，要打开杀毒软件或防火墙实时监控，有效地防止病毒通过网络进入计算机，防止木马病毒盗窃资料；随时升级防病毒软件。

11.1.3 使用杀毒软件查杀计算机病毒

扫一扫

使用杀毒软件查杀计算机病毒

通常在使用杀毒软件查杀病毒前，最好先升级软件的病毒库，再进行病毒查杀。本例将使用360杀毒软件查杀病毒，其具体操作如下。

1 在桌面上单击360杀毒实时防护图标，打开主界面窗口，单击最下面的“检查更新”超链接，如图11.1所示。

2 打开“360杀毒–升级”对话框，连接到网络检查病毒库是否为最新，如果非最新状态，就开始下载并安装最新的病毒库，如图11.2所示。

3 在打开的对话框中显示病毒库升级完成，单击“关闭”按钮，如图11.3所示，返回360杀毒主界面，单击“快速扫描”按钮。

4 360杀毒开始对计算机中的文件进行病毒扫描，按照系统设置、常用软件、内存活跃程序、开机启动项和系统关键位置的顺序进行，如果在扫描过程中发现对计算机安全有威胁的项目，就将其显示在界面中，如图11.4所示。

5 扫描完成后，360杀毒将显示所有扫描到的威胁情况，单击“立即处理”按钮，如图11.5所示。

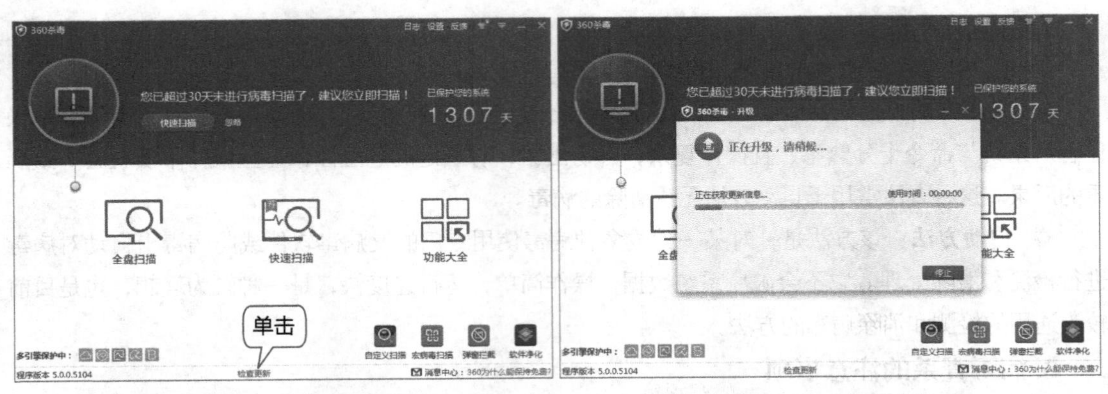

图11.1　360杀毒主界面　　图11.2　升级病毒库

图11.3　完成升级　　图11.4　病毒扫描

6 360杀毒对扫描到的威胁进行处理，并显示处理结果，单击“确认”按钮即可完成病毒的查杀操作，如图11.6所示。

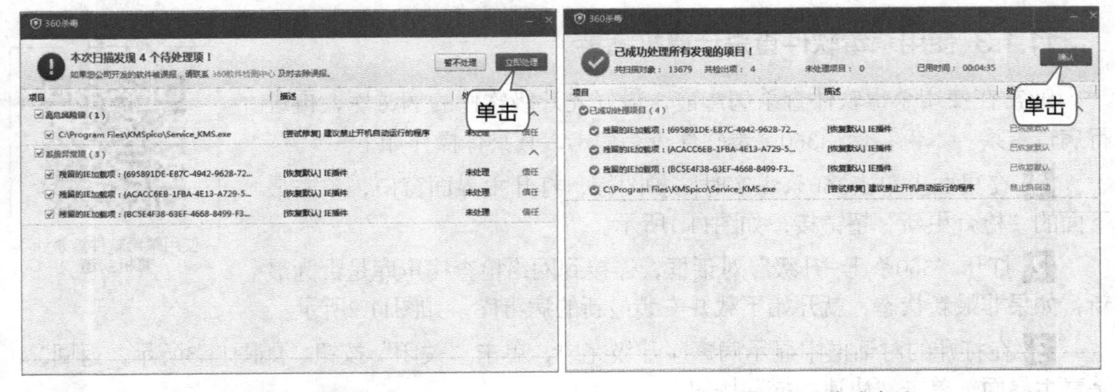

图11.5　完成扫描　　图11.6　完成查杀

提示：使用360杀毒软件查杀计算机病毒的过程中，由于一些计算机病毒会严重威胁计算机系统的安全，所以从安全的角度出发，需针对一些威胁项进行处理，完成后需要重新启动计算机才能生效，同时软件会给出如图11.7所示的提示。

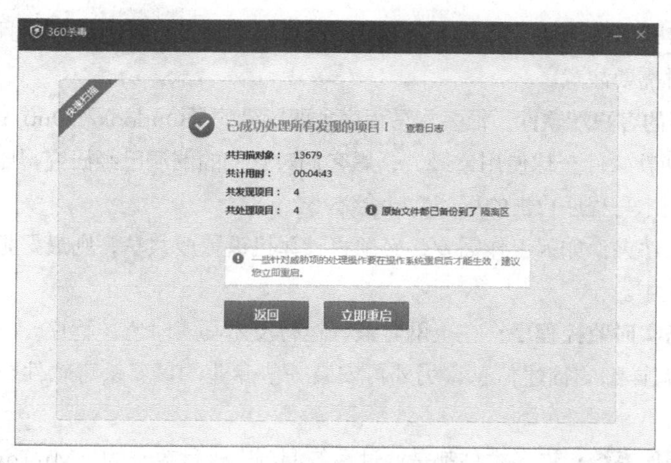

图11.7 重新启动计算机

11.2 防御黑客攻击

计算机需要防御的另外一种安全威胁是来自黑客的攻击，黑客最常见的攻击方式是利用木马程序攻击计算机。黑客（Hacker）是对计算机系统非法入侵者的称呼，黑客攻击计算机的手段各式各样，如何防止黑客的攻击成为计算机用户最关心的计算机安全问题之一。

11.2.1 黑客攻击的常用手段

黑客通过一切可能的途径来达到攻击计算机的目的，常用的手段主要有以下5种。

◎ **网络嗅探器：**使用专门的软件查看Internet的数据包或使用侦听器程序对网络数据流进行监视，从中捕获口令或相关信息。

◎ **文件型病毒：**通过网络不断地向目标主机的内存缓冲器发送大量数据，以摧毁主机控制系统或获得控制权限，并致使接受方运行缓慢或死机。

◎ **电子邮件炸弹：**电子邮件炸弹是匿名攻击方式之一，主要表现为不断地、大量地向同一地址发送电子邮件，从而让攻击者耗尽接受者网络的带宽。

◎ **网络型病毒：**真正的黑客拥有非常强的计算机技术，他们可以通过分析DNS直接获取Web服务器等主机的IP地址，在没有障碍的情况下完成侵入的操作。

◎ **木马程序：**木马的全称是“特洛依木马”，它是一类特殊的程序，它们一般以寻找后门、窃取密码为主。对于普通计算机用户而言，防御黑客主要是防御木马程序。

11.2.2 预防黑客攻击的方法

黑客攻击用的木马程序一般是通过绑定其他软件、电子邮件和感染邮件客户端软件等方式进行传播，因此，应从以下几个方面来进行预防。

◎ **不要执行来历不明的软件：**木马程序一般是通过绑定在其他软件上进行传播，一旦运行了这个被绑定的软件就会被感染，因此在下载软件时，一般推荐去一些信誉比较高的站点。在软件安装之前用反病毒软件进行检查，确定无毒后再使用。

◎ **不要随意打开邮件附件：**有些木马程序是通过邮件来进行传递的，而且还会连环扩散，因此在打开邮件附件时需要注意。

◎ **重新选择新的客户端软件：**很多木马程序主要感染的是Outlook和OutLook Express的邮件客户端软件，因为这两款软件全球使用量最大，黑客们对它们的漏洞已经研究得比较透彻。如选用其他的邮件软件，受到木马程序攻击的可能性就会减小。

◎ **少用共享文件夹：**如因工作需要，必须将计算机设置成共享，则最好把共享文件放置在一个单独的共享文件夹中。

◎ **运行反木马实时监控程序：**在上网时最好运行反木马实时监控程序，一般都能实时显示当前所有运行程序并有详细的描述信息，另外再安装一些专业的最新杀毒软件或个人防火墙等进行监控。

◎ **经常升级操作系统：**许多木马都是通过系统漏洞来进行攻击的，Microsoft公司发现这些漏洞之后都会在第一时间内发布补丁，通过给系统打补丁来防止攻击。

◎ **使用杀毒软件：**常见的杀毒软件都可以对木马进行查杀，这些杀毒软件包括江民杀毒软件、360杀毒和金山毒霸等，这些软件查杀常用病毒很有效，对木马的检查也比较成功，但很难彻底地清除木马。

◎ **使用木马专杀软件：**对木马不能只采用防范手段，还要将其彻底地清除，专用的木马查杀软件一般有The Cleaner、木马克星和木马终结者等。

◎ **使用网络防火墙：**常见的网络防火墙软件有国外的Lockdown，国内的天网、金山网镖等。一旦有可疑网络连接或木马对计算机进行控制，防火墙就会报警，同时显示出对方的IP地址和接入端口等信息，通过手工设置之后即可使对方无法进行攻击。

11.2.3 启动木马墙来防御黑客攻击

扫一扫

启动木马墙来防御黑客攻击

防御黑客攻击的方法主要是开启木马防火墙和查杀木马程序，下面首先使用360安全卫士设置木马防火墙，然后查杀木马，其具体操作如下。

1 启动360安全卫士，在主界面左下侧单击“防护中心”按钮，如图11.8所示。

图11.8 启动360安全卫士

2 在打开的“360安全防护中心”界面中设置需要的各种网络防火墙，如图11.9所示。

图11.9　启动防火墙

3 返回“360安全卫士”主界面，单击“木马查杀”按钮；进入360安全卫士的查杀修复界面，单击“快速扫描”按钮，如图11.10所示。

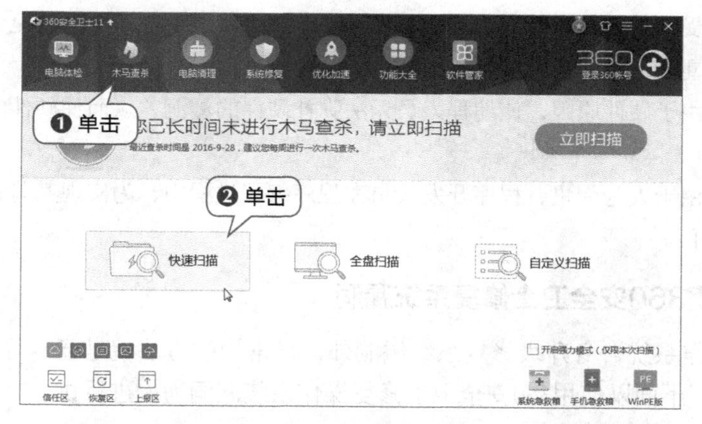

图11.10　快速扫描木马

4 360安全卫士开始进行木马扫描，并显示扫描进度和扫描结果，若扫描到木马程序或危险项，可单击“一键处理”按钮，或单击对应选项后的“立即处理”按钮，处理木马程序或危险项。如果计算机中没有发现木马，将显示计算机安全，如图11.11所示。

图11.11　完成查杀

提示：在处理木马程序或危险项后，软件会提示用户重启计算机，单击“好的，立即重启”按钮重启计算机，完成查杀操作。

11.3 修复操作系统漏洞

系统漏洞是计算机的主要安全防御对象之一，几乎所有的操作系统都存在漏洞，修复系统漏洞最好在安装系统后进行。任何操作系统都可能存在漏洞，这些漏洞容易让计算机病毒或黑客入侵，要保护计算机的安全，仅靠杀毒软件是不够的，可以通过安装补丁来修复操作系统的漏洞。

11.3.1 系统漏洞产生的因素

操作系统漏洞是指操作系统本身在设计上的缺陷或在编写时产生的错误，这些缺陷或错误可能被不法者或计算机黑客利用，通过植入木马或病毒等方式来攻击或控制整台计算机，从而窃取其中的重要资料和信息，甚至破坏用户的计算机。操作系统漏洞产生的主要原因如下。

◎ **原因一：** 受编程人员的能力、经验和当时安全技术所限，在程序中难免会有不足之处，轻则影响程序功能，重则导致非授权用户的权限提升。

◎ **原因二：** 由于硬件原因，使编程人员无法弥补硬件的漏洞，从而使硬件的问题表现在了软件上。

◎ **原因三：** 由于人为因素，程序开发人员在程序编写过程中，为实现某些目的，在程序代码的隐蔽处保留了后门。

11.3.2 使用360安全卫士修复系统漏洞

扫一扫

使用360安全卫士修复系统漏洞

除了通过操作系统自身升级修复系统漏洞外，最常用的方法就是通过软件进行修复，下面以使用360安全卫士修复操作系统漏洞为例进行讲解，其具体操作如下。

1 在“360安全卫士”主界面中单击“系统修复”按钮，在界面中撤销选中“常规修复”“软件修复”和“驱动修复”复选框，单击“立即扫描”按钮，如图11.12所示。

2 程序将自动检测系统中存在的各种漏洞，并将漏洞按照不同的危险程度和功能进行分类，保持默认选中的漏洞，单击“一键修复”按钮，如图11.13所示。

3 此时，360安全卫士开始下载漏洞补丁程序，并显示下载进度，下载完一个漏洞的补丁程序后，360安全卫士将继续下载下一个漏洞的补丁程序，并安装下载完的补丁程序，如果安装补丁程序成功，将在该选项的“状态”栏中显示“已修复”字样，如图11.14所示。

提示：通常360安全卫士会将最重要也是必须要修复的系统漏洞全部自动选中，其他一些对系统安全危险性较小的系统漏洞，则需要用户自行选择是否修复。

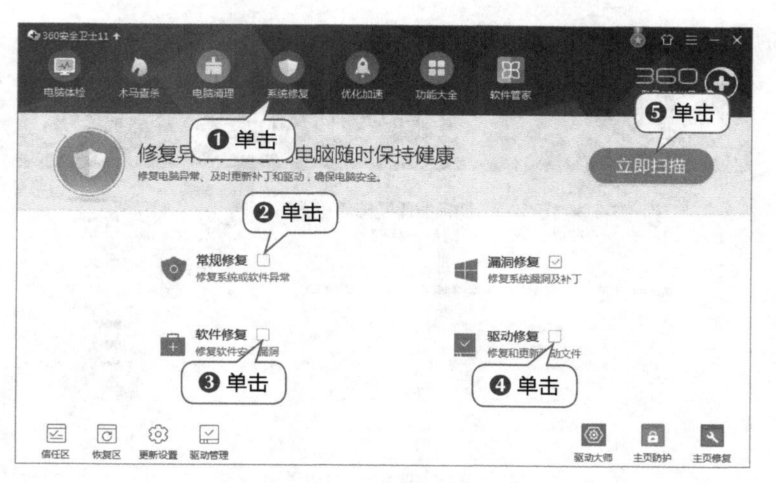

图11.12　开始漏洞修复

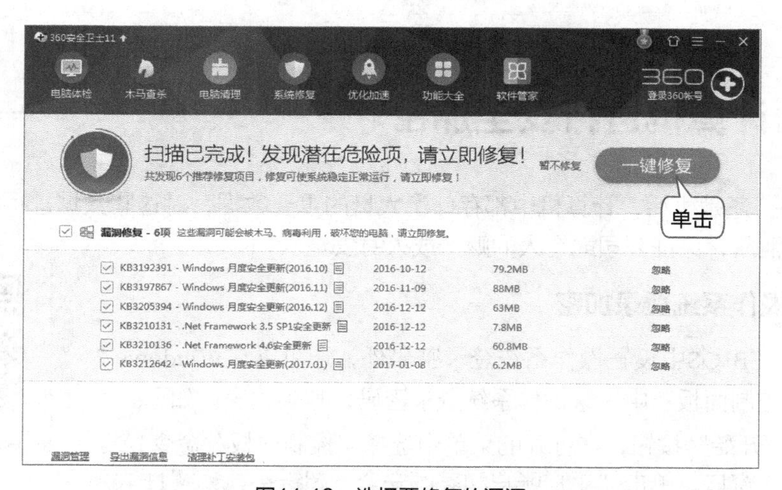

图11.13　选择要修复的漏洞

图11.14　下载并安装漏洞补丁

4 全部漏洞修复完成后，将显示修复结果，单击“完成修复”超链接完成系统漏洞的修复，如图11.15所示。

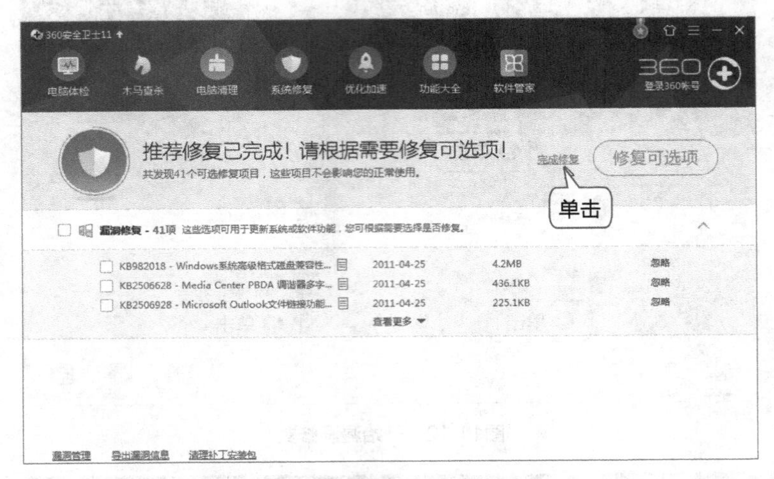

图11.15 完成漏洞修复

11.4 为计算机进行安全加密

无论是办公还是生活，计算机中都存储了大量的重要数据，对这些数据进行安全加密，才能防止数据的泄露，保证公司或个人的财产或人身安全。

扫一扫

操作系统登录加密

11.4.1 操作系统登录加密

除了可以在BIOS中设置操作系统登录密码外，还可以在Windows 7操作系统的“控制面板”中设置操作系统登录密码，其具体操作如下。

1 单击“开始”按钮，在打开的菜单中选择“控制面板”命令，打开“控制面板”窗口，单击“用户账户和家庭安全”超链接，如图11.16所示。

2 打开“用户账户和家庭安全”窗口，在“用户账户”栏中单击“更改Windows密码”超链接，如图11.17所示。

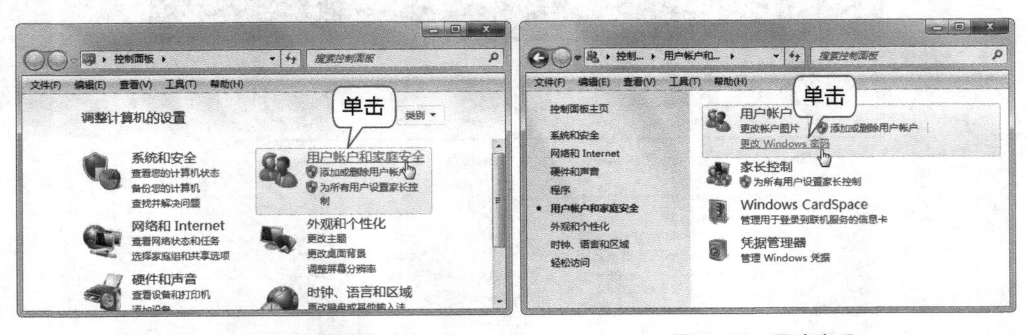

图11.16 打开“控制面板”窗口　　图11.17 更改密码

3 打开“用户账户”窗口，在“更改用户账户”栏中单击“为您的账户创建密码”超链接，如图11.18所示。

4 打开“创建密码”窗口，在3个文本框中分别输入密码和密码提示，单击“创建密码”

按钮，如图11.19所示。

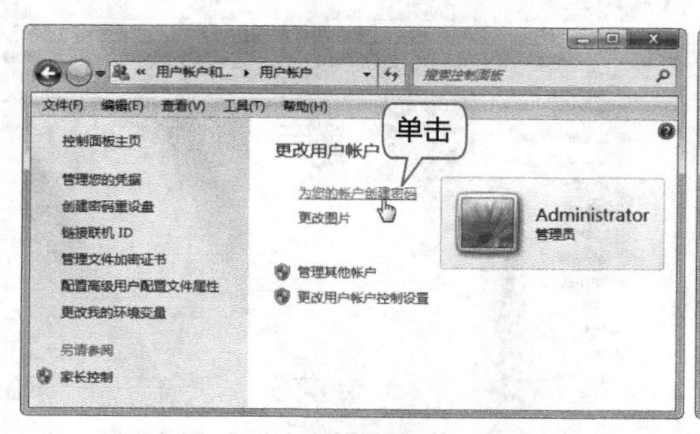

图11.18　创建密码

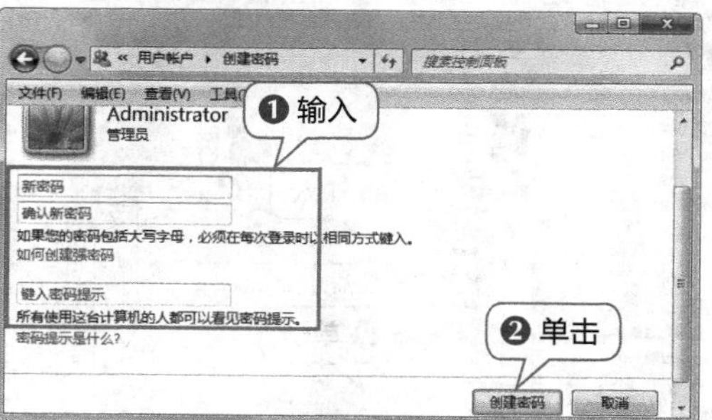

图11.19　输入密码

5 下次启动计算机进入操作系统时，将打开密码登录界面，输入正确的密码才能登录操作系统。

11.4.2 文件加密

文件加密的方法有很多，除了使用Windows系统的隐藏功能外，还可使用应用软件对文件进行加密。目前使用较多且最简单的文件加密方式是使用压缩软件加密。下面使用360压缩软件为文件加密，其具体操作如下。

1 在操作系统中找到需要加密的文件，在其上单击鼠标右键，在弹出的快捷菜单中选择"添加到压缩文件"命令，如图11.20所示。

2 打开360压缩的对话框，单击"添加密码"超链接，如图11.21所示。

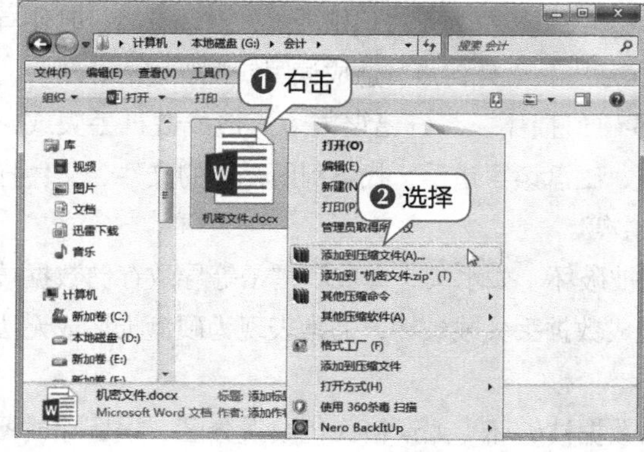

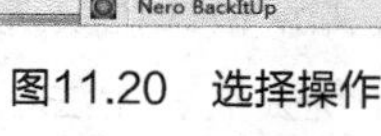
图11.20　选择操作

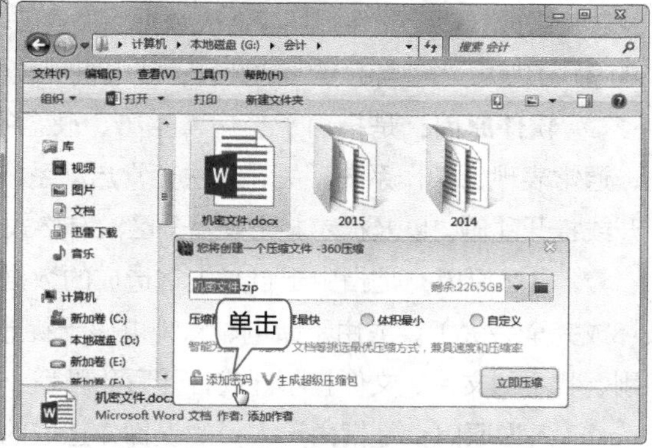

图11.21　添加密码

3 打开"添加密码"对话框，在两个文本框中输入密码，单击"确认"按钮，如图11.22所示。

4 返回360压缩对话框，单击"立即压缩"按钮，即可将该设置了密码的文件添加到压缩文件，在保存的文件夹中即可看到压缩文件，如图11.23所示，解压该文件时，需要输入正确的密码才能成功解压。

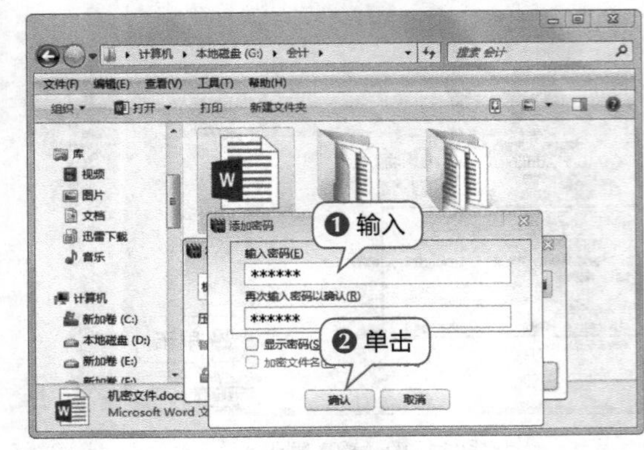

图11.22　输入密码

图11.23　设置了密码的压缩文件

11.5 恢复丢失的硬盘数据

硬盘数据恢复是一项非常重要的计算机安全维护操作，要想掌握这项操作，首先应该了解数据丢失的原因，然后了解丢失的数据是否能够恢复、哪些类型的数据能够恢复，接着还需要认识比较常用的数据恢复软件，并能够熟练操作这些软件，最后再熟悉硬盘数据恢复的基本流程，不能做一些盲目的无用操作。

11.5.1 造成数据丢失的原因

造成硬盘数据丢失的原因主要有以下4种。

◎ **硬件原因：**是指由于计算机存储设备的硬件故障（如硬盘老化、失效）、磁盘划伤、磁头变形、芯片组或其他元器件损坏等造成数据丢失或破坏，通常表现为无法识别硬盘，启动计算机时伴有“咔嚓咔嚓”或“哐当哐当”的杂音，或电机不转、通电后无任何声音造成读写错误等现象。

◎ **软件原因：**是指由于受病毒感染、硬盘零磁道损坏、系统错误或瘫痪造成数据丢失或破坏，通常表现为操作系统丢失、无法正常启动系统、磁盘读写错误、找不到所需要的文件、文件打不开或打开乱码，以及提示某个硬盘分区没有格式化等。

◎ **自然原因：**是指由于自然灾害造成的数据被破坏（如水灾、火灾和雷击等导致存储数据被破坏或完全丢失），或由于断电、意外电磁干扰造成数据丢失或破坏，通常表现为硬盘损坏或无法识别、找不到文件、文件打不开或打开后乱码等。

◎ **人为原因：**是指由于人员的误操作造成的数据被破坏（如误格式化或误分区、误删除或覆盖、不正常退出、人为摔坏或磕碰硬盘等），通常表现为操作系统丢失、无法正常启动、找不到所需要的文件、文件打不开或打开后乱码、提示某个硬盘分区没有格式化、硬盘被强制格式化，以及硬盘无法识别或发出异响等。

11.5.2 常用数据恢复软件

对于普通计算机用户而言，目前有6大常用的数据恢复软件可以用来进行数据恢复，使用这些软件也能提高数据恢复的成功率，下面分别进行介绍。

◎ **EasyRecovery：**它是世界著名数据恢复公司Ontrack的技术杰作，是一个功能非常强大的硬盘数据恢复工具，能够恢复丢失的数据以及重建文件系统。无论是因为误删除，还是格式化，甚至是硬盘分区丢失导致的文件丢失，EasyRecovery都可以很轻松地恢复，如图11.24所示。

◎ **FinalData：** FinalData数据恢复软件能够恢复完全删除的文件和目录，也可以对数据盘中的主引导扇区和FAT表损坏丢失的数据进行恢复，还可以对一些被病毒破坏的数据文件进行恢复，如图11.25所示。

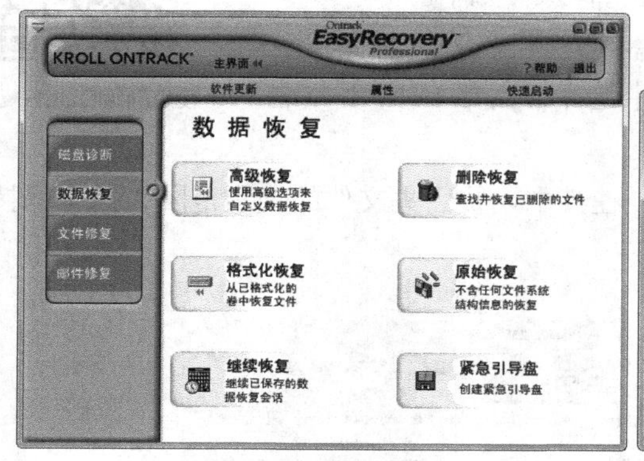

图11.24　EasyRecovery

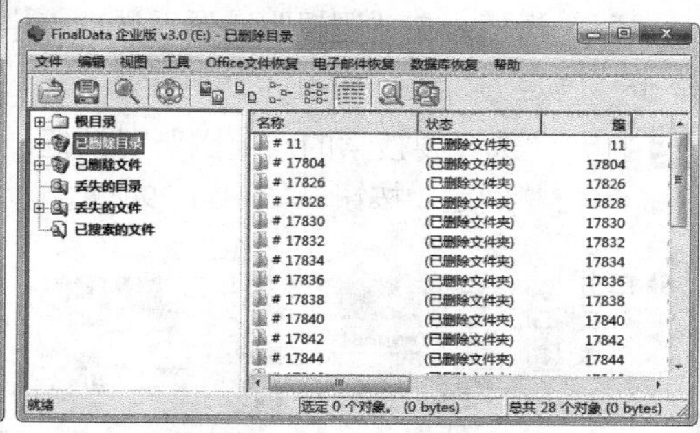

图11.25　FinalData

◎ **R-Studio：** R-Studio是一款强大的撤销删除与数据恢复软件，它有面向恢复文件的最为全面的数据恢复解决方案，适用于各种数据分区，可针对严重毁损或未知的文件系统，也可以用于已格式化、毁损或删除的文件分区的数据恢复，如图11.26所示。

◎ **WinHex：** WinHex是一个专门用来解决各种日常紧急情况的工具软件。它可以用来检查和修复各种文件、恢复删除文件、恢复硬盘损坏造成的数据丢失等。同时，它还可以让用户看到其他程序隐藏起来的文件和数据，如图11.27所示。

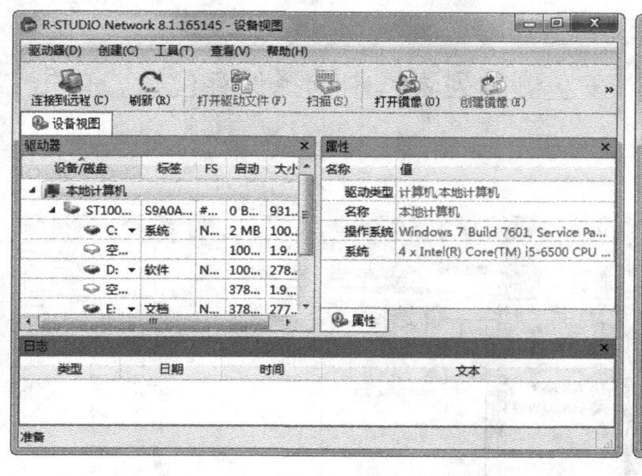

图11.26　R-Studio

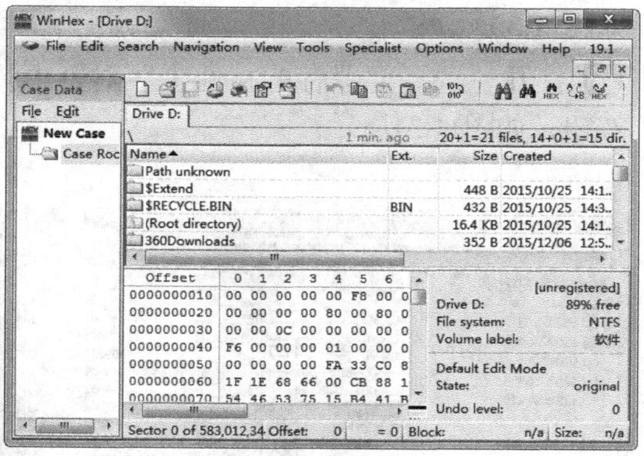

图11.27　WinHex

◎ **DiskGenius：** 在前面的章节中已经介绍过，DiskGenius是一款具备基本的分区建立、删除、格式化等磁盘管理功能的硬盘分区软件，同时，也是一款数据恢复软件，提供了强大的已丢失分区搜索功能，误删除文件恢复、误格式化及分区被破坏后的文件恢复功能，分区镜像备份与还原功能，分区复制、硬盘复制功能，快速分区功能，整数分区功能，分区表错误检查与修复功能，坏道检测与修复功能。

◎ **Fixmbr：** Fixmbr主要用于解决硬盘无法引导的问题，具有重建主引导扇区的功能，Fixmbr

工具专门用于重新构造主引导扇区，只修改主引导区，对其他扇区不进行写操作，使用Fixmbr可以轻松地修复硬盘，成功进入操作系统。

11.5.3 使用FinalData恢复删除的文件

使用FinalData恢复删除的文件

对于丢失的文件和图片，普通数据恢复软件都具有这项功能，下面将利用FinalData来恢复已经删除的一个图片，其具体操作如下。

1 启动FinalData，在工作界面窗口中单击“打开”按钮，打开“选择驱动器”对话框，在“逻辑驱动器”选项卡中选择“文档（E：）”选项；单击“确定”按钮，如图11.28所示。

2 打开“选择要搜索的簇范围”对话框，在其中设置丢失文件的搜索范围，这里保持默认设置，单击“确定”按钮，如图11.29所示。

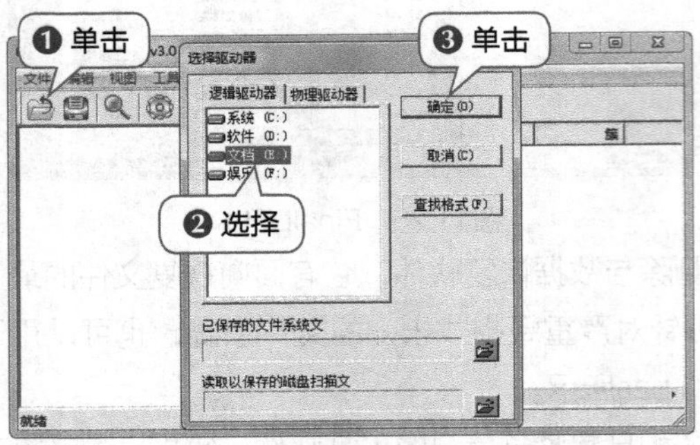

图11.28　选择驱动器

图11.29　设置搜索范围

3 FinalData搜索所有丢失的文件，在左侧的任务窗格中选择“已删除文件”选项，在右侧的列表框中选择需要恢复的文件，在其上单击鼠标右键，在弹出的快捷菜单中选择“恢复”命令，如图11.30所示。

4 打开“选择要保存的文件夹”对话框，在左侧的列表框中选择保存位置，单击“保存”按钮，如图11.31所示。

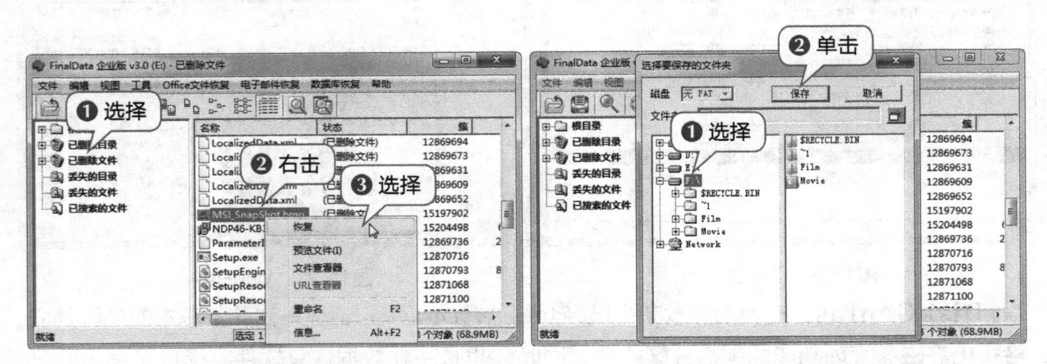

图11.30　选择要恢复的文件

图11.31　选择保存位置

5 完成恢复后，打开所保存的文件夹，即可看到恢复的文件，如图11.32所示。

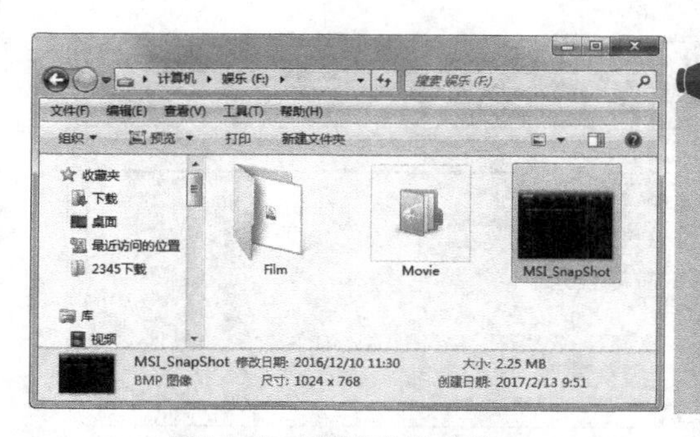

图11.32　查看恢复的文件

提示：恢复文件时，通常需要将恢复的文件保存在其他的位置（最好是不同的逻辑驱动器），这样可以增加文件恢复成功的概率，防止出现因为保存位置相同而导致数据无法恢复或恢复失败的情况。

11.5.4 使用EasyRecovery修复Office文档

扫一扫

使用EasyRecovery修复Office文档

Office软件是目前使用最广泛的文档编辑软件，一旦Office文档出现错误无法打开，就可以利用数据恢复软件进行修复。下面利用EasyRecovery修复Word文档，其具体操作如下。

1 启动EasyRecovery，在工作界面窗口左侧单击“文件修复”选项卡；在右侧的列表框中单击“Word修复”按钮，如图11.33所示。

2 打开选择修复文件的窗口，在“要修复的文件”栏中单击“浏览文件”按钮，打开“打开”对话框，在其中选择需要修复的文件，单击“打开”按钮，如图11.34所示。

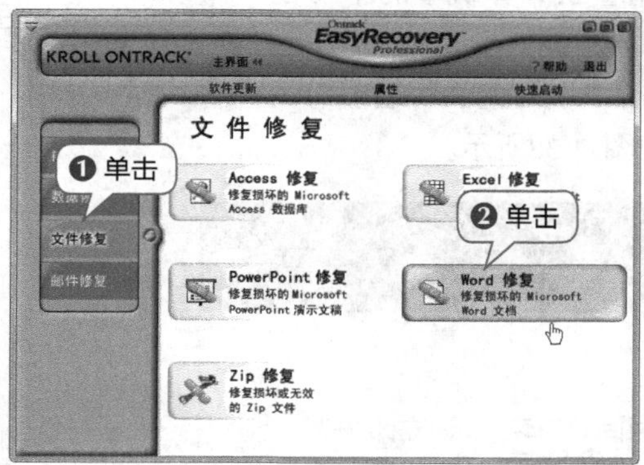

图11.33　启动EasyRecovery

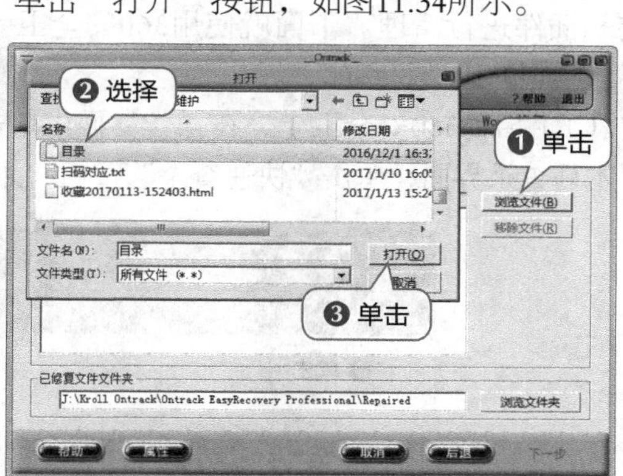

图11.34　选择要修复的文件

3 在“已修复文件文件夹”栏中单击“浏览文件夹”按钮，打开“浏览文件夹”对话框，在其中选择文件的保存位置，单击“确定”按钮，单击“下一步”按钮，如图11.35所示。

4 在打开的窗口中显示修复进程，并打开“摘要”提示框显示修复摘要，单击“确定”按钮，如图11.36所示。

5 完成修复后，将在修复窗口中显示修复报告，单击“完成”按钮完成Word文档的修复操作，如图11.37所示。

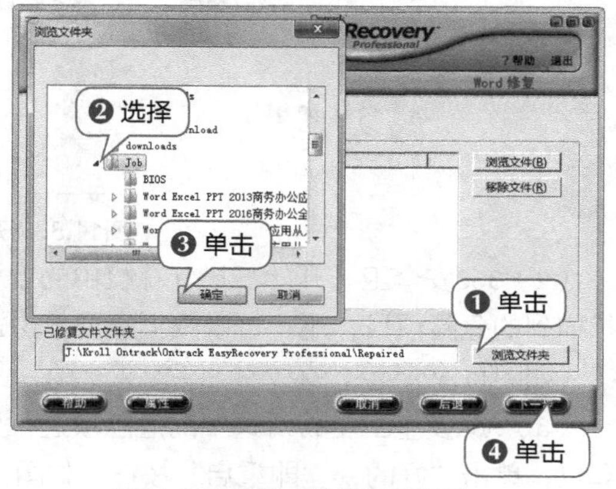

图11.35　设置文件的保存位置

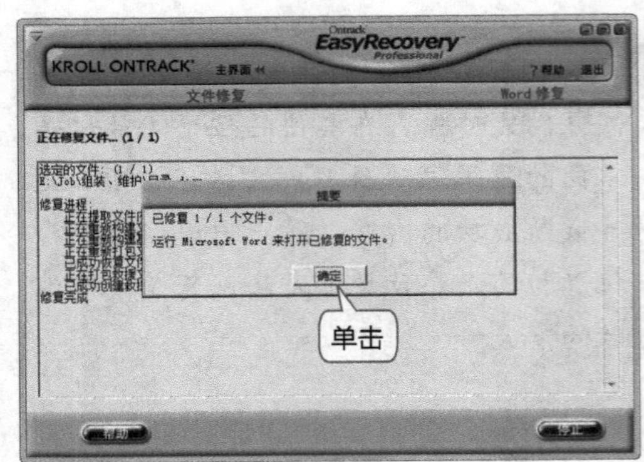

图11.36　显示摘要

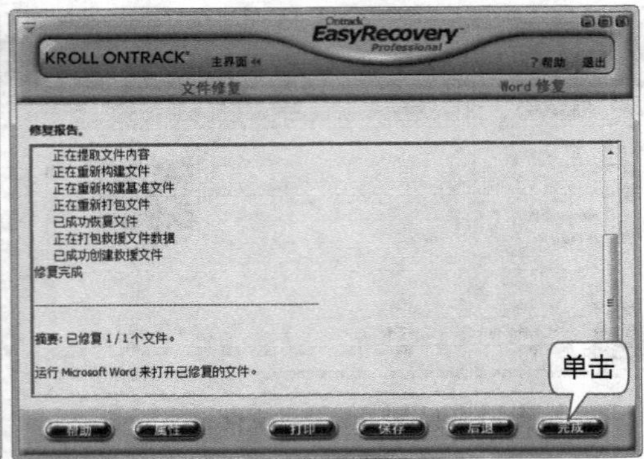

图11.37　完成修复

11.6 应用实训

11.6.1 使用360安全卫士查杀木马

使用360安全卫士查杀木马

360安全卫士是一款计算机专用的安全维护软件，除了具有修复漏洞的功能外，还可以清理木马程序，并对计算机中的各种Cookie、垃圾、痕迹和插件进行清理。下面就使用360安全卫士查杀计算机中的木马程序，该实训的操作思路如下。

（1）启动360安全卫士，在操作界面中单击“木马查杀”选项卡，进入木马查杀界面，单击“快速查杀”按钮，如图11.38所示。

图11.38　开始木马查杀

（2）360安全卫士开始扫描计算机中的木马程序，并显示扫描的进度，扫描完成后，将显示扫描到的危险项目，用户可以根据需要单击选中危险项目左侧的复选框，单击“一键处理”按钮，如图11.39所示。

（3）360安全卫士将对选中的危险项进行处理，完成后，打开提示框，要求用户重新启动计算机，单击“好的，立即重启”按钮，如图11.40所示，重启计算机后完成查杀木马的操作。

图11.39　显示扫描到的危险项

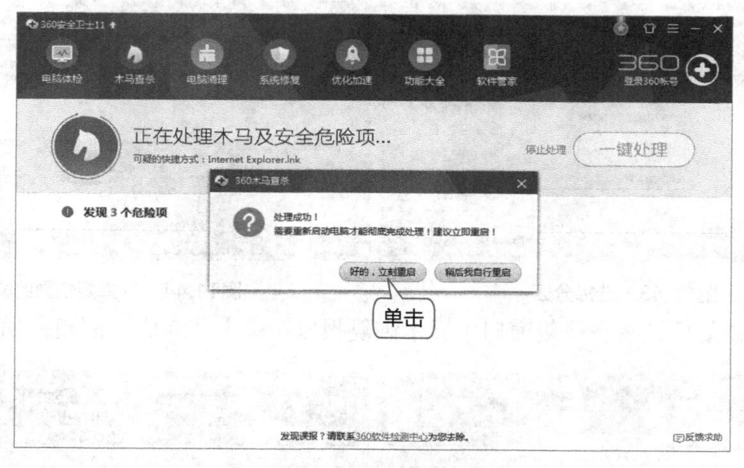

图11.40　完成木马查杀

11.6.2 使用EasyRecovery恢复被格式化的文件

扫一扫

使用EasyRecovery恢复被格式化的文件

数据恢复软件还能恢复被格式化的文件，下面就利用EasyRecovery恢复被格式化的文件，本实训的操作思路如下。

（1）启动EasyRecovery，在工作界面窗口左侧单击“数据恢复”选项卡，在右侧的列表框中单击“格式化恢复”按钮，如图11.41所示。

（2）在打开的提示框中进行数据恢复的提示，单击“确定”按钮，如图11.42所示。

（3）在左侧的列表框中选择格式化数据的分区，单击“下一步”按钮，如图11.43所示。

（4）EasyRecovery将开始扫描所选分区的数据，这需要较长的时间。

（5）扫描完成后，在窗口左侧的列表框中单击选中恢复文件对应文件夹前的复选框，在右侧的列表框中单击选中恢复文件前的复选框，单击“下一步”按钮，如图11.44所示。

（6）在“恢复目的地选项”栏中单击“浏览”按钮，打开“浏览文件夹”对话框，在其中选择文件的保存位置，单击“确定”按钮，单击“下一步”按钮，如图11.45所示。

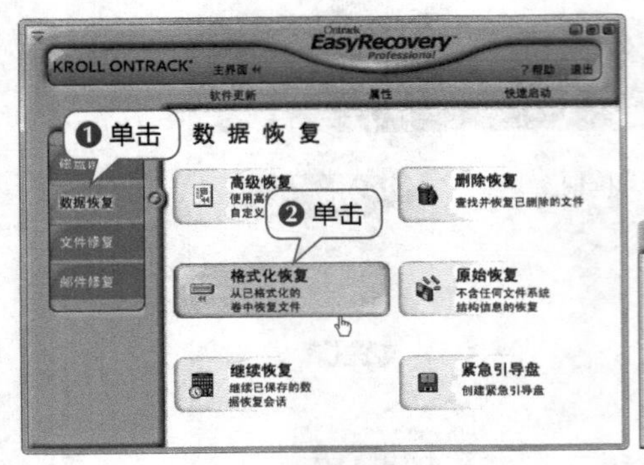

图11.41 启动EasyRecovery

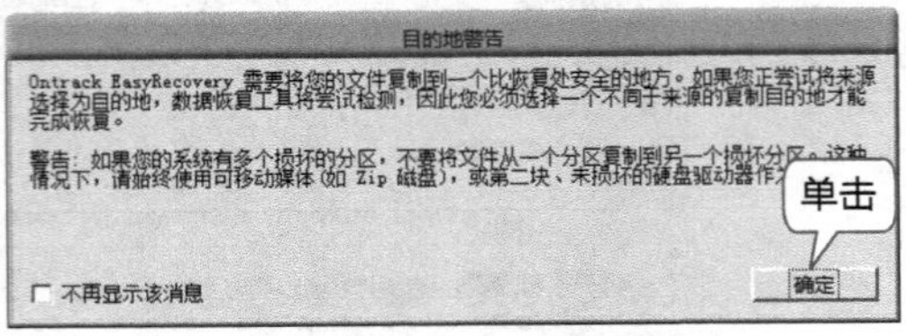

图11.42 目的地警告

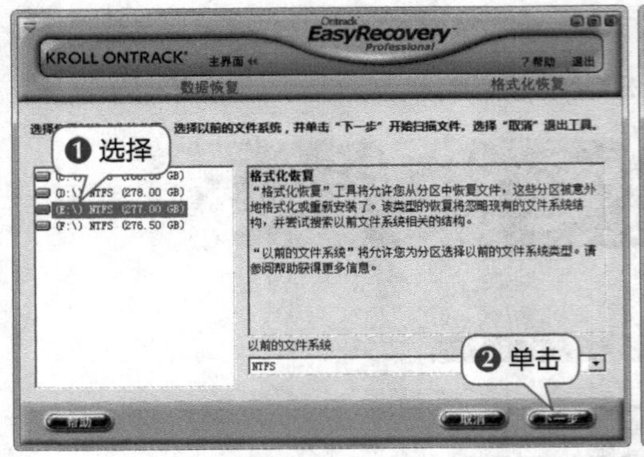

图11.43 选择分区

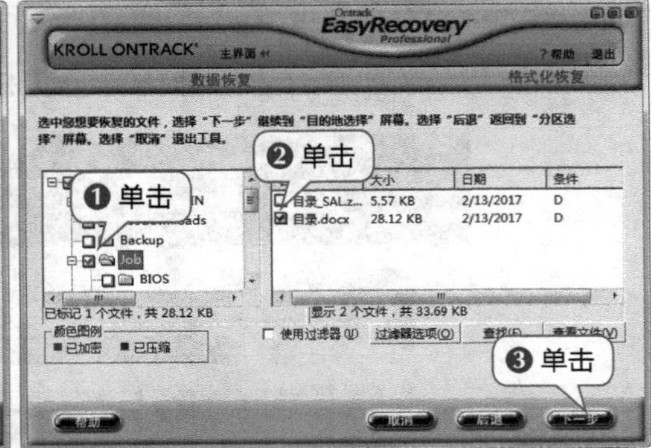

图11.44 选择要恢复的文件

（7）完成恢复后，将在修复窗口中显示恢复报告，单击“完成”按钮，如图11.46所示。

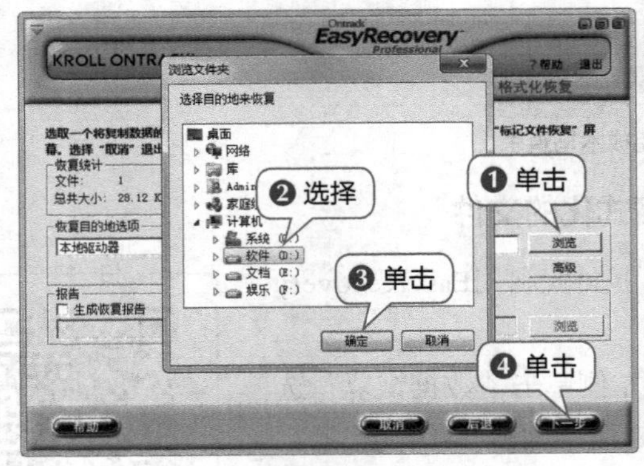

图11.45 设置文件的保存位置

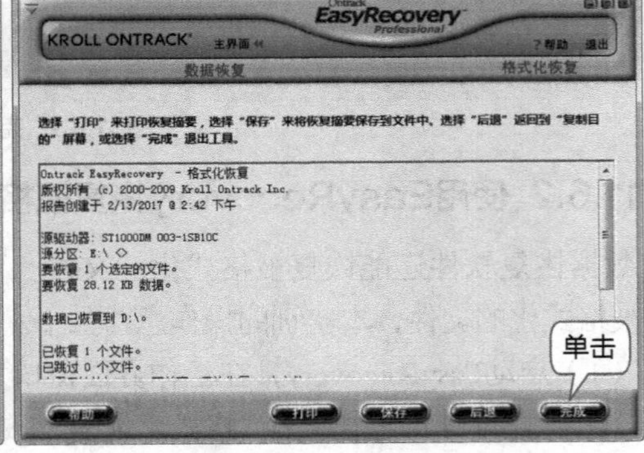

图11.46 完成恢复

11.7 拓展练习

（1）从网上下载一个最新的杀毒软件，安装到计算机中，并进行全盘扫描杀毒。

（2）修复操作系统的漏洞。

（3）下载木马克星，对计算机进行木马查杀。

（4）使用恢复软件恢复一个删除的文件。

第12章 计算机的故障排除

12.1 计算机故障产生的原因

要排除故障，应先找到产生故障的原因。计算机故障是计算机在使用过程中，遇到的系统不能正常运行或运行不稳定，以及硬件损坏或出错等现象。计算机故障是由各种各样的因素引起的，主要包括计算机部件质量差、硬件之间的兼容性差、被病毒或恶意软件破坏、工作环境恶劣和在使用与维护时的错误操作等。要排除各种故障应该先了解这些故障产生的原因。

12.1.1 硬件质量问题

硬件质量低劣的主要原因是生产厂家为了节约成本，降低产品的价格以牟取更大的利润，而使用一些质量较差的电子元件（有的甚至使用假货或伪劣部件），这样就很容易引发硬件故障，主要表现如下。

◎ **电子元件质量差：**有些厂商使用质量较差的电子元件，导致硬件达不到设计要求，产品质量低下。图12.1所示为劣质主板，不但使用劣质电容，甚至没有散热风扇。

◎ **电路设计缺陷：**硬件的电路设计有缺陷，在使用过程中很容易导致故障。图12.2所示的圈中部分，明显是由于PCB电路出现问题，只有通过飞线来掩饰。

图12.1 劣质主板

图12.2 电路缺陷设置

◎ **假货：**假货就是不法商家为了牟取暴利，用质量很差的元件仿制品牌产品。图12.3所示为真假U盘的内部对比。假货不但使用了质量很差的元件，而且偷工减料，如果用户购买到这种产品，轻则很容易引起计算机故障，重则直接损坏硬件。

> 提示：假冒产品有一个很显著的特点就是价格比正常产品便宜很多，因此用户在选购时一定不要贪图便宜，应该多进行对比。选购时应该注意产品的标码、防伪标记和制造工艺等。图12.4所示为具有防伪查询码的内存条。

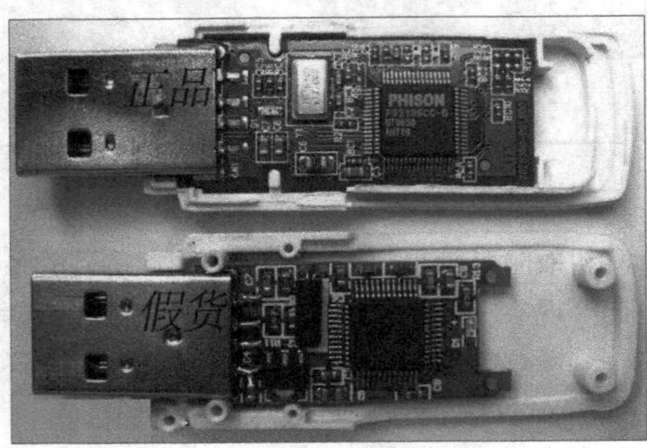

图12.3　真假U盘对比

图12.4　正品内存防伪

12.1.2 兼容性问题

计算机病毒具有强大的破坏能力，不仅会造成资源和财产的损失，随着波及范围的扩大，还有可能造成社会性的灾难。计算机的兼容性就是硬件与硬件、软件与软件、硬件与软件之间能够相互支持并充分发挥性能的特性。计算机中的各种软件和硬件都不是由同一厂家生产的，这些厂家虽然都按照统一的标准进行生产，但仍有不少产品存在兼容性问题。如果兼容性不好，虽然也能正常工作，但是其性能却没有很好地发挥出来，还可能出现故障，主要有以下两种表现。

◎ **硬件兼容性：**硬件之间出现兼容性问题导致严重故障，通常这种故障在计算机组装完成后，第一次启动时就会出现如系统蓝屏，解决的方法就是更换硬件。

◎ **软件兼容性：**软件的兼容性问题主要是由于操作系统因为自身的某些设置，拒绝运行某些软件中的某些程序而引起的。解决的方法是下载并安装软件补丁程序。

12.1.3 工作环境的影响

计算机中各部件的集成度很高，因此对环境的要求也较高，当所处的环境不符合硬件正常运行的标准时就容易引发故障。其主要因素有以下5个。

◎ **温度：**如果计算机的工作环境温度过高，就会影响其散热，甚至引起短路等故障的发生。特别是夏天温度太高时，一定要注意散热。另外，还要避免日光直射到计算机和显示屏上。图12.5所示为温度过高导致耦合电容烧毁，主板彻底报废。

◎ **电源：**交流电的正常范围为220×（1±0.1）V，频率范围为50×（1±0.05）Hz，并且应具有良好的接地系统。电压过低，不能供给足够的功率，数据可能被破坏；电压过高，设备的元器件又容易损坏。如果经常停电，应该使用UPS保护计算机，使计算机在电源中断的情况下能正常关机。图12.6所示为电压过高导致的芯片烧毁。

◎ **灰尘：**灰尘附着在计算机元件上，可使其隔热，妨碍了元件在正常工作时产生的热量的散发，加速其磨损。电路板上芯片的故障，很多都是由灰尘引起的。

图12.5　温度导致故障

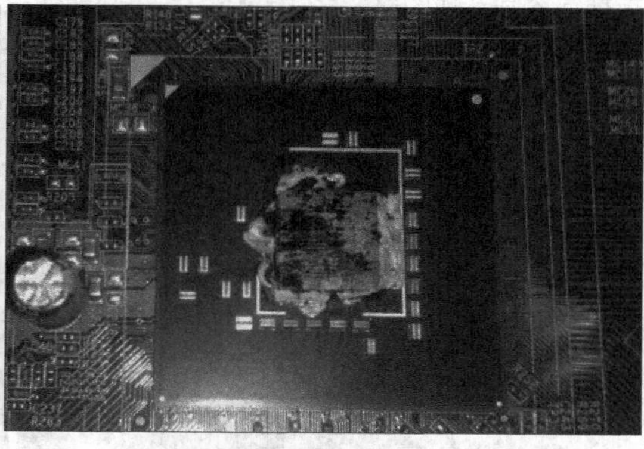

图12.6　电压导致故障

◎ **电磁波：**计算机对电磁波的干扰较为敏感，较强的电磁波干扰可能会造成硬盘数据丢失或显示屏抖动等故障。图12.7所示为电磁波干扰下颜色失真的显示器。

◎ **湿度：**计算机正常工作对环境的湿度有一定的要求，湿度太高会影响计算机硬件的性能发挥，甚至引起一些硬件的短路；湿度太低又易产生静电，易损坏硬件。图12.8所示为湿度过低产生静电导致电容爆浆。

图12.7　电磁波导致故障

图12.8　湿度导致故障

12.1.4 使用和维护不当

有些硬件故障是由于用户操作不当或维护失败造成的，主要有以下6个方面。

◎ **安装不当：**安装显卡和声卡等硬件时，需要将其用螺丝固定到适当位置，如果安装不当，可能导致板卡变形，最后因为接触不良导致故障。

◎ **安装错误：**计算机硬件在主板中都有其固定的接口或插槽，安装错误则可能因为该接口或插槽的额定电压不同而造成短路等故障。

◎ **板卡被划伤：**计算机中的板卡一般都是分层印刷的电路板，如果被划伤，可能将其中的电路或线路切断，导致短路故障，甚至烧毁板卡。

◎ **安装时受力不均：**计算机在安装时，如果将板卡或接口插入到主板中的插槽时用力不均，可能损坏插槽或板卡，导致接触不良，致使板卡不能正常工作。

◎ **带电拔插：** 除了SATA和USB接口的设备外，计算机的其他硬件都不能在未断电时拔插，带电拔插很容易造成短路，将硬件烧毁。另外即使按照安全用电的标准，也不应该带电拔插硬件，否则可能对人身造成伤害，图12.9所示为带电拔插导致的I/O芯片损坏。

◎ **带静电触摸硬件：** 静电有可能造成计算机中各种芯片的损坏，在维护硬件前应当将自己身上的静电释放掉。另外，在安装计算机时应该将机壳用导线接地，也可起到很好的防静电效果。如图12.10所示为静电导致主板电源插槽被烧毁。

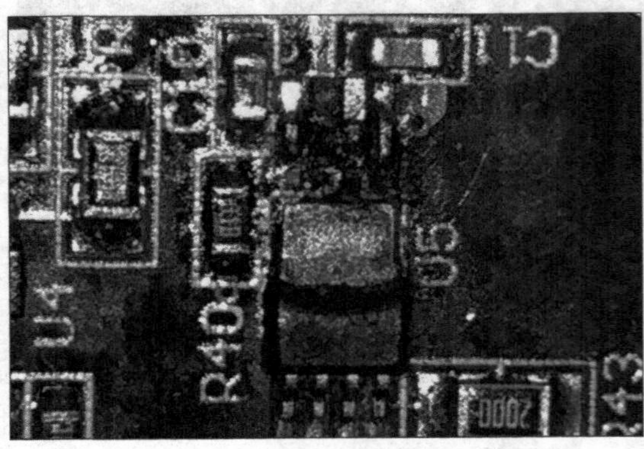

图12.9 带电拔插导致故障

图12.10 静电导致的故障

12.1.5 计算机病毒破坏

病毒是引起大多数软件故障的主要原因，它们利用软件或硬件的缺陷控制或破坏计算机，可使系统运行缓慢、不断重启，使用户无法正常操作计算机，甚至造成硬件的损坏。

12.2 确认计算机故障的常用方法

在发现计算机发生故障后，首先要做的事是确认计算机的故障类型，是否是真的计算机故障，然后再进行处理。

12.2.1 直接观察法

直接观察法是指通过用眼睛看、耳朵听、鼻子闻和手指摸等方法来判断产生故障的位置和原因。

◎ **看：** 看就是观察，目的是为了找出故障产生的原因，其主要表现在以下5个方面：一是观察是否有杂物掉进电路板的元件之间，元件上是否有氧化或腐蚀的地方；二是观察各元件的电阻或电容引脚是否相碰、断裂和歪斜；三是观察板卡的电路板上是否有虚焊、元件短路、脱焊和断裂等现象；四是观察各板卡插头与插座的连接是否正常，是否歪斜；五是观察主板或其他板卡的表面是否有烧焦痕迹、印制电路板上的铜箔是否断裂、芯片表面是否开裂、电容是否爆开等。

◎ **摸：** 用手触摸元件表面的温度来判断元件是否正常工作、板卡是否安装到位，以及是否出现接触不良等现象。一是在设备运行时触摸或靠近有关电子部件，如CPU、主板等的外壳（显示器、电源除外），根据温度粗略判断设备运行是否正常；二是摸板卡，看是否有松动或接触不良的情况，若有应将其固定；三是触摸芯片表面，若温度很高甚至烫手，则说明该芯片可能已经损坏了。

◎ **听：**用耳朵听是指当计算机出现故障时，很可能会出现异常的声音。通过听电源和CPU的风扇、硬盘和显示器等设备工作时产生的声音，也可以判断是否产生故障及产生的原因。另外，如果电路发生短路，也会发出异常的声音。

◎ **闻：**有时计算机出现故障时伴有烧焦的气味，这种情况说明某个电子元件已被烧毁，应尽快根据发出气味的地方确定故障区域并排除故障。

12.2.2 POST卡测试法

POST卡测试法是指通过POST卡、诊断测试软件及其他的一些诊断方法来分析和排除计算机故障，使用这种方法判断计算机故障具有快速而准确的优点。

◎ **诊断测试卡：**诊断测试卡也叫POST卡（Power On Self Test，加电自检），其工作原理是利用主板中BIOS内部程序的检测结果，通过主板诊断卡代码一一显示出来，结合诊断卡的代码含义速查表就能很快地知道计算机故障所在。尤其在计算机不能引导操作系统、黑屏和蜂鸣器不响时，使用这种卡更能体现其便利性，如图12.11所示。

◎ **诊断测试软件：**诊断测试软件很多，常用的有Windows优化大师、超级兔子和专业图形测试软件3DMark等。图12.12所示的PC Mark是由美国最大的计算机杂志PC Magazine的PC Labs公司出版的一款具有很好口碑的系统综合性测试软件。

图12.11　诊断测试卡

图12.12　PC Mark

提示：各种安全防御软件，如病毒查杀软件和木马查杀软件也可以作为测试软件的一种，因为计算机安全受到威胁，同样也会出现各种故障，通过它们也能对计算机是否存在故障进行检查和判断。

12.2.3 清洁灰尘法

这种方法又称为清洁法，因为灰尘会影响主机部件的散热和正常运行，通过对机箱内部的灰尘进行清理也可确认并清除一些故障。

◎ **清洁灰尘：**灰尘可能引起计算机故障，所以保持计算机的清洁，特别是机箱内部各硬件的清洁是很重要的。清洁时可用软毛刷刷掉主板上的灰尘，也可使用吹气球清除机箱内各部件上的灰尘，或使用清洁剂清洁主板和芯片等精密部件上的灰尘。

◎ **去除氧化：**用专业的清洁剂先擦去表面氧化层，如果没有清洁剂，用橡皮擦也可以。重新插接好后开机检查故障是否排除，如果故障依旧则证明是硬件本身出现了问题。这种方法对元件老化、接触不良和短路等故障相当有效。

12.2.4 拔插法

拔插是一种比较常用的判断故障的方法，其主要是通过拔插板卡后观察计算机的运行状态来判断故障产生的位置和原因。如果拔出其他板卡，使用CPU、内存和显卡的最小化系统仍然不能正常工作，那么故障很有可能是由主板、CPU、内存和显卡引起的。通过拔插还能解决一些由板卡与插槽接触不良所造成的故障。

12.2.5 对比法

对比是指同时运行两台配置相同或类似的计算机，比较正常计算机与故障计算机在执行相同操作时的不同表现或各自的设置来判断故障产生的原因。这种方法在企业或单位计算机出现故障时比较常用，因为企业或单位的计算机很多，且可能由于是批次购买，所以配置相同，使用这种方法检测故障比较方便和快捷。

12.2.6 万用表测量法

在故障排除中，对电压和电阻进行测量也可以判断相应的部件是否存在故障。对电压和电阻的测量就需要使用万用表，如果测量出某个元件的电压或电阻不正常，则说明该元件可能存在故障。图12.13所示为使用万用表测量计算机主板中的电子元件。

图12.13　万用表测量

12.2.7 替换法

替换法是一种通过使用相同或相近型号的板卡、电源、硬盘、显示器以及外部设备等部件替换原来的部件以分析和排除故障的方法。替换部件后如果故障消失，就表示被替换的部件存在问题。替换的方法主要有以下两种情况。

◎ **方法一：**将计算机硬件替换到另一台运行正常的计算机上试用，如果正常则说明这台计算机硬件没有问题，如果不正常则说明该硬件可能有问题。

◎ **方法二：**用另一个确认是正常的同型号的计算机部件替换计算机中可能出现故障的部件，如果使用正常，则说明该部件有故障；如果故障依旧，则问题不在该部件上。

12.2.8 最小系统法

最小化计算机是指在计算机启动时只安装最基本的部件，包括CPU、主板、显卡和内存，连接上显示器和键盘，如果计算机能够正常启动表明核心部件没有问题，然后逐步安装其他设备，这样可快速找出故障产生的部件。使用这种方法如果不能启动，可根据发出的报警声来分析和排除故障。

12.3 计算机的常见故障

计算机的常见故障包括死机、蓝屏和自动重启等，导致这些故障的原因很多，下面就了解这些常见的故障，为排除故障打下坚实的基础。

12.3.1 死机故障

死机是指由于无法启动操作系统，导致画面“定格”无反应、鼠标或键盘无法输入、软件运行非正常中断等情况。造成死机的原因一般可分为硬件与软件两个方面。

1. 硬件原因造成的死机

由硬件引起的死机主要有以下一些原因。

◎ **内存故障：**主要是内存条松动、虚焊或内存芯片本身质量所致。

◎ **内存容量不够：**内存容量越大越好，最好不小于硬盘容量的0.5%～1%，过小的内存容量会使计算机不能正常处理数据，导致死机。

◎ **软硬件不兼容：**三维设计软件和一些特殊软件可能在有的计算机中不能正常启动或安装，其中可能有软硬件兼容方面的问题，这种情况可能会导致死机。

◎ **散热不良：**显示器、电源和CPU在工作中发热量非常大，因此保持良好的通风状态非常重要。工作时间太长容易使电源或显示器散热不畅从而造成计算机死机，另外，CPU的散热不畅也容易导致计算机死机。

◎ **移动不当：**计算机在移动过程中受到很大震动，常常会使内部硬件松动，从而导致接触不良，引起计算机死机。

◎ **硬盘故障：**老化或由于使用不当造成硬盘产生坏道、坏扇区，计算机在运行时就容易死机。

◎ **设备不匹配：**如主板主频和CPU主频不匹配，就可能无法保证计算机运行的稳定性，因而导致频繁死机。

◎ **灰尘过多：**机箱内灰尘过多也会引起死机故障，如软驱磁头或光驱激光头沾染过多灰尘后，会导致读写错误，严重的会引起计算机死机。

◎ **劣质硬件：**少数不法商家在组装计算机时，使用质量低劣的硬件，甚至出售假冒和返修过的硬件，这样的计算机在运行时很不稳定，发生死机也很频繁。

2. 软件原因造成的死机

由软件引起的死机主要有以下一些原因。

◎ **病毒感染：**病毒可以使计算机工作效率急剧下降，造成频繁死机的现象。

◎ **使用盗版软件：**很多盗版软件可能隐藏着病毒，一旦执行，会自动修改操作系统，使操作系统在运行中出现死机故障。

◎ **软件升级不当：**在升级软件的过程中通常会对共享的一些组件也进行升级，但是其他程序可能不支持升级后的组件从而导致死机。

◎ **启动的程序过多：**这种情况会使系统资源消耗殆尽，个别程序需要的数据在内存或虚拟内存中找不到，也会出现异常错误。

◎ **非正常关闭计算机：**不要直接使用机箱上的电源按钮关机，否则会造成系统文件损坏或丢失，使计算机在自动启动或者运行中死机。

◎ **误删系统文件：**如果系统文件遭破坏或被误删除，即使在BIOS中各种硬件设置正确，也会造成死机或无法启动。

◎ **应用软件缺陷：**这种情况非常常见，如在Windows 8操作系统中运行在Windows XP中运行良好的32位系统的应用软件。Windows 8是64位的操作系统，尽管兼容32位系统的软件，但仍有许多地方无法与32位系统的应用程序协调，所以导致死机。还有一些情况，如在Windows XP中正常使用的外设驱动程序，当操作系统升级到64位的Windows系统后，可能会出现问题，使系统死机或不能正常启动。

3. 预防死机故障的方法

对于系统死机的故障，可以通过以下一些方法进行处理。

◎ 在同一个硬盘中不要安装太多操作系统。

◎ 在更换计算机硬件时一定要插好，防止接触不良引起的系统死机。

◎ 不要在大型应用软件运行状态下退出之前运行的程序，否则会引起系统的死机。

◎ 在应用软件未正常退出时，不要关闭电源，否则会造成系统文件损坏或丢失，引起自动启动或者运行中死机。

◎ 设置硬件设备时，最好检查有无保留中断号（Interrup Request，IRQ），不要让其他设备使用该中断号，否则会引起中断冲突，从而造成系统死机。

◎ CPU和显卡等硬件不要超频过高，要注意散热和温度。

◎ 最好配备稳压电源，以免电压不稳引起死机。

◎ BIOS设置要恰当，虽然建议将BIOS设置为最优，但所谓最优并不是最好的，有时最优的设置反倒会引起启动或者运行死机。

◎ 对来历不明的移动存储设备不要轻易使用，对电子邮件中所带的附件，要用杀毒软件检查后再使用，以免感染病毒导致死机。

◎ 在安装应用软件的过程中，若出现对话框询问"是否覆盖文件"，最好选择不要覆盖。因为通常当前系统文件比较适用，不能根据时间的先后来决定覆盖文件。

◎ 在卸载软件时，不要删除共享文件，因为某些共享文件可能被系统或者其他程序使用，一旦删除这些文件，会使其他应用软件无法启动而死机。

◎ 在加载某些软件时，要注意先后次序，由于有些软件编程不规范，因此要避免优先运行，建议放在最后运行，这样才不会引起系统管理的混乱。

12.3.2 蓝屏故障

计算机蓝屏又叫蓝屏死机（Blue Screen Of Death，BSOD），指的是Windows操作系统无法从一个系统错误中恢复过来时所显示的屏幕图像，是死机故障中特殊的一种。

1. 蓝屏的处理方法

蓝屏故障产生的原因往往集中在不兼容的硬件和驱动程序、有问题的软件和病毒等，这里提供了一些常规的解决方案，在遇到蓝屏故障时，应先对照这些方案进行排除，下列内容对安装Windows Vista、Windows 7、Windows 8和Windows 10的用户都有帮助。

◎ **重新启动计算机：**蓝屏故障有时只是某个程序或驱动偶然出错引起的，重新启动计算机后即可自动恢复。

◎ **检查病毒：**如“冲击波”和“振荡波”等病毒有时会导致Windows蓝屏死机，因此查杀病毒必不可少。另外，一些木马也会引发蓝屏，最好用相关工具软件扫描。

◎ **检查硬件和驱动：**检查新硬件是否插牢，这是容易被人忽视的问题。如果确认没有问题，将其拔下，然后换个插槽试试，并安装最新的驱动程序，同时还应对照Microsoft官方网站的硬件兼容类别检查硬件是否与操作系统兼容。如果该硬件不在兼容表中，那么应到硬件厂商网站进行查询，或者拨打电话咨询。

◎ **新硬件和新驱动：**如果刚安装完某个硬件的新驱动，或安装了某个软件，而它又在系统服务中添加了相应项目（如杀毒软件、CPU降温软件和防火墙软件等），在重启或使用中出现了蓝屏故障，可到安全模式中卸载或禁用驱动或服务。

◎ **运行“sfc/scannow”：**运行“sfc/scannow”检查系统文件是否被替换，然后用系统安装盘来恢复。

◎ **安装最新的系统补丁和Service Pack：**有些蓝屏是Windows本身存在缺陷造成的，可通过安装最新的系统补丁和Service Pack来解决。

◎ **查询停机码：**把蓝屏中的内容记录下来，进入Microsoft帮助与支持网站输入停机码，找到有用的解决案例。另外，也可在百度或Google等搜索引擎中使用蓝屏的停机码搜索解决方案。

◎ **最后一次正确配置：**一般情况下，蓝屏都是出现在硬件驱动或新加硬件并安装驱动后，这时Windows提供的“最后一次正确配置”功能就是解决蓝屏故障的快捷方式。重新启动操作系统，在出现启动菜单时按下“F8”键就会出现高级启动选项菜单，选择“最后一次正确配置”选项进入系统即可。

2. 预防蓝屏故障的方法

对于系统蓝屏的故障，可以通过以下一些方法进行预防。

◎ 定期升级操作系统、软件和驱动。

◎ 定期对重要的注册表文件进行备份，避免系统出错后，未能及时替换成备份文件而产生不可挽回的损失。

◎ 定期用杀毒软件进行全盘扫描，清除病毒。

◎ 尽量避免非正常关机，减少重要文件的丢失，如.dll文件等。

◎ 对普通用户而言，系统能正常运行，可不必升级显卡、主板的BIOS和驱动程序，避免升级造成的故障。

12.3.3 自动重启故障

计算机的自动重启是指在没有进行任何启动计算机的操作下，计算机自动重新启动，这种情况通常也是一种故障，其诊断和处理方法如下。

1. 由软件原因引起的自动重启

软件原因引起的自动重启比较少见，通常有以下两种。

◎ **病毒控制：**“冲击波”病毒运行时会提示系统将在60秒后自动启动，这是因为木马程序从远程控制了计算机的一切活动，并设置计算机重新启动。排除方法为清除病毒、木马或重装系统。

◎ **系统文件损坏：**操作系统的系统文件被破坏，如Windows下的KERNEL32.dll，系统在启动时无法完成初始化而强制重新启动。排除方法为覆盖安装或重装操作系统。

2. 由硬件原因引起的自动重启

硬件原因是引起计算机自动重启的主要因素，通常有以下5种。

◎ **电源因素：**组装计算机时选购价格便宜的电源，是引起系统自动重启的最大嫌疑之一，这种电源可能由于输出功率不足、直流输出不纯、动态反应迟钝和超额输出等原因，导致计算机经常性地死机或重启。排除方法为更换大功率电源。

◎ **内存因素：**通常有两种情况，一种是热稳定性不强，开机后温度一旦升高就死机或重启；另一种是芯片轻微损坏，当运行一些I/O吞吐量大的软件（如媒体播放、游戏、平面/3D绘图）时就会重启或死机。排除方法为更换内存。

◎ **CPU因素：**通常有两种情况，一种是由于机箱或CPU散热不良；另一种是CPU内部的一二级缓存损坏。排除方法为在BIOS中屏蔽二级缓存（L2）或一级缓存（L1），或更换CPU。

◎ **外设因素：**通常有两种情况，一种是外部设备本身有故障或者与计算机不兼容；另一种是热拔插外部设备时，抖动过大，引起信号或电源瞬间短路。排除方法为更换设备，或找专业人员维修。

◎ **RESET开关因素：**通常有3种情况，一种是内RESET键损坏，开关始终处于闭合位置，系统无法加电自检；一种是当RESET开关弹性减弱，按钮按下去不易弹起时，就会出现开关稍有振动就会闭合的现象，导致系统复位重启；一种是机箱内的RESET开关引线短路，导致主机自动重启。排除方法为更换开关。

3. 由其他原因引起的自动重启

还有一些非计算机自身原因也会引起自动重启，通常有以下两种情况。

◎ **市电电压不稳：**通常有两种情况，一种是由于计算机的内部开关电源工作电压范围一般为170~240V，当市电电压低于170V时，就会自动重启或关机，排除方法为添加稳压器（不是UPS）；另一种是计算机和空调、冰箱等大功耗电器共用一个插线板，在这些电器启动时，供给计算机的电压就会受到很大的影响，往往就表现为系统重启，排除方法为把供电线路分开。

◎ **强磁干扰：**这些干扰既有来自机箱内部各种风扇和其他硬件的干扰，也有来自外部的动力线、变频空调甚至汽车等大型设备的干扰。如果主机的抗干扰性能差，就会出现主机意外重启的现象。排除方法为远离干扰源，或者更换防磁机箱。

12.4 计算机故障排除基础

计算机一旦出现故障，将会影响正常的工作或学习，如果能够很快地排除故障，就能恢复正常的工作或学习，所以学习一些排除计算机故障的知识是非常重要的。

12.4.1 排除计算机故障的基本原则

排除计算机故障时，应遵循正确的处理原则，切忌盲目动手，以免造成故障的扩大化。故障处理的基本原则大致有以下8点。

◎ **仔细分析：**在动手处理故障之前，应先根据故障的现象分析该故障的类型，以及应选用哪种方法进行处理。

◎ **先软后硬：**计算机故障中，排除软件故障比硬件故障更容易，所以排除故障应遵循“先软后硬”的原则，即首先分析操作系统和软件是否是故障产生的原因，可以通过检测软件或工具软件排除软件故障的可能，然后再开始检查硬件的故障。

◎ **先外后内：**指首先检查外部设备是否正常（如打印机、键盘和鼠标等是否存在故障），然后查看电源、信号线的连接是否正确，再排除其他故障，最后再拆卸机箱，检查内部的主机部件是否正常，尽可能不盲目拆卸部件。

◎ **多观察：**即充分了解计算机所用的操作系统和应用软件的相关知识，以及产生故障部件的工作环境、工作要求和近期所发生的变化等情况。

◎ **先假后真：**有时候计算机并没有出现真正的故障，只是由于电源没开或数据线没有连接等原因造成存在故障的“假象”，排除故障时应先确定该硬件是否确实存在故障，检查各硬件之间的连线是否正确、安装是否正确。

◎ **归类演绎：**在处理故障时，应善于运用已掌握的知识或经验，将故障进行分类，然后寻找相应的方法进行处理。在故障处理之后还应认真记录故障现象和处理方法，以便日后查询并借此不断提高自身的故障处理水平。

◎ **先电源后部件：**主机电源是计算机正常运行的关键，遇到供电等故障时，应先检查电源连接是否松动、电压是否稳定、电源工作是否正常等，再检查主机电源功率能否使各硬件稳定运行，然后检查各硬件的供电及数据线连接是否正常。

◎ **先简单后复杂：**先对简单易修故障进行排除，再对较难解决的故障进行排除。有时将简单故障排除之后，较难解决的故障也会变得容易排除，逐渐使故障简单化。但是，如果是电路虚焊和芯片故障，就需要专业维修人员进行维修，贸然维修可能导致硬件报废。

12.4.2 判断计算机故障的一般步骤

在计算机出现故障时，首先需要判断问题出在哪个方面，如系统、内存、主板、显卡和电源等问题，如果无法确定，则需要按照一定的顺序来确认故障。图12.14所示为一台计算机从开机到使用的过程中判断故障所在部位的基本方法。

图12.14　排除计算机故障的一般步骤

12.4.3 排除计算机故障的注意事项

排除计算机故障时，还有一些具体的操作需要注意，以保证故障能顺利排除。

1. 保证良好的工作环境

在进行故障排除时，一定要保证良好的工作环境，否则可能会因为环境因素的影响造成故障排除不成功，甚至扩大故障。一般在排除故障时应注意以下两个方面。

◎ **洁净明亮的环境：**洁净的目的是避免将拆卸下来的电子元件弄脏，影响故障的判断；保持环境明亮的目的是便于对一些较小的电子元件的故障进行排除。

◎ **远离电磁环境：**计算机对电磁环境的要求较高，在排除故障时，要注意远离电磁场较强的大功率电器，如电视和冰箱等，以免这些电磁场对故障排除产生影响。

2. 安全操作

安全性主要是指排除故障时，用户自身的安全和计算机的安全。计算机所带的电压足以对人体造成伤害，要做到安全排除计算机故障，应该注意以下两个安全问题。

◎ **不带电操作：**在拆卸计算机进行检测和维修时，一定要先将主机电源拔掉，然后做好相应的安全保护措施。除SATA接口和USB接口的硬件外，不要进行热拔插，以保证设备和自身的安全。

◎ **小心静电：**为了保护自身和计算机部件的安全，在进行检测和维修之前应将手上的静电释放，最好戴上防静电手套。防静电手套如图12.15所示。

3. 小心“假”故障

“假”故障主要是指有时候计算机会出现一些由于操作不当造成的“假”故障。造成这种现象的因素主要有以下4个方面。

◎ **电源开关未打开：**有些初学者，一旦显示器不亮就认为出现故障，殊不知是显示器的电源没有打开。计算机许多部件都需要单独供电，如显示器，工作时应先打开其电源。如果启动计算机后这些设备无反应，首先应检查是否已打开电源。

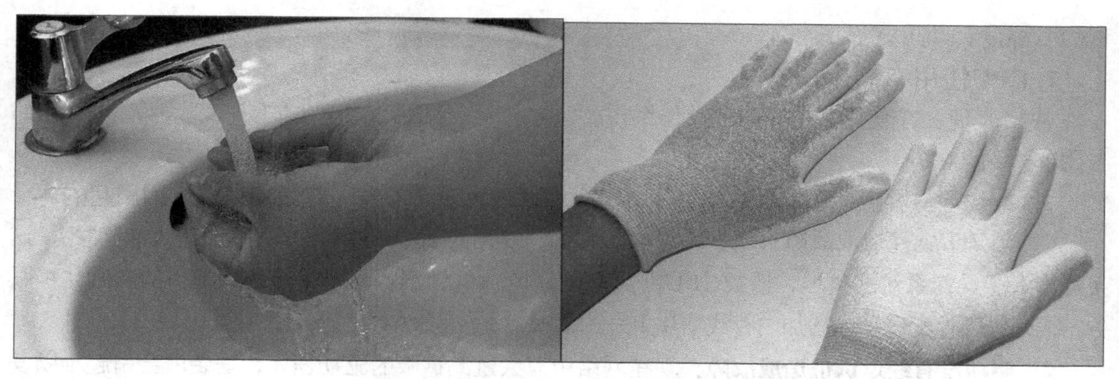

图12.15　洗手释放静电和防静电手套

◎ **操作和设置不当：**对于初学者来说，操作和设置不当引起的假故障表现得最为明显。由于对基本操作和设置的细节问题不太注意或完全不懂，很容易导致“假”故障现象的出现，如不小心删除拨号连接不能上网认为是网卡故障、设置了系统休眠认为是计算机黑屏等。

◎ **数据线接触不良：**各种外设与计算机之间，以及主机中各硬件与主板之间，都是通过数据线连接的，数据线接触不良或脱落都会导致某个设备工作不正常。如系统提示“未发现鼠标”或“找不到键盘”，那么首先应检查鼠标或键盘与计算机的接口是否有松动的情况。

◎ **对正常提示和报警信息不了解：**操作系统的智能化逐步提高，一旦某个硬件在使用过程中遇到异常情况，就会给出一些提示和报警信息，如果不了解这些正常的提示或报警信息，就会认为设备出了故障。如U盘虽然可以热插拔，但Windows 7中有热插拔的硬件提示，退出时应该先单击按钮，在系统提示可以安全地移除硬件时，才能拔出U盘；否则直接拔出U盘，可能因电流冲击，损坏U盘。

12.5 计算机故障维修实例

了解计算机故障维修的最好方法是在实际操作中学习，下面就以排除计算机故障的具体操作为例，讲解排除故障的相关知识。

12.5.1 CPU故障维修实例

CPU常见故障有温度太高导致系统报警、CPU使用率高达100%等，下面分别对故障维修实例进行介绍。

1. 温度太高导致系统报警

故障表现：计算机新升级了主板，在开始格式化硬盘时，系统蜂鸣器发出刺耳的报警声。

故障分析与排除：打开机箱，用手触摸CPU的散热片，发现温度不高，主板的主芯片也只是微温。仔细检查一遍，没有发现问题。再次启动计算机后，在BIOS的硬件检测里查看CPU的温度为95℃，但是用手触摸CPU的散热片，却没有一点温度，说明CPU有问题。通常主板测量的是CPU的内核温度，而有些没有使用原装风扇的CPU的散热片和内核接触不好，造成内核的温度很高，而散热片却是正常的温度。拆下CPU的散热片，发现散热片和芯片之间贴着一片像塑料的东西，清除粘在芯片上的塑料，然后涂一层硅脂，再安装好散热片，重新插到主板上检查CPU温度，即可恢复正常。

2. CPU使用率高达100%

故障表现：在使用Windows 7操作系统时，系统运行变慢，查看“任务管理器”发现CPU占用率达到100%。

故障分析与排除：经常出现CPU占用率达100%的情况，主要可能是由以下原因引起的。

◎ **防杀毒软件造成故障：**很多杀毒软件都加入了对网页、插件和邮件的随机监控功能，这无疑增大了操作系统的负担，造成CPU占用率达到100%的情况。只能尽量使用最少的实时监控服务，或升级硬件配置，如增加内存或使用更好的CPU。

◎ **驱动没有经过认证造成故障：**现在网络中有大量测试版的驱动程序，安装后会引起难以发现的故障，尤其是显卡驱动特别要注意。要排除这种故障，建议使用Microsoft认证的或由官方发布的驱动程序，并且严格核对型号和版本。

◎ **病毒或木马破坏造成故障：**如果大量的蠕虫病毒在系统内部迅速复制，则很容易造成CPU占用率居高不下的情况。解决办法是用可靠的杀毒软件彻底清理系统内存和本地硬盘，并且打开系统设置软件，查看有无异常启动的程序。

◎ **“svchost”进程造成故障：**“svchost . exe”是Windows操作系统的一个核心进程，一般在Windows XP中，svchost.exe进程的数目为4个或4个以上，Windows 7中则更多，最多可达17个。如果该进程过多，很容易使CPU的占用率提高。

12.5.2 主板故障维修实例

主板故障一般体现在主板变形、电容故障，从而导致计算机无法工作或开机，下面具体进行介绍。

1. 主板变形导致无法工作

故障表现：一块主板进行维护清洗后，发现主板电源指示灯不亮，计算机无法启动。

故障分析与排除：由于进行了清洗，所以怀疑是水没有处理干净，导致电源损坏，更换电源后，故障仍然存在。于是怀疑电源对主板供电不足，导致主板不能正常通电工作，换一个新的电源后，故障仍然没有排除。最后怀疑安装主板时螺丝拧得过紧引起主板变形，将主板拆下，仔细观察后发现主板已经发生了轻微变形。主板两端向上翘起，而中间相对下陷，这很可能就是引起故障的原因。将变形的主板矫正后，再将其装入机箱，通电后故障即可排除。

2. 电容故障导致无法开机

故障表现：有一块主板，使用两年多后突然点不亮了，表现为打开电源开关后，电源风扇和CPU风扇都在转，但是光驱和硬盘没有反应，等上几分钟后计算机才能加电启动，启动后一切正常。重新启动也没有问题，但是一关闭电源，再开就要像前面一样等上几分钟。

故障分析与排除：开始以为是电源问题，替换后故障依旧，更换主板后一切正常，说明是主板有问题。从故障现象分析，主板在加电后可以正常工作，说明主板芯片是好的，问题可能出在主板的电源部分上。但是电源风扇和CPU风扇运转正常，说明总的供电正常。加电运行几分钟后断电，经闻无异味，手摸电源部分的电子元件，发现CPU旁的几个电容和电感的温度极高。因为电解电容长期在高温下工作会造成电解质变质，从而使容量发生变化，所以判断是这两个电容有问题。排除故障的方法是仔细地将损坏的电容焊下，将新买回来的电容重新焊上去，焊好了电容后，不要安装CPU，应该先加电测试，试了几分钟，温度正常。于是装上CPU，加电，屏幕立刻就亮了。多试几次，并注意电容的温度，若连续开机几个小时都没有出现问题，表示故障已排除。

12.5.3 内存故障维修实例

内存故障一般体现在以下两个方面。

1. 金手指氧化导致文件丢失

故障表现：一台计算机安装的是Windows 7操作系统，一次在启动计算机的过程中提示“pci.sys”文件损坏或丢失。

故障分析与排除：首先怀疑是操作系统损坏，准备利用Windows 7的系统故障恢复控制台来修复，可是用Windows 7的安装光盘启动进入系统故障恢复控制台后系统死机。由于曾用Ghost给系统做过镜像，所以用U盘启动进入DOS，运行Ghost 将以前保存在D盘上的镜像恢复。重启后系统若还是提示文件丢失，此时只能格式化硬盘，并重新安装操作系统，但是在安装过程中，频繁地出现文件不能正常复制的提示，将导致安装不能继续。此时就需要进入BIOS，将其设置为默认值（此时内存测试方式为完全测试，即内存每兆容量都要进行测试）后重启准备再次安装，在进行内存测试时若发出报警声，表示内存测试没有通过。此时，需将内存取下，若发现内存条上的金手指已有氧化痕迹，用橡皮擦将其擦除干净，重新插入主板的内存插槽中，启动计算机自检通过，再恢复原来的Ghost镜像文件，重新启动，故障排除。

2. 散热不良导致死机

故障表现：为了更好地散热，将CPU风扇更换为超大号的，结果经常是使用一段时间后就死机，格式化并重新安装操作系统后故障仍然存在。

故障分析与排除：由于重新安装过操作系统，确定不是软件方面的原因，打开机箱后发现，由于CPU风扇离内存太近，其吹出的热风直接吹向内存条，造成内存工作环境温度太高，导致内存工作不稳定，以致死机。将内存重新插在离CPU风扇较远的插槽上，重启后死机现象消失。

12.5.4 鼠标故障维修实例

鼠标的常见故障就是在使用过程中经常会出现光标“僵死”的情况。

故障分析与排除：光标“僵尸”情况可能是由死机、与主板接口接触不良、鼠标开关设置错误、在Windows中选择了错误的驱动程序、鼠标的硬件故障、驱动程序不兼容或与另一串行设备发生中断冲突等引起的。在出现鼠标光标“僵死”现象时，一般可按以下步骤检查和处理。

1 检查计算机是否死机，死机则重新启动，如果没有，则拔插鼠标与主机的接口，然后重新启动。

2 检查“设备管理器”中鼠标的驱动程序是否与所安装的鼠标类型相符。

3 检查鼠标底部是否有模式设置开关，如果有，试着改变其位置，重新启动系统。如果还没有解决问题，仍把开关拨回原来的位置。

4 检查鼠标的接口是否有故障，如果没有，可拆开鼠标底盖，检查光电接收电路系统是否有问题，并采取相应的措施。

5 检查“系统/设备管理器”中是否存在与鼠标设置及中断请求（IRQ）发生冲突的资源，如果存在冲突，则重新设置中断地址。

6 检查鼠标驱动程序与另一串行设备的驱动程序是否兼容，如不兼容，需断开另一串行设备的连接，并删除驱动程序。

7 将另一只正常的相同型号的鼠标与主机相连，重新启动系统查看鼠标的使用情况。

8 如果以上方法仍不能解决，则怀疑主板接口电路有问题，只能更换主板或找专业维修人员维修。

12.5.5 键盘故障维修实例

键盘的常见故障就是系统不能识别键盘，开机自检后系统显示“键盘没有检测到”或“没有安装键盘”的提示。

故障分析与排除：这种故障可能是由接触不良、键盘模式设置错误、键盘的硬件故障、感染病毒、主板故障等引起的，可按照以下步骤逐步解决。

1 用杀毒软件对系统进行杀毒，重新启动后，检查键盘驱动程序是否完好。

2 用替换法将另一只正常的相同型号的键盘与主机连接，再开机启动查看。

3 检查键盘是否有模式设置开关，如果有，试着改变其位置，重新启动系统。若没解决问题，则把开关拨回原位。

4 拔下键盘与主机的接口，检查接触是否良好，然后重新启动查看。

5 拔下键盘的接口，换一个接口插上去，并把CMOS中对接口的设置做相应的修改，重新开机启动查看。

6 如还不能使用键盘，说明是键盘的硬件故障引起的，检查键盘的接口和连线有无问题。

7 检查键盘内部的按键或无线接收电路系统有无问题。

8 重新检测或安装键盘及驱动程序后再试。

9 检查BIOS是否被修改，如被病毒修改应重新设置，然后再次开机启动。

10 若以上检查后故障仍存在，则可能是主板线路有问题，只能找专业人员维修。

12.5.6 操作系统故障维修实例

操作系统故障除了死机、蓝屏等，还表现为关闭计算机时自动重新启动。下面对其维修方法，以及安全模式能够排除的系统故障进行介绍。

1. 关闭计算机时自动重新启动

在Windows 7操作系统中关闭计算机时，计算机出现重新启动的现象。产生此类故障一般是由于用户在不经意或利用一些设置系统的软件时，使用了Windows系统的快速关机功能，从而引发该故障，排除故障的具体操作如下。

1 在Windows 7操作系统界面中，单击“开始”按钮，打开“开始”菜单，在文本框中输入“gpedit.msc”，按“Enter”键，打开“本地组策略编辑器”窗口，依次展开“计算机配置”“管理模板”“系统”“关机选项”，双击“关闭会阻止或取消关机的应用程序的自动终止功能”选项，如图12.16所示。

2 打开“关闭会阻止或取消关机的应用程序的自动终止功能”对话框，单击选中“已启用”单选项，单击“确定”按钮，如图12.17所示。

2. 进入安全模式排除系统故障

Windows 7的很多系统故障可以通过安全模式来排除。进入安全模式的方式有两种：一种是在进入Windows系统启动画面之前按下“F8”键；另一种是启动计算机时按住“Ctrl”键，就会出现系统多操作启动菜单，通过方向键选择“安全模式”选项，按“Enter”键即可，如图12.18所示。进入安全模式能够排除的系统故障如下。

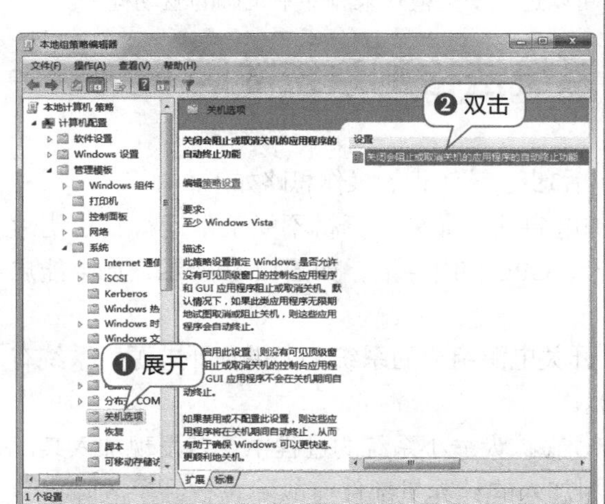

图12.16　选择组策略

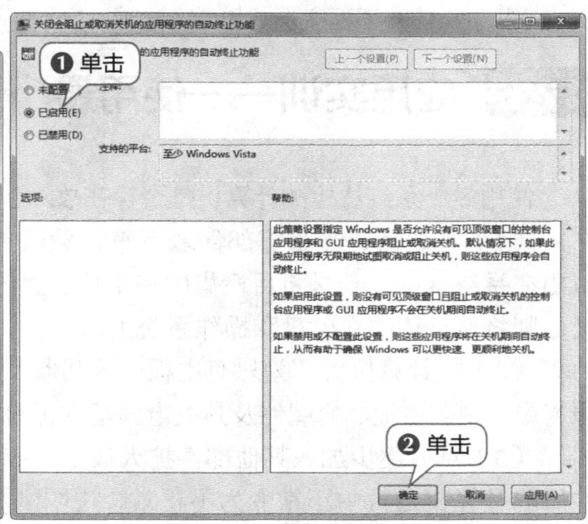

图12.17　设置选项

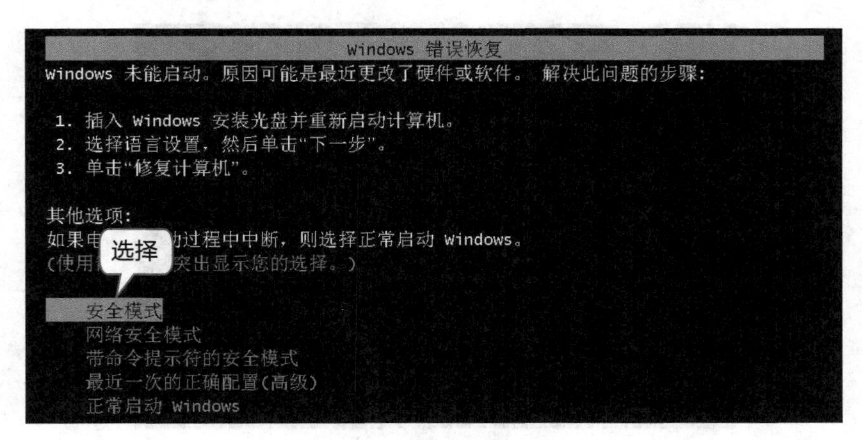

图12.18　进入安全模式

◎ **删除顽固文件：**在Windows正常模式下删除一些文件或者清空回收站时，系统可能会提示“文件正在被使用，无法删除”，此时即可在安全模式下将其删除。因为在安全模式下，Windows会自动释放这些文件的控制权。

◎ **病毒查杀：**在Windows系统中进行杀毒时，有很多病毒清除不了，而在DOS系统下杀毒软件则无法运行。这个时候可以启动安全模式，Windows系统只加载必要的驱动程序，即可把病毒彻底清除。

◎ **修复系统故障：**如果Windows运行起来不太稳定或无法正常启动，可以试着重新启动计算机并切换到安全模式来排除，特别是由注册表问题所引起的系统故障。

◎ **找出恶意的自启动程序或服务：**如果计算机出现一些莫明其妙的错误，如上不了网，按常规思路又查不出问题，可启动到带网络连接的安全模式下看看，如果在该模式中网络连接正常，则说明是某些自启动程序或服务影响了网络的正常连接。

◎ **卸载不正确的驱动程序：**显卡和硬盘的驱动程序一旦出错，可能一进入Windows界面就死机；一些主板的补丁程序也是如此。这种情况下，可以进入安全模式来删除不正确的驱动程序。

12.6 应用实训——使用最小系统法检测系统故障

使用最小系统法检测计算机是否存在故障包括3步，该实训的操作思路如下。

（1）将硬盘、光驱等部件取下来，然后加电启动，如果计算机不能正常运行，说明故障出在系统本身，于是将目标集中在主板、显卡、CPU和内存上，如图12.19所示；如果能启动，则将目标集中在硬盘和操作系统上。

（2）将计算机拆卸为只有主板、蜂鸣器及开关电源组成的系统，如果打开电源后系统有报警声，说明主板、蜂鸣器及开关电源基本正常。

（3）然后逐步加入其他部件扩大最小系统，在扩大最小系统的过程中，若发现加入某部件后的计算机运行由正常变为不正常，说明刚刚加入的计算机部件有故障，找到了故障根源后，更换该部件即可。

图12.19　最小化系统法

12.7 拓展练习

（1）按照本章所讲解的故障排除方法，对一台计算机进行一次全面的故障诊断。

（2）根据本章介绍的知识，分别下载测试软件测试计算机硬件。

（3）找到一台出现了故障的计算机，判断并排除故障。